中国主要粮食基地地下水保障能力与评价理论方法

张光辉　严明疆　田言亮　王金哲等　著

国家重点研发项目（2017YFC0406106）
国土资源科技领军人才开发与培养计划（首批）　**资助出版**
国家自然科学基金项目

U0194112

科学出版社

北　京

内 容 简 介

本书围绕国家粮食安全战略实施的需求，介绍了我国主要粮食基地自然与经济社会概况、粮食主产区分布范围及农业种植概况、地下水开发利用情势、农业灌溉对地下水依赖程度和地下水资源状况，重点阐述了适宜我国粮食主产区的地下水保障能力评价基本理念、理论方法和指标体系以及分布在黄淮海平原的 5 个国家级粮食主产（省）区应用情况，包括地下水保障能力、面临主要问题和地下水合理开发对策。

本书可作为水文水资源、地下水与水文地学、灌溉农业、农田水利和生态环保领域的科研、教学、规划、管理工作者和研究生参考使用。

审图号：GS（2018）3781 号

图书在版编目（CIP）数据

中国主要粮食基地地下水保障能力与评价理论方法 / 张光辉等著 . —北京：科学出版社，2018.8

ISBN 978-7-03-058492-2

I.①中… Ⅱ.①张… Ⅲ.①粮食基地-地下水资源-水资源管理-研究-中国②粮食基地-地下水资源-资源评价-研究-中国Ⅳ.①P641.8

中国版本图书馆 CIP 数据核字（2018）第 181857 号

责任编辑：韦　沁 / 责任校对：张小霞
责任印制：肖　兴 / 封面设计：北京东方人华科技有限公司

科 学 出 版 社　出版

北京东黄城根北街 16 号
邮政编码：100717
http://www.sciencep.com

北京汇瑞嘉合文化发展有限公司 印刷

科学出版社发行　各地新华书店经销

*

2018 年 8 月第　一　版　　开本：787×1092　1/16
2018 年 8 月第一次印刷　　印张：30 1/2
字数：723 000

定价：358.00 元

（如有印装质量问题，我社负责调换）

作者名单

张光辉　严明疆　田言亮　王金哲　聂振龙
费宇红　申建梅　王　茜　崔浩浩　包锡麟
王　威　朱吉祥　张希雨　刘春华　王电龙
刘中培　杨丽芝　冯慧敏　李慧娣　郝明亮
连英立　周在明　卢辉雄　董双发　程思思
章新益　薛　庆　孙永彬　汪　冰　李名松

前　言

我国粮食安全已上升为国家安全战略，"以我为主、立足国内、确保产能、适度进口、科技支撑"已成为确保国家粮食安全的战略指针。保障国家粮食安全是关我国经济发展、社会稳定和国家自立的基础，是治国安邦的头等大事。随着人口增加，我国粮食消费呈刚性增长，同时，城镇化、工业化进程加快，水土资源、气候等制约因素使粮食持续增产的难度加大，利用国际市场调剂余缺的空间越来越小，立足国内实现粮食基本自给已成为国家粮食安全战略。

我国黄淮海区、东北区和长江流域中下游区3个主要粮食基地的13个粮食主产区粮食产量占全国总量75%，外销原粮量占全国外销原粮总量的88%，其中河北、河南、山东、黑龙江、吉林、江苏、安徽、江西和内蒙古9个主产省区净调出原粮量占全国净调出原粮总量的96%。同时，新增粮食产能占全国新增总产能1000亿斤（1斤＝0.5kg）的74.2%。灌溉农业离不开水，地下水已成为许多粮食主产区农业生产的重要保障条件，在我国13个粮食主产区中7个主产区位于水资源紧缺的北方地区，包括河北、河南、山东、黑龙江、吉林、辽宁和内蒙古等粮食主产（省）区，地下水供给量在这些主产区农业灌溉用水中所占比率越来越高，有些主产区地下水超采情势日趋严重，严重影响着地下水对灌溉农业用水保障能力，与国家粮食安全战略实施密切相关。

地下水合理开发是我国北方粮食主产区农业安全生产的重要条件。这不仅需要了解和掌握我国粮食主产区水文地质条件、地下水资源和农业生产状况、地下水开发利用与灌溉农业用水对地下水依赖状况，还需要了解和掌握主产区灌溉需用水底量、农业开采量与降水量和农作物布局结构之间关系以及地下水可开采资源量分布特征。唯有解答了上述问题，才能进一步提高我国主要粮食基地的地下水保障能力，同时，促进粮食主产区地下水资源合理开发水平。

本书依托国家重点研发项目"生态脆弱区地下水合理开发与生态保护的监控–预警和对策综合研究"（2017YFC0406106，2017~2020年）、"国土资源科技领军人才开发与培养计划"（首批，2013~2017年）、国家科技支撑项目"华北平原农作物布局结构与区域水资源适应性研究"（2007~2011年）、国家973课题"海河流域二元水循环模式与水资源演变机理"（2006~2010年）、国家自然科学基金项目"人类活动对干旱区地下水循环变异影响阈识别"（2005~2007年）和"降水变化驱动地下水变幅与灌溉用水强度互动阈识别"（2012~2015年）创新研究成果，以及国土资源调查项目"全国地下水资源及其环境问题战略研究——我国粮食主产区地下水资源保障程度论证研究"（2012~2014年）和"中国主要粮食基地地下水资源综合评价与合理开发研究"（2014~2015年）地质调查成果的支撑而撰写。

本书首先介绍了我国应用遥感解译的3个主要粮食基地不同农作物播种分布范围与特征、农作物布局结构和井渠分布状况，包括小麦、玉米、水稻、大豆、蔬菜和果园等。然后，翔实阐述了 3 个主要粮食基地及 13 个粮食主产区水文地质条件、农业生产概况和地下水开发利用状况。从第 7 章开始以黄淮海区主要粮食基地作为重点研究区，首先阐述了各粮食主产区灌溉需用水的底量、灌溉用水对地下水依赖程度及其空间分布特征和面临主要问题，揭示了农业用水主导地下水超采的内在因素和动力条件；然后，介绍了黄河以南及以北平原区岩溶水、裂隙水和第四系孔隙地下水资源状况，阐明了各粮食主产区地下水的天然资源量、可采资源量和可用于农业灌溉的地下水可开采资源状况和分布特征。

书中还详尽阐述了黄河以北灌溉农业区地下水超采与降水量变化和农业灌溉用水量之间关系、不同降水年型组合下地下水位变化特征和特大暴雨对地下水补给减缓超采状况与机制的最新研究成果，以及基于灌溉农业用水对地下水依赖需求的现实与地下水资源的自然承载能力之间均衡关系角度创建的"灌溉农业区地下水保障能力"的评价理念、方法和指标体系。该理论方法具备客观展现各粮食主产区灌溉农业用水对地下水依赖状况和地下水保障能力，同时，还便于全国各个粮食主产区灌溉农业用水对地下水依赖程度和地下水保障能力状况对比，反映区域之间分布特征差异的成因和性状的特点。书中通过介绍理论方法在黄淮海区主要粮食基地的 5 个粮食主产（省）区实际应用结果，展现了该理论方法在基于水文地学专业、从多元角度如何界定和评价我国粮食主产区地下水对灌溉农业保障能力的实效特征，彰显了"灌溉农业的地下水保障能力"是我国北方地区粮食主产区地下水资源合理开发对策研究的基础、支撑和基石的内涵，突显了"地下水合理开发"时代性的"动态理念"、"动态过程"和"以供定需"刚性原则。

最后，本书叙述了我国粮食主产区地下水如何开发利用，才能确保农业灌溉用水的地下水保障能力永续利用。提出"地下水资源合理开发"是指顺应自然规律和社会发展规律，合理开发、优化配置、全面节约、有效保护地下水可开采资源，充分体现人与自然和谐发展理念，随着人类社会的科技发展和文明进步而呈现"效益—教训—反省"的螺旋式上升完善过程，强调了人与自然之间和谐关系不是永恒的，人类在索取、利用自然界的同时，也在干扰自然，使自然界的局域呈现人化自然，伴随引发非正常的自然灾害、环境劣变等对人类影响和反作用，且不同时期的矛盾性状或特征不断演变的理念。同时，强调了地下水合理开发需要人与自然和谐发展的前瞻科学统筹，充分利用水权市场的价格杠杆反映地下水资源与环境真实成本，早日实现水资源消耗速率的"零增长"指导思想，既强调目前需要，又考虑长期需要的概念，在不同时空尺度、多重变化的四维环境之中，不断完善和调整人与自然和谐发展的关系，指望已严重超采的区域地下水系统在短时期内恢复它们的原始状态是非理性的。

张光辉、费宇红完成本书的总体设计、提纲拟定，前言、第 1 章、第 7~12 章主要内容编写和全书统编及审定；严明疆、田言亮、王金哲和聂振龙等完成第 2~6 章主要内容编写；申建梅、王茜、崔浩浩、包锡麟、张希雨、刘春华、王威等参加第 2~6 章的部分内容编写、制表和制图等；朱吉祥、王电龙、刘中培、杨丽芝、冯慧敏、李慧娣、郝明亮、连英立和周在明等参加第 7~11 章的部分内容编写、制表和制图等；卢辉雄、董双发、程思思、章新益、薛庆、孙永彬、汪冰和李名松等完成第 3~5 章实物调查及数据分析工作，参加了相关内容编写。严明疆、王金哲和王茜等为本书中图件编绘付出了辛勤工作。

在本书研究开展过程中，得到国家科技部、国土资源部、水利部和国家自然科学基金委的大力支持，同时得到中国地质调查局水环部和水文地质环境地质研究所、我国粮食主产区所在区域的国土、水利、农业、气象和水文等部门的大力支持，确保了本研究成果的资料翔实和高质量完成。值此成果出版发行之际，对支持和帮助本研究的专家、各级领导和参加本项研究的各位同仁表示衷心的感谢；本成果出版过程中得到了科学出版社的鼎力相助，在此一并致以诚挚的感谢。

作　者
2017 年 10 月 2 日于北京

目　　录

第1章 绪 论

本章从立题背景切入，明晰支撑撰著的学术成果源，介绍研究区范围、调查和综合研究基础，阐明为何而著，重点何在，意在何方，包括面临主要问题与挑战和国内外研究现状。

1.1 立 题 背 景

到 2050 年，世界人口预计将达到 90 亿，这意味着需求更多的粮食。但是，水资源紧缺不断加剧，正在对粮食生产造成日益严重的制约。目前，农业耗用了全球淡水和地下水供给量的 70%，同时，不断增长的人口及其对粮食需求给水资源供给带来更大的压力。急需生产足够的粮食，养活迅速增长的世界人口，因此，实现世界上有限水资源的可持续利用，包括减缓地下水严重超采已刻不容缓。

我国粮食安全已上升为国家安全战略。2013 年 12 月 10~13 日的中央经济工作会议、2013 年 12 月 23~24 日的中央农村工作会议和 2014 年"中央一号"文件，都阐明了"以我为主、立足国内、确保产能、适度进口、科技支撑"的国家粮食安全战略。我们已认识到，粮食是关系国计民生的重要商品和关系经济发展、社会稳定和国家自立的基础，保障国家粮食安全是治国安邦的前提。随着人口数量不断增加，我国粮食消费总量呈刚性增长，同时，城镇化、工业化进程加快，水土资源和气候等因素制约，使粮食持续增产的难度加大，利用国际市场调剂余缺的空间越来越小。因此，唯有立足国内实现粮食基本自给，扎实提高粮食综合产能，才能确保国家粮食安全。

《全国新增 1000 亿斤①粮食生产能力规划》（2009~2020 年）（简称"规划"，下同）提出，到 2020 年增加 1000 亿斤粮食产能，确保国家粮食安全战略实现。粮食播种面积是粮食产量的关键因素，灌溉供水保障能力是粮食高产稳产重要条件。《规划》指出：我国现有耕地中，低中产田约占 2/3，农田有效灌溉面积所占比例不足 47%，抗御自然灾害的能力差，未从根本上摆脱靠天吃饭的局面。因此，到 2020 年，完成改造低中产田 3 亿亩②，力争使粮食生产核心区和产粮大县的低中产田面积减少 50% 以上，逐步把粮食生产核心区和产粮大县的中产田建成旱涝保收的高产田、把低产田改造成产量稳定的中产田，形成一批北方地区 80 万亩以上、南方地区 50 万亩以上的区域化、规模化、集中连片的商品粮生产基地。

为保障国家粮食安全的新增产能 1000 亿斤目标实现，《规划》中确立了黄淮海区、东北区和长江流域中下游区的 3 个国家主要粮食基地（核心区），即黑龙江、吉林、辽宁、

---

① 1 斤 = 500g。
② 1 亩 ≈ 666.67m²。

内蒙古、河北、河南、山东、安徽、江苏、湖南、湖北、江西和四川 13 个国家粮食主产区（省），包括 680 个粮食生产大县（市、区），同时，实施了"国家粮食丰产科技工程"和"国家粮食增产工程"，突出小麦、玉米和水稻"三大作物"产能安全保障。13 个主产区粮食产量占全国总量 75%，外销原粮量占全国外销原粮总量的 88%，净调出原粮量占全国净调出原粮总量的 96%。上述 3 个主要粮食基地、13 个粮食主产区的新增粮食产能占全国新增总产能的 74.21%。

在我国 13 个粮食主产区中，河北、河南、山东、黑龙江、吉林、辽宁和内蒙古 7 个主产区地处水资源紧缺的我国北方地区，地下水已成为这些主产区粮食生产灌溉用水的不可缺少供给水源，年用水量 1460 亿 m^3 以上，占 13 个粮食主产区总用水量的 42.59%，其中地下水供水量达 725.9 亿 m^3，占 13 个粮食主产区地下水总供水量的 88.01%，占全国地下水总供水量的 65.45%；农业用水量达 993.5 亿 m^3，占 13 个粮食主产区农业总用水量的 47.42%，占全国农业总用水量的 26.54%。

目前，我国北方的粮食产量已远高于南方地区，地下水作为农业灌溉用水供给水源已成为我国北方粮食生产中重要基础条件，而且，地下水供给量在农业灌溉用水中所占比率不断提高，尤其黄淮海区主要粮食基地农业主导的地下水超采情势越趋严峻，加之，干旱气候频发，加剧了我国北方粮食主产区农田灌溉用水对地下水开采的依赖程度。到 2020 年，我国要实现比现有粮食产能增加 1000 亿斤的目标，离不开地下水供给保障。这急需了解和掌握我国主要粮食基地对地下水资源需求和依赖状况、现状地下水开发利用和超采程度、未来地下水可开采资源对国家主要粮食基地农业用水保障能力、可持续利用性和合理开发对策。唯有解答上述问题，才能明确和进一步提高 13 个国家粮食主产区地下水保障能力，促进粮食主产区地下水合理开发利用水平。

因此，本书内容依托国家重点研发项目"生态脆弱区地下水合理开发与生态保护的监控-预警和对策综合研究"（2017YFC0406106，2017~2020 年），在完成国家科技支撑项目"华北平原农作物布局结构与区域水资源适应性研究"（2007~2011 年）、国家 973 课题"海河流域二元水循环模式与水资源演变机理"（2006~2010 年）、国家自然科学基金项目"人类活动对干旱区地下水循环变异影响阈识别"（2005~2007 年）和"降水变化驱动地下水变幅与灌溉用水强度互动阈识别"（2012~2015 年）基础上，基于"国土资源科技领军人才开发与培养计划"（首批，2013~2017 年）、国土资源调查项目"全国地下水资源及其环境问题战略研究——我国粮食主产区地下水资源保障程度论证研究"（2012~2013 年）和"中国主要粮食基地地下水资源综合评价与合理开发研究"（2014~2015 年）大量调查数据、资料和综合研究成果，围绕"中国主要粮食基地地下水保障能力与评价理论方法"主题，深层次破解区域、流域和粮食主产区灌溉农业用水强度与降水量、地下水位和开采量之间互动规律，揭示了我国典型粮食主产区地下水超采机制、主导因素和不同气候下超采模式，创建和发展了"灌溉农业对地下水依赖程度和地下水保障能力评价理论方法"，首次阐明了我国粮食主产区灌溉农业对地下水依赖程度和保障能力状况，指明了黄淮海区国家主要粮食基地耗水农作物种植应重点优化调整范围、程度和减缓灌溉农业超采地下水对策，为国家粮食安全战略实施提供重要科学依据。上述理论方法，通过国家重点研发项目"我国西部特殊地貌区地下水开发利用与生态功能保护"（2017YFC0406100）正在我国西北干旱、半干旱的灌溉农业区试点应用,将进一步拓展和发展,有关成果将于项目(2017YFC0406106)完成之后出版。

1.2 工作区范围与研究基础

1.2.1 工作区范围

本书研究的主要工作区域是我国 3 个主要粮食基地(核心区),即 13 个粮食主产(省)区分布范围。《全国新增 1000 亿斤粮食生产能力规划》(2009～2020 年)确定的国家粮食生产核心区(主要粮食基地),分别为黄淮海区、东北区和长江流域中下游区,它们由黑龙江、吉林、辽宁、内蒙古、河北、河南、山东、江苏、安徽、湖北、湖南、江西省和四川 13 个粮食主产(省)区组成(图 1.1),地处位置及分布范围如图 1.2 所示。这里的粮食主产区如《规划》指出,是指能够为国家粮食供给提供重要和稳定的产量保障的独立经济区域,即区域粮食产量能够稳定的维持占全国粮食总产量一定比例以上的粮食主产省份。

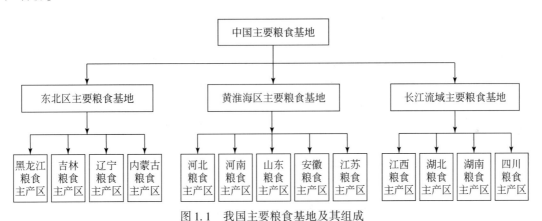

图 1.1 我国主要粮食基地及其组成

国务院发布的《全国新增 1000 亿斤粮食生产能力规划》(2009～2020 年)

黄淮海区主要粮食基地的面积 28.32 万 km²,地处黄河、淮河和海河流域的平原区(图 1.2),位于东经 113°00′～121°30′,北纬 32°00′～40°30′,包括河北、山东、河南、安徽和江苏 5 个粮食主产区(图 1.1),由 300 个粮食生产大县(市、区)组成,耕地面积 3.22 亿亩,粮食播种面积 4.88 亿亩,占全国粮食总播面积的 28.69%。

东北区主要粮食基地的面积约 32 万 km²,包括松嫩平原、辽河平原和三江平原(图 1.2),其中松嫩平原位于东经 121°21′～128°18′、北纬 43°36′～49°26′;辽河平原位于东经 119°04′～125°01′、北纬 41°59′～45°01′;三江平原位于东经 129°46′～135°05′、北纬 46°06′～48°28′,涉及黑龙江、吉林、辽宁省和内蒙古自治区 4 个粮食主产区(图 1.1),由 209 个粮食生产大县(市、区、场)组成,耕地面积 3.90 亿亩,粮食播种面积 3.88 亿亩,占全国粮食总播面积的 22.82%。

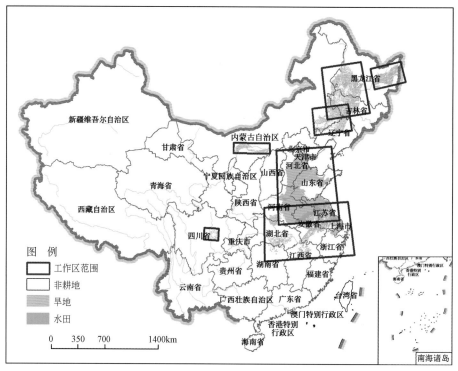

图 1.2　工作区位置及分布范围

　　长江流域中下游主要粮食基地的面积约 20 万 km²，地处长江流域中下游平原区（图 1.2），包括成都平原、江汉平原和两湖平原，位于东经 102°54′~104°53′、北纬 30°05′~31°26′和东经 111°05′~122°57′、北纬 27°50′~33°58′，涉及江西、湖北、湖南、四川 4 省的 171 个县（市、区）（图 1.1），耕地面积 1.51 亿亩，粮食播种面积 2.94 亿亩，占全国粮食总播面积的 17.27%。

1.2.2　研究基础

1. 关键问题基础研究

　　在 2005~2011 年期间，依托国家 973 课题"海河流域二元水循环模式与水资源演变机理"、国家科技支撑项目"华北平原农作物布局结构与区域水资源适应性研究"和国家自然科学基金项目"人类活动对干旱区地下水循环变异影响阈识别"，开展了黄河以北的平原区在气候变化和人类活动影响下地下水演变及其与农作物布局结构之间关系研究，侧重了人类活动对农业区地下水循环变异影响阈识别方法与响应特征研究，完成了华北平原全区（13.92 万 km²）0.49km² 单元精度的农作物布局结构与区域水资源承载力之间适应性状况评价，建立了相关基础数据库。期间，深入研究了地下水补给与开采量对降水变化响应特征、农田区地下水开采量对降水变化响应规律，包气带厚度变化对降水入渗补给地下水影响，降水量与农业开采量变化、农灌引水与开采、灌溉粮田增产对地下水位变化影响，以及灌溉农田节水增产对地下水开采量影响和人类活动对浅层地下水干扰程度定量评价方法，揭示了华北平原地下水演化地史特征与时空差异性、地下水可持续开采量与地下水功能评价的关系和华北平原地下水的资源功能、生态功能和地质环境功能区划特征，创建了区域地下水功能可持续利用性评价理论方法。

2012 年以来，在上述研究基础上，围绕国家粮食安全战略实施的需求，以灌溉农业用水主导的太行山前平原浅层地下水超采区为重点区，采用小时级智控地下水位动态监测技术与日、周、月降水量动态数据相结合，深入开展了不同类型农业区非雨季农业主灌期浅层地下水位强降、雨季非灌溉期地下水位弱升特征及其形成机制研究，包括预警指示超采状况的标识特征和评价理论方法研究，突出了"降水变化"驱动、"农业超采"主导"的二元水循环演化基本理念，侧重破解"降水变化"与"农业超采"耦合形成的地下水位衰变标识特征或规律研究，聚焦于粮食主产区浅层地下水超采状态如何及时预警，发现了年内非雨季的农业主灌期浅层地下水位强降（急剧大幅下降）、雨季非灌溉期地下水位弱升（缓慢小幅上升）标识特征，建立粮食主产区对地下水依赖程度和地下水保障能力的识别与评价理论方法。

在非雨季农业主灌期、雨季非灌溉期地下水位变化强度的标识特征研究中，以年为研究系列的基本时段，以日的某一个时刻（非农业开采干扰影响最小时段）监测数据作为基础数据，识别和确定非雨季的农业主灌期、雨季非灌溉期的分布和变化规律。为了识别出非农业活动对研究区地下水位变化干扰最弱时段，结合研究区农业开采特点和相关调查，通过对 1：00、4：00、7：00、10：00、13：00、16：00、19：00 和 22：00 监测的 8 个监测数据系列的对比研究，探查非农业开采干扰最弱的时段、非雨季农业主灌期浅层地下水位下降强度（单位时间、单位开采量条件下水位降幅）的标识特征，包括农业开采对地下水位影响的程度、强度变化特征和趋势性规律研究，重视滤定和剥离非农业开采对研究区地下水位变化的明显影响，还开展了雨季非灌溉期地下水位回升强度的标识特征研究，包括非农业开采对地下水位影响规律研究以及不同水文年型（降水）条件下粮食主产区浅层地下水位的年变幅与非雨季农业主灌期、雨季非灌溉期地下水位变化强度之间关系、标识特征研究。

在粮食主产区浅层地下水位强降-弱升特征形成机制研究中，开展了：①每年春灌期地下水位持续下降的幅度、日均强度（记作 D）以及其与降水变化、农作物布局结构、农业开采强度和地下水埋藏状况之间关系研究。②主灌溉期形成的最低水位至年内最高水位时段，浅层地下水位上升特征（记作 R）与机制研究，包括它与降水情势、包气带厚度与渗透性、农作物布局结构之间关系研究。③D、R 之间耦合关系及其对当年地下水超采状态（S）影响的关联度研究，包括降水年际变化以及秋、冬和春季年内降水变化影响，重点研究了它们的耦合时间节点、耦合对地下水影响强度变化特征、不同降水情势下年际变化规律和程式表达，避免将局域或个别现象视为区域性规律的一孔之见。④地下水位强降-弱升特征与上游山区的地下水位埋深、降水量变化之间关系研究，侧重上游山区地下水位埋深、降水量变化对研究区浅层地下水侧向流入补给影响的研究。⑤粮食主产区地下水位强降-弱升的尺度效应研究，以多年平均的地下水变幅作为基值，包括灌溉期水位降幅（D）、灌溉期之后雨季非灌溉期水位升幅（R）和年内的年初-年终地下水位差（S，也是超采状态）的基值，开展不同水文年型（降水）条件下 D 和 R 影响 S 状态（加剧、稳定或减缓）的标识特征研究，揭示 D、R 和 S 三者与研究区当年地下水超采状态（加剧、稳定或减缓）之间程式关系，研发具有预警指示作用的灌溉农业对地下水依赖程度和地下水保障能力评价理论方法。

2. 区域问题调查与综合研究

依托"国土资源科技领军人才开发与培养计划"（首批，2013～2017 年）支持，通过开展国土资源调查项目"全国地下水资源及其环境问题战略研究——我国粮食主产区地下水资源保障程度论证研究"（2012～2013 年）及"中国主要粮食基地地下水资源综合评价与合理开发研究"（2014～2015 年），采用遥感技术，创新农田区井渠遥感识别解译关键技术，开展了我国主要粮食基地的分布范围及其主产区范围、农作物布局结构与区位特征和渠系基本情况调查。充分收集前期成果和资料，并结合各主要粮食基地和主产区特点，开展相关资料综合分析，并以各主产区作为基本单元，进行了数据、资料归类立档建库（图 1.3）。

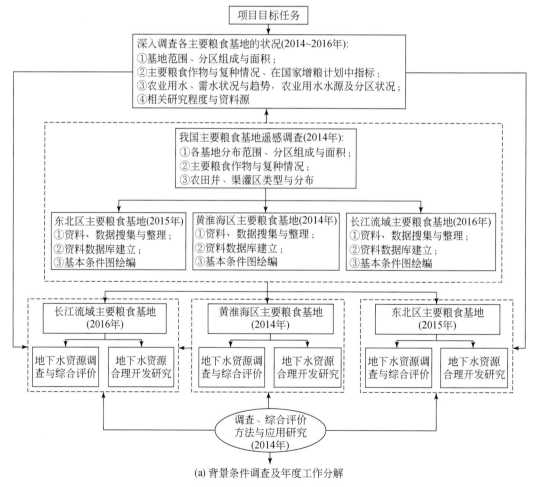

(a) 背景条件调查及年度工作分解

图 1.3　调查与综合研究主要流程

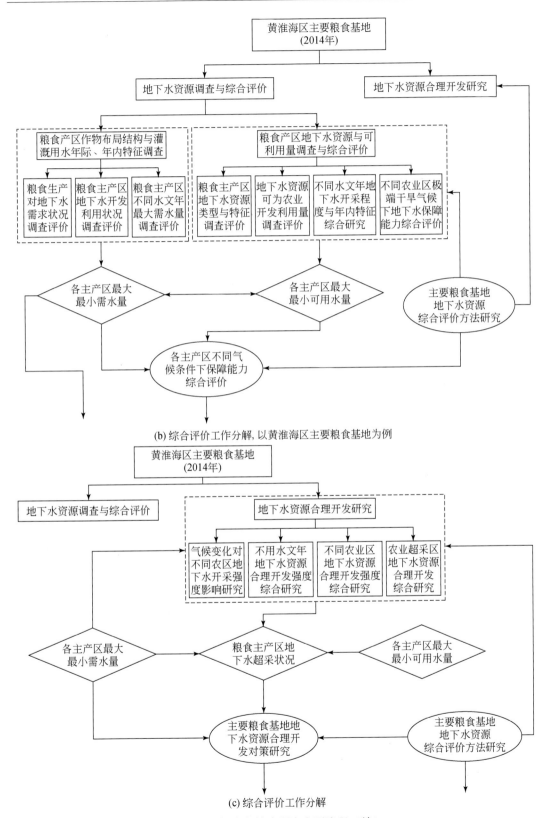

(b) 综合评价工作分解, 以黄淮海区主要粮食基地为例

(c) 综合评价工作分解

图 1.3 调查与综合研究主要流程 (续)

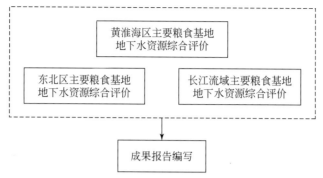

(d) 中国主要粮食基地地下综合评价与合理开发研究

图 1.3　调查与综合研究主要流程（续）

以县、市行政单元的统计数据作为评价基础，合理考虑水资源分区和地下水系统划分影响，综合评价了主要粮食基地农业生产对地下水需求和依赖状况。同时，在黄淮海区主要粮食基地的农业超采区，采用1∶5万精度开展了补充调查，重点调查了小麦-玉米复种和蔬菜种植主产区地下水开采状况、依赖程度、超采现状和地下水可开采资源保障能力。采用典型农业区标样详查与跟踪监测方法，调查了不同气候条件（多年平均的年降水量小于530mm、介于530～650mm、大于650mm或大于800mm；连枯水年份、特丰水年份等）、不同农作物类型区（小麦、玉米、稻谷等；年内一茬、年内二茬及以上）的农业开采地下水状况和地下水位变化特征。基于"枯歉丰补"和"水文周期均衡利用"理念，立足于现状粮食生产规模及平水-枯水年农业开采地下水强度和未来粮食增产刚性需求，采用区域水量动态均衡方法，以水资源分区和县域作为综合评价的基础单元，开展了综合评价和合理开发研究，包括粮食主产区地下水资源类型与特征评价、粮食生产对地下水需求状况评价、不同类型区不同水文年最大需水量评价、可为农业开发利用的地下水资源量评价和不同农业区极端干旱气候下地下水保障能力综合评价 ［图 1.3（b）］。

选择不同典型农业区（小麦、玉米、稻谷等；年内一茬、年内二茬及以上；多年平均的年降水量小于530mm、介于530～650mm、大于650mm或大于800mm）进行标样详查与跟踪监测，通过开展主要粮食基地农作物布局结构、用水强度、地下水开发利用现状及其可开采资源承载力调查，破解了主要粮食基地农业区地下水超采程度与气候变化、农作物播种强度、陆表水文和地下水资源状况之间互动机制。在查明了我国主要粮食基地的13个主产区分布范围、农作物播种强度与布局、灌溉用水和农业开采地下水状况基础上，创建了适宜我国粮食主产区地下水保障能力评价理论方法及指标体系，建立了"安全保障"、"较安全保障"、"基本保障"、"难以保障"和"无法保障"理念及其评价标准。

以1∶5万调查的精度，开展超采区农业开采对地下水影响程度、不同气候条件下地下水超采强度、年内农业开采量和开采层位地下水位变幅特征以及在水文均衡期内可恢复情况及当地水文地质条件的约束状况的补充性调查。采用遥感技术，调查主要粮食基地（黄淮海区、东北区和长江流域中下区）小麦、玉米、稻谷和大豆作物农田区分布范围，以及粮食基地农田类型、农作物布局结构和渠系分布情况。信息源为2013～2015年监测的多光谱遥感数据，空间分辨率 10～30m。以国产 GF-1 卫星 16m 数据为主，美国 SPOT-5、ZY-3、ZY-02C 和 Landsat OLI 等数据作补充，采用的解译方法是在计算机自动分类基础上人工目视修正，提取目标信息。精度验证方法为地面抽样调查。

在黄淮海区主要粮食基地调查与评价中，深入收集、补充调查和综合整理分析了农业用水、地下水开采和农业灌溉对地下水需求状况相关资料，包括耗水作物的种植面积、复种与灌溉用水状况，农业开采量年际、年内变化情况以及其他作物用水和地表水供水灌溉等情况的补充性调查。在县、市统计资料的收集和调查基础上，应用时间序列动态与趋势分析方法，分析和评价各个粮食主产区农业灌溉对地下水需求和依赖状况，以及在未来增粮计划实施背景下变化趋势。采用单位时间、单位面积的各项要素对比和耦合分析方法，研究农业用水对地下水依赖程度、超用程度和超采程度。

在主要粮食基地地下水资源保障能力综合评价中，重点补充调查和完善地下水可开采资源量及开采资源模数分布分区状况，阐明主要粮食基地可供农田区灌溉使用的地下水资源类型、数量及其可持续利用性和地下水可开采资源量与当地农业生产需用水之间适应状况。结合最不利气候条件下粮食安全生产的最低需用水量等刚性需求，采用适宜评价方法和指标体系，量化评价黄淮海区主要粮食基地不同粮食主产区的地下水资源保障能力。

基于前期国土资源大调查的"全国地下水资源及其环境问题调查评价"成果和资料等，同时，根据主要粮食产区分布的区域特点和主要粮食基地地下水资源综合评价的需求，补充调查和完善地下水可开采资源量，量化至每平方千米的单元上，合理确定评价分区，支撑综合评价的基本要求。采用时间序列动态的均值、极值的统计分析方法，分析和评价地下水对主要粮食基地安全保障状况，包括农业灌溉用水中取用（开采）地下水强度（单位时间、单位面积的地下水开采量）年际、年内变化规律和特征值研究。在农业开采量和强度研究中，重视极端气候（连续干旱或特丰水）对农业开采量影响，侧重考虑平水-枯水降水条件下，特别是连续枯水条件下，不同气候带、不同季节的不同作物区农业灌溉对地下水需求极大值，以及特丰水背景下农业区地下水可恢复特征［图1.3（b）］。

在主要粮食基地地下水资源合理开发研究中，以水资源分区和县域作为综合评价基础单元，以近5年来的平水年作为基准年，基于"枯歉丰补"和"水文周期均衡利用"理念，立足于现状粮食生产规模及平水-枯水年农业开采地下水强度和未来粮食增产刚性需求，以及区域及分区地下水可利用资源数量与超采状况，评价粮食生产需水保障要求与地下水资源利用量之间均衡现状和未来可持续保障粮食基地生产用水的能力，研究农业区缓解地下水严重超采和进一步合理开发利用对策。

在上述综合研究中，侧重了4个方面问题研究：①气候变化对不同农区地下水开采强度影响特征研究；②不用水文年地下水资源合理开发强度综合研究；③不同农业区地下水合理开发标志特征研究；④农业超采区地下水资源合理开发对策研究［图1.3（c）］。在上述研究中，不仅充分考虑各主要粮食基地地下水资源可利用量随着气候变化的可变性，而且，还重视不同气候条件下粮食生产对地下水供给的需求和农业开采强度的差异极值特征研究［图1.3（c）］。对于地表水资源较丰富的地区，重点考虑极端枯水年份粮食生产对地下水供给的需求。对于地表水严重短缺的地区，侧重长时间序列地下水对粮食生产安全的可持续保障能力的综合评价和合理开发对策研究。在研编成果图中，侧重粮食主产区对地下水供给需求、地下水保障能力和地下水合理开发对策的表达［图 1.3（d）］，突出了复杂问题简单化、易应用表述技巧。

1.3　面临主要问题与挑战

（1）全国采用统一评价体系及标准，如何界定和评价我国粮食主产区地下水对灌溉农业保障能力，国内外尚无相应理论方法。传统做法是以地下水可开采资源量与需用水量之间均衡关系作为评价的理论基础，如此会形成地表水资源丰富、灌溉农业用水对地下水开采供给依赖程度较低的地区地下水保障能力弱的假象。在灌溉农业对地下水缺乏需求的地区，即使地下水可开采资源较少，由于需求较低，所以，灌溉农业的地下水保障能力也不一定很弱。只有既要反映灌溉农业用水对地下水的依赖程度，又能反映当地地下水开采资源承载能力，才能够实现全国采用统一评价体系及标准，如此界定和评价我国主要粮食主产区地下水对灌溉农业保障能力，这种研究成果才能更好地服务国家粮食安全战略决策。

（2）如何精准查明每一个粮食主产区的每平方千米面积上农业灌溉用水强度、每季和每种作物灌溉用水强度（指单位时间内每平方千米面积上灌溉用水量），这是我国粮食主产区地下水保障能力评价的最基础数据。同时，还需要查明各粮食主产区开采地下水井分布密度（指每平方千米面积上农业开采井的数量），支撑灌溉农业对地下水依赖程度的评价。这不仅需要精准掌握不同地区农作物播种范围、类型、面积和产量，还需要查明不同季节不同地区农作物灌溉定额、方式、制度、供水水源与用水计量等资料，以及灌溉用水量与降水变化、作物类型变化之间关系，以便于核准基础数据。

（3）如何解决源自不同部门或领域的基础数据因监测和研究尺度不统一、资料序列长度和完整性严重欠缺，分辨率和精度明显不同，以至难以在统一评价体系中耦合海量数据和综合评价难题。气象及农业种植面积、产量和灌溉用水数据是乡、县、地市行政区为单元统计，地表水是水系、流域或水文分区为单元统计，地下水资源是以水文地质单元和地下水系统为基本分区统计，在研究尺度、分辨率和精度上存在较大差异。大区域、多领域数据（灌溉农业、气象、水文和地下水等）之间适应性状况量化评价与区划，需要确保所必需的各方面基础数据在统一评价体系中时空尺度一致性、对应关系一致性和时效一致性，确保在处理海量数据过程中时空吻合。若某一单元的数据存在人为性问题，会造成局部的系统性失真。

本研究所必需的这些资料监测，分别由农业、气象、水利和国土等不同部门负责，监测的空间尺度、时间尺度、序列长度与完整性相差很大，加之，我国 3 个主要粮食基地、13 个国家粮食主产区涉及气象、水文、地表地貌、农业生态环境和地下水资源赋存条件差别巨大，各地区在数据统计与管理上存在较大的地域差别。例如各省市、地市的每年农村统计年鉴数据的内容和表达形式，千差万别，给该项研究带来较大难题。

破解难题思路：①采用野外调查、遥感监测、典型水文年海河流域平原全区农作物布局结构填图和精细填图方法，凡大于 1/3 单元面积（单元面积 0.49km²）的要素，必填图（分辨率 0.16km²），查明各粮食主产区作物布局结构、灌溉用水强度和地下水开采强度状况；②通过各要素时序规律、趋势和互动机制研究，确定该流域灌溉农业主要影响区范围和评价基准，包括近 30 年以来典型水文年遴选，解决了评价基础涉及的基值难题；③借鉴水文地学的"模数"理念、MapGIS 空间分析技术和精细单元体系空间特征耦合方法，采用"模数"等效面积的各要素关系量化对应理念，解决了不同领域数据耦合难题；④应用时序趋势分析、聚类分析和变异特征识别方法等，以及 GIS 和 GPS 技术进行区位与分区特征、变异特征界定与控点和边界标识，包括分区、单元网系的基础数据时空吻合性耦合和样验。

1.4　国内外研究现状

1.4.1　气候变化对农作物需水量影响研究

国内外学者针对气候变化对农作物需水量及灌溉需水量影响研究，主要集中在两个方面：一是历史气候变化对作物需水量的影响，二是未来预测气候情景对作物需水量的影响研究。目前，计算农作物需水量主要采用联合国粮农组织推荐的彭曼-蒙蒂斯（Penman-Monteith）公式，它需要的基础数据主要有气温、相对湿度、日照时数、辐射强度、风速等气象因素，灌溉需水量为降水量与农作物蒸散发量的差值，受气候变化影响较大。Yang 等（2008）认为气候类型转变与农业需水量关系密切，我国华北地区气候类型正从从干热型向湿热型转变，农业水分亏缺量也相应减少，但是该区的农业缺水程度并没有明显缓解。Yu 等（2009）认为气温升高，降水量减少将使农业灌溉需水量增大，气温降低，降水增大将使农作物灌溉需水量减少。Roderick 和 Farquhar（2002）、Cohen 等（2002）、Smith（1992）、Estrella 等（2007）、De Silva 等（2007）和 Gunter 等（2009）认为，气候变化对农业需水量存在显著影响。吴普特等（2010）指出，气候变化对我国农业需水量产生了重大影响。刘晓英等（2005）提出我国华北地区主要农作物灌溉需水量变化趋势及原因，近 50 年来华北地区冬小麦和夏玉米的需水量均呈下降趋势，日照时数和风速的减小是需水量下降的主要原因。胡玮等（2014）认为，在气候变化影响下华北东部地区农业需水量将呈增大趋势，而西部地区呈减小趋势。宋妮等（2014）认为河南地区冬小麦需水量对气候因子变化响应显著，李萍、魏晓妹（2012）发现气候变化对灌区需水量影响显著，其中降水量影响最大，其次是相对湿度。

刘钰等（2009）研究了中国主要作物需水量时空变化特征，认为华北地区冬小麦的需水量介于 400 ~ 500mm，净灌溉需水量介于 150 ~ 350mm；夏玉米作物需水量介于 230 ~ 400mm，净灌溉需水量介于 100 ~ 150mm。马林等（2011）研究表明，在华北地区，从山前平原到滨海平原作物需水量呈逐渐减低趋势。黄仲冬等（2015）认为在降雨和蒸散量双重影响下夏玉米的需水量呈现很大的不确定性。

联合国政府间气候变化专门委员会（IPCC）给出了多个国家气候研究机构给出的多种气候预测模型，国内外学者基于这些模型数据对未来气候变化对作物需水量的影响进行了预测研究。Yoo 等（2012）研究表明，2025 年作物需水量将增加 7.0%，2055 年增加 9.2%，2085 年将增加 12.9%。Zhu 等（2015）提出，在未来气候情景下中国农业灌溉需水量（尤其是 7 月）将大幅增大。到 2100 年，我国东北地区玉米作物灌溉需水量将增加 37.3%~42.9%（张建平等，2009）。姬兴杰等（2015）研究未来气候变化对河南地区冬小麦需水量的影响，认为冬小麦需水量将呈增加趋势。

1.4.2　气候变化和农业活动对地下水影响研究

气候变化、农业活动和地下水流场演变三者之间存在互动影响。气温升高、降水量减少农业灌溉需水量增大，地下水开采量相应增大，地下水补给量则呈减少趋势，地下水位大幅下降；反之，气温下降、降水量增大农业灌溉需水量减少，地下水开采量随之减少，地下水补给量则呈增大趋势，地下水位大幅抬升。Timothy 等（2011）的研究成果表明，地下水系统对气温、降水和降水类型等因素因子变化响应明显，气温升高、降水量减少将使地下水系统朝着负均衡的方向发展，地下水位大幅降低，而气温降低和降水量增大将增加地下水系统补给量，从而促使地下水位迅速上升，地下水系统朝着正均衡的方向发展。Riasat 等（2012）认为，气候变化对地表水的影响强度要大于地下水系统。Jellani 等（2008）发现降水量特别是春季降水量增加，地下水开采量将大幅减少。廖梓龙等（2014）认为，丰水年份可以缓解地下水位的下降趋势，而枯水年份将加剧地下水位的下降趋势。张光辉等（2008，2015a，2015b，2015c）、王电龙（2014，2015）等研究表明，气候变化，特别是降水量减少，是近 50 年华北山前平原地下水位下降的重要因素，华北浅层地下水系统对气候变化响应敏感，该平原地下水位降落漏斗演变与降水量持续减少密切相关。

Juana 等（2010）提出，农业开采是华北山前平原区地下水位下降的主要原因，每年减少超过 180mm 的灌溉地下水开采量才能维持目前的地下水均衡。Hu 等（2010）认为，农业灌溉开采量减少 35%，地下水位将恢复升至 1956 年的水位值，减少 25% 能有效减缓目前地下水位的持续下降趋势。Yang 等（2006）发现，冬小麦生长季节的需水量大小对华北山前平原地下水位影响明显，冬小麦灌溉需水量每增加 100mm，该区地下水位下降 0.64m。Ahmed 和 Ilmar（2009）也认为农业灌溉大量开采地下水，是导致地下水疏干的主要原因。Mao 等（2005）研究结果，气候旱化引起河北平原区农业开采量大幅增加，从而引起地下水位持续下降，而农业开采量减少 100mm，可使地下水位下降的趋势得以缓解，反之，增加 100mm 开采量，则地下水位下降幅度增大 0.65m。张光辉等（2006，2013，2015a，2015b，2015c）研究发现，在冀中平原农业区，小麦主灌期地下水位呈 "cm/d" 级下降趋势，在非灌溉期地下水位呈 "mm/d" 级上升趋势，持续干旱年份将促使浅层地下水位加剧下降，只有特丰水年份地下水位才能显著回升；在华北农业区，年降水量增大、农业开采量相应减少，降水量减少、农业开采量大幅增加，同时地下水补给量也相应减少，滹沱河平原区降水量每减少 100mm，农业开采量增加 36mm，两者叠加加剧地下水位的下降趋势，即降水量增大、地下水补给量增大、地下水位回升、降水量减少、地下水开采量增大、地下水位下降，连续枯水年份的发生使地下水位下降趋势进一步加剧。

1.4.3　农作物布局结构遥感解译

　　长期以来各国专家学者针对遥感影像信息提取开展了大量的工作。1972 年，美国发射的第一颗陆地资源卫星（Landsat）开启了利用遥感技术实时监测耕地信息进行研究的新方法。1974～1986 年，美国通过"大面积农作物估产实验"和"农业和资源的空间遥感调查"两个大型农作物遥感监测项目的攻关，于 1986 年建立了全球级的农情监测运行系统，率先开展了农业遥感监测工作。

　　1991 年，欧空局发射 ERS-1 地球资源卫星；1995 年，ERS-2 发射开启了世界上第一对太空合成孔径雷达同时执行任务之新纪元。自从 ERS 系列卫星和 Radarsat-1 卫星发射升空后，星载雷达数据得到广泛应用，特别是在农业监测领域，大量的研究项目分析和确认了雷达数据在农作物生长监测中的可靠性和有效性。1999 年，EOS-Terra 卫星发射成功；2002 年，EOS-AQUA 发射成功，这两颗卫星的发射为估产监测提供了新的数据源。2000 年后，MODIS 数据成为再继 NOAA-AVHRR 数据之后的最主要的作物监测数据。2013 年 2 月，美国发射了最新陆地资源卫星 Landsat-8。遥感卫星的更新换代，带动了遥感估产监测技术的发展，目前估产监测的对象已经扩展到多种作物，监测数据倾向于高光谱数据与高分辨率数据结合的模式，同时微波遥感的应用也更为广泛。

　　在农作物遥感监测中，从遥感影像图中正确识别目标作物是非常关键的一个环节。通过遥感图像获取耕地信息传统的方法是，利用 GIS 专业软件，结合目视解译对图像进行数字化。这种方法劳动强度大、工作进度缓慢且实验结果的人为主观性影响大。1976 年，Ketting 与 Landgrebe 依据同质性对象提取的优点提出了一种分割分类算法用于在遥感图像中提取地物信息，并取得了很好的研究效果，使得计算机方法及思想被逐步引入遥感图像的解译过程；此后，Lobo、Chic 及 Casterad 基于目标的信息提取对遥感影像进行分类，对于计算机方法的首次改进得到了较好的提取结果；Hofmann 则将面向对象的分类方法应用于 IKONOS 影像中进行非正式居民地的识别，具有较高的精度；尤其值得一提的是，第一个面向对象的遥感信息提取软件 eCognition 采用了面向对象和模糊规则的处理与分析技术，并成功将其投入商业运用。Bruzzone 则利用神经网络发展的热潮，将最大似然法和非参数 RBF 神经网络相结合，应用于多种遥感数据的土地覆盖分类；同时，Keramitsoglou 则同时利用核的空间重分类法和 RBF 神经网络法等方法结合，利用遥感影像制作了居民点分类图，取得了满意的效果。

　　近 30 年来，随着空间信息技术的发展，可使用的遥感影像种类繁多，由于不同区域耕地的分布特点、土壤性质、耕作条件等的不同，对耕地信息提取的研究主要集中在利用不同的影像数据进行特定区域的耕地信息提取方面。Tucke 最早应用多时相 AVHRR NDVI 数据分别对非洲和南美洲的土地覆盖进行了比较研究，获得的土地覆盖情况基本是实际相符；Wataru Takeuchi 根据亚洲湿地和水田的基本情况，利用 MODIS 数据进行遥感监测研究；Fuller 使用 NOAA-AVHRR NDVI 时间序列的成长数据研究了非洲西部地区 1987 年到 1993 年的土地利用与土地覆盖变化；Mc Nairn 通过多时相雷达影像 Radarsat-1 提取加拿大西部农业区不同作物的种植面积；Okamoto 结合 TM 数据和 JERS-1SAR 影像识别印度尼西亚新增水稻作物的种植面积；Cihlar 利用 AVHRR 数据对加拿大北方地区进行土地覆盖分类；Evans 基于傅里叶组分的波形相似度指数，利用 MODIS 数据对叙利亚草地植被进行分类；Moody 以南加利福尼亚州为试验区，利用 NOAA-AVHRR NDVI 时间序列均值和离散傅里叶变换（DFT）的振幅与相位来表征植被间的物候差异。

由于植被具有明显的季相节律性以及物候变化的规律性，因此，时相的选择或时相信息的利用就成了影响作物分类精度的一个不容忽视的因素。鉴于此，不少学者探讨了多时相分类的方法，并取得了不错的效果。Conese（1991）比较了单时相和多时相的分类结果，发现多时相信息能够极大的改善分类精度。但受遥感影像成像周期和天气等因素影响，能覆盖整个研究区域，同时又能够满足需要的多时相影像很难获取。NDVI 的时间序列分析成为基于植被物候特征的地表覆盖分类的基本手段，先后出现过许多具体的分析方法，Running（1995）通过分析植被类型 NDVI 的年变化曲线，在植被类型季相节律和物候特征的先验知识基础上，对植被类型进行分类。Yafit Cohen（2001）分析作物类型与影像光谱、农业知识、降雨量和土壤类型等信息之间的关系，建立作物识别系统，实现了对地中海地区 8 种不同类型作物的识别。

我国作物遥感估产起步于 1981 年，最初的应用对象是冬小麦。1983 年，北京市农林科学院综合所、天津市农科所、河北省气科院及国家气象局等多家单位提出京津冀冬小麦综合估产的技术与方法；1984 年，国家气象局建立了北方 11 省市冬小麦气象遥感估产运行系统，开展冬小麦的产量估测研究。"七五"期间，国家气象局等单位利用 NOAA-AVHRR 卫星遥感影像开展了冬小麦长势检测的方法和技术研究；"八五"期间，国家将遥感估产列为攻关课题，多家单位联合建成了大面积"遥感估产试验运行系统"，并完成了全国范围的遥感估产的部分基础工作；"九五"期间，国家计划实施"五省水稻估产系统"；"十五"期间国内开始出现各种遥产业务系统，作物估产项目成为国家高技术研究发展（863 计划）重点项目；"十一五"科技部委托国家统计局主持组织实施了国家高技术研究发展计划地球观测与导航技术领域重大项目"国家统计遥感业务系统关键技术研究与应用"，审核通过了国家粮食主产区粮食作物种植面积遥感测量与估产业务系统等相关项目。2010 年，开展试运行并开始监测国内和国外主要粮食产区的作物长势、估算作物产量、监测作物的种植面积、分析作物农业旱情以及监测耕地复种指数、种植结构等主要农业状况。该系统各项监测内容的监测精度在 95% 以上，年度间的相对误差在 1% 以内。

近十几年来，随着耕地的数量和质量越来越受到中央及各级政府的重视以及 3S 技术和卫星传感器的飞速发展，国内学者对于耕地面积提取以及其覆被变化的研究也越来越频繁，利用遥感技术进行大范围耕地信息提取技术日益发展并逐步完善。国内利用 NOAA-AVHRR、QuickBird、IKONOS、TM、ETM+、SPOT 以及 MODIS 等遥感数据进行了大量的耕地信息提取研究，并利用 SPOT-5 卫星影像将特征波段加和比值植被指数（PRVI）和归一化植被指数（NDVI）作为新的波段融入原始影像中，建立简单的决策树模型，进行耕地面积的自动提取。还有利用 QuickBird 影像通过对监督分类、非监督分类和光谱阈值法进行比较，得出光谱阈值法在提取耕地信息上的效果最好，但必须反复试验，非监督分类法与人为干预相结合效果会更好，而监督分类样本区的选择则对结果精度有直接的影响。利用面向对象的方法从 IKONOS 影像数据中进行耕地提取获得了较好的精度与效果。以 TM 影像为数据源，在 DEM 数据的支持下，排除如灌木地等各地类的干扰，建立了耕地自动提取专家模型，将地块小、受地形影响大、混合像元多的丘陵区耕地提取出来。利用"北京一号"小卫星数据的波段特征，从山东曲阜的多光谱影像数据中提取耕地面积并建立修正植被指数提取模型，将此方法推广到山东全省。利用模板法来进行耕地信息提取，在逐像元判断是否变化时根据计算机视觉的数据处理思想提出一种采用 $(2n+1) \times (2n+1)$ 判断模板进行判断的方法，大幅度地改善单像元判断的效果，可以很好地替代人工判读的工作。利用 MODIS 影像借助 DEM 数据在分析并提取了北京地区主要农作物时间谱曲线特征的基础上，设计决策函数，成功提取了北京地区冬小麦的种植面积，研究结果表明，通过时相信息、辅助数据、多元多时相遥感数据的联合运用可大大提高提取精度，具有很大的应用潜力。基于高分辨率影像中耕地具有显著的角特征点这一特征来进行面积提取，出了多尺度 COVPEX 算法和"去角簇"操作，有效提高了提取精度。

随着研究区域的不断复杂化，依靠单一的方法已不能满足研究的需要，因此，越来越多的研究者将不同的方法进行组合与分析，以寻求一种更有效的地类提取技术。国内学者在农作物种植结构区划的基础上，采用整群抽样和样条采样技术相结合的方法，进行农作物种植面积估算，有效解决了遥感技术在中国农作物种植面积估算中所遇到的难题。通过单波段统计主成分变换和比值变换，选出最佳组合波段，然后对最佳组合波段影像实现 PNN 模型分类来进行水稻种植面积遥感信息提取阵。结合 QuickBird 数据的光谱信息，利用图像分类结果对原始图像中典型地物的灰度值进行对比增强处理，提出了小波变换和分水岭分割的高分辨率遥感图像耕地地块提取的方法，并通过实验证明该方法有效、可行。利用 NOAA-AVHRR NDVI 序列数据对选择结果进行验证，建立构建图像相似性指数及向量机（SVM）混合像元分解模型，对 MODIS−EVI 时间序列数据进行作物种植面积测量等研究都取得重要进展。

1.4.4 水资源保障能力研究

张光辉等（2016）创立了灌溉农业地下水保障能力 ABC 法，并对我国黄淮海平原灌溉农业的地下水保障能力进行了评价，认为在我国北方粮食主产区，尤其是黄淮海平原区，地下水超采状况与灌溉农业对地下水的依赖程度和地下水保障能力密切相关，在黄淮海西北部的灌溉农业地下水保障能力较弱，河北平原已属于"难以保障"和"无法保障"状态，黄河以南地区地下水保障能力较强。王电龙等（2015）通过对华北平原的保定、德州和沧州井灌区地下水保障能力研究，发现年降水量每增加 100mm，保定地区灌溉农业的地下水保障程度增加 4.9 个百分点，德州地区增加 1.6 个百分点，沧州地区增加 0.6 个百分点。魏后凯等（2005）认为，中国各地区水资源保障程度存在较大差异性，北方地区保障程度较低，南方地区则相对较高，从根本上提高水资源保障能力，不应该单纯依靠跨流域调水。辛朋磊等（2012）采用缺水率、有效灌溉面积率和单位 GDP 用水等 12 个指标，研究了南通市水资源保障能力。张俊东等（2009）选取水资源、供水和节水等 31 个指标，分析了唐山地区水资源保障能力。胡其昌等（2008）、徐良芳（2002）、宋松柏（2003）、王远坤等（2006）、汪党献等（2000）、孙才华等（2007）、沈满洪等（2006）、惠泱河等（2000）、张美玲等（2008）、刘强等（2004）、段青春等（2010）和耿雷华等（2008）分别根据各自的研究区水资源条件和用水状况探讨了水资源保障能力问题。

　　尽管目前有关不同气候条件下农业用水与地下水开采和水资源保障问题研究较多，但是有关"灌溉农业对地下水依赖程度与保障能力"评价和理论方法的成果报道少见。既要考虑灌溉农业对地下水依赖程度，又要考虑地下水承载能力，需求与支撑并存的评价理论方法更具有广适性。如果仅考虑地下水资源的可承载能力，没能考虑灌溉农业用水对地下水依赖程度，可能会造成南方地表水资源丰富、地下水资源较少地区呈现"难以保障"或"无法保障"的评价结果，进而失去评价结果的指导作用。

第2章 主要粮食基地自然与经济社会概况

本章主要介绍黄淮海区、东北区和长江流域主要粮食基地的自然地理、气象与水文条件、人口与经济社会、土壤和植被生态环境等概况,作为后续内容的背景。黄淮海平原、东北平原和长江流域中下游平原是我国的三大主要粮食基地。黄淮海区主要粮食基地由河北、河南、山东、江苏和安徽5个粮食主产区组成;东北区主要粮食基地包括黑龙江、吉林、辽宁和内蒙古4个粮食主产区;长江流域主要粮食基地有湖北、湖南、江西和四川4个粮食主产区。

本书中的"主要粮食基地"是指能够为国家粮食供给提供重要和稳定的产量保障的独立经济区域,即区域粮食产量能够稳定的维持占全国粮食总产量一定比例以上的核心区,参照《全国新增1000亿斤粮食生产能力规划》(2009~2020年)中有关内容。

2.1 黄淮海区主要粮食基地自然与经济社会概况

2.1.1 自然地理概况

黄淮海区粮食基地地处黄淮海平原(图2.1),包括河北、山东、河南、安徽和江苏5个粮食主产区。黄淮海平原是黄河、淮河和海河流域平原区的简称,北起燕山山脉的南麓;南抵桐柏山、大别山的北麓,以江淮流域的低分水岭为界;西起太行山、秦岭的东麓;东部环围鲁中南山地。临渤海、黄海(图2.2),位于东经113°00′~121°30′,北纬32°00′~40°30′之间。行政区划范围包括北京、天津和山东三省市的全部,河北及河南两省的大部,以及安徽、江苏两省的淮北地区,共辖53个地市,376个县(市、区),面积38.7万km²,区内主要城市有北京、天津、石家庄、郑州、济南、唐山、徐州、邯郸、商丘、开封、保定、新乡和安阳等。

黄淮海平原以黄河干道为分水岭,黄河干道以北的平原为海河流域平原区(图2.2),由西南向东北倾斜;黄河干道以南的平原为淮河流域平原区,由西北向东南倾斜,构成一个微向渤海和黄海倾斜的大冲积平原。黄河平原区地处海河平原和淮河平原之间,仅为有限的带状区域。

黄淮海平原在中生代为隆起区,局部发育了断陷盆地。新生代断块活跃,古近纪形成一系列次级断陷盆地。新近纪及第四纪堆积范围扩大,形成连片的大平原,同时,边缘断块山隆起。新生代相对下沉,形成较厚的沉积。黄河在孟津以下形成了巨大的冲积扇,扇缘向东直逼鲁西南山地丘陵的西侧。黄河冲积扇的中轴部位淤积较高,将淮河与海河两大水系分隔南北。在历史时期,黄河频繁迁徙,北至天津,南及苏北的广大平

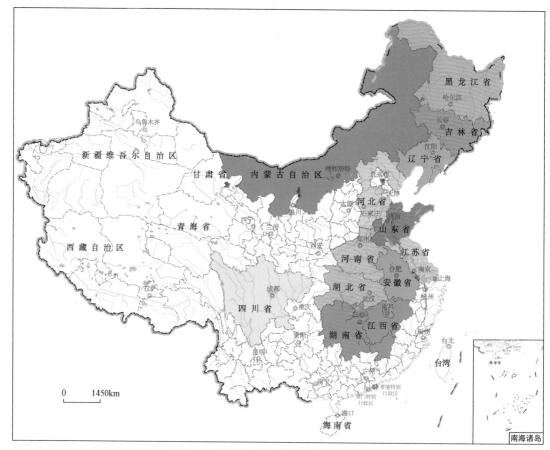

图 2.1　我国粮食主产区分布位置与范围

原，遍受黄河影响。黄河冲积扇上尚保留有决口改道所遗留的大量沙岗、洼地、故道等地形。

　　自北至南，按流域划分，黄淮海平原由海河平原、黄泛平原和淮北平原组成，各分区特征如表 2.1 所示。根据黄淮海平原地貌、沉积物类型和区位特征，从山麓到海滨，又可分为山前倾斜冲洪积平原、中部冲积-湖积平原和滨海冲积-湖积-海积平原，3 个区带的地表物质、地下水化学成分、土壤、植被以及农业发展情况都呈明显差别。山前倾斜冲洪积平原主要分布在燕山和太行山麓，由许多大小不等的冲洪积扇形地连接而成。冲积-湖积平原是黄淮海平原的主体部分，该区河流密度较大，经过多次改道，形成众多古河床和古自然堤。自然堤成为平原上的缓丘，堤与堤之间形成洼地。滨海冲积-湖积-海积平原分布于沿海地带，包括渤海沿岸平原和黄河三角洲，地势较低平，组成物质以黏土为主，受海水浸渍作用的影响，土壤为盐土，表层含盐量达 1%～3%，只能生长盐生和耐盐性强的植物，地下水矿化度高，可达 20g/L。

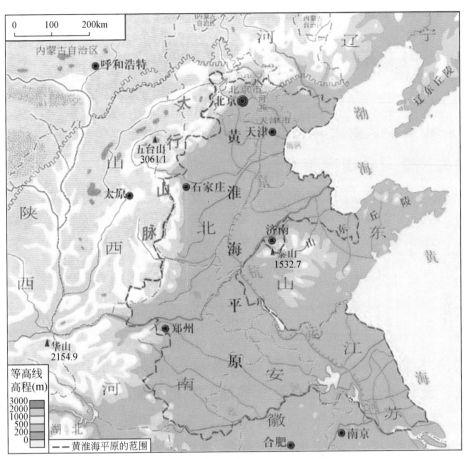

图 2.2　黄淮海平原分布范围及自然地理特征

图中红线范围为黄淮海平原区

表 2.1　黄淮海平原分区及其特征

分区	分区特征
海河平原	地处燕山以南（以 60m 地形等高线为界），黄河以北，太行山以东（以 100m 地形等高线为界）地区，由海河和黄河冲积物沉积形成，是我国粮棉蔬果主要产区和地下水超采主要分布区，南北距离达 500 多千米。主要农作物为小麦、玉米和棉花，多为小麦、玉米一年两熟
黄泛平原	位于海河平原和淮北平原之间，是黄河冲积形成的，包括泛滥沉积，盐碱、沙化土地较多，平均气温较高，适合喜温抗沙作物生长，主要作物有棉花、花生、水稻和枣等
淮北平原	分布在淮河以北，黄泛区以南，是黄河泛滥和淮河冲积形成的，气温高，水源充沛。由于以前黄河泛滥、淤积淮河干道，所以，该区洪涝灾害频发。淮河经过疏通治理后，淮北平原已成为我国小麦等作物主产区之一

2.1.2　气象与水文条件

1. 气象条件

黄淮海区主要粮食基地分布区为暖温带湿润或半湿润气候，冬季干燥寒冷，夏季高温多雨，春季干旱少雨，蒸发强烈。春季旱情较重，夏季常有洪涝。年均气温和年降水量由南向北随纬度增加而递减，年均气温 11~15℃，农作物大多为两年三熟，南部一年两熟。受太平洋季风影响，该区的地域间、不同季节、年际间降水量差异大，由北至南的年平均降水量从 500mm 到 1200mm，其中黄河以南地区年降水量为介于 700~1200mm，黄河下游平原年降水量为介于 600~700mm，京津一带年降水量为介于 500~600mm，冀中平原的保定-石家庄-衡水-邢台地区年降水量不大于 500mm，俗称"旱庄"地区。

在年内，60%~80% 降水量集中每年的 6~9 月，其中黄河以北地区主要集中在 7 月下旬至 8 月上旬，以暴雨、特大暴雨形式出现。年内降水时常是先旱后涝、涝后又旱，连年旱涝及年际间旱涝交替，旱灾最为突出，又以春旱、初夏旱、秋旱频率最高，夏涝主要在低洼易渍地，长期以来对农业生产造成不利影响。1963 年 8 月上旬、1996 年 8 月初和 2016 年 7 月中旬，海河流域发生大面积的特大暴雨，降水中心区的 7 天雨量达 2050mm，其中最大日降水量 865mm。1975 年 8 月 5~7 日，淮河上游的洪汝河、沙颍河流域发生大范围的特大暴雨，降水中心的林庄 3 天雨量达 1650mm，最大日降雨量 1005mm，其中 6 小时达 830mm。

黄淮海区主要粮食基地分布区年均气温差较大，其中黄淮地区年均气温介于 14~15℃，京津地区介于 11~12℃，黄河为界的南北地区温差介于 3~4℃。每年的 7 月平均气温介于 26~28℃，黄淮地区 1 月平均气温为 0℃ 左右，京津地区 1 月平均气温介于 -5~ -4℃。该区年总辐射量 4605~5860MJ/(m·a)，北部年日照时数 2800 小时，南部 2300 小时左右，≥0℃ 积温介于 4100~5500℃，≥10℃ 积温介于 3700~4900℃，无霜期介于 190~220 天。每年的 7~8 月，光、热、水同季，作物增产潜力大。9~10 月，光照足，有利于秋收作物灌浆和棉花的吐絮成熟。≥0℃ 积温 4600℃ 等值线是冬小麦与早熟玉米两熟的热量界限，≥0℃ 积温大于 4800℃ 的地区可以麦棉套种，大于 5200℃ 地区可麦棉复种。

黄河以北地区气象条件与水文灾害。黄河以北的海河平原多年平均降水量 549.6mm，每年 7~9 月降水量占全年降水量的 75% 左右，冬季最少，易春旱秋涝，晚秋又旱。燕山山前平原的年降水量较大，保定-石家庄-衡水-邢台一带的年降水量较小。降水量年际变化大，枯水年份大部分地区的年降水量不足 400mm（2002 年河南清风站，仅 148.6mm），丰水年份大部分地区的降水量大于 800mm。滦河水系平原区的多年平均降水量 636mm、最大 1050mm、最小 356mm；潮白河、北运河、永定河和蓟运河水系平原区的多年平均降水量 607mm、最大 1230mm、最小 329mm；大清河水系平原区的多年平均降水量 533mm、最大 888mm、最小 297mm；子牙河水系平原区的多年平均降水量 511mm、最大 993mm、最小 283mm；彰卫河水系平原区的多年平均降水量 582mm、最大 1069mm、最小 301mm；黑龙港及运东平原区的多年平均降水量 535mm、最大 935mm、最小 292mm；徒骇马颊河水系平原多年平均降水量 567mm、最大 1023mm、最小 295mm（表 2.2）。

表 2.2　1956~2015 年海河平原各水系平原区年降水特征值

水系平原分区	多年平均		最大值		最小值	
	降水量/mm	C_V	降水量/mm	年份	降水量/mm	年份
滦河水系平原区	636	0.26	1050	1964	356	2002
永定河等水系平原区	607	0.31	1230	1959	329	1999
大清河水系平原区	533	0.28	889	1977	297	1965
子牙河水系平原区	511	0.29	993	1963	283	1997
彰卫河水系平原区	582	0.25	1069	1963	301	1997
黑龙港及运东平原区	535	0.26	935	1964	292	1997
徒骇马颊河水系平原区	567	0.27	1023	1964	295	2002

在年内，多年平均的春季（3~5 月）、夏季（6~8 月）、秋季（9~11 月）和冬季（12 月至来年 2 月）降水量分别占年降水量的 12%、70%、15% 和 3%，分别为 65mm、379mm、83mm 和 11mm，除夏季之外，春、秋和冬三季的降水量都呈增加趋势。但是，由于夏季降水量占全年降水量的比率较大，所以，夏季降水量变化主导年降水量变化趋势呈减少状态。在海河平原主要耗水作物小麦的生育期（3~5 月）内，降水量不足全年的 20%，而小麦等夏粮作物灌溉用水量占华北平原农林灌溉总用水量的 46.9%~57.6%，越往南其比率越大，越近山前其比率越大。每年 3~5 月降水量不能满足小麦等夏粮作物需水要求，该时期降水量与作物需水量之间明显不适应。

黄河以北地区的年降水量呈由东南向西北递减特征，在子牙河、大清河流域的保定-石家庄-衡水-邢台一带呈现"旱庄"特征，为海河流域年均降水量最小区域，1980~2016 年平均降水量 494.6mm，相对黄河以北地区（海河平原）多年平均降水量，少8.63%。近 30 年以来该区年降水量普遍减少，年降水天数、极端强降水量、频数和强度也随之减少，降水枯水年份频发（表 2.3），旱化特征明显，是加剧当地农业灌溉用水主导地下水超采的不可忽视因素。

表 2.3　海河平原及分区降水丰枯年份状况

地域	不同降水年型分布状况		
	偏丰年份	偏枯年份	特枯年
滦河水系平原区	1964/1969/1959/1977/1990/1979/1985/1998/1973/1995/1962/2008	1951/2002/1952/1999/1968/1957/1989/1972/1963/1960/2000/2006/1980/1958	1951/2002
海河北系（永定河等水系）平原区	1959/1956/1964/1969/1955/1978/1973/1954/1977/1953/1967/2008/2009/2016	1999/1965/2002/1997/1972/1981/1980/1993/2000/1975/1968/2006/1962/2001	1999/1965
海河南系（大清河、子牙河、彰卫河、黑龙港及运东）平原区	1963/1964/1956/1977/1973/1954/1990/1955/2003/1996/1959/2008/2009/2016	1965/1997/1986/1957/1999/1992/1972/2002/1968/2001/1981/2006/1980/1975	1965/1997

地域	不同降水年型分布状况		
	偏丰年份	偏枯年份	特枯年
徒骇马颊河水系平原区	1964/1961/1990/1971/2003/1963/ 1974/1977/1973/2008/2009	2002/1968/1989/1992/1986/2001/ 1997/1965/1999/1988/1981/1972	2002/1968
海河平原全区	1964/1956/1977/1973/1963/1959/ 1990/1954/1969/1955/1996/2008/ 2009/2016	1965/1997/1999/2002/1968/1972/ 1957/1992/1981/2006/2001/1986/ 1980/1989	1965/1997

黄河以北地区的多年平均蒸发量1023mm。在空间分布上，多年平均蒸发量表现为南大、北小，东大、西小。蒸发量高值区主要分布在年降水天数的低值区，即黑龙港及运东平原区、大清河水系淀东平原区和徒骇马颊河平原区，蒸发量大于1000mm。黄河以北的大部分地区年蒸发量介于800～1000mm，并呈现减少趋势。20世纪60、70年代平均蒸发量分别比该区多年平均蒸发量大58mm和20mm，80、90年代和2001年以来平均蒸发量分别比该区多年平均蒸发量小16mm、28mm和36mm。1985年以来，大于1000mm的高值区由北向南、由西向东不断缩小，小于1000mm的低值区不断扩大。在年内，春末（5月）及初夏（6月）雨季来临之前，气候干燥、少雨又多风，日照增多，气温骤升，蒸发增大。7～8月虽然温度较高，但多雨天气导致蒸发量较小。12月至1月因温度低、雨雪少，蒸发量为全年最少。在一年中，春、夏季是蒸发量最大时期，蒸发量介于270～380mm；秋季较小，冬季介于60～100mm。近30年以来，黄河以北地区的夏季（6～8月）、春季（3～5月）和秋季（9～11月）蒸发量都呈明显地减少趋势，夏季最为显著，减少幅度为9.8mm/（10a），春季蒸发量减少幅度6.4mm/（10a）、秋季3.7mm/（10a）和冬季2.1mm/（10a）。在过去的百余年中，曾发生水灾的频率为40.7%，平均2.5年一遇，其中流域性特大水灾17次（年），发生频率为3.1%。1949以来，先后发生特大水灾4次（4年），发生频率为5.3%，为20年一遇。发生特大旱灾15次（年），发生频率为2.8%，平均36年一遇。1949年以来，级特大旱灾4次（年），发生频率6.7%，为13年一遇。

黄河以南地区气象条件与水文灾害。黄河以南的淮河流域多年平均降水量888mm，其中淮河水系910mm，沂沭泗水系836mm。山东半岛多年平均降水量731mm。黄河以南地区的多年平均降水量由南向北递减，山区多于平原，沿海大于内陆，伏牛山区、大别山区和下游近海区为降水量高值区，年均降水量分别为1000mm以上、1400mm以上和大于1000mm。淮河流域的北部地区年降水量最少，低于700mm。黄河以南地区的降水量年际变化较大，最大年雨量与最小年雨量之间相差3～4倍。在年内，6～9月降水量占全年降水量的50%以上，冬季降水量占全年降水量的5%，春与秋季降水量分别占全年降水量的21%和25%。黄河以南地区的多年平均气温介于11～16℃，最低月（1月）的多年平均气温0℃，最高月（7月）的多年平均气温27℃。

黄河以南地区的多年平均径流深230mm，其中淮河水系237mm，沂沭泗水系215mm，山东半岛多年平均径流深199mm。多年平均年径流深分布状况与多年平均年降水量分布规律相似。该区年均水面蒸发量800～1500mm，年均陆面蒸发量500～800mm，南小北大；年干旱指数0.5～2.0，年均日照时间2400～2700h，无霜期200～240天。

由于历史上黄河长期夺淮，使淮河入海无路和入江不畅，所以，淮河流域洪、涝、旱、风暴潮灾害频发，大洪、大涝和大旱经常出现。一年之内，经常出现旱涝交替，或南涝北旱现象。在淮河流域的中下游和淮北地区，经常出现因洪致涝、洪涝并发现象。在淮河下游地区，时常遭遇江淮并涨、淮沂并发、洪水风暴潮并袭。黄河北徙以来的 140 多年中，1866 年、1931 年、1954 年都曾发生流域性灾难性特大洪水。1901~1948 年的 48 年中，该流域曾发生 42 次水灾，包括 1916 年、1921 年和 1931 年较大洪涝灾害。每次洪水泛滥，受灾人口达数千万。1931 年 7 月，流域内普降暴雨，豫、皖两省沿淮堤防漫决 60 余处，大片地区洪水漫流，受灾总面积 7700 万亩，灾民近 350 万，淹死饿死 7.7 万人。1954 年 6 月 4 日至 7 月，全流域普降大雨，造成全流域特大洪水，淮河干流的正阳关站洪峰流量达 12700m³/s，洪泽湖三河闸泄量 10700m³/s，被淹耕地 6464 万亩。1957 年，沂沭泗水系大洪水，15 天大于 400mm 的雨区达 7390km²，沂河临沂洪峰流量达 15400m³/s，沂沭河及各支流漫溢决口 7350 处，受灾 605 万亩，伤亡 742 人。南四湖 30 天洪量达 114 亿 m³，受灾面积为 1850 万亩。1968 年，淮河王家坝以上发生了持续性暴雨，河南省境内淮河干流共决口 281 处，受灾面积 192 万亩。1974 年 8 月，沂沭泗河发生洪水，8 月 14 日沭河大官庄洪峰流量达 5400m³/s，沂河临沂洪峰流量 10600m³/s。1991 年淮河流域大洪水，淮河正阳关、蚌埠水文站监测水位分别大 26.41m 和 21.86m，受灾面积达 8000 多万亩，京沪、淮南等铁路交通几度中断，直接经济损失 340 亿元。

在 1949 年以来，淮河流域还先后出现 1959 年、1961 年、1962 年、1966 年、1976 年、1978 年、1986 年、1988 年、1991 年、1992 年、1994 年、1997 年等大旱年份，平均 4 年一遇，其中，1978 年大旱，不仅农业受灾面积大，苏北里下河等地区 3000 多万亩农田严重缺水，造成 20 多亿元的直接经济损失。1991~1998 年期间，旱灾成灾农田 3098 万亩。1994 年淮河出现春旱连伏旱，伏旱接秋旱的长期大旱，淮河干流断流 120 天以上，受旱灾农田超过 1 亿亩，成灾农田 6000 万亩，绝收 2000 万亩，减产粮食 56 亿千克，直接经济损失超过 160 亿元。

2. 河流与湖泊概况

黄淮海平原河流众多，主要河流有黄河、淮河和海河。

黄河是黄淮海平原的最大河流，其下游段由西至东贯穿该平原中部地区，河道宽坦，淤积严重，以至在花园口以下黄河成为"地上河"。黄河虽然为中国第二长河，但水量仅为长江水量的 1/20，年内和年际流量变化甚大。

淮河的中、下游位于黄淮海平原南部，由洪河口至洪泽湖，两侧水系不对称。北侧支流较长又密集，河道宽阔，水流缓慢；南侧支流短小，水势湍急。在洪泽湖以下，大部分水流转经高邮湖而泄入长江，另一部分通过苏北灌溉总渠注入黄海。淮河干流的夏季水量，占全年 50% 以上，7~8 月因常出现暴雨，淮河中游经常在此时期出现洪峰，洪量大，持续时间长，历史上频发洪涝灾害。

海河是黄淮海平原北部的最大河流，由蓟运河、潮白河、北运河、永定河、大清河、子牙河和漳卫河七大水系组成，于天津附近汇聚入渤海。在黄淮海平原的海河流域平原区内，还有滦河水系和徒骇马颊河水系。

京杭运河的开凿始于春秋战国时期，至元代全线通航，经明、清两代不断治理改造，终于成为当时的重要交通线。京杭运河在黄淮海平原的一些河段，虽然受到各种因素限制而不能持续发挥航运效益，但起到了应有的历史作用。

黄河以北地区主要水系。在海河流域平原区，分布有滦河、蓟运河、潮白河、北运河、永定河、大清河、子牙河和漳河等水系之外，还分布有永年洼、大陆泽、宁晋泊、大浪淀和东淀等湖泊湿地。滦河、潮白河、永定河、滹沱河和漳河等发源于背风山区，源远流长，山区汇水面积大（表2.4），水系集中，河道泥沙较多。目前，绝大部分水系在出山口处都有大型水库控制。蓟运河、北运河、大清河、滏阳河和卫河等发源于太行山或燕山迎风坡，支流分散，源短流急，洪水多经洼地，滞蓄后下泄，泥沙较少。

表 2.4　海河流域平原区主要水系和山前大中型水库要素

流域	水系		主要河流	河长/km	流域面积/km²	出山口水库	集水面积/km²	库容/亿 m³
滦河	冀东沿海		洋河	100	1109	洋河水库	755	3.86
	滦河		青龙河	246	6340	桃林口水库	5060	8.59
			滦河	888	44880	大黑汀水库	35300	3.37
	冀东沿海		陡河	121.5	1340	陡河水库	530	5.152
海河	北四河	蓟运河	蓟运河	156.8	10288	于桥水库	2060	15.59
		潮白河	潮白河	467	19354	密云水库	15788	43.75
			怀河			怀柔水库	525	1.44
		北运河	北运河	142.7	6166	十三陵水库	223	0.81
		永定河	永定河	761	47016	官厅水库	43480	41.60
	南三河	大清河	中易水	86		安各庄水库	476	3.09
			瀑河	80	551	瀑河水库	263	0.975
			漕河	120	800	龙门水库	470	1.18
			唐河	249.7		西大洋水库	4420	11.37
			沙河	240	8550	王快水库	3770	13.89
			郜河			口头水库	142.5	1.056
			磁河			横山岭水库	440	2.43
		子牙河	滹沱河	588	24690	黄壁庄水库	23400	12.1
			泜河	98	945	临城水库	384	1.713
			沙河	161	1955	朱庄水库	1220	4.162
			滏阳河		21737	东武仕水库	340	1.615
		漳卫河	漳河	119	19537	岳城水库	18100	13.0
			卫河	329	15229	小南海水库	850	1.07
徒骇马颊河	徒骇河			418	13638			
	马颊河			338	10638			

数据来源：华北平原地下水可持续利用调查评价，张兆吉等，地质出版社，2009。

滦河水系。发源于河北省丰宁县巴延屯图古尔山麓，上源称闪电河，经河北沽源县向北流入内蒙古后，又折回河北省，经滦河的大黑汀水库和青龙河的桃林口水库调节，穿过长城至滦县进入冀东平原，于乐亭县南入海。沿途汇入的支流很多，常年有水的达 500 余条，流域面积 5.37 万 km²。冀东沿海诸河位于滦河下游干流两侧，有洋河、陡河等河流，发源于燕山南麓丘陵地区，经洋河水库和陡河水库调节后进入华北平原，直接入渤海。

蓟运河水系。位于滦河以西，潮白河以东。主要支流有沟河、州河和还乡河，州、沟两河发源于河北省兴隆县，于九王庄汇合后始称蓟运河，经于桥水库调节后，南流至北塘汇入永定新河入海，干流长度 156.8km。河道蜿蜒曲折，支流源短、水量大、水流急，洪水期间支、干流相互顶托，不能及时下泄，常停蓄于沿河两岸之低洼地区而形成注淀。

潮白河水系。位于蓟运河以西，北运河以东，由潮河、白河两大支流组成，均发源于河北省沽源县南，在密云县以南汇合始称潮白河，经密云水库和怀柔水库调节，至香河吴村闸，长度 284km；在河北省香河市入潮白新河，至宝坻入黄庄洼，汇蓟运河入渤海，潮白新河河道长度为 183km。

北运河水系。位于潮白河与永定河之间，发源于北京市昌平区燕山南麓，由十三陵水库调节，通州区北关闸以上称温榆河，北关闸以下始称北运河，在天津武清纳龙凤河到入海河，河道干流总长 142.7km。

永定河水系。位于北运河、潮白河西南，大清河以北，是海河流域北系一条主要河道，上游有桑干河、洋河两大支流，分别发源于内蒙古高原南缘和山西高原北部，两河在河北省怀来县朱官屯汇合后称永定河，流域总面积 4.70 万 km²，其中官厅以上流域面积 4.34 万 km²，官厅到三家店为官厅山峡，区间面积 1600km²，三家店以下河段为中下游地区，集水面积近 2000km²。永定河自三家店以下的河段，全长 200km，分为三家店—卢沟桥段、卢（沟桥）—梁（各庄）段、永定河泛区段和永定新河段四段。永定河泛区出口屈家店以下的大部分洪水由永定新河入海，小部分洪水经北运河入海河干流。永定新河在大张庄以下纳北京排污河、金钟河、潮白新河和蓟运河，于北塘入海。

大清河水系。位于永定河以南，子牙河以北，西起太行山，东临渤海湾，北邻永定河，南界为子牙河，流域面积 4.31 万 km²。大清河水系支流繁多，源短流急，分南北两支流。北支为拒马，北拒马河先后纳入小清河、琉璃河和夹括河等支流；南拒马河纳易水河，至河北白沟后称大清河。易水河经安各庄水库调节进入华北平原。南支有瀑河、漕河、唐河、沙河、郜河和磁河等，分别经瀑河水库、龙门水库、西大洋水库、王快水库、口头水库和横山岭水库调节进入华北平原，均汇入白洋淀，后汇入大清河，在天津西与子牙河汇合入海河。白洋淀、白草洼、兰沟洼、乐淀和文安洼等均为该水系重要洪水调节所。

子牙河水系。位于大清河以南，漳卫南运河以北，主要支流有滹沱河和滏阳河，流域面积 4.93 万 km²，其中滏阳河艾辛庄以上 1.49 万 km²，黄壁庄以上 2.34 万 km²。滹沱河发源于太行山东侧、山西省五台山北麓，流经忻定盆地至东冶镇以下，穿行于峡谷之中，至岗南附近出山峡，纳冶河经黄壁庄后入平原。滹沱河支流众多，主要有洺河、南洋河、洮河和槐河等，各支流均汇集于大陆泽和宁晋泊，以下经艾辛庄至献县与滹沱河相汇后称子牙河。滏阳河汇太行山东侧 20 余条短小河流，呈扇形水系，以大陆泽、宁晋泊和千顷洼等调节洪水。1963 年后修筑滏东排河及子牙新河，洪水可不经天津市，直汇海河，然后流入渤海。

漳卫河水系。位于子牙河以南，上游有漳河和卫河两大支流，流域面积 3.48 万 km^2。北支发源于山西的清漳河和浊漳河，在太行山区汇合后称为漳河；南支为发源于山西陵川县的卫河，在焦作附近进入华北平原，沿途纳淇河和安阳河等支流，与漳河相汇后称为漳卫河、南大排河和捷地减河等，河水可以不经天津市直接通过独流减河入渤海。

徒骇马颊河水系。位于黄河与漳卫河之间，主要分布在豫北和鲁北平原，发源于华北平原豫鲁两省交界处，流域面积 3.18 万 km^2，均属于季节性泄洪河道，于山东省无棣县入渤海。徒骇马颊河水系包括马颊河、徒骇河和德惠新河等平原排涝河道，与其他若干条独流入海的小河一起统称徒骇马颊河水系。

黄河中下游水系。黄淮海平原区内的黄河中下游水系，主要支流有沁河、天然文岩渠和金堤河。黄河是我国第二大河流，是华北平原的南部边界，它发源于青海省巴颜喀拉山北麓，自河南孟津宁嘴出峡谷，由武陟县北郭乡进入华北平原，自西向东流，在封丘县向东北方向折弯，到台前县流出河南，自东明县高村附近进入山东，流经聊城、德州、济南、滨州和东营，在东营市垦利县入海。河南段长度约 345km，山东段长度约 410km，共 755km。

黄河以南地区主要水系。淮河流域以废黄河为界，分淮河及沂沭泗河两大水系，流域面积分别为 19 万 km^2 和 8 万 km^2，分别占流域面积的 70% 和 30%。京杭大运河、淮沭新河和徐洪河贯通其间。淮河，发源于河南省桐柏山，东流经河南、安徽和江苏 3 个省份，在三江营入长江，全长 1000km（表 2.5），其中河南省段长 364km，安徽省段长 436km 和江苏省段长 200km。在洪河口以下至洪泽湖出口中渡为中游，长 490km，流域面积 15.79 万 km^2；中渡以下至三江营为下游，长 150km，流域面积 16.46 万 km^2。淮河下游的里运河以东，有射阳港、黄沙港、新洋港、斗龙港等滨海河道，承泄里下河及滨海地区的雨水，流域面积为 2.5 万 km^2。

表 2.5　淮河流域主要水系和主要湖泊要素

主要河流	流域面积/km^2	河长/km	起点	主要湖泊	面积/km^2	库容/亿 m^3
淮河	18700	1000	河南省桐柏县太白顶	城西湖	314	5.60
洪河	12380	325	河南省舞阳龙头山	城东湖	140	2.80
史河	6889	220	安徽省金寨县大别山	瓦埠湖	156	2.20
淠河	6000	248	安徽省霍山县天堂寨	洪泽湖	2069	31.27
颍河	36728	557	河南省登封少石山	高邮湖	580	7.43
涡河	15905	423	河南省开封郭厂	邵伯湖	62	0.54
沂河	11820	333	山东省沂源县鲁山	南四湖上级湖	610	8.00
沭河	4529	196	山东省沂县沂山	南四湖下级湖	670	8.39
泗河	2338	159	山东省新泰市太平顶山	骆马湖	375	9.01
				高塘湖	49	0.84

数据来源：淮河流域环境地质综合研究，中国地质调查局南京地质调查中心，2008。

沂沭泗河水系。位于淮河流域东北部，地处江苏和山东省辖区，由沂河、沭河和泗河组成，多发源于沂蒙山区，流域面积 8.0 万 km^2，集水面积大于 $1000km^2$ 的支流 12 条，另有 15 条河流直接入海。泗河流经南四湖，全长 159km（表 2.5），汇集沂蒙山西麓及南四湖湖西诸支流各支流后，经韩庄运河、中运河、骆马湖、新沂河于灌河口燕尾港入海。沂河、沭河自沂蒙山区平行南下。沂河发源于淄博市沂源县鲁山南麓，全长 333km（表 2.5），自北向南，经山东省临沂市，进入中下游平原，在江苏省邳州市入骆马湖，较大的支流有东汶河、蒙河、枋河和白马河等，由新沂河入海。沭河，全长 196km（表 2.5），较大支流有袁公河、浔河、高榆河和汤河，在大官庄分新、老沭河，老沭河南流至新沂市入新沂河，新沭河东流经石梁河水库，至临洪口入海。

淮河流域湖泊众多，水面面积达 $7000km^2$，蓄水能力 280 亿 m^3，较大的湖泊有淮河水系的城西湖、城东湖、瓦埠湖、洪泽湖、高邮湖、邵伯湖和沂沭泗河水系的南四湖、骆马湖和高塘湖等。流域中最大湖泊是洪泽湖，蓄水面积 $2069km^2$，相应库容 31.27 亿 m^3，设计水位库容 135 亿 m^3。城西湖、城东湖和瓦埠湖位于淮河中游，是淮河滞洪区，正常蓄水水位下水面面积 $610km^2$，相应库容 10.6 亿 m^3。

2.1.3　人口与经济社会

黄淮海区主要粮食基地分布区，以北京、天津、石家庄、郑州、济南等特大及大城市为中心，以中西部内陆广大腹地和晋陕蒙能源基地为依托，以天津、烟台、青岛、连云港等沿海城市经济技术开发区以及秦皇岛、天津新港、烟台、青岛、日照和连云港等沿海港口群为前沿，以京广、京沪、京九、京山、胶济、新石和陇海等干线铁路为纽带，联结全国和世界各地，不仅成为我国北方地区通向海外并与国际经济相接轨，参与东北亚和亚太地区经济技术合作的重要基地和窗口，而且，还是中西部内陆广大地区实行对外开放和外引内联的重要通道与出海口，正在发挥着越来越重要的作用。

自古以来黄淮海平原为我国人口、城市高度密集和工农业发达地区。但由于区内人口基数较大，经济和社会发展的地区差异十分明显，地区分布不平衡。该区非农业人口在 100 万以上的特大城市 8 个，非农业人口介于 50 万~100 万的大城市 13 个，非农业人口介于 20 万~50 万的中等城市 39 个，非农业人口介于 5 万~20 万的城市 58 个。在上述城市中，中央直辖市北京和天津，北京是我国行政中心和全国城市体系的政治、文化和管理中心，天津是我国北方重要的工商经济中心和港口城市。省会城市及省区首位城市——石家庄、济南、郑州及青岛，是省或大区级政治、经济和文化中心。省内综合性的地区政治、经济和文化中心城市，有河北省的邯郸、邢台、保定、唐山、沧州、廊坊和衡水，山东省的淄博、潍坊、烟台、威海、济宁、泰安、德州、临沂、滨州、菏泽和聊城，河南省的开封、洛阳、新乡、安阳、焦作、濮阳、许昌、漯河、商丘、周口、驻马店和信阳，苏北地区的徐州、连云港、淮阴和盐城，皖北地区的蚌埠、滁州、淮南、宿州和阜阳等。县级市及县域政治、经济和文化中心城市，非农业人口在 5 万人以上，有 68 个。

黄淮海区主要粮食基地分布区现有耕地面积 3.22 亿亩，每平方千米上有耕地 870 亩；人口数量 1.69 亿，每平方千米范围内人口密度 520 人。

2.1.4   土壤及植被生态环境

1. 土壤分布概况

黄淮海区主要粮食基地分布区地势平坦，土地资源丰富，拥有 3000 万亩的后备宜农荒地资源和 550 万亩沿海滩涂资源。土层深厚，土壤肥力较高，光热资源充足，雨热同期，光热水土资源匹配较好，有利于农林牧业综合发展，是我国农业综合开发的重点地区之一。

黄淮海区主要粮食基地分布区地带性土壤为棕壤或褐色土。由于该平原耕作历史悠久，各类自然土壤已熟化为农业土壤。从山麓至滨海，土壤有明显变化。沿燕山、太行山、伏牛山及山东山地边缘的山前冲洪积扇或山前倾斜平原发育黄土（褐土）或潮黄垆土（草甸褐土），中部平原为黄潮土（浅色草甸土），沿黄河、漳河、滹沱河和永定河等泛道分布风沙土，河间洼地、扇前洼地和湖淀周围分布盐碱土或沼泽土。在黄河冲积扇以南的淮北平原，大面积分布黄泛前的古老旱作土壤——砂姜黑土（青黑土），在苏北、山东南四湖及海河下游一带，分布有水稻土。黄潮土是黄淮海平原最主要耕作土壤，耕性良好，矿物养分丰富，可改造利用潜力大。在东部沿海一带，为滨海盐土分布区，经开垦排盐，形成盐潮土。

2. 植被分布概况

黄淮海区主要粮食基地分布区属暖温带落叶阔叶林带，原生植被早被农作物所取代，仅在太行山、燕山山麓边缘生长旱生、半旱生灌丛或灌草丛，局部沟谷或山麓丘陵阴坡出现小片落叶阔叶林。黄淮海平原的南部接近亚热带，散生马尾松、朴、柘、化香树等乔木。在该平原的田间路旁，以禾本科、菊科、蓼科、藜科等组成的草甸植被为主。未开垦的黄河及海河一些支流泛滥淤积的沙地和沙丘上，生长有沙蓬、虫实、蒺藜等沙生植物。在平原的湖淀洼地，生长芦苇，局部水域生长荆三棱、湖瓜草、莲、芡实和菱等水生植物。在内陆盐碱地和滨海盐碱地，生长各种耐盐碱植物，如蒲草、珊瑚菜、盐蓬、碱蓬、莳萝蒿和剪刀股等。

3. 矿产资源概况

黄淮海区主要粮食基地分布区内蕴藏有上百种矿产资源，包括黄金、自然硫、金刚石、石膏和水晶等，储量居全国之先，石油、煤炭、铁、铝土、石墨、菱镁矿、岩盐、萤石、大理石和石灰石的储量也位居全国前列，沿海地区海盐资源十分丰富。该区煤炭保有储量约占全国总量的 7.6%，开滦、峰峰、平顶山、兖（州）滕（州）、徐州和淮北等分布有我国著名煤田。在黄河三角洲、冀中和豫东北平原、渤海湾沿岸等地区分布着胜利、华北、冀东、中原、大港和渤海等油气田。冀东铁矿是我国三大铁矿区之一。

2.2　东北区主要粮食基地自然与经济社会概况

2.2.1　自然地理概况

东北区主要粮食基地分布在东北平原区，该区东西两侧为长白山地和大兴安岭山地，北部为小兴安岭山地，南端濒辽东湾，主要由中部的松嫩平原、东北部的三江平原和南部的辽河平原和内蒙古部分平原区组成（图1.2），位于北纬 $40°25' \sim 48°40'$，东经 $118°40' \sim 128°$，南北长 1000km，东西宽 $300 \sim 400$km，总面积 35 万 km²。

松嫩平原整体形状呈菱形分布，区内波状起伏，地面高程介于 $120 \sim 300$m。在中部，分布众多湿地及湖泊，嫩江、松花江流经该平原区西部和南部，漫滩宽广。在小兴安岭和东部山前地带，分布冲积洪积扇台地，地面高程 $200 \sim 300$m，相对高差 $30 \sim 100$m，地表侵蚀比较严重，沟谷纵横。

三江平原位于黑龙江省东部，北起黑龙江，南抵兴凯湖，西邻小兴安岭，东至乌苏里江，完达山脉将三江平原分为南北两部分。三江平原的北部是松花江、黑龙江和乌苏里江汇流冲积而成的沼泽化低平原，南部是乌苏里江及其支流与兴凯湖共同形成的冲积–湖积沼泽化低平原，亦称穆棱–兴凯平原。狭义的三江平原是黑龙江流域中游山间盆地的一部分，三面环山，西为小兴安岭支脉青黑山，南为完达山支脉分水岗，东为完达山主脉那丹哈达岭，属于中新生代内陆断陷。

辽河下游平原位于辽东丘陵与辽西丘陵之间，东北部山脉为松辽平原与松嫩平原的分水岭，地处铁岭–彰武以南，直至辽东湾，属于沉降区，地面高程 $70 \sim 110$m，沈阳以北较高，辽河三角洲滨海带地面高程 $2 \sim 10$m。区内地势总体上，呈东西高、中间低，北高、南低特征；东北部为漫岗状地形，垂直分水岭方向"V"型冲沟发育。养畜牧河以北为西辽河平原，主要由西辽河及柳河水系冲积平原组成，该平原区向南北方向翘起，除河流阶地和河漫滩以外，大部分为风积沙覆盖，在西辽河及西拉木伦河以南地区呈活动–半固定沙丘，以北为固定–半固定沙丘，呈东西向的大型复合沙垄分布，相对高差 $2 \sim 20$m。在南部山前倾斜平原，地势开阔，由上更新统褐黄色粉质黏土、粉土及砂砾卵石等组成，其中山前坡洪积扇沿大兴安岭、大黑山山前呈带状分布，地面高程 $220 \sim 530$m，相对高差 $30 \sim 50$m。不同时期形成的河漫滩呈带状分布于西拉木伦、西辽河、新开河及乌力吉木仁河的下游，地表主要由全新统河床相、河漫滩相及牛轭湖相的中细砂、粉砂及淤泥质粉土等组成。二级阶地主要分布于该平原区东部、南部的东辽河和辽河两岸，地面高程 $150 \sim 200$m，上部为黄土状土，下部为砂砾石。三级阶地零星分布于柳河右岸，地面标高 $60 \sim 170$m，相对标高 $5 \sim 10$m，呈条带状，以上更新统河湖相粉细砂为主。

2.2.2 气象与水文条件

1. 气象

东北区主要粮食基地分布区属温带大陆性气候，冬季寒冷干燥，夏季暖热多雨，春秋季较短，东、西部气温、降水和蒸发量差异明显，西部干旱、东部较湿润，区内年均降水量介于 350~1200mm，自西北向东南增大。年内降水量分布不均匀，6~9 月降水量占全年降水量的 70% 以上。年蒸发量为 1320~2720mm。大部分地区年均气温介于 2~10℃，夏季气温介于 22~25℃，冬季气温介于 -30~-4℃，气温南高北低，自西北向南增高；无霜期介于 115~208 天，日照时数介于 2200~3600 小时。

2. 水文

东北区主要粮食基地分布区的主要河流有黑龙江、松花江、乌苏里江、嫩江、辽河、牡丹江、图们江和绥芬河等（表 2.6）。

黑龙江是我国最北部的水系，在我国境内全长 3420km，流域面积 25.5 万 km²，是我国与俄罗斯的界河。黑龙江干流的北源为石勒喀河，发源于蒙古国北部的肯特山东麓；南源为额尔古纳河，源出中国大兴安岭西侧的吉勒老奇山，南北两源在黑龙江省的漠河镇西部汇合后始称黑龙江。黑龙江先向东南流，至萝北县附近折向东北，先后接纳松花江、乌苏里江等大支流，经黑龙江省的同江、抚远，至哈巴罗夫斯克（伯力）与乌苏里江汇合，最后在俄罗斯境内流入鄂霍次克的鞑靼海峡。

表 2.6 东北地区主要河流

主要河流	流域面积/万 km²	起点	河长/km	主要支流
黑龙江	184.3	乌里雅苏台地区	4370	松花江、乌苏里江、额木尔河、呼玛河、泽雅河和布利亚河等
松花江	55.72	南源出长白山天池，北源出大兴安岭	2309	牡丹江、呼兰河、汤旺河、拉林河和倭肯河等
嫩江	29.7	黑龙江省大兴安岭支脉伊勒呼里山	1490	甘河、讷谟尔河、诺敏河、绰尔河、洮儿河、雅鲁河和阿伦河等
牡丹江	3.7	吉林敦化市牡丹岭	726	沙河、海浪河、头道河子、二道河子、三道河子和乌斯浑河等
呼兰河	3.1	黑龙江省桃山鸡岭	523	依吉密河、诺敏河和通肯河等
乌苏里江	18.7	锡霍特山脉西南坡	890	松阿察河、穆稜河和挠力河等
辽河	22.9	河北省平泉县	1430	西辽河、柳河、新开河和教来河等
浑河	1.14	源于清原县滚马岭	415	东洲河、海新河和章党河等
大凌河	2.35	北源出凌源市打鹿沟，南源出建昌县黑山	398	老虎山河、牤牛河和西河等
鸭绿江	6.19	长白山南麓	795	浑江、蒲石河和瑗河等

松花江是东北地区的母亲河,是黑龙江支流和我国七大河之一,松花江在隋代称难河,唐代称那水,辽金两代称鸭子河、混同江,清代称混同江、松花江。松花江流经吉林、黑龙江两省,全长 2309km,流域面积 55.7 万 km²,占东北地区土地面积的 50%,涵盖黑龙江、吉林、辽宁、内蒙古 4 省区。松花江分为南北两支,北支为嫩江,发源于伊勒呼里山南麓;南支为第二松花江,发源于长白山天池。两江在扶余县三岔河附近汇合后,形成松花江干流,其间拉林河和呼兰河注入,向东北经哈尔滨东流,于同江附近注入黑龙江。

嫩江是松花江第一大支流,全长 1490km,流域面积 29.7 万 km²,源于黑龙江省大兴安岭支脉伊勒呼里山,在嫩江县以上接纳大兴安岭东坡和小兴安岭西坡流出的许多支流,出山后进入松嫩平原,在吉林省三岔河镇汇入松花江。

牡丹江,古称忽汗水、瑚尔哈河,松花江干流右岸最大支流,河长 726km,流域面积 3.7 万 km²,位于黑龙江省东南部,发源于长白山脉白头山之北的牡丹岭,流经吉林省敦化市和黑龙江省宁安、牡丹江、海林、林口、依兰等县(市),在依兰县城西注入松花江,主要支流有珠尔多河、海浪河、五林河、乌斯浑河和三道河等,著名的镜泊湖是该河干流的一个大型堰塞型湖泊。

呼兰河是松花江的支流,河长 523km,流域面积 3.1 万 km²,位于黑龙江省中部,源出小兴安岭,上游克音河、努敏河等支流汇合后称呼兰河,西南流向,与来自北面的通肯河交汇后,改向南流,进入平原区,河道变宽,曲流发育,至哈尔滨市呼兰区入松花江。

乌苏里江是我国黑龙江支流,河长 909km,流域面积 18.7 万 km²,中国与俄罗斯的界河,上游由乌拉河和道比河汇合而成,两河均发源于锡霍特山脉西南坡,东北流到哈巴罗夫斯克(伯力)与黑龙江汇合,主要支流有松阿察河、穆棱河、挠力河等。

辽河全长 1430km,流域面积 22.9 万 km²,发源于与辽宁交界的河北省平泉县,流经河北、内蒙古、吉林和辽宁 4 省区,于福德店汇流后为辽河干流,经双台子河由盘锦盘山县注入渤海。辽河分为上游区和中游区,东、西辽河汇合处以北为上游区,以南为中游区。在辽河水系上游区,有西辽河和东辽河,其中西辽河流域占主体,其支流主要有老哈河、西拉木伦河、乌力吉木仁河、教来河、新开河和孟克河等;辽河中游区有招苏太河、秀水河、拉马河、清河和柳河等。

浑河古称沈水,又称小辽河,河长 415km,流域面积 1.1 万 km²,历史上曾经是辽河最大的支流,现为独立入海的河流、同时也是辽宁省水资源最丰富的内河,源于辽宁省抚顺市清原县滚马岭,流经抚顺、沈阳、鞍山、营口等市,在海城古城子附近纳太子河,汇合之后称大辽河,向南流至营口市入辽东湾。

大凌河位于辽宁省西部,是辽宁省西部最大的河流,河长 398km,流域面积 2.4 万 km²,大小支系纵横交错,主脉贯穿辽西,东南汇入渤海。

鸭绿江原为中国内河,现为中国和朝鲜之间的界河,河长 795km,流域面积 6.19 万 km²。鸭绿江发源于吉林省长白山南麓,上游旧称建川沟,流向在源头阶段先向南,经长白朝鲜族自治县后转向西北,再经临江市转向西南。干流流经吉林和辽宁两省,并在辽宁省丹东市东港市附近流入黄海北部的西朝鲜湾。

区内的主要湖泊有镜泊湖、兴凯湖、连环湖和五大连池。在辽河流域有自然湖泊 767

个，总集水面积 381.8km²，总蓄水能力 3.53 亿 m³。其中淡水湖泊 554 个，总集水面积 202.1km²，总蓄水能力 1.47 亿 m³；咸水湖泊 213 个，总集水面积 179.7km²，总蓄水能力 2.07 亿 m³。在西拉木伦河、西辽河、东辽河、新开河、老哈河和教来河上，已修建大中型水利工程 20 处，干渠总长 2279.2km。

2.2.3　人口与经济社会

东北区主要粮食基地分布区所辖地市有：黑龙江省的大庆、哈尔滨、黑河、牡丹江、齐齐哈尔、鹤岗、鸡西、佳木斯、七台河、双鸭山、绥化和伊春，吉林省的白城、松原、辽源、吉林、四平和长春，辽宁省的朝阳、扶顺、阜新、锦州、沈阳和铁岭，内蒙古自治区的包头、赤峰、通辽、乌兰察布、鄂尔多斯、呼伦贝尔、阿拉善盟、巴彦淖尔、兴安和锡林郭勒等，人口数量 1.22 亿人，人口密度 126 人/km²，居住着蒙、汉、回、朝鲜和达斡尔等 30 多个民族。

该区经济以重工业、农业和第三产业旅游业为主，是我国重要的大型商品粮基地和畜牧业基地，黑土地使得黑龙江、吉林和辽宁省皆为我国粮食主产（省）区，其中黑龙江省粮食总产多年全国第一，吉林省粮食单产多年全国第一。东北区主要粮食基地盛产大米、玉米、大豆、马铃薯、甜菜、高粱以及温带瓜果蔬菜等，"寒暖农分异，干湿林牧全，麦菽遍北地，花果布南山"，素有"北方粮仓"之称，现有耕地面积 3.9 亿亩，粮食播种面积 3.88 亿亩，占全国总播种面积的 22.82%。

东北地区是我国的老工业基地，主要有沈大工业带、长吉工业带、哈大齐工业带 3 个工业带，主要工业城市有沈阳、大连、鞍山、抚顺、长春、吉林、哈尔滨、齐齐哈尔和大庆，以农副产品加工、能源、医药化工、冶金建材四大主导产业为骨干，门类比较齐全，初步形成了具有一定的规模的工业体系。区内交通便利，有京哈、通让、长白、滨州等铁路和京哈高速公路，多条国道及省级公路，纵贯东西南北。以长春、哈尔滨、齐齐哈尔、白城等城市为交通枢纽，公路铁路交织成网，交通干线四通八达。

2.2.4　土壤及植被生态环境

1. 土壤

东北区主要粮食基地分布区土壤主要有黑土、黑钙土、白浆土、潮土、草甸土和沼泽土等。在三江平原，土壤类型主要有黑土、白浆土、草甸土和沼泽土等，以草甸土和沼泽土分布最广，三江平原素以"北大荒"著称。在松嫩平原，土壤类型主要有黑土、黑钙土和草甸土。在辽河平原，土壤类型主要有草甸土和潮土。

黑土：半湿润草原草甸下具有深厚腐殖质层，通体无石灰反应，呈中性的黑色土壤。黑土质地黏重，结构良好，孔隙度大，持水量大，通气性较差，呈中性至微酸性反应，pH 5.5~6.5，有机质含量 3%~6%。黑土的主要亚类有黑土、草甸黑土、表潜黑土和白浆化黑土等。

黑钙土：温带半湿润草甸草原植被下由腐殖质积累作用形成较厚腐殖质层，也是在碳酸钙沉积作用形成碳酸钙沉积层的土壤，它的主要成土作用有腐殖质积累作用和钙积作用。土壤多成中性至微碱反应。黑钙土主要亚类有黑钙土、淋溶黑钙土、石灰性黑钙土和草甸黑钙土等。

潮土：在地下水位较高的近代河流沉积物上，经过长期耕作影响形成的土壤。潮土成土作用主要是潮化作用，土壤下部土体氧化还原两个作用交替进行，形成了氧化还原层，潮土成土作用还有旱耕熟化过程。pH 为 8.0 左右，具有养分丰富等特性。潮土的主要亚类有潮土、灰潮土、湿潮土和碱化潮土等。

白浆土：发育于温带和暖温带湿润季风气候条件下有周期性滞水淋溶的土壤，主要特征是在腐殖质层下有一灰白色的紧实亚表层，即白浆层，厚 20～40cm。白浆土主要分布于半干旱和湿润气候之间的过渡地带，世界各地都有存在。中国主要分布在黑龙江东部、东北部和吉林东部，以三江平原最为集中。白浆土分 3 个亚类，分别为

（1）白浆土，黑土层较薄，厚 12～17cm，白浆层明显，肥力较低；

（2）草甸白浆土，黑土层厚 14～23cm，白浆层发育较弱，肥力较高，是白浆土向草甸土过渡类型；

（3）潜育白浆土，黑土层厚 15～22cm，地表有短期积水，是白浆土与沼泽土之间的过渡类型。

白浆土改良的中心环节是补充有机质和矿质养分，深耕打破心土层或逐步加深耕层，改善土壤水分及物理性状。

草甸土：发育于地势低平、受地下水或潜水的直接浸润并生长草甸植物土壤，属半水成土，其主要特征是有机质含量较高，腐殖质层较厚，土壤团粒结构较好，水分较充分，分布在世界各地平原地区。草甸土的形成有潜育过程和腐殖质积累过程。草甸土有腐殖质层、腐殖质过渡层和潜育层。草甸土形成主要有两个过程：潜育过程和腐殖质累积过程。草甸土主要亚类有暗色草甸土、草甸土、灰色草甸土和林灌草甸土。

沼泽土：受地表水和地下水浸润的土壤，形成包括土壤表层有机质的泥炭化或腐殖化和土壤下层的潜育化两个基本过程。沼泽土主要问题是水分过多，通气不良植物养分不平衡。沼泽土的主要亚类有草甸沼泽土、腐殖质沼泽土、泥炭腐殖质沼泽土、泥炭沼泽土、泥炭土。

2. 植被

本区植被根据组成种类的数量和性质，以及与其生长密切相关的地形、土壤、水分状况等自然条件的差异并考虑生产的需要，将全区植被划分为森林、草甸、沼泽植被、水生植被 4 种植被。

森林：主要分布于台地，属红松林被采伐或被火烧之后的次生林，主要以落叶松、蒙古栎、水曲柳、杨桦等为主，林下灌木树种繁多。

草甸：主要分布于各河谷的漫滩中，草本植物有小叶樟、地榆、野豌豆、黄花菜、紫苑等。在地势低洼地表积水地带有水毛茛、芦苇、小叶樟、泥柳等，构成沼泽–草甸。

沼泽植被：广泛分布在各类低洼地和低漫滩上，沼泽植被主要由苔草、小叶樟、大叶

樟、芦苇、丛桦、乌拉草等。

水生植被：本区水生植被在三江平原分布较多，在其他地区零散分布。三江平原由于地表长期过湿，积水过多，形成大面积沼泽水体和沼泽化植被、土壤，构成了独特的沼泽景观。沼泽与沼泽化土地面积约 240 万 hm²，是中国最大的沼泽分布区。湿生和沼生植物主要有小叶樟、沼柳、苔草和芦苇等，其中以苔草沼泽分布最广，占沼泽总面积的 85% 左右，其次是芦苇沼泽。三江平原在低山丘陵地带还分布有 252 万 hm² 的针阔混交林。

2.3　长江流域主要粮食基地自然与经济社会概况

2.3.1　自然地理概况

长江流域主要粮食基地分布在长江流域中下游平原区，该平原是中国三大平原之一，由中游区的两湖平原（湖北江汉平原、湖南洞庭湖平原的总称）、江西鄱阳湖平原，下游区的苏皖沿江平原、里下河平原和江苏、浙江、上海间的长江三角洲平原组成（图 1.2），北接淮阳山，南接东南丘陵，西起巫山，东至上海，主要由长江及其支流的冲积物形成，面积 20 万 km²。长江流域中下游平原区地势低平，港汊与河渠纵横，湖泊密布，素有"水乡泽国"之称，地面高程介于 5～100m，大部分地区地面高程在 50m 以下，其中长江三角洲地面高程在 10m 以下。

长江流域主要粮食基地分布区位于扬子准地台褶皱断拗带内，燕山运动产生一系列断陷盆地，后经长江切通、贯连和冲积后，形成现今的长江中下游平原的整体。受新构造运动影响，平原边缘白垩系—古近系、新近系红层和第四纪红土层微跷，经流水冲切成为地势较高的红土岗丘，高差介于 20～30m。在该区中部和沿江沿海地区，地壳继续下降，形成现今的泛滥平原和滨海平原。

长江流域主要粮食基地各分区自然地理特征，如表 2.7 所示。

表 2.7　长江流域主要粮食基地各分区自然地理特征

分区	分区自然地理特征
江汉平原	位于长江流域中游的湖北省，为两湖平原的北半部，是湖北省粮、棉、油、水产基地，西起枝江，东至武汉，北抵钟祥，南至长江以南的基岩低丘，与洞庭湖平原相接，面积约 3 万 km²。除边缘分布有地面高程介于 50～100m 的缓岗和低丘外，其他地区均为地面高程介于 20～35m 的低平原。总体上，地势低洼，从西北向东南倾斜，汉江、东荆河和长江依势向南东流去。在平原区内，上垸堤纵横，河水泛滥，泥沙淤积，地面常低于沿河地面，雨季常积水成涝
洞庭湖平原	位于湘阴-益阳以北，常德-松滋以东，岳阳-湘阴以西，黄山头及墨山等低矮基岩孤山以南，面积约 1 万 km²，为断陷成因，以洞庭湖为中心，由冲湖积平原、湖滨阶地和环湖低丘台地组合成的同心圆状碟形盆地。该平原的外围，低丘台地呈波状起伏，地面高程 150m 左右。中部的冲湖积平原是洞庭湖平原的主体，地面高程介于 30～40m，由湘、资、沅、澧 4 水和长江的松滋河、虎渡河、藕池河及调弦华容河冲积扇叠加形成，河网交错，湖泊成群，堤垸纵横

续表

分区	分区自然地理特征
鄱阳湖平原	位于鄱阳湖盆地，东有怀玉山，南有赣中丘陵，西有九岭山，北有庐山等山地丘陵环绕，地面高程在 50m 以下，包括鄱阳湖及其周围地区，地处庐山东麓、德安、新建、丰城、临川、乐平之间，面积约 2 万 km²，为地壳断陷河湖泥沙填积生成，由冲湖积平原和红土岗地两部分组成
苏皖沿江平原	位于北纬 30°～32°，东经 116°～120°之间，其中包括芜湖平原和巢湖平原，由长江及其支流挟带的泥沙冲积而成，地质构造基础及自然地理环境结构比较均一
里下河平原	位于江苏省中部的一碟形平原洼地，又称苏中湿地，位于淮安、盐城、扬州、泰州、南通 5 市交界区，西起里运河，东至串场河，北自古淮河，南抵通扬运河，介于北纬 32°～33.5°，东经 119°～120°之间，面积 1.35 万 km²。里下河平原地势，四周高、中间低平，状如锅底，自东南向西北缓倾，地面高程 1～4.5m
长江三角洲平原	位于长江及钱塘江冲积和滨海沉积物组成的河口三角洲平原区，从江苏省镇江市向北至苏北的泰州市-海安县一带，过渡到黄淮平原，南达杭州湾北岸，西至长江以上，以大运河为界。在江南直抵镇江、丹阳以西的宁镇低山丘陵及茅山山地，向东伸入东海，陆域面积约 2.3 万 km²，有滨海沙堤、滨湖平原及沿江天然堤等

两湖平原以荆江为界，其北称为江汉平原，其南称为洞庭湖平原。江汉平原主要由长江和汉江冲积而成，自公元 1300 年前后荆江北堤分流，入江汉平原的穴口完全堵塞后，汉江所带泥沙对江汉平原的发育起主要作用，其三角洲即成为江汉平原的重要组成部分。汉江三角洲地势自西北向东南微倾，湖泊成群挤集于东南前缘。洞庭湖平原主要由荆江南岸太平、藕池、松滋、调弦（1958 年堵塞）四口南下的长江泥沙冲积而成，地势北高南低，大部地区地面高程在 50m 以下，水网密布，土壤肥沃。

鄱阳湖平原以鄱阳湖为中心，北起九江、都昌，西至新余、上高，南达新干、临川，东至弋阳、景德镇，面积 1.98 万 km²。除边缘红土岗丘外，中部的泛滥平原主要是由赣、抚、信、鄱、修等河流冲淤而成，其中以赣江为主。该平原地势低平，湖泊众多，河渠稠密、水乡连片，大部地区地面高程在 50m 以下，水网稠密，地表层为红土及河流冲积物覆盖。

苏皖沿江平原是指湖口以下到镇江之间沿长江两岸分布的狭长的冲积平原，其中包括芜湖平原和巢湖平原。该平原宽窄相间，江流时束时放，流速平缓。自大通以下，每受江潮顶托，流速更缓，泥沙沉积加强，尤当河道越过岩丘逼岸的矶头后，江流分汊，汊河间出现沙洲。沿江两岸湖泊众多，自镇江以下的河口段，发育了长江三角洲。

里下河平原位于江苏省中部，西起里运河，东至串场河，北自苏北灌溉总渠，南抵新通扬运河，属江苏省沿海江滩湖洼平原的一部分。因里运河简称里河，串场河俗称下河，平原介于这两条河道之间，故称里下河平原。该平原为周高中低的碟形洼地，洼地北缘为黄河故道，南缘为三角洲长江北岸部分，西缘是洪泽湖和运西大堤，东缘是苏中滨海平原。

长江三角洲平原位于镇江以东，运河以南，杭州湾以北，由长江和钱塘江冲积物组成，地面高程介于 2～13m。长江三角洲顶点在江苏省仪征附近，三角洲的最低点在江苏省高邮市一带。由此向东，沿扬州、泰州、海安、栟茶一线是三角洲北界；由顶点向东南，沿大茅山、天目山东麓洪积-冲积扇以迄杭州湾北岸，为其西南界和南界。沿江阴、沙洲、常熟、松江和金山一线，分为新三角洲和老三角洲两部分。老三角洲位于西部，系以太湖为中心的冲积、湖积平原，距今6000年成陆；新三角洲系指镇江以东，位于大江两侧的冲积平原和江中沙岛，为距今7000年以来形成的三角洲平原。

2.3.2　气象与水文条件

1. 气象

长江流域主要粮食基地分布区属亚热带季风气候，大部分为北亚热带，小部分为中亚热带北缘，夏季炎热多雨，冬季温和少雨。该区平均年降水量800～1600mm，时空分布极不均匀。大部分地区年降水量介于1000～1400mm，四川盆地西部和东部边缘、江西和湖南、湖北部分地区年降水量大于1400m。汉江中游北部年降水量介于400～800mm。上游山区年降水量达2000mm以上，其中四川荥经的金山站年降水量曾达2590mm。无霜期240～280天，年均气温14～18℃，最低气温-20～-10℃，夏季平均气温26～28℃。该区年均气温呈东高西低、南高北低的分布特征，中下游地区高于上游地区，江南高于江北，江源地区是气温最低地区。

2. 水文条件

长江流域主要粮食基地分布区河流众多，水系纵横、交织成网，地表水丰富。长江水系发育，由数以千计的大小支流组成，其中流域面积大于1000km²的支流437条，流域面积大于10000km²的支流49条，流域面积大于8万km²支流的8条。其中雅砻江、岷江、嘉陵江和汉江4条支流的流域面积都超过了10万km²，嘉陵江流域面积最大，岷江的年径流量和年平均流量最大，汉江长度最长（表2.8）。

表2.8　长江流域中下游区主要河流特征

河流名称	流域面积/万 km²	发源地	长度/km	主要支流
长江	180.85	唐古拉山主峰各拉丹冬	6397	汉江、嘉陵江，岷江、雅砻江、湘江、沅江、乌江、赣江、资水和沱江等
汉江	15.90	山西省汉中市	1532	褒河、丹江、唐河、白河、堵河、神定河、泗河、东荆河等
嘉陵江	15.98	陕西省秦岭南麓	1119	东河、西河、白龙江及涪、渠二江等
岷江	13.59	岷山南麓	735	大渡河、青衣江、黑水河、杂谷脑河、黑石河、金马河、江安河、走马河等
赣江	8.16	武夷山区和大庾岭	991	章江、贡水、袁河等

长江是中国第一大河，干流全长6397km，流域总面积180.9万km²，流经西藏、四川、重庆、云南、湖北、湖南、江西、安徽、江苏等省市区，在上海市注入东海，在江苏省镇江市同京杭大运河相交。长江的上源——沱沱河源自青海省西南边境唐古拉山脉格拉

丹冬雪山，经当曲后河段为通天河。向南流到玉树县巴塘河口以下，至四川省宜宾市间河段，称金沙江。宜宾以下，称长江。扬州以下，旧称扬子江。

汉江是长江最长的支流，全长 1532km，流域面积 15.9 万 km²，又称汉水，古时曾叫沔水，发源地在陕西省西南部秦岭与米仓山之间的宁强县冢山，而后向东南穿越秦巴山地的陕南汉中、安康等市，进入鄂西后北过十堰流入丹江口水库，出水库后继续向东南流，过襄阳、荆门等市，在武汉市汇入长江。

嘉陵江是长江上游左岸最大支流，因流经陕西凤县东北嘉陵谷而得名，干流河长 1120km，流域面积 16.0 万 km²，干流正源（东源）发源于陕西省秦岭南麓凤县西北代王山，西源西汉水发源于甘肃省天水市南平南川，至陕西略阳两河口两源汇合，在四川省昭化镇纳白龙江，流经四川盆地中部，在合川区纳渠江、涪江，再于重庆市汇入长江。嘉陵江主要支流有八渡河、西汉水、白龙江、渠江、涪江等。

岷江，又名宕昌河，是长江上游的重要支流，河长 735km，流域面积 13.59 万 km²，发源于宕昌县北部南北秦岭分水岭的红岩沟及别龙沟，由北向南流经阿坞、哈达铺、何家堡、宕昌县城、新城子、临江、甘江头、官亭、秦峪、化马 10 个乡，于两河口汇入白龙江。岷江有流域面积大于 500km² 的支流 30 条，流域面积大于 1000km² 的支流 10 条。

赣江是长江的较大支流，是江西省最大的河流，古称扬汉（杨汉）、湖汉、赣水等，南北纵贯江西省，河长 991km，流域面积 8.16 万 km²，以万安、新干为界，分为上游、中游、下游三段。赣江位于长江以南，南岭以北，西源章水源自广东省毗连江西赣州南部的大庾岭，东源贡水源自江西省赣州市石城县的赣源崟，在赣州章贡区汇合称赣江。曲折北流，经吉安市万安县、泰和县、吉安县、吉州区、青原区、吉水县、峡江县、新干县、宜春市、樟树市、清江县、丰城市到南昌市新建县、南昌县、九江市永修县分四支注入鄱阳湖，后经九江市湖口县进入长江。

长江流域主要粮食基地分布区内湖泊众多，主要有鄱阳湖、洞庭湖、巢湖、太湖和洪泽湖。鄱阳湖是中国最大的淡水湖，位于江西省北部的长江南岸，介于北纬 28°22′ 至 29°45′，东经 115°47′ 至 116°45′，南北长 173km，东西最宽处达 74km，南宽北窄，形似葫芦，面积 3960km²，湖面高程 21m，最深达 23m，水系流域面积 16.22 万 km²，约占江西省流域面积的 97%，占长江流域面积的 9%，其水系年均径流量为 1525 亿 m³，约占长江流域年均径流量的 16.3%，湖面因季节变化伸缩性很大，历来有"洪水一片，枯水一线"之说。鄱阳湖承纳了赣江、抚河、信江、修水、饶河五大河和若干独流入湖诸水，北注长江，汇归大海。在鄱阳湖周围还有众多的卫星湖。

洞庭湖是中国第二大淡水湖，由东、西、南洞庭湖和大通湖 4 个较大的湖泊组成，在湖北省南部、湖南省北部、长江南岸。北有松滋、太平、藕池、调弦 4 口（1958 年堵塞调弦口）引江水来汇，南和西面有湘江、资水、沅江、澧水注入，介于北纬 28°30′ ~ 30°20′，东经 110°40′ ~ 113°10′，湖体面积 2691km²，它是长江中游重要吞吐湖泊，位于湖南省东北部。洞庭湖南纳湘、资、沅、澧四水汇入，北由东面的岳阳城陵矶注入长江。洞庭湖湖滨平原地势平坦，土地肥美，气候温和，雨水充沛，盛产稻米、棉花。湖内水产丰富，航运便利。

太湖位于长江三角洲的南缘，古称震泽、具区，又名五湖、笠泽，是中国五大淡水湖之一，介于北纬 30°55′40″~31°32′58″，东经 119°52′32″~120°36′10″之间，横跨江、浙两省，北临无锡，南濒湖州，西依宜兴，东近苏州。湖泊面积 2427.8km²，水域面积为 2338.1km²，湖岸线全长 393.2km。其西和西南侧为丘陵山地，东侧以平原及水网为主。

洪泽湖位于淮河中游、江苏省洪泽县西部，是"南水北调"工程东线部分的过水通道。在正常水位 12.5m 时，水面面积为 1597km²，平均水深 1.9m，最大水深 4.5m，容积 30.4 亿 km³。湖泊长度 65km，平均宽度 24.4km，汛期或大水年份水位可高到 15.5m，面积扩大到 3500km²。

巢湖位于安徽省中部巢湖市和肥西、肥东、庐江等县间。湖形呈鸟巢状，东西长 78km，南北宽 44km，面积 820km²，湖面高程 10m，蓄水量 36 亿 km³，平均水深 4.4m，最大水深 5m。湖岸曲折，港汊众多，号称 360 滩，湖底平坦，由西北向东南略有倾斜。若以姥山岛与忠庙一线为界，可将巢湖分为东、西二湖，巢湖属构造断陷湖类型。

2.3.3　人口与经济社会

长江流域主要粮食基地分布区经济发达，有上海、南京、南昌、武汉、杭州和长沙等大城市，以及宜昌、荆州、黄石、黄冈、九江、安庆、芜湖、马鞍山、镇江、扬州和南通等中等城市。该区矿产资源丰富，工业发达，水资源充沛，渔业兴旺，人口集中稠密，人口数量 3.97 亿人。

区内有耕地面积 1.51 亿亩，农业生产值占全国农业总产值的 40%，水稻产量占全国的 70%，还有油菜籽、芝麻、蚕丝、麻类、茶叶、烟草和水果等经济作物在全国占有重要的地位。长江流域主要粮食基地分布区鱼类的品种居全国首位，产量占全国产量的 60% 以上，盛产鱼、虾、蟹、菱、莲和苇，以及中华鲟、扬子鳄和白鳍豚等世界珍稀动物，现有水产水面 1.29 亿亩，占全国淡水总面积的 1/2。

该区主要工业有钢铁、机械、电力、纺织和化学等，有以沪宁杭为中心的综合性工业基地，包括南京的石化、杭州的轻纺工业和武汉的钢铁基地及轻纺工业等。长江中下游平原的东部区域，上海市和江苏、浙江两省的部分地区是我国经济最发达地区，不仅人口聚集，综合实力雄厚，创新能力强，而且还是我国经济、金融、贸易、航运中心和国际大都市。长江流域中下部地区，包括湖北、湖南、江西、安徽等省的部分地区，承东启西、连南通北，自然和文化资源丰富，粮食生产优势明显，工业产业门类齐全，生态环境容量大，具有加快经济社会发展良好条件。

2.3.4　土壤及植被生态环境

长江流域主要粮食基地分布区土壤主要是黄棕壤或黄褐土，南缘为红壤，平原区大部为水稻土。该流域农业区由于长期的人类农业生产影响而形成的水稻土分布极为广泛。长江中下游平原植被多为人工植被，多为水稻田，其他主要农作物还有油菜、桑蚕、苎麻和黄麻等。

在自然植被下红壤中有机质含量可达 70~80g/kg，但受土壤侵蚀、耕作方式影响较大。黄棕壤中有机质含量也比较高，但经过耕垦明显下降。紫色土中有机质含量普遍较低，通常林草地>耕地的有机质含量。土壤中有机质含量高，有利于形成良好结构，增强土壤颗粒的黏结力，提高蓄水保土能力。在过去的 60 多年中，该区乡村土地的 47% 面积发生了土地利用覆被转化，耕地面积减少，非耕地面积增加，引起了土壤有机碳储量的改变，其中稻田和闲置水域面积分别减少 21.5% 和 6.7%，0~30cm 表层土壤中有机碳储量明显减少，而水产养殖、非渗漏表面为主的建筑用地、种植多年生木本作物和种植一年生作物的水浇地面积分别增加 14.2%、7.7%、3.5% 和 2.0%。

在长江中游平原湖区低洼地与湖荡沼泽，由于泥沙淤积与多年的人工围垦，随着地下水位下降，土壤不断向着潜育型水稻土方向演化，形成湖沼—沼泽土—潜育土—重度潜育化水稻土—中度潜育化水稻土—轻度潜育化水稻土—潴育化水稻土—渗育型水稻土（水旱轮作）的演化系列，不同阶段的土壤系列几乎遍布整个平原湖区。一旦地下水位提高，这种演替方式可以出现逆转。在长江河口、三角洲地区，盐渍化土壤呈现与海岸平行呈带状的分布规律，从海边到内陆依次分布着盐渍淤泥带、滨海盐土、强度盐化土带、中度盐化土带、轻度盐化与脱盐土带。海岸东移、海堤兴建，直接影响了长江三角洲土壤的发育，在自然淋盐和人为排盐、洗盐、抑盐和耕种熟化作用影响下，近代三角洲地区的盐渍化土地主要分布于崇明岛、江苏启东、海门和南通一带。

天然植被多已破坏，残存的天然植被，长江以北主要是常绿阔叶和落叶阔叶混交林，以南主要是常绿阔叶林。长江中下游平原区常见野生草本植物种类有土茯苓、益母草、明党参、葛根、虎杖、夏枯草、白花前胡、乌药、野菊花、地榆、茵陈、淡竹叶、何首乌、女贞子、南沙参、百部、瓜蒌、桔梗、丹参、牛蒡子、淫羊藿、白前、白花蛇舌草、玉竹、夏天无、太子参、鸡血藤、白药子、猫爪草、北柴胡、南柴胡、马兜铃、射干、艾叶、积雪草等；乔木类有樟树、女贞、冬青、枸骨、枫香、梧桐、合欢、乌梅、南酸枣等；灌木类有覆盆子、檵木、金樱子、木芙蓉、棕榈、山胡椒、冻绿、野山楂等。该区水生植物主要在湖泊内，从沿岸浅水向中心深水方向呈有规律的环状分布，依次为挺水植物带、浮水植物带和沉水植物带。挺水型水生植物指根扎生于水底淤泥，植物体上部或叶挺生于水面的种类，多分布于内湖浅水、浅溏、沟汊及水田中，主要种类有芦苇、水烛、东方香蒲、莲、菰、慈姑、泽泻、黑三棱、菖蒲、石菖蒲、水葱、雨久花、鸭舌草和中华水韭等；浮水型指植物体悬浮于水上或仅叶片浮生于水面的种类，多分布于湖缘、池塘、沟汊等静水水域，主要种类有芡实、菱、野菱、莕菜、浮萍、紫萍、满江红、四叶萍、凤眼莲、空心莲子草、莼菜、睡莲、萍蓬草、水蕨、水龙等；沉水型扎根于水底淤泥中或沉于水中的植物，多分布于水深 4m 以浅的暖流静水水域中，主要种类有眼子菜、菹菜、竹叶眼子菜、金鱼藻、黑藻、水车前及苦草等；在平原的沟溪积水处或土壤潮湿的沼泽地，还分布有灯芯草、谷精草、矮慈姑、牛毛毡、节节菜、圆叶节节菜、水苋菜、丁香蓼、水芹、半枝莲、水苏、薄荷、鳢肠、蔓荆子、水蜈蚣、鱼腥草、三白草、毛茛、半边莲、猫爪草和白前等。

2.4　小　　结

（1）黄淮海平原、东北平原和长江中下游平原是我国的三大主要粮食基地分布区，其中黄淮海区主要粮食基地由河北、河南、山东、江苏和安徽 5 个粮食主产区组成；东北区主要粮食基地包括黑龙江、吉林、辽宁和内蒙古 4 个粮食主产区；长江流域主要粮食基地的 4 个粮食主产区，分别是湖南、湖北、江西省和四川主产区。

（2）黄淮海区主要粮食基地面积 28.32 万 km²，以北京、天津、石家庄、郑州、济南等特大及大城市为中心，以中西部内陆广大腹地和晋陕蒙能源基地为依托，以天津、烟台、青岛、连云港等沿海城市经济技术开发区以及秦皇岛、天津新港、烟台、青岛、日照和连云港等沿海港口群为前沿，以京广、京沪、京九、京山、胶济、新石和陇海等干线铁路为纽带，联结全国和世界各地。该区耕地面积 3.2 亿亩，人口数量 1.69 亿人口。

（3）东北区主要粮食基地由中部的松嫩平原、东北部的三江平原和南部的辽河平原组成，总面积 35 万 km²，全区人口常住人口 1.22 亿人，主要有沈大工业带、长吉工业带、哈大齐工业带 3 个工业带，主要工业城市有沈阳市、大连市、鞍山市、抚顺市、长春市、吉林市、哈尔滨市、齐齐哈尔市、大庆市。该区是我国重要的大型商品粮基地和畜牧业基地，盛产大米、玉米、大豆、马铃薯、甜菜、高粱以及温带瓜果蔬菜等。

（4）长江流域主要粮食基地位于湖北宜昌以东的长江中下游沿岸，系由两湖平原（湖北江汉平原、湖南洞庭湖平原总称）、鄱阳湖平原、苏皖沿江平原、里下河平原和长江三角洲平原组成，面积 20 万 km²，分布有上海、南京、南昌、武汉、杭州、长沙等大城市和宜昌、荆州、黄石、黄冈、九江、安庆、芜湖、马鞍山、镇江、扬州、南通等中等城市，现有耕地面积 1.5 亿亩，水稻产量占全国的 70%，棉花产量占全国的 1/3 以上，油菜籽、芝麻、蚕丝、麻类、茶叶、烟草、水果等经济作物在全国也占有非常重要的地位。

第3章 黄淮海区主要粮食基地作物布局结构特征与遥感解译方法

本章重点阐述应用遥感解译方法，包括技术方法的要点内容、遥感解译的调查范围和资料来源，通过不同作物农田分布范围、农作物布局结构和井渠系分布状况调查，阐明黄淮海区主要粮食基地小麦、玉米、水稻、大豆蔬菜和果树等作物播种分布范围、农作物布局结构特征和农田区井、渠系分布现状。

3.1 基础资料来源与解译方法

3.1.1 目标成果与基础资料来源

1. 目标成果

通过开展国家主要粮食基地的农田分布范围、农作物布局结构、农田类型和井渠系分布状况调查，重点查明我国3个主要粮食基地（即黄淮海区主要粮食基地、东北区主要粮食基地和长江流域中下游主要粮食基地）范围内的小麦、玉米、水稻和大豆作物农田区播种范围、农田类型（水田、旱地、菜地或果园等）、农作物布局结构和井渠系分布现状。

2. 工作区范围及地市分区组成

本项研究范围包括黄淮海区主要粮食基地、东北区主要粮食基地和长江流域中下游区主要粮食基地的分布区，位于我国东部和东北地区，遥感解译面积近200万 km² （包括一年两熟播种面积），涉及680个县市区，它们所属地市分区如表3.1所示。

3. 基础资料来源

针对不同地域粮食主产区的小麦、玉米、水稻、蔬菜和果树等作物种植范围和农田区井渠系现状的解译需求，选择了不同时间、类型和精度的遥感数据源，其中粮食作物和渠系解译选择了 Landsat-8 和 HJ-1 星等遥感数据源为主，辅以 Google Earth 数据；农田区井的解译采用 Google Earth 数据源为主。

数据源选择原则：主要考虑数据分辨率、数据时相、数据获取和数据价格等因素，根据解译精度的要求，粮食作物和渠系解译选择 Landsat-8 数据作为遥感数据源，该数据源自原中国科学院对地观测与数字地球科学中心，数据分辨率为 15m，满足本项研究精度的要求。井的解译，采用 Google Earth 数据作为主要数据源，为了确保对农业区地下水开采井进行有效的、客观的识别，采用 2013～2014 年期间在线的 Google Earth 影像数据的时相主体，以 2005~2012 年期间数据作为部分缺失数据区域的补充。

表 3.1 我国主要粮食基地遥感解译范围及涉及地市分区

粮食基地	工区序号	研究区	位置	遥感解译范围涉及地市分区
黄淮海区	1	黄淮海平原	113°00′~121°30′ 32°00′~40°30′	北京市：北京；天津市：天津；河北省：保定、沧州、承德、邯郸、衡水、廊坊、秦皇岛、石家庄、唐山、邢台等；河南省：安阳、鹤壁、焦作、开封、漯河、南阳、平顶山、濮阳、商丘、新乡、信阳、许昌、郑州、周口、驻马店；山东省：滨州、德州、东营、菏泽、济南、济宁、莱芜、聊城、临沂、青岛、日照、泰安、威海、潍坊、烟台、枣庄、淄博；安徽省：蚌埠、亳州、滁州、阜阳、合肥、淮北、淮南、六安、宿州；江苏省：常州、淮安、连云港、南京、南通、苏州、泰州、宿迁、徐州、盐城、扬州、镇江等
东北区	2	松嫩平原	121°21′~128°18′ 43°36′~49°26′	黑龙江省：大庆、哈尔滨、黑河、牡丹江、齐齐哈尔、绥化、伊春；吉林省：白城、松原、吉林、四平、长春；内蒙古自治区：呼伦贝尔、通辽、兴安盟等
东北区	3	辽河平原	119°04′~125°01′ 41°59′~45°01′	吉林省：白城、松原、辽源、四平、长春；辽宁省：朝阳、扶顺、阜新、锦州、沈阳、铁岭；内蒙古自治区：赤峰、通辽、兴安、锡林郭勒等
东北区	4	三江平原	129°46′~135°05′ 46°06′~48°28′	黑龙江省：哈尔滨、鹤岗、鸡西、佳木斯、七台河、双鸭山和伊春等
东北区	5	内蒙古河套平原	106°25′~112°00′ 40°10′~41°20′	内蒙古自治区：呼和浩特、包头、乌兰察布、鄂尔多斯、巴彦淖尔、阿拉善等
长江流域	6	成都平原	102°54′~104°53′ 30°05′~31°26′	四川省：成都、德阳、绵阳、雅安、阿坝、眉山和资阳等
长江流域	7~8	两湖平原、长江流域中下游平原	111°05′~122°57′ 27°50′~33°58′	湖北省：鄂州、黄石、荆门、黄冈、荆州、十堰、随州、天门、武汉、仙桃、咸宁、襄阳、孝感、宜昌；湖南省：常德、张家界、怀化、娄底、湘潭、益阳、岳阳、长沙、株洲；江西省：吉安、景德镇、九江、抚州、南昌、萍乡、上饶、新余、宜春和鹰潭等

在上述原则基础上，还充分收集研究区地形地貌、区域地质、水文地质、农业、土地等遥感资料以及研究区农作物耕作制度、农作物物候历、农作物分布和种植结构特征等资料；累计收集了有关黄淮海区、东北区和长江流域区 3 个主要粮食基地的 Landsat-8 影像227 景，完成辐射校正、大气校正、图像增强、数据融合、镶嵌等影像处理和制作等，累计工区面积 333.34 万 km² （表 3.2）。

表 3.2 我国主要粮食基地遥感解译实物工作量与基础资料情况

序号	工作内容		遥感解译实物工作量				备注
			单位	黄淮海区	东北区	长江流域	合计	
1	资料收集	遥感数据收集	景	65	58	104	227	Landsat-8
		Google Earth 数据	万 km²	33.15	35.31	12.27	80.73	在线数据
		地形地貌、遥感及农业等资料	份				150	
		水文资料	份				65	
		地质资料	份				85	

续表

序号	工作内容		单位	遥感解译实物工作量				备注
				黄淮海区	东北区	长江流域	合计	
2	数据制作	遥感数据处理	万 km²	107.8	63.5	162.02	333.33	
3	遥感解译	信息提取	万 km²	66.30	35.31	44.12	145.73	
		遥感解译	万 km²	66.30	35.31	44.12	145.73	
		解译图斑	个	1033939	1031392	1574531	3639862	
		解译井	万 km²	33.15	35.31	12.27	80.73	
		解译渠	万 km²	33.15	35.31	22.06	90.52	
4	野外标定及效验	标定路线	km	2259.7	2498.9	3235.6	7944.2	
		标定点	个	41	29	41	111	
		效验路线	km	2897.6	2957.3	5891.6	11745.5	
		效验点	个	354	200	332	856	
		波谱测试	条	1100	200	440	1740	
		照片采集	张	650	325	560	1535	

实物工作量：先后完成我国主要粮食基地的小麦、玉米、水稻、大豆、果园、蔬菜及其他作物（棉花、花生等）的解译面积 145.73 万 km²，如表 3.2 所示，编制了各类农作物遥感解译分布图 800 余幅。完成农业区地下水开采井解译面积 80.73 万 km²，渠系解译面积 90.52 万 km²，编制了农业区井渠系解译成果图 100 余幅。

3.1.2　农作物布局结构遥感解译方法

（1）以面向对象的信息提取技术为手段，采取多期 Landsat-8 遥感数据与其他多源数据相结合、计算机自动信息提取与人机交互解译相结合、室内综合研究与实地调查相结合的方法，同时，研发了适宜超大区域农作物分布特征的遥感综合调查技术方法，实现了应用遥感技术快速查明我国主要粮食基地农作物分布特征的目的。

（2）选取了 Landsat-8、HJ-1A/1B CCD 等多源数据的合适时相、合适波段资料及特征参量，遥感解译了黄淮海区、东北区和长江流域中下游区主要粮食基地的小麦、玉米、水稻、大豆、果园、蔬菜及其他作物（棉花、花生等）种植分布范围和农作物布局结构，避免了单一信息提取方法对作物分类不够明确、混合图斑不确定性较多问题。在综合对比了 Landsat-8、HJ-1A/1B CCD、World View 和 Google Earth 等数据特征、性价比和目标识别可靠性基础上，选择了在线的 Google Earth 数据，首次实现了我国三大主要粮食基地农用地下水开采井数量和位置识别解译（图 3.1），查明不同农业区地下水开采井分布密度特征，为核查灌溉农田对地下水依赖程度奠定坚实基础。

（3）在国家 863 计划项目"中国典型地物波谱数据库"支持下，构建我国三大主要粮食基地不同作物的波谱曲线，获取了冬小麦、水稻、玉米、棉花和油菜等农作物 25000 多条波谱数据，实现了不同区域作物波谱曲线的比对；针对三大主要粮食基地的不同地形地貌、不同气候区的小麦、玉米、水稻、大豆、蔬菜和果园等农作物，开展了波谱数据测量，建立了不同区域、不同农作物的波谱曲线 1740 条，解析了各类作物的波谱曲线，比对分析了不同区域农作物波谱曲线差异特征，构建了农作物的波谱数据集，为农作物波谱数据的定量遥感解译提供了技术支撑。

（4）充分收集三大主要粮食基地不同分区的地形地貌、区域地质、水文地质、农业、土地和遥感等资料以及农作物耕作制度、农作物物候历、农作物分布和种植结构特征等资料。

（5）针对粮食作物和渠系解译精度的要求，应用辐射校正、大气校正、彩色合成与彩色空间变换、图像增强处理、数据融合等技术，开展了遥感数据（图像）真实度处理和呈现。根据作物的光谱（均值、方差、灰度比值等）特征、形状（面积、长度、宽度、边界长度、长宽比、形状因子、位置等）特征、纹理（对象方差、对称性、灰度工程矩阵等）特征，遴选 eCognition Developer 中的多尺度分割算法作为本项研究的遥感信息提取主要方法，并确定各分区影像的最佳分割尺度、形状和紧制度因子等阈值，奠定全面开展农作物遥感信息提取和解译基础。

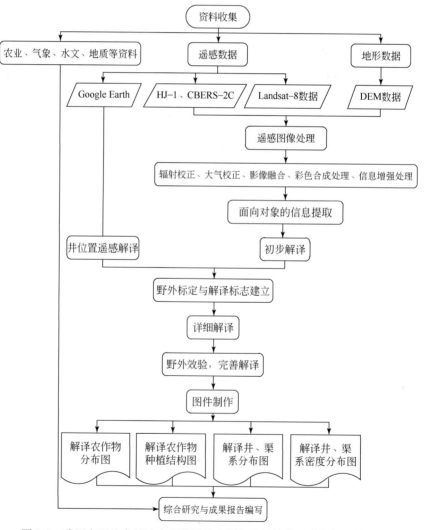

图 3.1　我国主要粮食基地农作物播种范围与布局结构遥感解译总体思路

（6）采用 1980 年西安坐标系、1985 年国家高程基准和高斯–克吕格投影（表 3.3），按照"遥感影像平面图制作规范（GB15968–1995）"要求，遥感影像预处理、拼接与纠正，制作满足 5 万~25 万解译精度的影像图。在图像分析和处理之前，进行图像纠正和重建，识别和纠正图像获取过程中可能产生的变形、扭曲、模糊（递降）和噪音，尽可能获取在几何和辐射上真实反映现实的图像，包括辐射校正、大气校正、影像融合、彩色合成处理和信息增强处理等。

表 3.3　我国主要粮食基地遥感解译投影坐标系统

粮食基地	序号	研究区	投影坐标系统
黄淮海区	1	黄淮海平原	Xian 1980 GK Zone 20
东北区	2	松嫩平原、辽河平原	Xian 1980 GK Zone 21
	3	三江平原	Xian 1980 GK Zone 23
	4	内蒙古河套平原	Xian 1980 GK Zone 19
长江流域	5	成都平原	Xian 1980 GK Zone 18
	6	两湖平原、长江流域中下游平原	Xian 1980 GK Zone 20

（7）针对不同农业区，根据影像纹理特征与农作物实际生长特征，采用不同尺度对比分析和优选最恰当的尺度进行图像分割，实现农作物信息最佳提取。在波谱测试和建立影像解译标志的基础上，以人机交互解译为主，辅以波谱反演和目视平面（立体）观测。采用多种波段组合的图像，利用直接判读、对比分析等不同解译方法，包括直判法、对比法、邻比法、波谱反演法和综合判断法，从区域性宏观解译逐渐向局部性微观高精度解译推进，从直观信息提取向微弱信息提取深入，从定性信息提取向定量信息提取实现。

（8）利用在线的 Google Earth 数据，结合野外标定工作，开展农田区地下水开采井的位置解译识别，建立了小麦、玉米、水稻、大豆、蔬菜、其他作物农田区和果园的井解译标志。根据影像中井的大小、形状、阴影、色调、颜色、纹理、图案、位置及其与周围物景之间关系进行判读，充分考虑以辨清地物为原则，采用网格参考线间距 500m（相当于 1∶500 解译精度），有效识别井的位置，并针对解译结果开展了深入的野外效验，进一步完善了遥感解译成果。

（9）本项研究共完成野外标定路线 7994.2km，其中黄淮海区主要粮食基地的野外标定路线 2259.7km，东北区主要粮食基地的野外标定路线 2498.9km，长江流域中下游区主要粮食基地的野外标定路线 3235.6km。在野外标定中，侧重区域性、多样性和代表性等核查和波谱测试。对于图斑面积较大且分布较均匀的区域，野外标定以穿越图斑路线进行控制；图斑较小且呈星散状、斑点状等区域，加密标定点进行控制。野外标定，还充分考虑了各类作物生长期选取的合理性核查。对生长期不在野外标定时限内的作物，通过地块特征、地表附着物和走访调查等方式进行识别。

（10）采用统一的投影坐标系统、高程系统和投影系统，进行三大主要粮食基地遥感解译成果的制图，总体精度 1∶5 万。区域性成果图，包括作物种植结构分布图等，采用 1∶100 万比例尺表达。各地市级分区成果图，采用 1∶25 万比例尺表达。

（11）质量控制：本项研究的遥感影像选择，涉及云层覆盖量小于 20%。在影像拼接时，最大限度采用无云区域和覆盖有云区域消除干扰，最终拼接成果影像满足粮食基地的云层覆盖小于10%的要求（表3.4）。在影像纠正中，确保配准后的误差，山地、高山地区控制在2.0个像元之内，平原、丘陵地区控制在1.0个像元之内（表3.5）。在遥感影像制作过程中严格执行遥感图像制作有关技术规定，并按照质量管理体系要求，实现自检、互检、组检质量关，同时填写了相关质量控制表格。制作的影像质量可靠，完全满足本次解译精度要求。

表3.4 我国主要粮食基地遥感解译中影像平均云层覆盖量情况

粮食基地	序号	研究区	云层覆盖量
黄淮海区	1	黄淮海平原	2.5% ~ 2.6%
东北区	2	松嫩平原	2%
	3	辽河平原	1%
	4	三江平原	4%
	5	内蒙古河套平原	1%
长江流域	6	成都平原	2% ~ 3%
	7 ~ 8	两湖平原、长江流域中下游平原	1.6% ~ 1.8%

表3.5 我国主要粮食基地遥感解译中影像纠正后误差情况

粮食基地	序号	研究区	误差（单位：像元）
黄淮海区	1	黄淮海平原	0.473 ~ 0.558
东北区	2	松嫩平原	0.565
	3	辽河平原	0.565
	4	三江平原	0.594
	5	内蒙古河套平原	0.519
长江流域	6	成都平原	0.608 ~ 0.672
	7 ~ 8	两湖平原、长江流域中下游平原	0.521 ~ 0.611

在野外标定中，采用GPS三维导航定位，GPS坐标系统与各个区遥感影像坐标系统均保持一致，确保了定位的可靠性。自检、互检、项目组检均达到了100%，单位抽检达到了33%，确保了本次野外标定工作的质量（表3.6）。每一测量点获取一组光谱数据，每组光谱数据均测10条曲线。每个波谱测试点均采用GPS获取坐标位置，同时拍摄照片，并建立野外标定点、效验点与波谱测试点的对应关系。

表3.6 我国主要粮食基地遥感解译野外标定与效验完成工作量

粮食基地	标定路线/km	标定点/个	效验路线/km	效验点/个	波谱测试/条	采集照片/张
黄淮海区	2259.7	41	2897.6	354	1100	650
东北区	2498.9	29	2957.3	200	200	325
长江流域	3235.6	41	5891.6	332	440	560
合计	7994.2	111	11746.5	886	1740	1535

3.2　自然条件对农作物布局结构影响

粮食主产分布范围、农田类型、作物布局结构和渠系分布情况，不仅与气候和陆地水文条件密切相关，而且，还与地形地貌、土壤类型和地下水资源状况有关。

3.2.1　气候条件影响

1. 农作物布局与气候条件之间关系

气候是自然资源中影响农业生产的最重要的组成部分之一，它提供的光、热、水、空气等能量和物质，对农业生产类型、种植制度、布局结构、生产潜力、发展远景以及农、林、牧产品的数量、质量和分布都起着决定性作用。农作物的生长发育，依赖于气候条件。气象条件有利，能促进生长发育；反之，气象条件不利，会延缓生长发育。各种作物年度的丰歉，在很大程度上取决于气象条件的综合影响。每年的光照、热量、降水等主因子变化所表现出的冷暖、旱涝、阴湿等状况以及各相关气象要素的适宜度是影响作物产量品质构成的重要气象因子。

热量是决定作物分布的重要因素，绿色植物光合作用的效率与热量的关系密切。光合作用最适宜的温度是 20 ~ 30℃，其下限温度为 0 ~ 5℃，这对作物布局具有一定的规范作用。从赤道到两极，热量分布的有规律变化，为地面上各种植物带的有规律变化奠定了基础；同理，高海拔地区植物的垂直带分布现象，也是从山麓到山顶热量分布不均匀的反映。一个地区热量的累积值不仅决定该地区作物的熟制，还决定着农作物的分布和产量。光照是绿色植物生活的必要条件，只有在太阳光的照射下绿色植物才能进行光合作用，把无机物合成为有机物。降水对农业生产的影响是显而易见的，作物体内含水一般在 80% 左右，蔬菜和块茎作物更高达 90% ~ 95%，因而，大气降水的多少和时间分配对农作物的生长和产量影响十分显著，是农业生产必要条件之一。

我国是一个受季风与大陆性气候影响明显的农业大国。受季风环流影响，夏季盛行东南、偏南和西南季风，携带湿热气流向北、西北运行，造成湿润多雨天气气候，为农业生产提供了丰富的热、水、光资源。冬季盛行西北、北和东北季风，寒冷、干燥，限制了冬季农业生产活动。冬季，在我国北方作物越冬休眠期，而在南方大部分地区仍可种植喜凉作物。

在东南季风影响的地区，四季分明，西南季风影响的地区干湿季明显，季风气候构成了农业生产多集中在暖季，或者喜温作物与喜凉作物因季节转换而互为搭配的种植制度。又因热量、水分、光照等时空分布的差异，使农业生产具有明显的区域性，东南季风区以种植业为主，或以水产养殖为主。在西北干旱-半干旱地区，则以牧业和旱作农业或灌溉农业为主。季风活动范围、进退和影响时间、程度的不同，使热量降水差异甚大，农业类型、作物种类、熟性、耕作制度、产业结构，都具有明显的区域差异。我国气候的大陆性由北向南减弱，气温日较差、年较差由大到小，夏半年光照时数由多向少，某些作物产品的蛋白质、糖的含量由北向南减少，从而也形成了品质区域性的差异。

我国下半年主要受副热带高压影响的东部季风区，气温高，加之东南和西南季风从太平洋和印度洋有大量水汽输送，雨量增加，因雨热同季，使水稻、玉米、棉花、甘薯等种植纬度向北推移。在亚热带季风气候区，还可发展多种作物连、间、套、混作的高效种植模式。由此，我国农业气候类型多样，有热带、亚热带、暖温带、中温带、寒温带；有不同干燥气候，平原和山地高原气候、大陆性和海洋性气候，热带气候适宜发展橡胶、咖啡、椰子、热带水果等生产；南亚热带适于发展甘蔗、荔枝、龙眼、香蕉等生产；中、北亚热带适于发展柑橘、茶叶、油桐、油茶、蚕桑、苎麻等生产；暖温带适于发展苹果、梨、枣、板栗、烟草等生产；北温带适于发展甜菜、大豆、人参、鹿茸、红松等生产；西北干旱地区适于发展瓜果和畜产品，多种多样的气候类型，可成为发展多种经营和名特优产品的基地。

在我国热带季风气候带，降水丰沛，雨热同期，利于发展种植业，多为水稻，一年两熟到三熟。在亚热带季风气候带，降水丰沛，雨热同期，平原区多为水稻，一年两熟；在山地丘陵区，多为果林业。在温带季风气候带，降水相对较少，雨热同期，利于发展种植业（小麦、玉米）一年一熟到两熟。在温带大陆性气候带，草原荒漠区适宜发展畜牧业，新疆地区瓜果种植（昼夜温差大，利于瓜果积累糖分）。在高原气候带，种植青稞，发展高寒牧场。

粮食作物和经济作物等各类不同农作物，尽管它们有某些共性，但是各自有不同的适生条件。如同是糖料作物，甘蔗是热带、亚热带作物，具有喜高温、需水量大、吸肥多、生长期长等特点，对热量要求严格，日均温低于10℃就停止生长，冬季最低温低于0℃可能遭受冻害。甜菜则喜温凉气候，具有耐寒、耐旱、耐盐碱特性，能耐-4～-3℃的低温，幼苗期和成熟期需水少，土壤耕作层含盐量在0.33%～0.65%尚能生长。

作物的结构、熟制和配置泛称作物布局，是种植制度的基础，它决定作物种植的种类、比例、一个地区或田间内的安排、一年中种植的次数和先后顺序。种植方式包括轮作、连作、间作、套作、混作和单作等。种植制度是耕作制度的主体。一个合理的种植制度应该有利于土地、劳力等资源的最有效利用和取得当地当时条件下农作物生产的最佳经济效益，有利于协调种植业内部各种作物，如粮食作物、经济作物与饲料作物之间、自给性作物与商品性作物之间、夏收作物与秋收作物之间、用地作物与养地作物之间等的关系，促进种植业以及畜牧业、林业、渔业、农村工副业等的全面发展。自然环境与社会经济因素的差异性决定了种植制度类型的多样性。除反映土地利用率不同的各种耕作制度如撂荒制、休闲制、连年耕种制、集约耕作制等外，还可按不同标准划分为多种类型。按种植作物的种类划分的类型，有以一类作物为主的种植制度，如以谷物或经济作物或饲料作物或多年生作物为主的类型；也有混合型的种植制度，如粮食作物与饲料作物并重的、粮食作物与经济作物兼有的、牧草与大田作物混合的、一年生与多年生作物间套作的类型等。

2. 气候变化对农作物布局影响

从图3.2可见，黄淮海区主要粮食基地的农作物布局结构与降水量之间存在一定的关联。在纵向上，因降水量因素影响，南北区域农作物种植类型不同。在黄河以北地区降水量相对较少，该区域作物主要以冬小麦、玉米为主，局部区域种植棉花，主要为小麦玉米一年两熟，局部存在棉花一年一熟的种植结构。在黄河以南，尤其是河南南部的信阳、安徽淮河流域及江苏新沂河一带，年降水量普遍在900mm以上，该区域秋季作物种植主要以水稻为主，夏季作物有冬小麦、水稻，具有水稻两熟、小麦水稻两熟的的种植结构特征。在横向上，自滨海平原区至山前冲洪积平原区，因降水量不同，作物种植存在差异。滨海平原区降水量较大，在 650mm 以上，特别是天津、河北省唐山一带，最大降水量达 750mm 以上，该区域主要种植水稻为主，其他沿海区域因土壤盐碱化原因，主要种植棉花为主。在西部山前冲洪积平原区，降水量较少，年降水量不足 500mm，该区域以种植小麦-玉米为主。

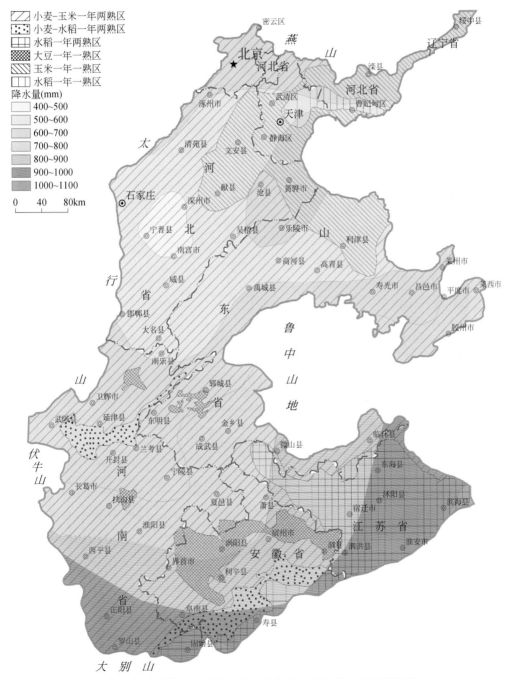

图 3.2　黄淮海区主要粮食基地农作物布局与降水量之间关系

3.2.2 不同地形地貌区农作物种植结构特征

在太行山、伏牛山山前倾斜冲洪积平原，多旱少雨，年均降水量不足500mm。该区农作物以冬小麦-玉米为主，具有一年两熟特征，种植结构较为单一，尤其在河北省保定、石家庄、邯郸市至河南省新乡一带更为突出（图3.3），灌溉农业对地下水依赖程度较高。

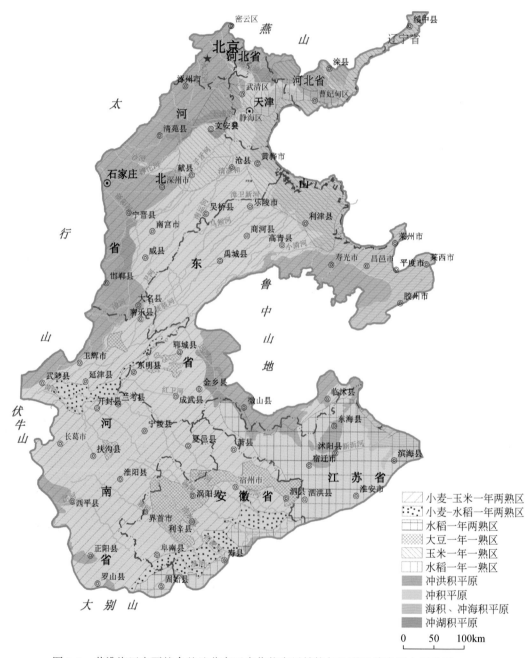

图3.3　黄淮海区主要粮食基地分布区农作物布局结构与地形地貌类型之间关系

在淮河、黄河和海河泛滥冲积–湖积平原，农作物种植结构比较复杂，小麦–玉米一年两熟及小麦–水稻一年两熟为主导，其次为玉米一年一熟、水稻一年两熟及小麦–大豆一年两熟（图3.3、图3.4）。在山东省乐棱–禹城–东明县、河北省吴桥县、河南省郑州市至商

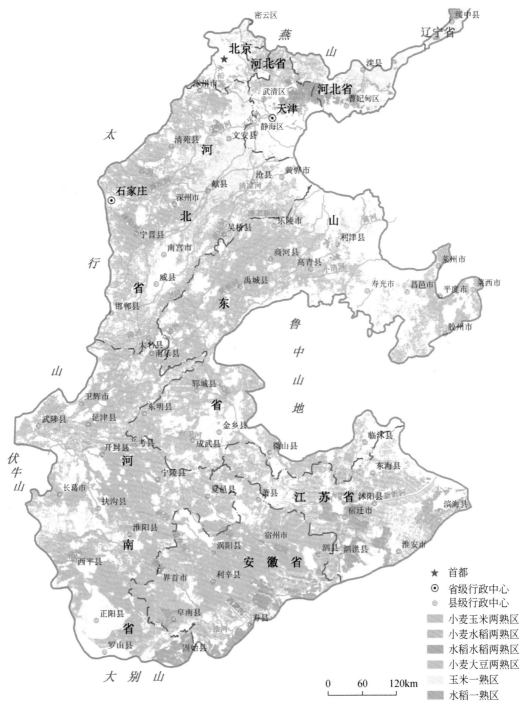

图3.4　黄淮海区主要粮食基地粮食作物种植结构分布特征

丘市一带，及南部的淮河冲积平原缓坡地区域，主要以种植冬小麦-玉米为主，为一年两熟。在淮河流域泛滥冲积平原，包括江苏省新沂河一带，河网水系发育，降水量较大，年均降水量介于 1000~1200mm，该区以冬小麦-水稻为主，为小麦-水稻两熟及水稻两熟的种植结构。在北部的海河流域泛滥冲积平原区，包括河北省献县至文安县一带，水系不发育，该区以种植玉米为主，为一年一熟。在黄河与淮河之间安徽省利辛县北部至宿县一带的丘陵砂姜黑土区，以种植小麦、大豆为主，为小麦-大豆一年两熟。在淮河、黄河和海河泛滥冲积-湖积平原的蝶形洼地区，因地势较低，排水除碱能力差，土地盐碱化明显，由此这些地区以种植棉花为主，一年一熟（图 3.3、图 3.4）。

在黄淮海区主要粮食基地分布区的东部沿渤海、黄海的湖积-海积平原，以种植水稻为主，为一年一熟。在河北、山东和江苏省滨海平原，棉花种植面积较大，在除涝排碱条件较好地区玉米种植面积不断增加，呈现棉花、玉米一年一熟的种植结构特征。

3.2.3 农作物布局结构与井、渠系分布状况关联特征

农田区井渠分布状况在一定程度上反映 3 种实况：一是反映农作物对灌溉需求程度，井渠分布密度较小，表明该区农作物对人工灌溉需求较低，当地不仅降水量较大，而且年内分布能够满足不同季节农作物需水要求；二是反映农田区地表水资源丰富状况，渠系分布密度大、井分布密度小，表明当地地表水资源充沛；三是反映灌溉农业对地下水依赖程度，井分布密度大，表明当地地表水资源匮乏，灌溉农业对地下水依赖程度较高。

在黄河以南的黄淮流域平原区，在农业灌溉井分布密度较小，渠系分布密度较大，呈现当地农业对灌溉具有较高需求，且地表水资源充沛，为农业灌溉主要水源。在黄河以北的海河流域平原区，尤其山前冲洪积平原区，渠系分布密度较小，井分布密度较大，表明当地地表水资源匮乏，灌溉农业对地下水依赖程度较高。

从黄淮海区主要粮食基地分布区的井分布密度来看，自西北向东南，或由山前冲洪积平原，经中部泛滥冲湖积平原，至滨海平原，井分布密度呈渐稀特征。在黄河以北的海河流域平原区，农用井分布密度 1.86 眼/km²，较高地区达 30 眼/km² 以上。在黄河以南的黄淮流域平原区，农用井分布密度较小，为 1.09 眼/km²，较高地区不足 20 眼/km²。在农用井分布密度较大的太行山前冲洪积平原区保定-石家庄-邯郸一带，以种植冬小麦-玉米为主，浅层地下水超采比较严重。在渠系分布密度较大的淮河流域平原区河南省固始县至安徽省泗洪县一带，以水稻为主、其次为小麦、大豆等。在河北省唐海县至天津市静海县一带，渠系分布较为密集，该区以水稻种植为主，一年一熟。在黄淮海区主要粮食基地分布区的中部的泛滥冲积-湖积平原，农用井分布密度小于山前冲洪积平原的农用井分布密度，渠系分布密度中等，该区以种植小麦-玉米为主。在滨海平原区渠系分布密度较大，农用井分布密度小，该区以棉花种植为主。

3.2.4 农作物布局结构与土壤类型关联特征

黄淮海区主要粮食基地分布区的潮土及褐土分布区，以小麦-玉米种植为主。在盐渍

土分布区，包括河北省威县至南宫市、山东省和江苏省滨海平原区。在丘陵砂姜黑土分布区，如安徽省利辛县北部至宿县一带，排水条件较好，以大豆种植为主。在水稻土分布区，例如淮河流域低平原区及江苏省新沂河一带，以水稻种植为主。

3.3　黄淮海区主要粮食基地农作物布局结构特征

3.3.1　粮食基地农作物播种概况

在黄河以南的黄淮海区主要粮食基地，即黄淮河流域平原区，农作物以一年两熟为主。在黄河以北的黄淮海区主要粮食基地北部，即海河北系、冀东及滦河水系平原区，农作物以一年一熟为主；在海河南系及徒骇马颊河水系平原区，农作物以一年两熟为主，如表 3.7 所示。因此，本项研究选取了两期影像数据进行遥感解译，第一期是以每年 4~5 月数据为主，重点解译冬小麦、早稻等粮食作物种植分布范围；第二期是以每年 8~9 月数据为主，重点解译玉米、大豆、中晚稻和棉花等种植分布范围。在解译过程中，兼顾了蔬菜、果园和其他类作物的解译需求。

表 3.7　黄淮海区主要粮食基地各类作物生长期状况

序号	作物类型	作物生长期	最佳解译时相	备注
1	冬小麦	10 月至次年 6 月	3、4 月	
2	玉米	7~10 月	8 月	
3	大豆	6~9 月	8 月	
4	早稻	4~7 月	5 月	黄河以南地区
5	中稻	6~9 月	8 月	
6	晚稻	7~10 月	8 月	黄河以南地区
7	棉花	4~10 月	8 月	

黄淮海区主要粮食基地范围的解译面积 33.2 万 km²，解译各类农作物图斑 103.4 万个，解译农作物总播面积 5.68 亿亩（图 3.5、图 3.6），冬小麦、玉米占主导，其次为水稻、大豆、蔬菜、果园及（棉花、花生）其他类作物。其中，冬小麦播种面积 2.16 亿亩，占农作物总面积的 38.06%；玉米播种面积 1.82 亿亩，占农作物总播面积的 32.10%；水稻播种面积 5263.62 万亩，占农作物总播面积的 9.27%；大豆播种面积 1708.31 万亩，占农作物总播面积的 3.01%；蔬菜种植面积 5510.09 万亩，占农作物总播面积的 9.70%；果园种植面积 666.93 万亩，占农作物总播面积的 1.17%。

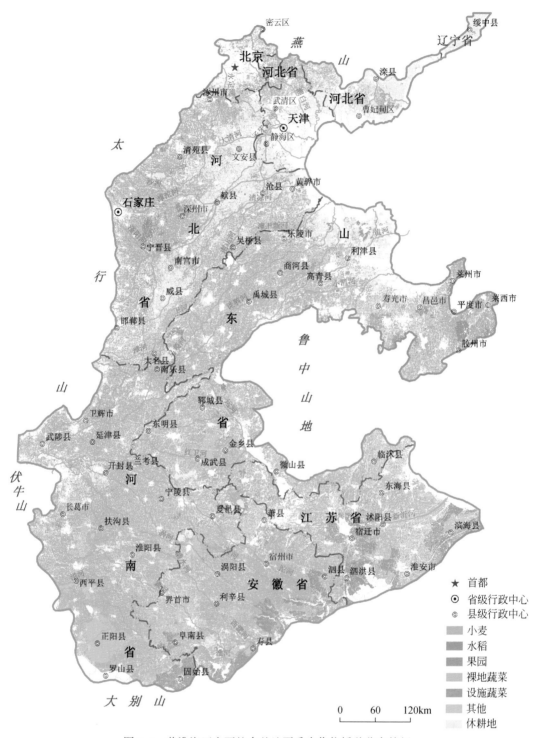

图 3.5　黄淮海区主要粮食基地夏季农作物播种分布特征

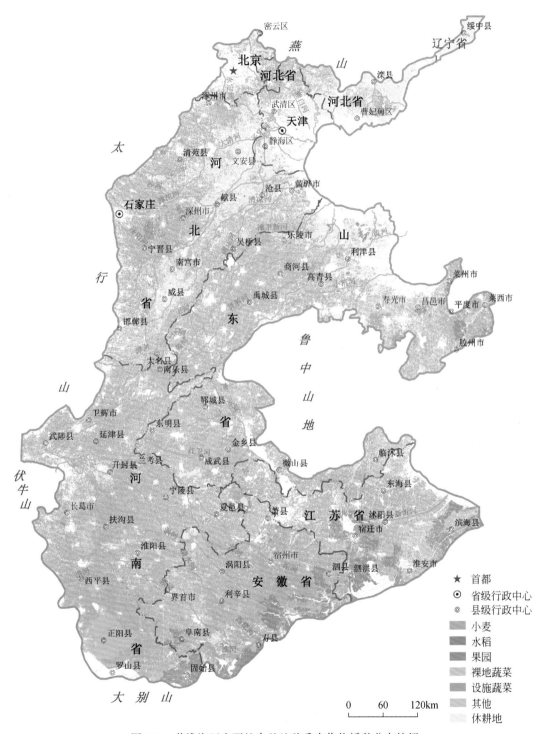

图 3.6　黄淮海区主要粮食基地秋季农作物播种分布特征

3.3.2　遥感解译农作物播种分布与布局结构特征

1. 小麦播种分布特征

在黄淮海区主要粮食基地，解译冬小麦播种面积 2.16 亿亩，涉及 53 个地市，如图 3.7 所示。其中河南省周口地区小麦播种面积达 1148.84 万亩，河南商丘、山东德州、安

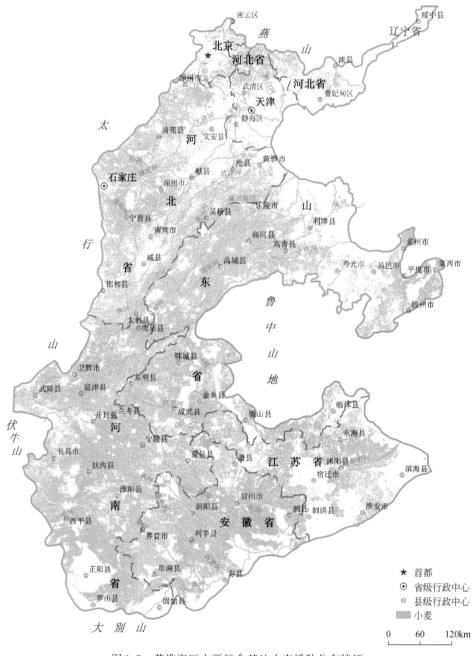

图 3.7　黄淮海区主要粮食基地小麦播种分布特征

徽宿州地区小麦播种面积介于 500 万 ~1000 万亩，河北邯郸、河南安阳和江苏连云港地区小麦播种面积介于 200 万 ~500 万亩，河北唐山、河南郑州和江苏淮安地区小麦播种面积介于 100 万 ~200 万亩，其他地区小麦面积小于 100 万亩（表 3.8）。

在区域分布上，小麦播种面积呈现中西部分布密集、东部沿海地区零星分布。在研究区西部太行山、伏牛山山前冲洪积平原和中部黄淮冲积平原区，小麦播种面积分布较为密集，连片面状分布，向东至滨海平原区小麦播种面积分布逐渐稀疏，多为零星分布，局部区域呈片状无小麦播种。

表 3.8 黄淮海主要粮食基地解译各类农作物播种状况

省份	市域	县区	解译农作物播种面积/万亩							
			小麦	玉米	水稻	大豆	果园	裸地蔬菜	设施蔬菜	其他
北京	北京	昌平	9.45	11.25			3.11	8.96		
		朝阳	4.03	3.93				5.96		0.16
		大兴	40.92	47.79				64.74		0.09
		房山	21.74	29.48			0.41	17.28		
		丰台	0.78	1.46			0.08	0.56		
		海淀	1.61	4.22			1.47	2.38		
		怀柔	3.61	5.08				4.61		
		密云	1.12	4.27				7.87		
		平谷	8.37	7.95				0.89	0.70	0.10
		石景山		0.03						
		顺义	47.11	44.06			0.13	12.13	1.82	3.71
		通州	43.95	46.97				13.55	0.19	2.61
天津	天津	宝坻	78.61	78.94	38.42			7.07	0.03	1.51
		北辰	6.65	5.75	5.06		2.85	13.88	1.30	
		大港	6.15	21.03				4.05	3.04	
		东丽	2.26	1.82	5.80			5.72	1.11	
		汉沽		2.05	5.29			0.24		
		蓟县	62.00	64.14	2.77		3.38	2.34	1.67	0.32
		津南		3.85	0.96		1.09	7.87	2.22	
		静海	16.55	57.54	0.06		2.48	25.20	34.90	7.37
		宁河	0.92	3.25	110.56			1.65	0.04	
		塘沽	0.82	0.33	2.22		0.94	1.54	0.79	
		武清	76.43	81.38	1.18		3.26	34.61	13.51	0.27
		西青	2.40	7.01	0.25		5.29	14.79	2.66	
河北	保定	安国	35.75	41.46			0.27	0.88	0.01	10.03
		安新	42.98	61.49				4.18		4.46
		北市	2.43	4.11			0.11	0.32		

续表

省份	市域	县区	解译农作物播种面积/万亩							
			小麦	玉米	水稻	大豆	果园	裸地蔬菜	设施蔬菜	其他
河北	保定	博野	23.42	32.46			1.04	1.43		0.52
		定兴	59.17	71.79			0.17	5.17	1.15	1.10
		定州	106.19	109.90			2.39		1.46	22.06
		高碑店	44.96	61.06			0.70	6.48		2.28
		高阳	19.79	44.36			0.25	1.78		5.65
		涞水	10.72	20.80			0.47	0.81	1.54	1.65
		蠡县	29.14	50.99			0.40	4.16	1.47	6.69
		满城	14.50	23.10			1.24	2.99		
		南市	4.20	5.14				0.61		
		清苑	64.76	71.85			2.56	9.13	9.47	
		曲阳	14.38	15.70				0.91		
		容城	23.03	27.85			0.55	2.51	0.17	
		顺平	18.37	18.39			5.98	1.03		
		唐县	11.35	13.53				1.86		
		望都	36.00	35.62				3.14		
		新市	5.92	8.75				1.15		
		雄县	11.89	31.42	17.61		0.36	3.70		5.29
		徐水	52.07	56.40			2.85	4.44		
		易县	14.71	17.96				0.38		
		涿州	37.14	55.90			0.16	9.51	13.73	
	沧州	泊头	41.54	98.13		3.32		1.21	0.08	4.11
		沧县	65.65	98.11		6.79	1.96	24.11	0.02	
		东光	51.27	50.25		1.52		2.52	0.06	23.12
		海兴	33.70	46.52		3.71	3.12	14.76	0.20	0.75
		河间	16.39	125.28		2.49	2.57	1.35	0.92	4.96
		黄骅	72.30	87.62			17.30	5.31		0.61
		孟村	27.71	25.99		1.17	0.53	2.53	0.08	
		南皮	64.89	59.82		4.44	0.44	5.63	0.02	18.28
		青县	16.75	76.24		1.66		16.12	11.80	5.84
		任丘	36.11	89.83	0.83	1.53	0.41	8.46	0.03	5.61
		肃宁	39.82	48.51		2.86		0.12	2.95	0.13
		吴桥	46.85	40.92		0.97	0.30	3.12	0.10	18.67
		献县	24.34	112.05		9.46	0.30	3.05	0.98	4.39
		新华	3.50	1.90				1.87		
		盐山	69.00	64.86		1.43	3.64	4.66	0.14	5.75
		运河	2.51	3.62				1.15		

续表

省份	市域	县区	解译农作物播种面积/万亩							
			小麦	玉米	水稻	大豆	果园	裸地蔬菜	设施蔬菜	其他
河北	邯郸	成安	26.47	23.97			2.24	2.54		13.91
		磁县	15.98	17.08			1.45	1.21		0.96
		大名	83.50	68.34			0.08	7.04		37.15
		肥乡	37.77	38.98			0.17	0.34	0.21	4.45
		馆陶	44.83	39.14			0.15	6.16		1.24
		广平	22.35	22.61			0.04			3.04
		邯郸	9.05	12.32			0.89	0.19	0.05	7.66
		邯山	0.91				0.07	0.06		
		鸡泽	22.58	25.61			1.58	0.04	3.78	
		临漳	56.71	56.47			0.23	3.11		1.88
		邱县	18.09	17.15				0.30		34.23
		曲周	44.88	46.06			1.55	0.41	5.32	14.57
		魏县	65.50	68.38			6.57	1.01		0.21
		永年	42.79	47.77			1.02	0.42	14.46	0.06
	衡水	安平	40.36	49.30			0.53	0.61		0.42
		阜城	51.70	59.35			0.26	0.93	0.63	10.67
		故城	82.94	64.05				18.14		16.40
		冀州	61.93	42.03			9.67	0.35	0.33	45.18
		景县	92.71	100.90				3.67		18.36
		饶阳	28.98	42.81			0.05	4.57	11.22	8.08
		深州	112.09	116.91			18.73	0.93	0.11	6.40
		桃城	38.75	38.98				2.19	2.00	1.94
		武强	22.89	38.83				4.39		0.20
		武邑	57.84	69.35			0.72		0.52	19.56
		枣强	57.45	55.78			9.43	0.01		32.21
	廊坊	安次	6.90	39.96			0.03	34.45	1.67	0.01
		霸州	7.82	30.17			0.99	29.99	19.14	1.02
		大厂	14.27	14.00			0.25	0.54		0.80
		大城	2.40	91.89		0.26		1.65	0.23	3.11
		固安	63.77	74.73				12.32		
		广阳	17.92	28.62			0.05	15.44		0.07
		三河	36.74	39.28			0.17	6.54	4.51	0.50
		文安	12.11	81.35			0.37	13.14	8.30	2.97
		香河	32.48	25.24				22.36		0.79
		永清	18.58	67.33				45.95	0.84	

续表

省份	市域	县区	解译农作物播种面积/万亩							
			小麦	玉米	水稻	大豆	果园	裸地蔬菜	设施蔬菜	其他
河北	秦皇岛	北戴河		1.11					0.28	
		昌黎		96.44	5.44		0.51	9.88	1.88	
		抚宁		23.69	4.09				0.01	
		海港		4.70						
		卢龙		9.07						
		山海关		3.65					0.71	
	石家庄	高邑	19.58	19.48			0.15	1.60	0.19	
		藁城	64.03	63.63			9.44	1.51	6.89	
		行唐	36.07	36.17			0.34	0.01	0.84	
		晋州	36.35	36.56			24.71	0.21	0.60	
		灵寿	12.62	12.79			0.95	0.04	1.05	
		鹿泉	15.18	15.78			0.84	0.45	0.37	
		栾城	28.28	28.49				3.24	0.36	
		桥东	0.44	0.51						
		桥西	0.08	0.07						
		深泽	26.68	27.92			2.15		0.19	
		无极	47.38	46.78			0.89	1.37	4.40	
		辛集	89.83	90.37		0.85	9.53		8.58	2.11
		新华	1.56	1.64				0.14		
		新乐	47.27	49.65			0.31		2.65	
		裕华	0.63	0.72				0.09	0.72	
		元氏	25.78	27.03			0.95	0.91	0.38	
		赞皇	3.00	2.93			0.22			
		长安	3.44	4.13						
		赵县	57.91	58.30			18.68	0.04	0.38	
		正定	34.67	35.50			0.52		1.98	
	唐山	丰南	24.01	43.05	59.18			2.46	3.38	
		丰润	37.56	62.95	3.06			0.71	0.13	
		古冶	1.21	6.31					0.08	
		汉沽		0.86	13.57			0.32		
		开平	0.59	4.04				0.30		
		乐亭	5.77	61.14	7.93		2.29	1.97	48.57	
		路北	0.34	2.43				0.18		
		路南	0.05	0.17						
		滦南	47.60	77.69	29.62			5.55	2.89	
		滦县	8.38	52.00				1.00	0.15	

续表

省份	市域	县区	解译农作物播种面积/万亩							
			小麦	玉米	水稻	大豆	果园	裸地蔬菜	设施蔬菜	其他
河北	唐山	南堡			2.77			1.22		
		迁安	0.03	0.51						
		唐海	0.16	3.93	44.88			0.17	0.46	
		玉田	68.65	89.15	2.36			17.43		
		遵化	0.57	2.36			0.02			
	刑台	柏乡	26.00	26.27			0.25	1.72		
		广宗	14.01	16.72			0.22	2.54		36.71
		巨鹿	38.81	51.71			6.13	0.50		6.49
		临城	12.00	13.90			0.19	1.91		2.18
		临西	50.43	48.99				2.09		5.86
		隆尧	66.58	69.11			0.75	1.53		3.44
		南宫	26.79	14.50				1.08		79.47
		南和	30.02	36.23			0.17	2.25		
		内丘	13.94	14.60				1.39		
		宁晋	119.81	116.63			2.70	0.09	1.32	2.21
		平乡	28.41	39.16			0.29	3.46		3.25
		桥东		0.05				0.22		
		清河	34.36	34.04						11.66
		任县	35.47	38.94			0.66	1.30		0.54
		沙河	12.12	13.37				2.83		
		威县	10.49				0.19	3.61		109.87
		新河	27.82	30.24				0.09	0.08	8.03
		邢台	9.49	9.56				2.94		
河南	安阳	安阳	54.72	52.17			0.03	1.51		0.80
		北关	1.50	1.31				1.05		
		滑县	193.44	153.72	0.54	24.81		4.70	1.23	7.65
		龙安	2.20	6.25			0.23	0.83	0.09	
		内黄	96.26	60.13		31.47		4.84	1.71	9.52
		汤阴	55.19	31.08		5.27	0.08	12.62		
		文峰	12.00	10.88			0.32	0.59		
		殷都	2.00	1.85			0.11	0.17		
	鹤壁	浚县	105.96	71.55		22.65	2.01	1.10		8.55
		淇滨	7.08	6.33				0.01		
		淇县	28.58	14.35			0.08	0.29		0.08

续表

省份	市域	县区	解译农作物播种面积/万亩							
			小麦	玉米	水稻	大豆	果园	裸地蔬菜	设施蔬菜	其他
河南	焦作	博爱	23.31	9.71				0.07		
		解放	0.59	0.05					0.11	
		马村	5.02	4.96						
		山阳	3.05	2.54						
		温县	20.82	23.41			0.09	0.18	0.14	0.22
		武陟	74.10	57.50	7.30	4.09		2.11		10.62
		修武	29.79	26.72		0.78		2.91		
		中站	1.36	0.62				0.02		
	开封	鼓楼	2.12	0.32	0.52		0.09	0.02		4.90
		金明	3.50	1.76	10.91	0.05	0.68	0.55	1.29	11.00
		开封	101.01	72.26	13.22		1.96	2.75	7.00	53.02
		兰考	107.81	85.96	5.28		1.38	3.20	1.02	8.81
		龙亭	5.37	3.75	1.83	1.49		0.43	0.80	
		杞县	135.73	115.96		5.20	0.20	6.38	5.14	13.43
		顺河	2.33	2.01	5.14		0.21	0.46		
		通许	85.47	59.46		2.36	0.22	5.01	4.17	20.69
		尉氏	122.32	68.75			0.38	25.13	0.90	61.56
		禹王台	0.50	0.87	0.73		0.92	0.79	0.96	
	漯河	临颍	51.37	34.82				90.03		10.91
		舞阳	72.93	69.93				6.51		0.46
		郾城	46.60	46.40				7.01		1.07
		源汇	20.09	20.55				4.06		0.74
		召陵	45.31	37.59				10.63		0.54
	平顶山	郏县	16.00	10.15		0.30	0.32	7.99		1.01
		卫东	0.65	0.11			0.10	0.44		0.02
		舞钢	1.70	1.62			0.24			0.23
		叶县	39.27	27.43		0.48	0.43	13.05		0.25
	濮阳	范县	47.49	26.88	18.51			1.94		
		华龙	15.75	12.32				1.88		2.93
		南乐	65.51	49.14		1.71	0.06	21.81		
		濮阳	140.70	95.22	17.68	4.07		5.43	0.13	0.26
		清丰	85.07	74.24			0.17	8.20		2.76
		台前	33.15	20.64		8.00		2.14		3.44

省份	市域	县区	解译农作物播种面积/万亩							
			小麦	玉米	水稻	大豆	果园	裸地蔬菜	设施蔬菜	其他
河南	商丘	梁园	47.13	43.41			5.08	14.60	4.44	
		民权	123.58	118.72	3.49		0.93	1.90	0.22	1.20
		宁陵	84.42	72.67			0.26	7.87	0.19	5.71
		睢县	97.39	91.42			0.13	5.91		2.39
		睢阳	75.79	63.52			1.61	19.67	8.90	
		夏邑	129.62	130.84				25.45	4.75	
		永城	196.04	104.68		48.18	0.02	59.78	2.29	2.48
		虞城	135.62	129.14			1.18	9.83	4.77	9.41
		柘城	99.07	80.55		1.16	0.33	30.02	0.08	0.71
	新乡	封丘	128.41	42.32	73.88		0.15	5.27		10.43
		凤泉	6.87	4.78				1.80		0.18
		红旗	8.59	7.89				1.69		0.82
		辉县	64.68	48.42		0.66		3.74	0.36	
		获嘉	50.20	28.93	18.40			4.92		
		牧野	2.96	1.39				4.84		
		卫滨	3.16		3.13			1.20		
		卫辉	53.69	37.71		1.65		2.08		0.25
		新乡	37.29	26.01	4.97	1.78		1.07		4.83
		延津	95.74	48.47		2.68		0.63		45.17
		原阳	128.93	10.99	105.40	7.59	0.14	8.91		
		长垣	90.75	53.52	36.33		2.07	1.69	0.04	0.64
	信阳	固始	12.13		287.27			47.69		
		淮滨	114.59	48.05	46.47	9.31		27.44	0.05	18.02
		潢川	62.19	26.42	52.77	25.11		0.87	0.01	31.11
		罗山	11.96	1.59	8.79	0.39		0.46	0.06	2.55
		平桥	5.75	2.35	3.35			2.18		3.22
		商城			1.11			0.09		
		息县	180.20	131.06	5.55	41.91		4.28	0.04	43.92
		魏都	0.28	0.39		0.19		2.10		
		襄城	78.46	26.82			0.38	40.59		14.95
		许昌	90.47	67.67		4.75	3.78	28.47		9.13
		鄢陵	71.81	27.24	0.06	5.40	0.41	30.17		68.42
		禹州	59.23	62.14	0.03		1.21	8.95		2.28
		长葛	61.59	57.57			0.42	0.60		6.61

省份	市域	县区	解译农作物播种面积/万亩							
			小麦	玉米	水稻	大豆	果园	裸地蔬菜	设施蔬菜	其他
河南	郑州	巩义	0.18	0.39						
		管城	3.49	3.18	0.30	0.36	0.04		0.14	0.89
		惠济	5.47	4.85	2.35		0.31	0.56	2.33	
		金水	3.70	0.10	6.19	0.54	0.43	0.97		0.25
		新密	6.28	6.77			0.54	0.70		
		新郑	49.25	50.09		2.70	1.50		0.67	13.56
		荥阳	25.44	21.65			0.18	0.58	0.08	1.65
		中牟	90.52	26.72	64.91		2.10	1.42	10.48	45.07
		中原	2.29	1.84	0.76		0.20	0.55		0.61
	周口	川汇	13.11	6.31		5.26		1.85	0.02	6.16
		郸城	134.91	124.66		29.20		22.31	0.27	3.30
		扶沟	139.93	61.14		7.48	0.04	9.63	0.01	61.65
		淮阳	119.13	86.48		25.74	0.03	20.52	0.18	34.61
		鹿邑	117.94	113.79	0.05	4.02		7.41	0.15	2.46
		商水	115.80	100.37		13.47	0.32	27.20	0.02	26.44
		沈丘	114.79	94.72		19.96	0.01	1.76	0.05	0.85
		太康	194.88	143.67		52.14	0.02	4.57	0.19	3.86
		西华	106.15	82.06		4.86		36.01	0.08	33.38
		项城	92.19	108.88		11.90	1.17	13.71	0.06	1.62
	驻马店	泌阳	0.87	0.01				0.01		0.01
		平舆	136.02	119.65		15.73	0.09	1.26	0.06	45.21
		确山	42.07	43.25			0.93	23.72		34.23
		汝南	72.99	67.04				1.89		210.41
		上蔡	160.93	112.34		8.47	0.25	9.11		80.53
		遂平	96.58	86.13			0.34	6.85		21.24
		西平	93.55	95.05			1.28	20.36		28.55
		新蔡	133.17	108.16		17.83		0.25	0.04	72.16
		驿城	47.84	43.23				3.57		9.09
		正阳	32.26	29.92	1.92	0.02		1.00		404.09
江苏	淮安	楚州	74.75	1.17	78.55		0.99	8.43	1.33	
		洪泽	2.29	0.81	13.03	0.29		0.15		1.26
		淮安	2.37	0.66	3.63		0.68	0.76	0.67	
		淮阴	25.47	1.16	127.91		2.51	9.36	6.40	64.24

续表

省份	市域	县区	解译农作物播种面积/万亩							
			小麦	玉米	水稻	大豆	果园	裸地蔬菜	设施蔬菜	其他
江苏	淮安	涟水	73.14	4.29	138.66		2.61	39.72	3.16	1.11
		清河	0.12	0.12				0.18		
		清浦	4.58	0.64	25.53	0.53	0.17	4.56	2.38	0.96
		盱眙		4.61	8.09	0.52				
	连云港	东海	168.26	21.67	142.08		12.64	70.56	0.78	4.41
		赣榆	44.48	26.87	44.40		0.33	54.96		33.22
		灌南	70.08	1.06	67.47		0.50	23.35	0.82	0.04
		灌云	131.81	0.56	123.16	1.03		43.43		33.04
		海州	10.35		10.03			2.63	0.28	
		连云	3.84	2.48	1.22		0.84	1.67	0.34	
		新浦	29.67	12.22	15.53	0.28	1.67	9.48		0.01
	宿迁	沭阳	184.73	1.25	191.17	0.80	11.25	24.54	1.28	4.69
		泗洪	65.20	87.00	239.02	12.97	0.69	14.29	1.46	13.85
		泗阳	83.14	14.24	110.03		0.29	7.55	0.04	21.22
		宿城	21.69	14.98	95.58	0.91	0.16	2.55		0.90
		宿豫	5.10		176.21	2.25		2.29	0.27	1.04
	徐州	丰县	121.01	86.26	27.93		9.57	12.49	10.26	
		鼓楼	4.35	1.85	2.96			0.12		
		贾汪	40.33	22.12	15.98			2.30	1.09	
		九里	2.09	0.67	1.30			1.24	0.01	
		沛县	103.52	60.15	43.12			5.58	4.97	
		邳州	168.42	48.55	116.04	16.60		37.65	7.27	
		睢宁	129.45	28.28	161.81	0.08	0.30	7.26	3.73	
		铜山	103.48	40.86	68.41	0.06	0.40	25.83	19.05	
		新沂	83.38	40.38	111.85			22.53	10.09	
		云龙	2.10	0.14	1.44			0.38		
	盐城	滨海	0.67	3.00	127.64		0.48	39.20	1.17	124.09
		阜宁	19.74		100.95			12.95	2.00	0.02
		射阳	0.09	0.15	8.92			8.66		8.46
		响水	11.17	7.36	131.65	0.12		16.18		52.74
山东	滨州	滨城	50.61	46.05	14.62		0.46	6.45	2.60	9.60
		博兴	46.49	30.56	14.28	7.31		17.64	2.33	10.88
		惠民	108.36	105.05			0.47	24.28	14.73	2.94
		无棣	39.71	63.95			8.10	7.08		57.74

续表

省份	市域	县区	解译农作物播种面积/万亩							
			小麦	玉米	水稻	大豆	果园	裸地蔬菜	设施蔬菜	其他
山东	滨州	阳信	68.92	68.74			0.53	2.91		0.68
		沾化	26.35	73.68		3.65	0.88	18.78		40.67
		邹平	92.23	52.67			1.91	6.15	0.46	0.26
	德州	德城	30.17	31.15				1.80	0.06	0.18
		乐陵	99.33	106.86		0.78	1.55	6.64	0.44	
		临邑	102.03	94.42		2.92		2.53	0.49	0.14
		陵县	119.17	118.02		0.57	0.26	1.14	0.26	0.15
		宁津	81.21	65.85			1.84	12.92		
		平原	106.38	106.17	0.06			1.54	1.31	
		齐河	144.63	147.54				2.55	0.56	
		庆云	36.53	33.35			0.12	5.15	1.88	
		武城	65.66	59.01				4.94	1.61	6.17
		夏津	55.92	40.68				0.12	0.60	50.83
		禹城	98.51	87.39				10.30	1.45	
	东营	东营	11.19	25.33				21.75		4.06
		广饶	53.52	67.10				13.90		10.79
		河口	12.02	54.79			15.02	25.63		5.26
		垦利	15.12	74.49			0.09	15.82		7.65
		利津	27.85	67.21			14.06	40.69		0.09
	菏泽	牡丹	124.09	77.22		21.53		24.97	0.17	0.06
		曹县	147.17	132.12		7.82	0.68	27.92	8.67	17.98
		成武	60.51	54.69				6.21	0.19	83.71
		单县	130.69	80.45		16.32		28.08	39.34	25.58
		定陶	74.69	41.14		0.05		25.04	15.28	2.22
		东明	122.46	105.27		16.72		3.55		
		巨野	85.00	42.93		15.40	0.98	28.95	1.32	87.48
		鄄城	97.92	56.62		19.20	0.21	19.78	0.03	
		郓城	163.94	116.04		32.67		12.01		
	济南	槐荫	1.76	1.30				0.17		
		济阳	104.06	98.42			0.01	2.39	4.61	
		历城	16.52	6.72	0.13			3.33	0.79	1.24
		平阴	2.57	0.66				0.89	0.01	
		商河	114.66	96.84			0.01	6.15	1.49	
		天桥	8.46	7.91				10.37		

续表

省份	市域	县区	解译农作物播种面积/万亩							
			小麦	玉米	水稻	大豆	果园	裸地蔬菜	设施蔬菜	其他
山东	济南	章丘	53.88	26.46	2.45	0.88		8.40		1.21
		长清	10.63	2.77				2.80		
	济宁	嘉祥	66.35	60.81				19.42	12.00	8.67
		金乡	92.24	7.19				85.07	1.18	1.43
		梁山	77.99	59.96		18.26		13.84		
		曲阜	14.98	16.01				4.26		
		任城	47.90	23.65			0.18	48.71		0.56
		微山	52.57	31.98	24.42		0.69	2.69	1.29	
		汶上	48.06	44.21		31.05		1.03		47.82
		兖州	48.28	48.84			0.01	17.68		
		鱼台	62.72	33.45				30.50	0.42	
		邹城	18.67	18.12				0.34		
	聊城	茌平	99.27	91.82		1.56	2.05	16.98	0.02	0.47
		东阿	77.23	45.13			3.31	6.14		
		东昌府	96.63	102.26				3.02	5.09	4.25
		高唐	84.59	74.04				8.64		16.51
		冠县	78.84	93.85			15.76	11.02	0.53	2.78
		临清	88.19	73.82		3.08	0.43	10.23		4.83
		莘县	107.02	101.00				6.62	23.81	6.00
		阳谷	101.54	101.43				1.51	0.11	0.64
	临沂	苍山	66.99	58.20			0.13	37.27		11.71
		河东	28.51	34.18			1.01	24.56		2.65
		莒南	20.86	44.18			0.51	100.86		44.18
		临沭	31.13	87.58			1.55	89.17		41.26
		罗庄	1.70	2.04				1.81		0.21
		郯城	116.37	71.32	59.97		4.06	29.84		5.19
	青岛	城阳	0.16	0.16			0.17			
		即墨	68.46	54.43			33.90	7.20		
		胶南	0.39	0.41			0.01			
		胶州	38.69	35.98			13.18	35.59	0.03	
		莱西	100.75	75.49			31.69	56.47		
		平度	168.25	176.00			48.27	94.80	3.69	
		岚山	0.38	1.76			0.10	6.01		8.14
		五莲	0.57	0.70			0.08	0.06		

省份	市域	县区	解译农作物播种面积/万亩							
			小麦	玉米	水稻	大豆	果园	裸地蔬菜	设施蔬菜	其他
山东	泰安	东平	50.82	50.52			5.10	2.60	0.34	0.14
		肥城	2.25	1.10						
		宁阳	54.49	53.47			0.26	0.49	0.05	
	潍坊	安丘	6.16	6.35			0.41	74.57	0.48	
		昌乐	14.44	16.12			17.53	79.53	32.42	
		昌邑	37.84	40.41			14.58	127.16	0.17	
		坊子	28.52	31.68			1.29	92.82		
		高密	100.71	90.70			0.62	118.93	1.31	
		寒亭	18.05	16.91			6.48	70.84	4.77	
		奎文	1.69	2.81			0.17	7.67		
		青州	6.40	6.81			4.64	87.44	26.49	
		寿光	27.04	23.49				203.95	11.43	
		潍城	8.90	9.02			2.30	13.64	0.38	
		诸城	87.20	81.93	0.11		6.81	68.10	0.22	
	烟台	莱阳	12.09	12.01			5.54	0.90		
		莱州	76.68	75.63			15.25	7.82		
		招远	0.04	0.04						
	枣庄	台儿庄	49.00	46.83	1.58		0.04	0.57		0.10
		滕州	52.69	49.89	8.82			1.14	0.52	3.75
		薛城	12.32	12.31				1.07	1.17	13.42
		峄城	32.21	31.12			0.32	1.53	0.77	0.35
		高青	73.80	74.38				4.27	0.16	
		桓台	38.94	37.35			1.49	5.55		
		临淄	26.38	16.49			0.41	9.86	9.64	
		张店	2.78	2.59			1.65	6.91		
		周村	8.33	4.38			2.84	9.43		
安徽	蚌埠	蚌山		0.01	1.57					
		固镇	144.11	113.19	78.33		1.32	7.63	1.06	
		怀远	119.18	95.69	298.22		6.21	6.11	2.31	20.97
		淮上	12.83	2.43	23.82			1.98		
		龙子湖	0.25	0.11	8.26					
		五河	81.73	33.11	173.58			12.44	0.34	16.36
		禹会	0.30	0.60	12.28		0.05	0.64		

续表

省份	市域	县区	解译农作物播种面积/万亩							
			小麦	玉米	水稻	大豆	果园	裸地蔬菜	设施蔬菜	其他
安徽	亳州	利辛	204.97	121.61		83.70		36.34	1.84	
		蒙城	221.96	210.26	5.65	9.66	1.79	27.91		
		谯城	146.97	67.11		56.43	1.21	68.13		120.74
		涡阳	218.97	28.30		168.96	0.18	12.30		30.71
	滁州	凤阳	0.42	0.19	46.37		0.52	5.45		
		明光	13.95	15.34	2.19		0.44	7.33		
		阜南	146.14	89.43	104.19	0.28		42.20	1.45	
		界首	57.73	55.36		4.40		7.37	0.08	0.06
		临泉	177.46	169.22	12.54	16.77		8.71	0.13	3.38
		太和	160.68	17.52		155.00		16.11		1.80
		颍东	60.74	41.71	0.24	19.84		14.51		10.83
		颍泉	28.54	27.65		24.61		3.84		27.56
		颍上	120.40	72.31	60.22	31.94		9.20		62.75
		颍州	40.35	39.51	0.06	1.03		3.41	2.20	0.25
	淮北	杜集	10.86	13.69	1.05		2.14	4.14		
		烈山	26.36	8.86	1.16	18.78	5.76	2.78	0.02	1.46
		濉溪	200.25	129.57	4.23	70.15	2.66	30.95		0.99
		相山	3.91	3.51	0.19		0.61	8.19	0.27	
	淮南	八公山			5.68		0.78	2.09		0.16
		大通			10.25		0.56	1.40		2.83
		凤台	98.81		107.00		3.32	2.14		12.25
		潘集	61.39		57.68		1.35	5.73		
		田家庵			2.79		0.17	0.44		0.13
		谢家集			3.08		0.27	0.03		0.29
	六安	霍邱	94.96	2.45	211.56		1.21	21.77		10.97
		寿县			101.89		2.39	2.19	0.87	35.10
	宿州	砀山	83.58	86.40			12.95	11.08	8.41	25.08
		灵璧	230.30	153.29	10.84	69.12	0.62	9.45	0.28	
		泗县	151.01	125.13	51.52	72.11	1.70	9.18	1.82	
		萧县	137.41	102.87		0.65	15.41	42.58	3.31	7.08
		埇桥	309.02	163.07	0.49	143.03	11.19	7.51	2.37	
合计			21613.41	18228.20	5263.62	1708.31	666.93	4823.61	686.47	3799.46

在河北省西部的山前冲洪积平原、东南部吴桥一带小麦播种面积连片无际，而在河北省中部威县至南宫、献县至文安一带小麦播种仅局部零星分布。在河南省卫辉至淮阳、扶沟至宁陵一带小麦播种面积片连片，而在河南省正阳一带小麦播种较少。在山东省东明至禹城、成武一带小麦播种多呈连片分布，而在山东省东部沿海区域及临沭一带小麦播种稀少。在天津市武清一带，小麦播种呈大面积分布，而在天津市武清南部至静海一带小麦播种较少。在安徽省淮河

以北地区，小麦播种面积也是呈连片分布，而在淮海沿线及南部小麦播种稀少。在江苏省沭阳北部一带小麦播种分布面积较大，而在江苏省东部沿海区域及泗洪南部一带小麦播种面积有限。

2. 玉米播种分布特征

在黄淮海区主要粮食基地，解译玉米播种面积 1.82 亿亩，涉及 54 个地市（图 3.8）。

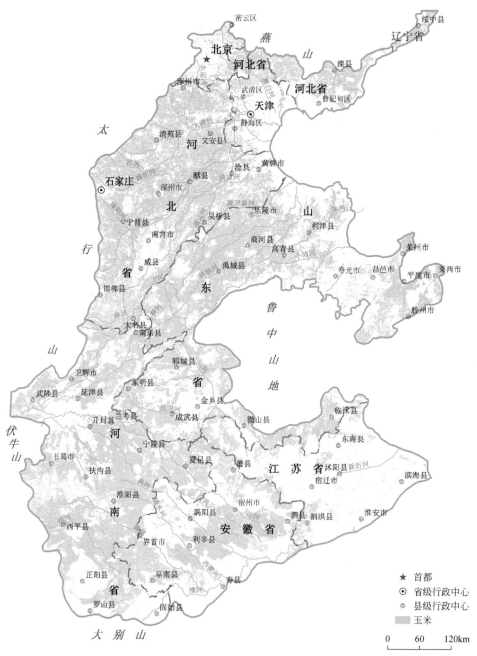

图 3.8 黄淮海区主要粮食基地玉米播种分布特征

其中河北省沧州地区玉米播种面积 1029.65 万亩，河南省周口、山东省德州、河北省保定等地区玉米播种面积介于 500 万～1000 万亩，河北省廊坊和邯郸、安徽省亳州、江苏省徐州等地区玉米播种面积介于 200 万～500 万亩，安徽省淮北、山东省枣庄、河北省秦皇岛等地区玉米播种面积介于 100 万～200 万亩，河南省鹤壁市、山东省烟台等地区玉米淮北面积小于 100 万亩（表 3.8）。

在区域分布上，玉米播种面积分布呈现"北多南少"、"西多东少"的特点，黄河以北平原区（北部）玉米播种面积占当地农作物总播种面积的 67.10%，而黄河以南平原区（南部）玉米播种面积仅占当地农作物总播种面积的 32.90%（图 3.9）。在黄河以北的海河流域平原区，玉米播种面积连片密集分布，除河北省威县至南宫地区、山东省滨海平原区玉米播种面积较少外，其他地区多呈大面积连片分布。而在黄河以南的黄淮河流域平原区，玉米播种面积较少，在江苏平原区鲜有玉米播种面积分布（图 3.8、图 3.9）。

从图 3.8 可见，自西部山前冲洪积平原至东部滨海平原，玉米播种面积呈现减少趋势，即在西部山前冲洪积平原区和中部冲积平原区玉米播种面积分布较为密集，而在滨海平原玉米播种面积分布较少。在河北省西部山前平原的邯郸至涿州一带玉米播种面积连片分布，而在河北省中东部威县至南宫一带玉米播种较少。在河南省卫辉、淮阳至夏邑一带玉米呈片状大面积分布，而在黄河沿线及河南省南部正阳一带玉米播种较少。在天津市武清北部山前平原玉米播种面积呈片连片分布，而武清南部至静海一带以及山东省东部滨海平原玉米播种面积稀少。在安徽省利辛至宿县一带玉米播种面积呈片分布，而在安徽省北、北西地区和淮河沿线玉米播种分布面积较少。

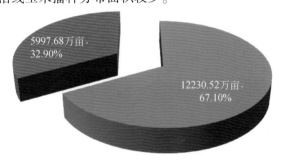

图 3.9　黄淮海主要粮食基地黄河以北与以南地区玉米播种面积对比

3. 水稻播种分布特征

在黄淮海区主要粮食基地，水稻播种范围解译了两期，累计水稻播种面积 5263.62 万亩，其中早稻播种面积 1320.12 万亩，涉及 22 个地市（图 3.10）；晚稻播种面积 3943.50 万亩，涉及 36 个地市（图 3.11）。江苏省宿迁、淮安和盐城、安徽省蚌埠和六安，以及河南省信阳等地区，早稻播种面积超过 100 万亩，江苏省徐州、安徽省宿州等地区早稻播种面积较少。黄淮海区主要粮食基地的晚稻播种面积主要集中在江苏省宿迁至淮安、淮河沿线、黄河沿线和河北省唐海县至天津静海一带，宿迁、徐州、连云港、淮安等地区晚稻播种面积大于 200 万亩，盐城、淮南、阜阳、天津和唐山等地区晚稻播种面积介于

100 万～200 万亩，郑州、濮阳和临沂地区晚稻播种面积不足 100 万亩。

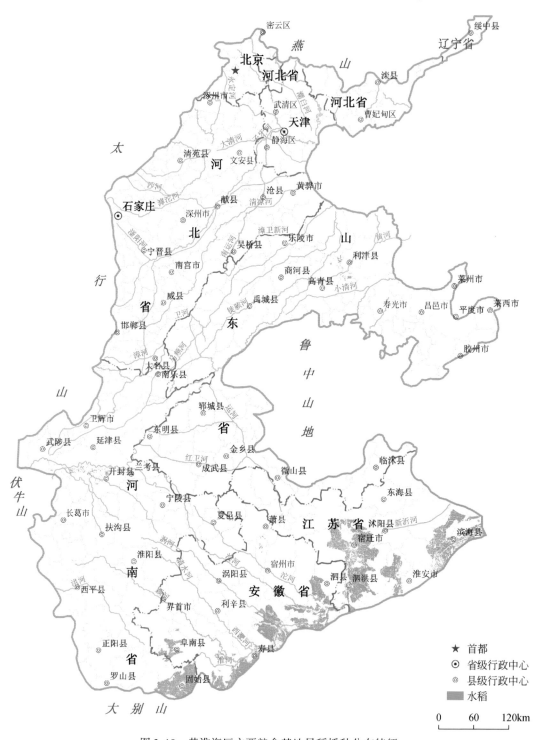

图 3.10　黄淮海区主要粮食基地早稻播种分布特征

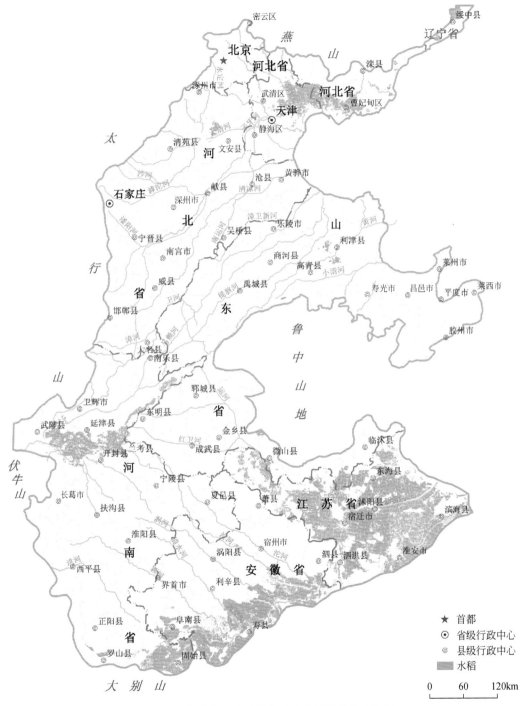

图 3.11　黄淮海区主要粮食基地晚稻播种分布特征

黄淮海区主要粮食基地的水稻播种面积具有带状分布特征，总体上呈现 3 个分布带（图 3.12），分别为淮河-新沂河水稻播种带、黄河沿线水稻播种带和海河流域唐海-静海水稻播种带。

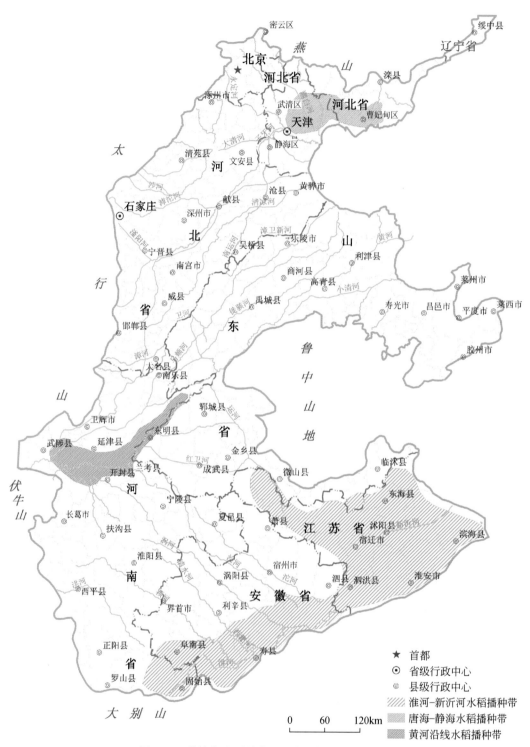

图 3.12 黄淮海主要粮食基地水稻播种分带特征

　　淮河-新沂河水稻播种带主要分布在河南、安徽和江苏三省，地处淮河及新沂河沿线，总体上呈南西窄、北东宽的镰刀形状，该带水稻播种最为集中，早、晚稻均有分布，播种面积片连片，其中早稻播种面积 1311.19 万亩，晚稻播种面积 3048.20 万亩。

　　黄河沿线水稻播种带位于河南省境内的黄河沿线区域，地处河南省延津、东明县一带，在延津地区水稻播种面积分布较宽，东明地区水稻播种面积分布变窄，以晚稻种植为主，面积 377.98 万亩。

　　海河流域唐海-静海水稻播种带位于河北省唐海县至天津市静海县一带，呈近东西向带状分布，该带地势较低，地处滨海平原区，海河支流分布较多，河网水系发育，汇水面积较大，以"小站"晚稻为主，播种面积 335.94 万亩。

4. 大豆播种分布特征

　　在黄淮海区主要粮食基地，解译大豆播种面积 1708.31 万亩，涉及 32 个地市（图 3.13），主要集中在黄河与淮河之间，总体呈带状分布（图 3.14），该带大豆播种面积达 1665.85 万亩，占大豆总播种面积的 97.51%。其中安徽省亳州、宿州和阜阳，河南省周口，山东省菏泽等地区大豆播种面积超过 100 万亩，占大豆播种总面积的 66.72%，其中安徽亳州地区的大豆播种面积达 318.75 万亩。河南省信阳和安阳、安徽省淮北地区大豆播种面积介于 50 万~100 万亩，河南省商丘和驻马店、山东省济宁等地区大豆播种面积介于 20 万~50 万亩。黄河以北的海河流域平原区，大豆播种面积较少（表 3.8）。

5. 蔬菜种植分布特征

　　在黄淮海区主要粮食基地，解译蔬菜种植面积 3632.03 万亩，其中裸地蔬菜种植面积 2945.55 万亩，设施蔬菜种植面积 686.48 万亩，涉及研究区所有各地市（图 3.15~图 3.17）。

　　黄淮海区主要粮食基地蔬菜种植范围按两期解译，以每年 6 月底为界，将裸地蔬菜种植解译期划分为 6 月底之前和 6 月底之后。其中 6 月底之前，黄淮海区主要粮食基地裸地蔬菜种植面积 1878.06 万亩，涉及 52 个地市（图 3.16），主要分布在山东省潍坊、临沂、青岛和江苏省连云港地区，播种面积都超过 100 万亩。每年 6 月底之后，黄淮海区主要粮食基地裸地蔬菜种植面积 2945.55 万亩，相对 6 月底之前蔬菜种植面积，裸地蔬菜种植面积增加 1067.49 万亩，增幅达 56.84%，涉及 55 个地市（图 3.17），其中山东省潍坊和济宁、河南省商丘等地区裸地蔬菜种植面积都大于 100 万亩，河南省许昌、山东省临沂和青岛等地区裸地蔬菜种植面积介于 50 万~100 万亩，其他地区裸地蔬菜面积普遍小于 50 万亩（表 3.8）。

　　黄淮海区主要粮食基地的设施蔬菜种植面积主要分布在山东省潍坊、菏泽和江苏省徐州等地区（图 3.18），播种面积都大于 50 万亩。在河北省唐山、廊坊和石家庄，山东省聊城，河南省开封和商丘等地区，设施蔬菜种植面积都介于 20 万~50 万亩，其他地区设施蔬菜种植面积小于 20 万亩（表 3.8）。

　　在区域分布上，黄淮海区主要粮食基地的裸地蔬菜种植主要分布在城市周边地区，例如山东省东部的寿光至昌邑、金乡和临沂地区，河南省鸡泽至西平地区、江苏省东海、安徽省淮河沿线一带以及北京周边县区。设施蔬菜种植主要分布山东省平原区、河北省北部、河南省东部和江苏省北部平原区，它们位于城市城镇周边，交通较好，便于供给城市城镇日常生活需求。

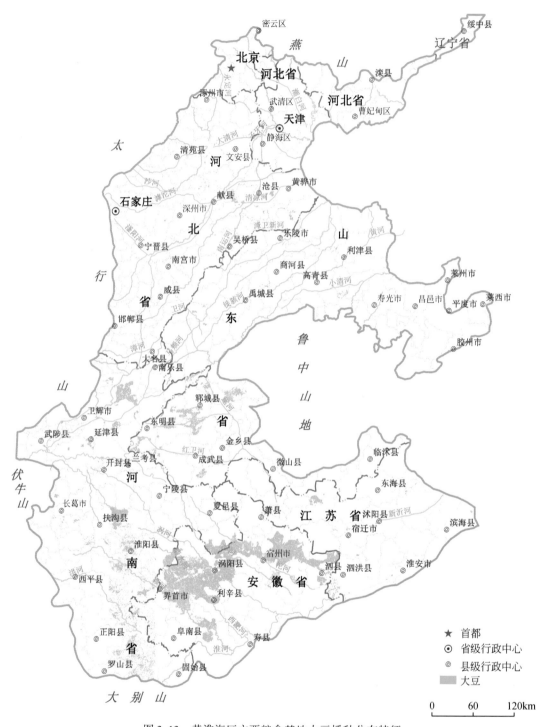

图 3.13　黄淮海区主要粮食基地大豆播种分布特征

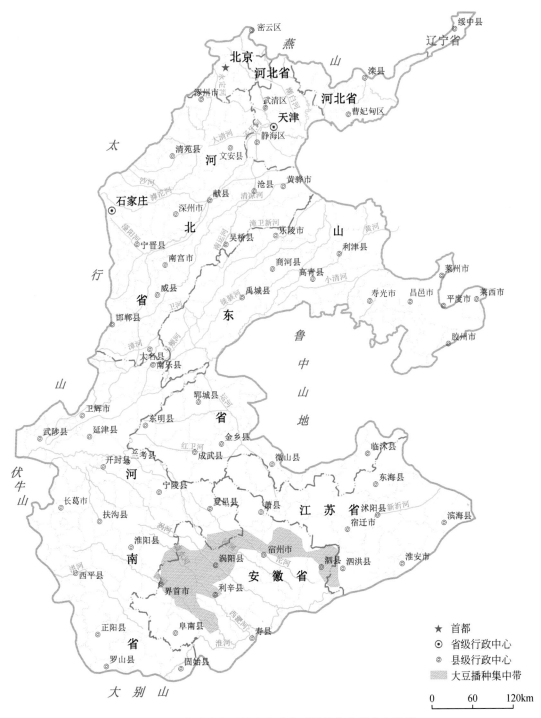

图 3.14　黄淮海主要粮食基地大豆播种集中带分布特征

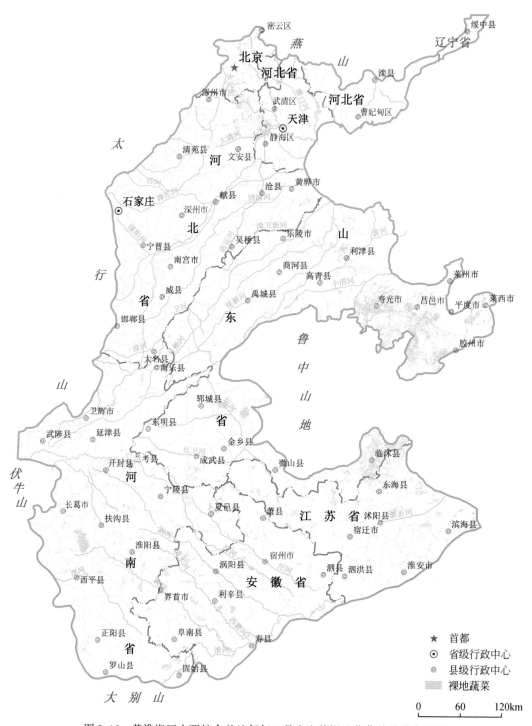

图 3.15　黄淮海区主要粮食基地每年 6 月底之前裸地蔬菜种植分布特征

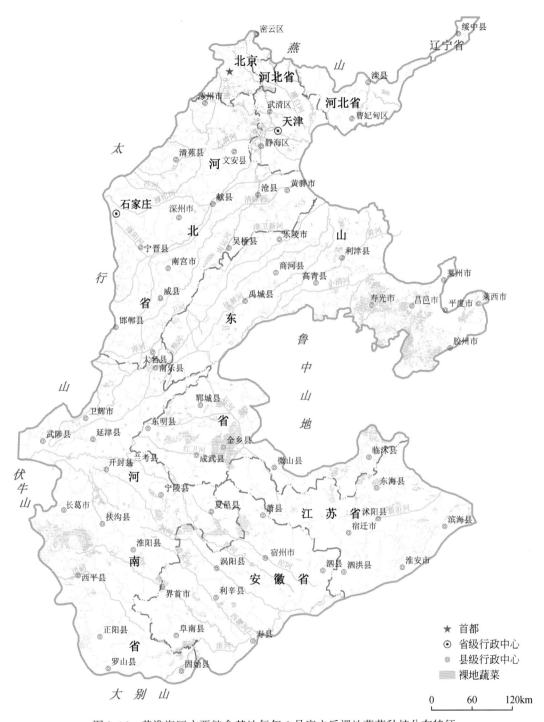

图 3.16　黄淮海区主要粮食基地每年 6 月底之后裸地蔬菜种植分布特征

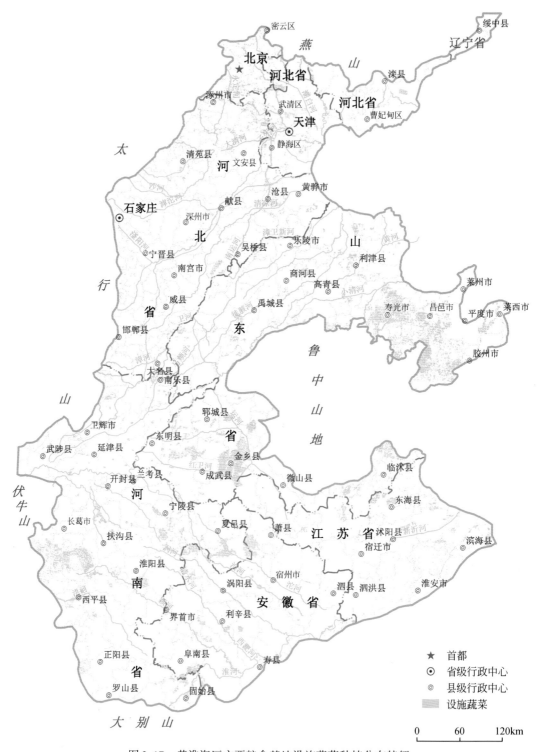

图 3.17 黄淮海区主要粮食基地设施蔬菜种植分布特征

6. 果园种植分布特征

在黄淮海区主要粮食基地,解译果园种植面积 666.93 万亩,涉及 51 个地市(图 3.18),主要集中在山东省及河北省,其中山东省青岛地区果园种植面积 127.23 万亩,潍坊地区果园种植面积 54.84 万亩,东营市、聊城市和烟台市等地区果园种植面积介于 20 万~50 万亩。河北省石家庄地区果园种植面积 69.68 万亩,衡水地区果园种植面积 39.38 万亩,河北省保定地区和天津市等果园种植面积介于 10 万~20 万亩。河南省商丘、安徽省蚌埠和山东省临沂地区果园种植面积不足 10 万亩。

7. 其他作物分布特征

在黄淮海区主要粮食基地,解译其他作物播种面积 3799.46 万亩,主要包括棉花、花生等经济或油料作物。以一年两熟作为统计,每年 6 月底之前收获的其他作物播种面积 1099.41 万亩,涉及 33 个地市(图 3.19),主要集中分布在河南省驻马店、山东省菏泽和江苏省盐城地区,播种面积都大于 50 万亩。每年 6 月之后,其他作物播种面积 2700.05 万亩,主要分布在河北省邢台、河南省驻马店和开封等地区,播种面积都大于 100 万亩(图 3.20),以棉花、花生等作物为主。在安徽省亳州、江苏省盐城、河北省沧州和河南省许昌等地区,其他作物播种面积都介于 50 万~100 万亩,河南省信阳、山东省连云港等 28 个地区,其他作物播种面积都小于 50 万亩(表 3.8)。

在每年 6 月之后的其他作物播种面积中,棉花播种面积所占比率较大,棉花种植面积 1920.54 万亩,占该期间的其他作物总播种面积的 71.13%,主要分布在河北省威县至南宫、山东省东光县及其北部沿海地区、河南省长葛市至扶沟、西平及江苏省滨海县一带分布(图 3.21),其他区域零星分布。

8. 粮蔬果作物布局结构分布特征

黄淮海区主要粮食基地的农作物播种以"一年两熟"为主,黄河以北的海河流域平原北部地区以"一年一熟"为主。根据该区夏季农作物和秋季农作物播种及收获时节特点,以每年 6 月底为界,分为两期解译该区粮蔬果作物布局结构的分布特征,包括以冬小麦为主的夏粮作物、以玉米为主的秋粮作物、早稻与晚稻、6 月底之前与 6 月底之后裸地蔬菜和其他类作物、大豆和果园等作物。在粮食作物布局结构上,主要呈现"小麦-玉米一年两熟播种区"、"小麦-水稻一年两熟播种区"、"早稻-晚稻一年两熟播种区"、"小麦-大豆一年两熟播种区"、"玉米一年一熟播种区"和"水稻一年一熟播种区"。

粮蔬果作物种植(播种)解译结果,黄淮海区主要粮食基地粮蔬果作物总播面积 5.68 亿亩,其中冬小麦播种面积 2.16 亿亩,占总播面积的 38.06%;玉米播种面积 1.82 亿亩,占总播面积的 32.10%;水稻播种面积 5263.62 万亩,占总播面积的 9.27%;蔬菜种植面积 5510.09 万亩,占总播面积的 9.70%;大豆播种面积 1708.31 万亩,占总播面积的 3.01%;果园种植面积 666.93 万亩,占总播面积的 1.17%;棉花等其他作物播种面积 3799.46 万亩,占总播面积的 6.69%(表 3.9)。

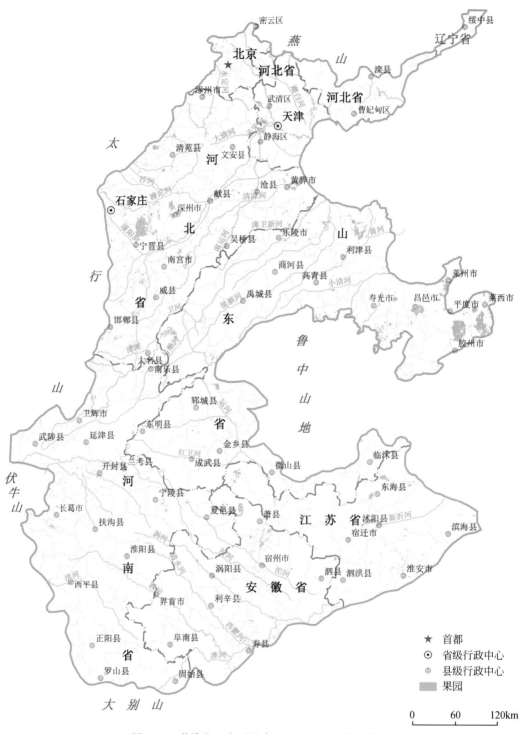

图 3.18　黄淮海区主要粮食基地果园种植分布特征

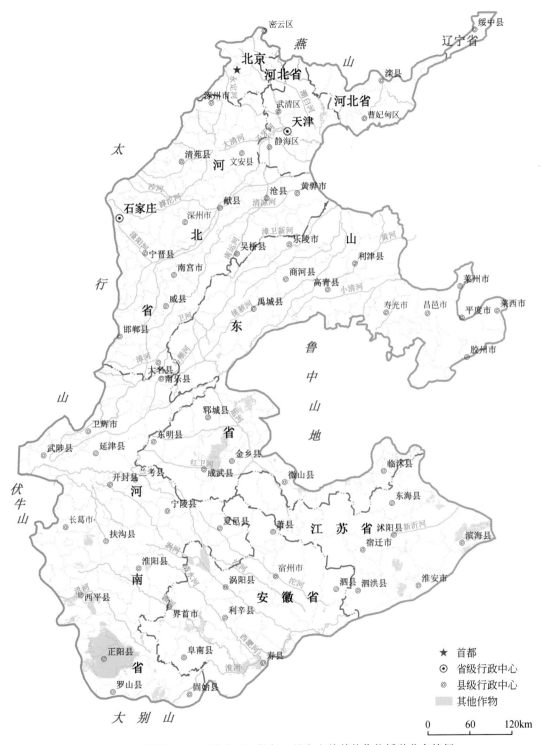

图 3.19　黄淮海区主要粮食基地每年 6 月底之前其他作物播种分布特征

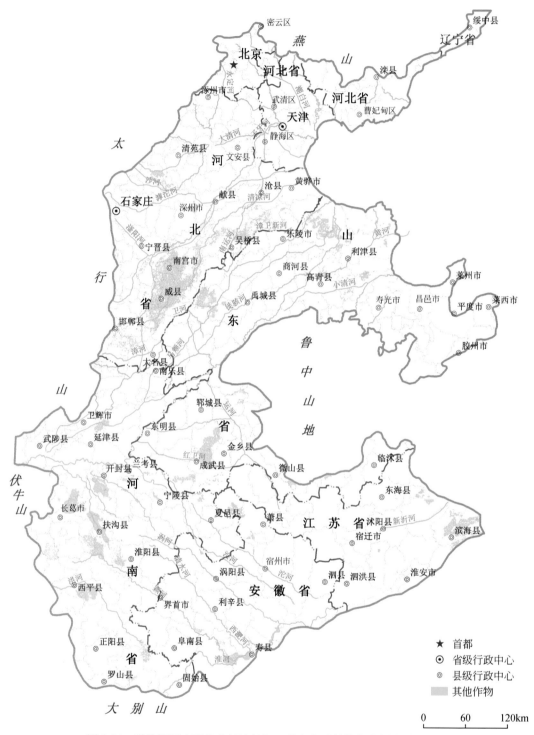

图 3.20　黄淮海区主要粮食基地每年 6 月底之后其他作物播种分布特征

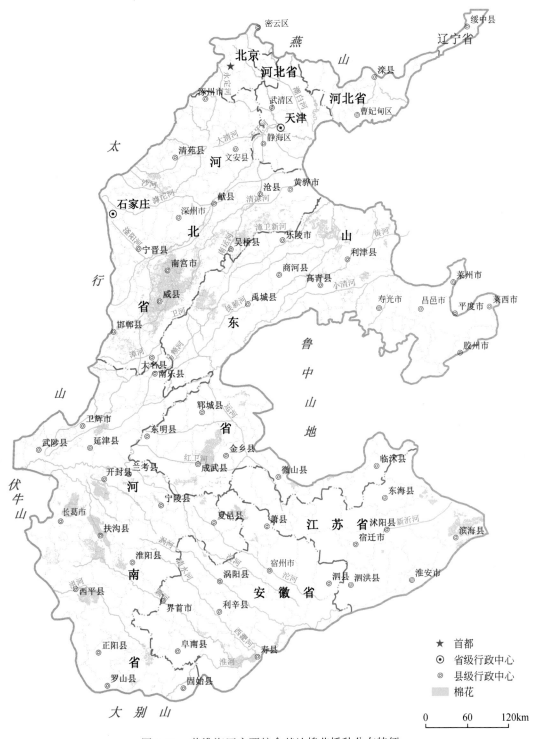

图 3.21 黄淮海区主要粮食基地棉花播种分布特征

表 3.9　黄淮海区主要粮食基地粮蔬果作物种植（播种）结构特征

种植类型	作物类型	解译面积/万亩	占农作物总播面积比例/%	备注
粮食作物	小麦	21613.41	38.06	
	玉米	18228.20	32.10	
	水稻	5263.62	9.27	分两期
油料作物	大豆	1708.31	3.01	
其他作物	棉花、花生等	3799.46	6.69	分两期
蔬菜	裸地蔬菜	4823.61	8.49	分两期
	设施蔬菜	686.48	1.21	
苹果、梨、葡萄和桃等果园		666.93	1.17	
合计		56790.03		

从区域分布上来看，"小麦-玉米一年两熟播种区"分布最为广泛，集中分布河北省清苑至邯郸、大名至吴桥一带、山东省乐棱-禹城-东明一带以及河南省南乐至卫辉、开封至淮阳、宁陵至夏邑县一带，安徽省利辛至宿县一带，都片连片大面积分布（图3.22、图3.23）。"小麦-水稻一年两熟播种区"主要分布在山东省延津至东明县一带、阜南至寿县一带和江苏省淮安至东海县一带（图3.22、图3.24）。"小麦-大豆一年两熟播种区"主要分布在安徽省界首至涡阳县一带，在河南、山东省有零星分布（图3.22、图3.25）。"玉米一年一熟播种区"主要分布在黄河以北的海河流域平原北部和东部，包括河北省献县至文安一带、滦县以及山东省利津县一带（图3.22、图3.26）。"早稻-晚稻一年两熟播种区"主要分布在河南省固始-安徽省寿县一带、江苏省宿迁至泗洪和滨海县一带（图3.22、图3.27）。"水稻一年一熟播种区"主要分布在河北省唐海至天津市静海县一带（图3.22、图3.28）。

3.3.3　遥感解译农田区渠系与农用井分布特征

1. 农田渠系分布特征

在黄淮海区主要粮食基地农田区，遥感解译主要渠系4524条，渠系总长度89652.47km（图3.29、表3.10），平均密度0.27km/km²。其中一级渠系1214条，平均密度0.09km/km²；二级渠系1600条，平均密度为0.11km/km²；三级渠系1710条，平均密度为0.07km/km²。

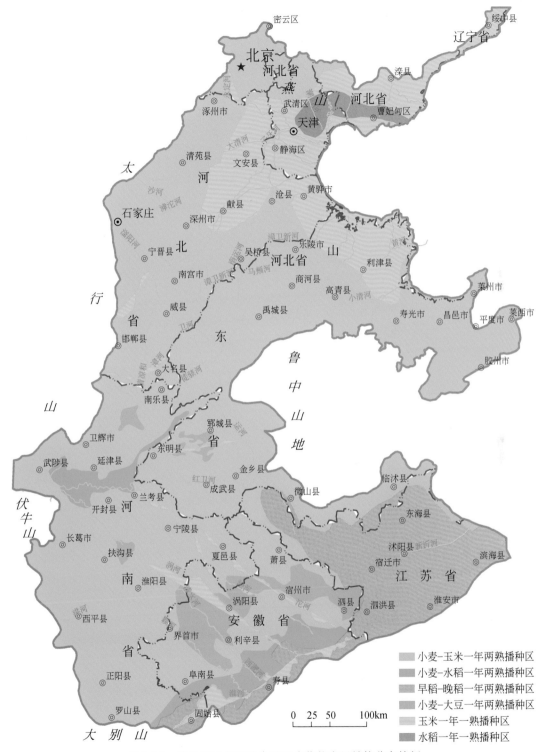

图 3.22　黄淮海区主要粮食基地农作物布局结构分布特征

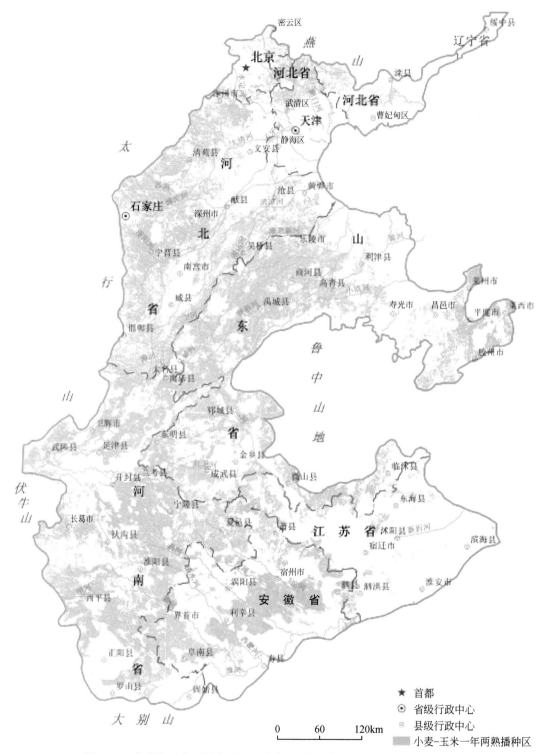

图 3.23 黄淮海区主要粮食基地"小麦-玉米一年两熟播种区"分布特征

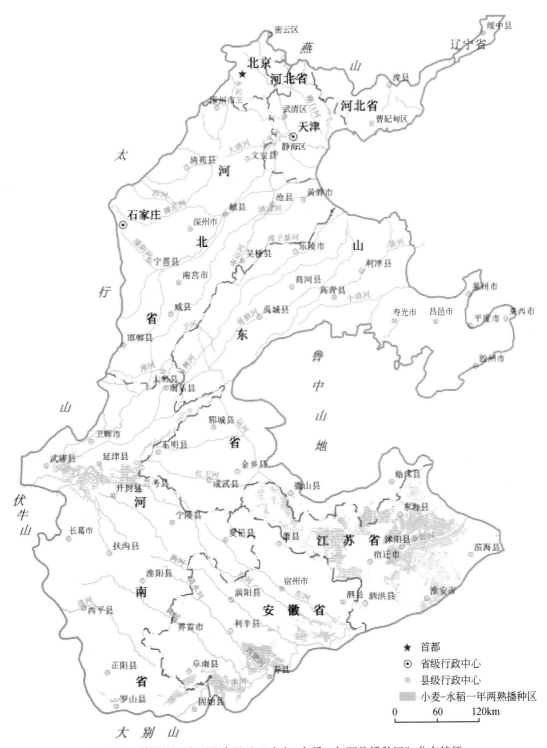

图 3.24　黄淮海区主要粮食基地"小麦-水稻一年两熟播种区"分布特征

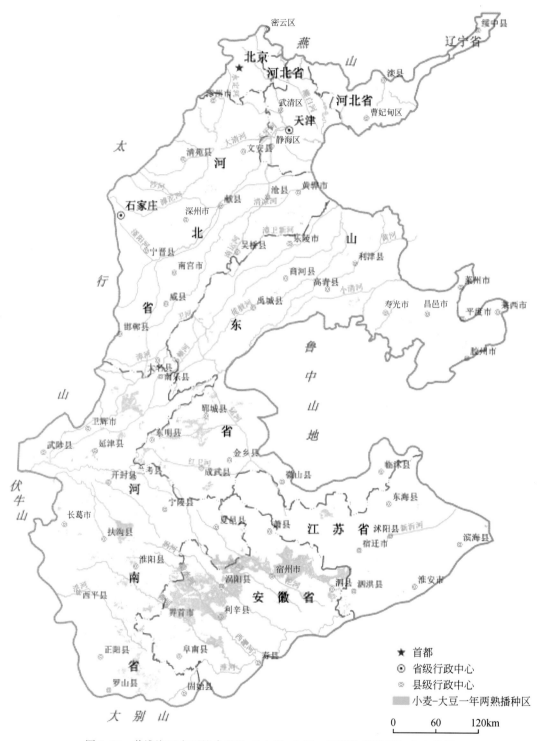

图 3.25　黄淮海区主要粮食基地"小麦-大豆一年两熟播种区"分布特征

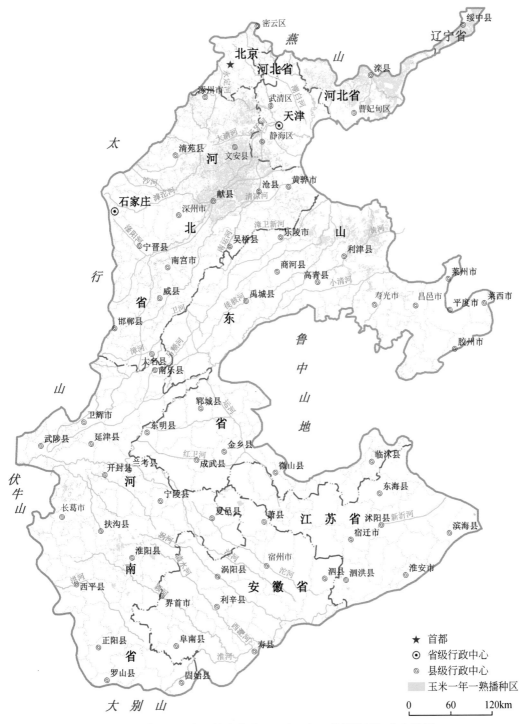

图 3.26　黄淮海区主要粮食基地"玉米一年一熟播种区"分布特征

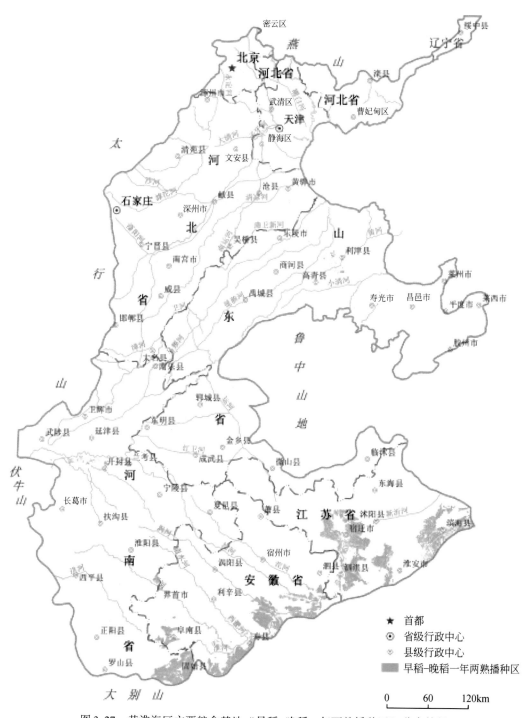

图 3.27　黄淮海区主要粮食基地"早稻-晚稻一年两熟播种区"分布特征

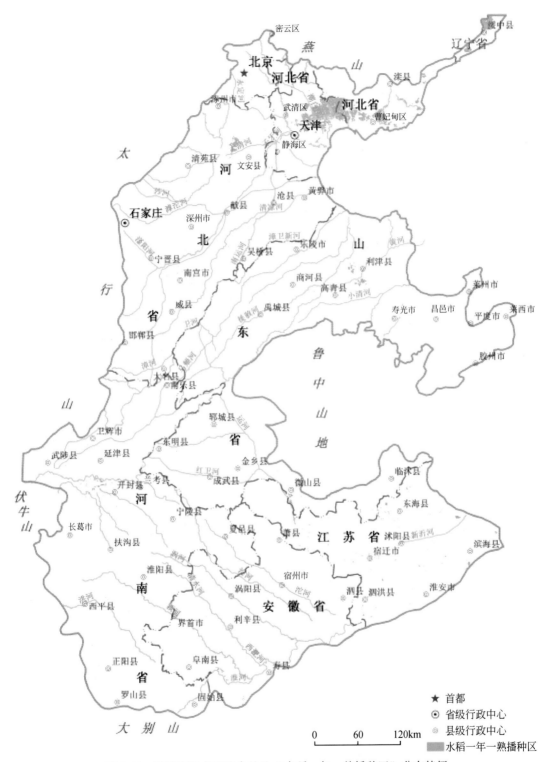

图 3.28 黄淮海区主要粮食基地"水稻一年一熟播种区"分布特征

表 3.10　黄淮海区主要粮食基地农田区主要渠系状况

序号	渠系级别	渠系数量/条	渠系长度/km
1	一级	1214	31694.78
2	二级	1600	36460.98
3	三级	1710	21496.71
合计		4524	89652.47

分别采用 2km×2km、5km×5km 和 10km×10km 的网度，根据渠系密度值域的直方图，划分 7 个等级（表 3.11），分析渠系长度、渠系分布密度和网度划分等级，分别编绘图 3.30～图 3.32。

表 3.11　黄淮海区主要粮食基地遥感解译渠系分布特征指标体系　　　（单位：km/km²）

渠系密度等级	不同网度下渠系密度的等级值域			渠系密度状况
	2km×2km	5km×5km	10km×10km	
一级	$0 \leq P \leq 0.1$	$0 < P \leq 0.1$	$0 < P \leq 0.1$	极稀疏
二级	$0.1 < P \leq 0.3$	$0.1 < P \leq 0.3$	$0.1 < P \leq 0.2$	稀疏
三级	$0.3 < P \leq 0.5$	$0.3 < P \leq 0.4$	$0.2 < P \leq 0.3$	较稀疏
四级	$0.5 < P \leq 0.8$	$0.4 < P \leq 0.5$	$0.3 < P \leq 0.4$	适中
五级	$0.8 < P \leq 1.0$	$0.5 < P \leq 0.7$	$0.4 < P \leq 0.5$	较稠密
六级	$1.0 < P \leq 1.2$	$0.7 < P \leq 1.0$	$0.5 < P \leq 0.7$	稠密
七级	$1.2 < P \leq 2.8$	$1.0 < P \leq 1.7$	$0.7 < P \leq 1.11$	极稠密

从总体上看，在黄淮海区主要粮食基地的北部（海河流域平原区）渠系分布较稀疏，南部（黄淮流域平原区）较密集。山前冲洪积平原区渠系分布较稀疏，东部及南部沿海沿河带较密集。由图 3.30～图 3.32 可知，在河北省邯郸至清苑一带、山东省滨海平原、河南省长葛至卫辉一带，渠系分布稀疏，在 2km×2km、5km×5km 和 10km×10km 网度中均为一级。在河北省唐海至天津市静海、安徽省淮河及其支流区域、江苏省新沂河一带，渠系最为密集，在 2km×2km、5km×5km 和 10km×10km 网度中为分别 六级、七级，一级渠系规模较大，延伸较长，二级渠系呈网格状分布，三级渠系稠密，形成一、二、三级渠系纵横交错的稠密分布特征。

在黄河以北地区，尤其西部山前冲洪积平原区，渠系分布稀疏，在 2km×2km、5km×5km 和 10km×10km 网度中普遍为一至三级，局部为四级。在黄河沿线地区，渠系分布大部分稀疏，局部较稠密，在 2km×2km 网度中呈现既有一级分布区，又有三级分布区。在 10km×10km 网度中，该区渠系分布呈现二、三级，局部为四级和五级，渠系分布密度不均匀，在渠系集中区以二级、三级为主。

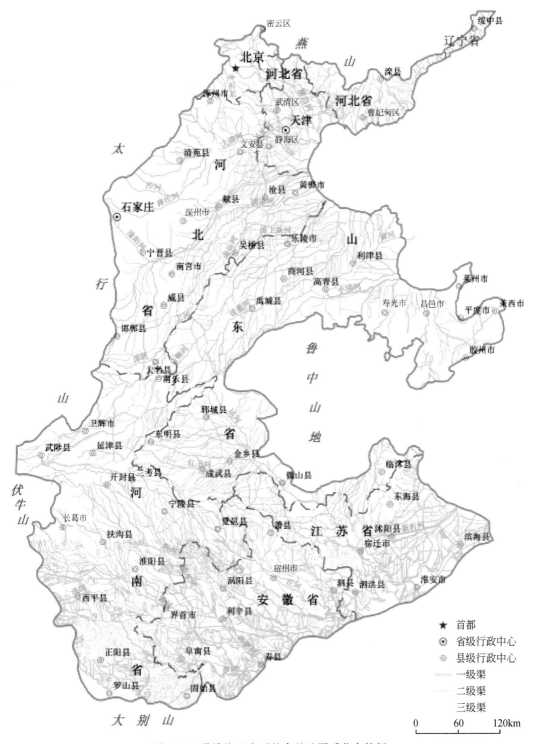

图 3.29　黄淮海区主要粮食基地渠系分布特征

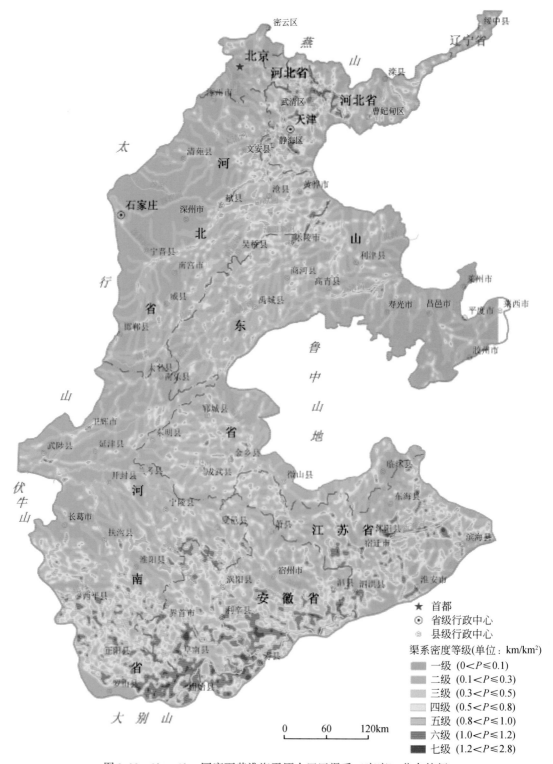

图 3.30　2km×2km 网度下黄淮海平原农田区渠系（密度）分布特征

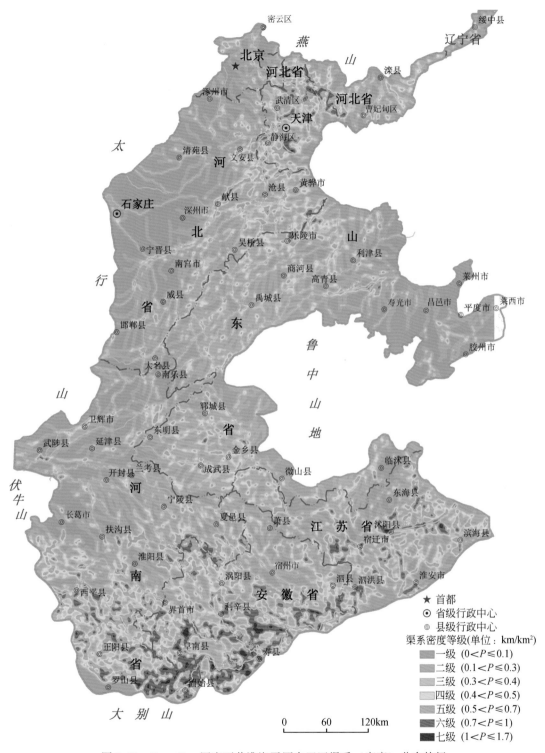

图 3.31　5km×5km 网度下黄淮海平原农田区渠系（密度）分布特征

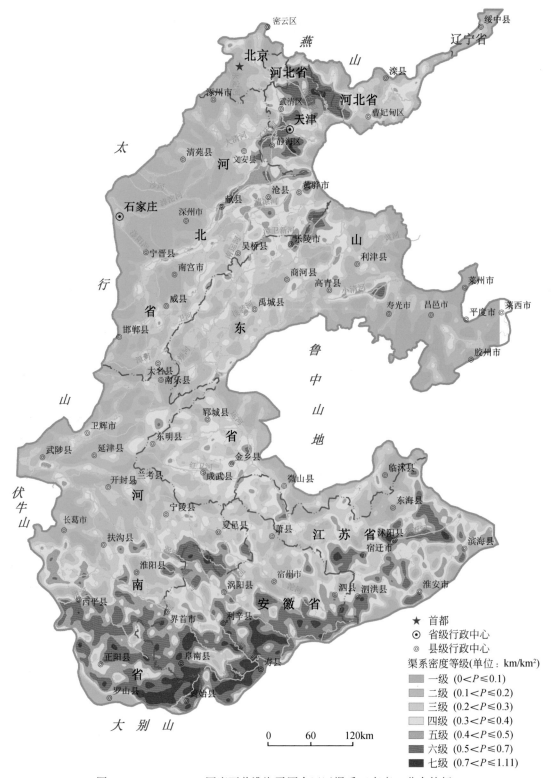

图 3.32　10km×10km 网度下黄淮海平原农田区渠系（密度）分布特征

2. 农田区地下水开采井分布特征

在黄淮海区主要粮食基地田区，解译农用井 481268 眼，平均密度 1.45 眼/km²（图 3.33），各县区农用井分布密度如表 3.12 所示。

在区域分布上，农用井呈现北多、南少，西密、东稀的分布特征。在黄河以北的海河流域平原区，农用井分布较为密集，平均密度 1.86 眼/km²，最密达 57 眼/km²，解译井数量 294160 眼，占总井数的 61.12%。在黄河以南的黄淮流域平原区，农用井分布密度不如黄河以北地区密集，平均密度 1.09 眼/km²，解译井数量 188008 眼，占总井数的 38.88%。

表 3.12　黄淮海区主要粮食基地县区遥感解译农用井状况

省份	市域	县区	解译面积/km²	农用井数量/眼	农用井密/(眼/km²)
北京	北京	昌平	133.39	2302	17.26
		朝阳	45.96	72	1.57
		大兴	563.69	2906	5.16
		房山	267.04	2399	8.98
		丰台	13.53	4	0.30
		海淀	47.56	115	2.42
		怀柔	51.17	65	1.27
		密云	55.19	137	2.48
		平谷	65.77	355	5.40
		顺义	383.32	2962	7.73
		通州	400.81	1663	4.15
天津	天津	宝坻	834.22	4134	4.96
		北辰	165.40	325	1.96
		大港	246.87	256	1.04
		东丽	96.28	290	3.01
		汉沽	50.49	392	7.76
		蓟县	492.71	3632	7.37
		津南	106.57	170	1.60
		静海	882.75	1352	1.53
		宁河	775.94	2296	2.96
		塘沽	40.52	314	7.75
		武清	839.40	8604	10.25
		西青	149.38	636	4.26

省份	市域	县区	解译面积/km²	农用井数量/眼	农用井密/(眼/km²)
河北	保定	安国	365.99	1003	2.74
		安新	467.54	1448	3.10
		北市	30.27	156	5.15
		博野	238.51	1254	5.26
		定兴	529.24	4143	7.83
		定州	956.66	2326	2.43
		高碑店	470.12	1831	3.89
		高阳	343.54	363	1.06
		涞水	168.54	839	4.98
		蠡县	424.77	941	2.22
		满城	182.24	1668	9.15
		南市	38.33	203	5.30
		清苑	620.10	3973	6.41
		曲阳	131.72	488	3.70
		容城	207.20	2479	11.96
		顺平	172.19	1218	7.07
		唐县	110.58	398	3.60
		望都	259.30	1675	6.46
		新市	65.96	388	5.88
		雄县	384.76	1403	3.65
		徐水	429.29	5501	12.81
		易县	122.18	367	3.00
		涿州	528.65	2648	5.01
	沧州	泊头	712.77	1325	1.86
		沧县	1064.67	1950	1.83
		东光	510.98	518	1.01
		海兴	452.47	143	0.32
		河间	913.07	1078	1.18
		黄骅	1161.52	1174	1.01
		孟村	248.82	523	2.10
		南皮	574.09	582	1.01
		青县	737.51	1119	1.52
		任丘	680.16	869	1.28
		肃宁	363.65	959	2.64
		吴桥	417.13	572	1.37

续表

省份	市域	县区	解译面积/km²	农用井数量/眼	农用井密/（眼/km²）
河北	沧州	献县	858.93	2745	3.20
		新华	23.94	55	2.30
		盐山	532.87	647	1.21
		运河	45.47	128	2.82
	邯郸	成安	284.36	1158	4.07
		磁县	138.01	1460	10.58
		大名	755.16	3667	4.86
		肥乡	294.33	827	2.81
		馆陶	311.97	957	3.07
		广平	171.22	710	4.15
		邯郸	140.79	270	1.92
		邯山	0.86	32	37.26
		鸡泽	206.76	1023	4.95
		临漳	411.30	3910	9.51
		邱县	344.58	761	2.21
		曲周	452.72	1760	3.89
		魏县	508.28	4131	8.13
		永年	424.86	1897	4.46
	衡水	安平	354.09	1329	3.75
		阜城	479.04	1074	2.24
		故城	657.31	1080	1.64
		冀州	650.34	1870	2.88
		景县	819.71	2660	3.25
		饶阳	442.77	2020	4.56
		深州	953.87	3313	3.47
		桃城	300.81	820	2.73
		武强	291.64	1128	3.87
		武邑	601.12	1224	2.04
		枣强	655.90	870	1.33
	廊坊市	安次	414.19	1265	3.05
		霸州	479.27	3024	6.31
		大厂	103.12	107	1.04
		大城	640.79	713	1.11
		固安	544.09	1148	2.11
		广阳	234.84	2029	8.64

续表

省份	市域	县区	解译面积/km²	农用井数量/眼	农用井密/(眼/km²)
河北	廊坊市	三河	329.25	765	2.32
		文安	669.69	984	1.47
		香河	282.39	1457	5.16
		永清	587.99	984	1.67
	秦皇岛	昌黎	761.04	2773	3.64
	石家庄	高邑	144.55	589	4.07
		藁城市	554.77	3083	5.56
		行唐	260.61	503	1.93
		晋州	416.14	1148	2.76
		灵寿	107.93	557	5.16
		鹿泉	118.10	539	4.56
		栾城	206.82	621	3.00
		桥东	3.39	24	7.08
		桥西	0.48	1	2.07
		深泽	203.04	1317	6.49
		无极	366.48	2125	5.80
		辛集	743.19	1813	2.44
		新华	12.06	48	3.98
		新乐	371.56	957	2.58
		元氏	204.52	1110	5.43
		赞皇	24.09	118	4.90
		长安	28.51	143	5.02
		赵县	517.02	2169	4.20
		正定	272.67	1818	6.67
	唐山	丰南	762.88	2414	3.16
		丰润	509.98	2713	5.32
		古冶	44.60	289	6.48
		汉沽	98.37	247	2.51
		开平	32.80	100	3.05
		乐亭	807.10	2716	3.37
		路北	17.91	163	9.10
		路南	4.34	96	22.13
		滦南	846.54	3008	3.55
		滦县	377.50	762	2.02
		南堡	26.61	254	9.54

续表

省份	市域	县区	解译面积/km²	农用井数量/眼	农用井密/(眼/km²)
河北	唐山	唐海	329.68	850	2.58
		玉田	708.20	1571	2.22
	邢台	柏乡	192.75	1221	6.33
		广宗	374.97	879	2.34
		巨鹿	432.20	1985	4.59
		临城	121.18	631	5.21
		临西	379.61	1754	4.62
		隆尧	498.83	3199	6.41
		南宫	633.64	2033	3.21
		南和	257.72	665	2.58
		内丘	106.64	867	8.13
		宁晋	827.47	2285	2.76
		平乡	292.42	1151	3.94
		桥东	1.80	4	2.22
		清河	304.66	882	2.90
		任县	274.66	571	2.08
		沙河	107.99	179	1.66
		威县	757.80	1303	1.72
		新河	257.95	726	2.81
		邢台	83.31	272	3.27
河南	安阳	安阳	366.41	2945	8.04
		北关	14.45	92	6.37
		滑县	1312.26	3910	2.98
		龙安	47.18	69	1.46
		内黄	771.12	2451	3.18
		汤阴	368.76	1811	4.91
		文峰	79.14	456	5.76
		殷都	14.73	68	4.62
	鹤壁	浚县	720.55	5313	7.37
		淇滨	47.53	266	5.60
		淇县	157.04	1678	10.69
	焦作	博爱	64.95	1817	27.97
		解放	1.86	6	3.23
		马村	39.89	80	2.01
		沁阳	15.55	39	2.51

省份	市域	县区	解译面积/km²	农用井数量/眼	农用井密/(眼/km²)
河南	焦作	山阳	16.97	42	2.48
		温县	161.99	1776	10.96
		武陟	537.93	7100	13.20
		修武	206.11	1096	5.32
		中站	4.35	30	6.89
	开封	鼓楼	35.81	61	1.70
		金明	154.06	364	2.36
		开封	993.54	1084	1.09
		兰考	794.35	787	0.99
		龙亭	51.71	143	2.77
		杞县	972.41	1566	1.61
		顺河	36.00	53	1.47
		通许	620.48	1284	2.07
		尉氏	1040.41	1640	1.58
		禹王台	28.42	42	1.48
	漯河	临颍	634.03	1023	1.61
		舞阳	512.21	575	1.12
		郾城	348.27	383	1.10
		源汇	153.21	240	1.57
		召陵	317.54	338	1.06
	平顶	郏县	129.17	494	3.82
		卫东	4.45	12	2.70
		舞钢	13.91	1	0.07
		叶县	277.06	339	1.22
	濮阳	范县	324.23	559	1.72
		华龙	114.85	448	3.90
		南乐	461.83	3202	6.93
		濮阳	935.17	1802	1.93
		清丰	594.77	3888	6.54
		台前	234.74	670	2.85
	商丘	梁园	390.92	925	2.37
		民权	901.88	1071	1.19
		宁陵	582.40	854	1.47
		睢县	674.61	1901	2.82
		睢阳	624.26	998	1.60

续表

省份	市域	县区	解译面积/km²	农用井数量/眼	农用井密/(眼/km²)
河南	商丘	夏邑	972.92	2103	2.16
		永城	1388.36	2483	1.79
		虞城	996.81	2130	2.14
		柘城	717.06	814	1.14
	新乡	封丘	872.56	3349	3.84
		凤泉	41.32	96	2.32
		红旗	67.60	91	1.35
		辉县	338.99	861	2.54
		获嘉	343.68	1284	3.74
		牧野	31.48	68	2.16
		卫滨	25.69	42	1.63
		卫辉	280.07	1506	5.38
		新乡	255.97	981	3.83
		延津	649.87	2829	4.35
		原阳	890.08	1725	1.94
		长垣	628.08	1046	1.67
	信阳	固始	1157.49	429	0.37
		淮滨	903.47	1322	1.46
		潢川	669.31	348	0.52
		罗山	87.59	31	0.35
		平桥	47.99	104	2.17
		商城	4.00	1	0.25
		息县	1405.42	4161	2.96
	许昌	魏都	9.36	46	4.91
		襄城	542.03	458	0.84
		许昌	729.22	2119	2.91
		鄢陵	704.34	1447	2.05
		禹州	482.14	1510	3.13
		长葛	440.37	2560	5.81
	郑州	巩义	3.63	2	0.55
		管城	34.95	180	5.15
		惠济	68.11	153	2.25
		金水	47.48	44	0.93
		新密	53.31	200	3.75
		新郑	469.46	1807	3.85

省份	市域	县区	解译面积/km²	农用井数量/眼	农用井密/(眼/km²)
河南	郑州	荥阳	176.99	783	4.42
		中牟	968.31	4135	4.27
		中原	23.88	56	2.34
	周口	川汇	133.27	128	0.96
		郸城	1114.23	1283	1.15
		扶沟	954.17	2215	2.32
		淮阳	1054.56	757	0.72
		鹿邑	842.83	758	0.90
		商水	1027.50	1393	1.36
		沈丘	778.46	1274	1.64
		太康	1355.46	2056	1.52
		西华	963.82	819	0.85
		项城	827.05	3311	4.00
	驻马店	泌阳	0.13	1	7.93
		平舆	1057.18	955	0.90
		确山	546.86	327	0.60
		汝南	1128.44	1439	1.28
		上蔡	1228.29	1765	1.44
		遂平	695.51	1082	1.56
		西平	801.19	990	1.24
		新蔡	1094.93	1566	1.43
		驿城	345.71	985	2.85
		正阳	1487.02	1943	1.31
山东	滨州	滨城	490.04	513	1.05
		博兴	493.67	2040	4.13
		惠民	928.25	806	0.87
		无棣	916.14	182	0.20
		阳信	479.59	740	1.54
		沾化	910.91	2969	3.26
		邹平	654.68	1648	2.52
	德州	德城	214.62	671	3.13
		乐陵	786.23	697	0.89
		临邑	678.57	1473	2.17
		陵县	798.16	1133	1.42
		宁津	544.75	924	1.70

续表

省份	市域	县区	解译面积/km²	农用井数量/眼	农用井密/(眼/km²)
山东	德州	平原	726.13	1123	1.55
		齐河	1018.60	1787	1.75
		庆云	290.03	359	1.24
		武城	478.25	1053	2.20
		夏津	614.85	1227	2.00
		禹城	665.07	1996	3.00
	东营	东营	270.96	94	0.35
		广饶	592.58	753	1.27
		河口	673.45	92	0.14
		垦利	665.06	299	0.45
		利津	697.22	574	0.82
	菏泽	牡丹	826.06	2047	2.48
		曹县	1196.15	1300	1.09
		成武	686.29	981	1.43
		单县	1090.38	1704	1.56
		定陶	543.45	1022	1.88
		东明	829.10	1258	1.52
		巨野	881.53	1625	1.84
		鄄城	638.96	1264	1.98
		郓城	1071.50	2092	1.95
	济南	槐荫	9.91	64	6.46
		济阳	735.51	1716	2.33
		历城	129.46	950	7.34
		平阴	10.43	66	6.33
		商河	783.79	1898	2.42
		天桥	94.66	205	2.17
		章丘	409.47	4674	11.41
		长清	65.31	1010	15.47
	济宁	嘉祥	599.47	2228	3.72
		金乡	627.69	1075	1.71
		梁山	566.76	2925	5.16
		曲阜	115.05	1201	10.44
		任城	403.93	1119	2.77
		微山	397.22	509	1.28
		汶上	573.87	3894	6.79

省份	市域	县区	解译面积/km²	农用井数量/眼	农用井密/(眼/km²)
山东	济宁	兖州	384.57	2456	6.39
		鱼台	429.10	84	0.20
		邹城	121.91	626	5.14
	聊城	茌平	746.01	2150	2.88
		东阿	532.15	2585	4.86
		东昌府	736.39	1685	2.29
		高唐	628.54	3211	5.11
		冠县	790.93	1681	2.13
		临清	611.66	2692	4.40
		莘县	912.03	2346	2.57
		阳谷	697.29	1233	1.77
	监沂	苍山	597.91	311	0.52
		河东	307.48	186	0.60
		莒南	751.02	125	0.17
		临沭	873.92	238	0.27
		罗庄	19.15	36	1.88
		郯城	984.28	496	0.50
	青岛	城阳	2.21	1	0.45
		即墨	614.24	751	1.22
		胶州	453.44	1474	3.25
		莱西	892.38	3981	4.46
		平度	1805.19	3504	1.94
	泰安	东平	389.09	2213	5.69
		肥城	7.34	9	1.23
		宁阳	360.18	2877	7.99
	潍坊	安丘	333.74	1352	4.05
		昌乐	748.60	371	0.50
		昌邑	810.16	941	1.16
		坊子	517.61	732	1.41
		高密	1050.81	3898	3.71
		寒亭	449.11	923	2.06
		奎文	45.82	9	0.20
		青州	541.87	1030	1.90
		寿光	1033.33	1614	1.56
		潍城	123.36	745	6.04
		诸城	895.04	2012	2.25

续表

省份	市域	县区	解译面积/km²	农用井数量/眼	农用井密/(眼/km²)
山东	烟台	莱阳	119.79	530	4.42
		莱州	636.49	3825	6.01
		招远	0.27	1	3.74
	枣庄	台儿庄	324.95	416	1.28
		滕州	412.18	2298	5.58
		薛城	141.48	226	1.60
		峄城	219.20	181	0.83
	淄博	高青	516.02	713	1.38
		桓台	286.55	3048	10.64
		临淄	244.05	2812	11.52
		张店	54.63	403	7.38
		周村	93.92	568	6.05
		淄川	2.40	6	2.50
安徽	蚌埠	固镇	1165.16	546	0.47
		怀远	1865.70	221	0.12
		淮上	144.71	12	0.08
		五河	1086.55	309	0.28
		禹会	46.38	2	0.04
	亳州	利辛	1500.95	930	0.62
		蒙城	1598.32	672	0.42
		谯城	1617.24	967	0.60
		涡阳	1532.62	1211	0.79
	滁州	凤阳	180.05	34	0.19
		明光	137.23	9	0.07
	阜阳	阜南	1289.91	400	0.31
		界首	417.78	380	0.91
		临泉	1305.65	849	0.65
		太和	1171.51	651	0.56
		颍东	492.87	165	0.33
		颍泉	374.00	593	1.59
		颍上	1277.14	718	0.56
		颍州	296.73	90	0.30
	淮北	杜集	121.10	125	1.03
		烈山	263.73	95	0.36
		濉溪	1475.30	747	0.51
		相山	65.83	317	4.82

续表

省份	市域	县区	解译面积/km²	农用井数量/眼	农用井密/(眼/km²)
安徽	淮南	八公山	31.88	5	0.16
		大通	51.36	27	0.53
		凤台	752.28	247	0.33
		潘集	428.03	79	0.18
		谢家集	13.14	4	0.30
	六安	霍邱	1153.26	228	0.20
		寿县	480.24	73	0.15
	宿州	砀山	885.63	2085	2.35
		灵璧	1599.14	1334	0.83
		泗县	1392.42	1155	0.83
		萧县	1131.22	1840	1.63
		埇桥	2198.59	1272	0.58
江苏	淮安	楚州	567.12	323	0.57
		洪泽	61.98	18	0.29
		淮安	34.80	17	0.49
		淮阴	833.68	1204	1.44
		涟水	963.75	1387	1.44
		清河	1.79	1	0.56
		清浦	141.60	133	0.94
		盱眙	44.74	3	0.07
	连云港	东海	1447.85	144	0.10
		赣榆	736.16	127	0.17
		灌南	528.26	209	0.40
		灌云	1090.22	393	0.36
		海州	77.46	7	0.09
		连云	37.69	1	0.03
		新浦	232.78	1	0
	宿迁	沭阳	1439.58	1190	0.83
		泗洪	1533.25	321	0.21
		泗阳	809.07	1147	1.42
		宿城	466.77	370	0.79
		宿豫	640.21	695	1.09

续表

省份	市域	县区	解译面积/km²	农用井数量/眼	农用井密/(眼/km²)
江苏	徐州	丰县	954.02	1404	1.47
		鼓楼	32.46	34	1.05
		贾汪	276.55	206	0.74
		九里	16.05	5	0.31
		沛县	724.63	1014	1.40
		邳州	1334.97	566	0.42
		泉山	9.07	1	0.11
		睢宁	1135.89	1625	1.43
		铜山	924.27	1099	1.19
		新沂	931.42	564	0.61
		云龙	11.70	39	3.33
	盐城	滨海	999.45	200	0.20
		阜宁	482.55	445	0.92
		射阳	89.13	7	0.08
		响水	732.37	94	0.13

　　由图 3.33 可知，自西至东，农用井分布密度渐变为稀疏。在太行山前冲洪积平原区，尤其保定-石家庄-邯郸至河南省郑州一带，农用井分布密度较大。在黄淮海平原农田区中部，包括河南开封至河北省南宫、沧州一带，农用井呈网格状分布。在东部的滨海平原区，农用井分布密度较小（图 3.33，表 3.12），多为渠系分布。

　　采用 1km×1km、5km×5km、10km×10km 和 20km×20km 的网度，根据井密度值域直方图，划分了 7 个等级（表 3.13），查明黄淮海区主要粮食基地农用井（密度）分布特征，如图 3.34 ～图 3.37 所示。

　　由图 3.34 ～图 3.37 可知，在黄淮海区主要粮食基地，农用井分布最为密集地区是太行山山前冲洪积平原区，在 1km×1km、5km×5km、10km×10km 和 20km×20km 的网度下，农用井密度等级分别为六级或七级，处于 "稠密" 或 "极为稠密" 状态，大部分地区农用井密度大于 5 眼/km²，尤其河北省保定-石家庄-邯郸至河南省郑州市一带，农用井"极稠密"（图 3.34 ～图 3.37），最高达 57 眼/km²。

　　在河北、山东和江苏省滨海平原区以及安徽省淮河沿线，农用井分布最为稀疏，在 1km×1km、5km×5km、10km×10km 和 20km×20km 网度下，农用井分布密度为二级以下，农用井呈零星分布（图 3.35 ～图 3.37）。

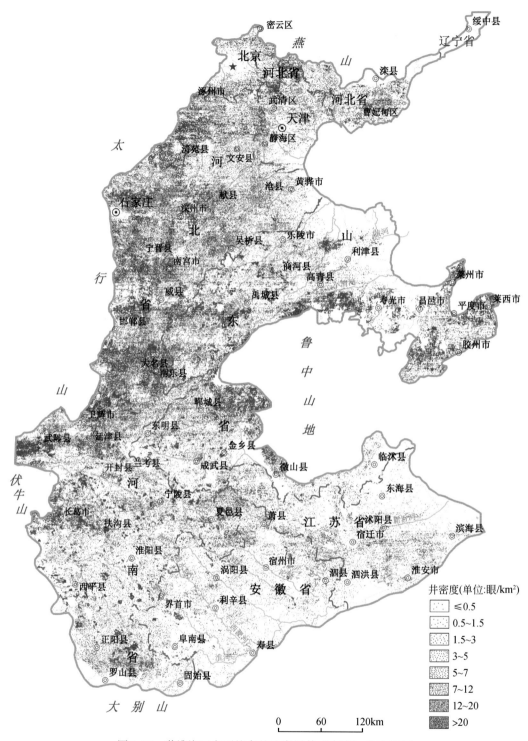

图 3.33　黄淮海区主要粮食基地农用井（密度）分布特征

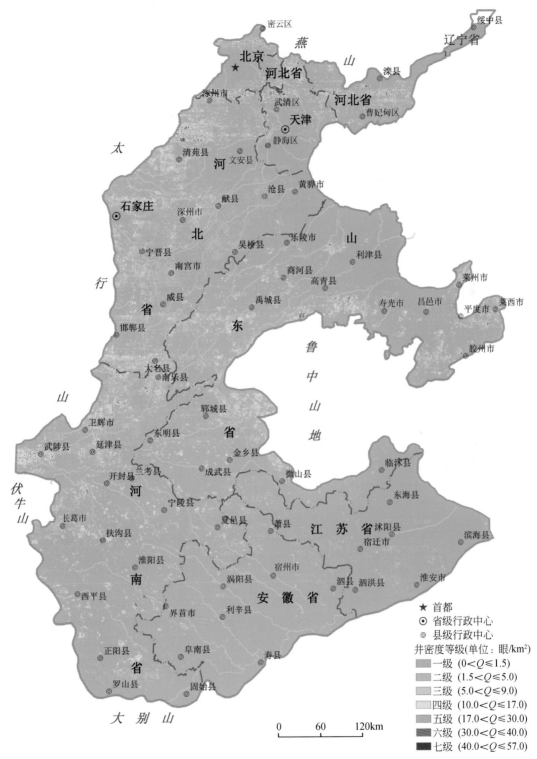

图 3.34　1km×1km 网度下黄淮海区主要粮食基地农用井（密度）分布特征

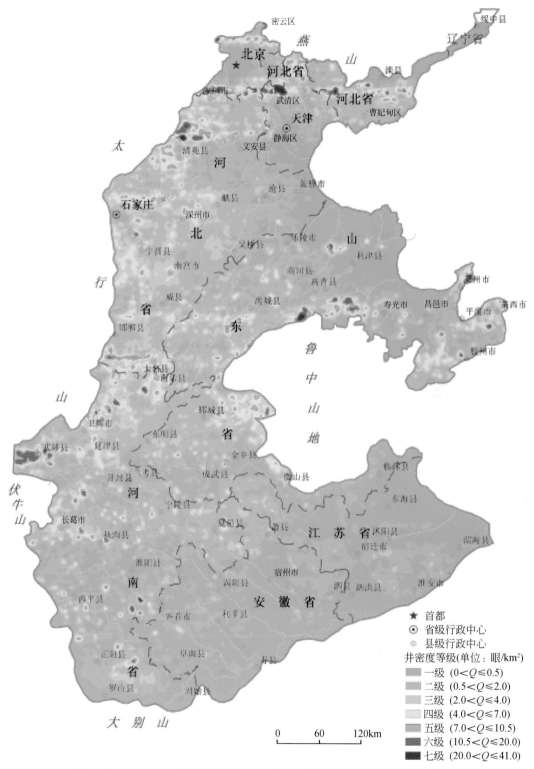

图 3.35　5km×5km 网度下黄淮海区主要粮食基地农用井（密度）分布特征

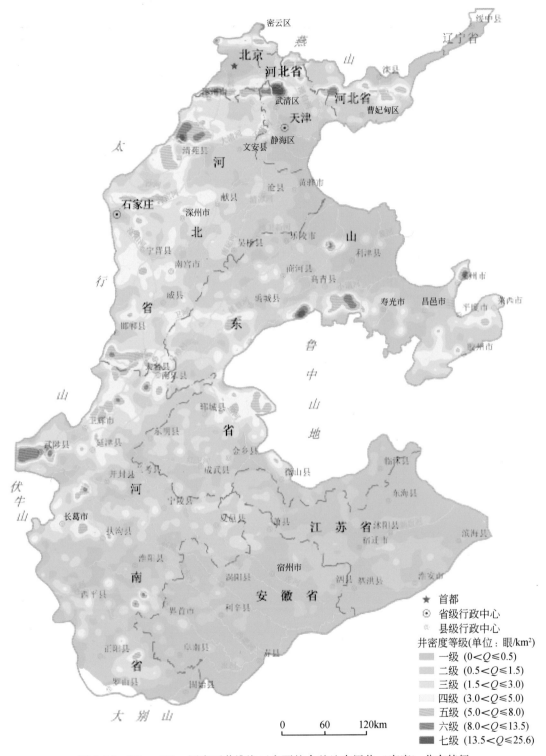

图 3.36　10km×10km 网度下黄淮海区主要粮食基地农用井（密度）分布特征

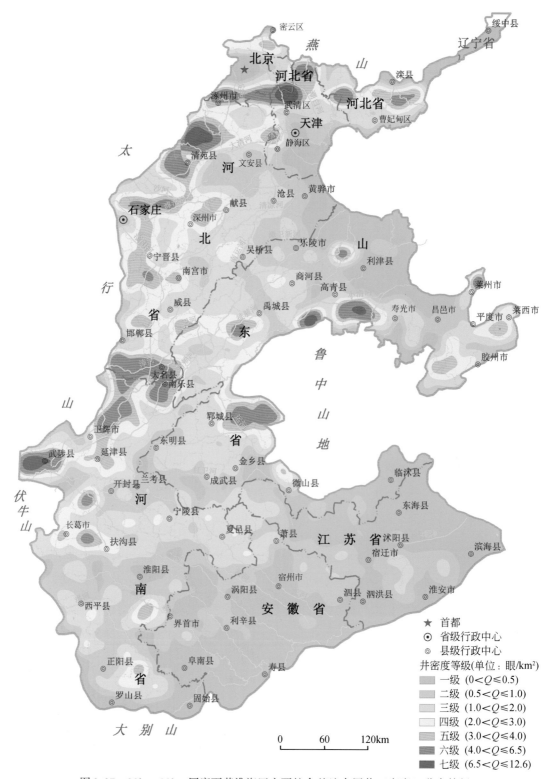

图3.37 20km×20km 网度下黄淮海区主要粮食基地农用井（密度）分布特征

表 3.13　黄淮海区主要粮食基地遥感解译农用井分布指标体系　　（单位：眼/km²）

农用井密度等级	不同网度下井密度的等级值域				农用井密度状况
	1km×1km	5km×5km	10km×10km	20km×20km	
一级	0<Q≤1.5	0<Q≤0.5	0<Q≤0.5	0<Q≤0.5	极稀疏
二级	1.5<Q≤5.0	0.5<Q≤2.0	0.5<Q≤1.5	0.5<Q≤1.0	稀疏
三级	5<Q≤9.0	2.0<Q≤4.0	1.5<Q≤3.0	1.0<Q≤2.0	较稀疏
四级	9.0<Q≤17.0	4.0<Q≤7.0	3.0<Q≤5.0	2.0<Q≤3.0	适中
五级	17.0<Q≤30.0	7.0<Q≤10.5	5.0<Q≤8.0	3.0<Q≤4.0	较稠密
六级	30.0<Q≤40	10.5<Q≤20.0	8.0<Q≤13.5	4.0<Q≤6.5	稠密
七级	40<Q≤57	20.0<Q≤41.0	13.5<Q≤25.6	6.5<Q≤12.6	极稠密

3.4　小　　结

（1）遥感调查和解译了我国 3 个主要粮食基地的 13 个粮食主产区小麦、玉米、水稻、大豆、蔬菜和果树等种植分布范围、农作物布局结构和井渠系分布现状，主要粮食作物解译面积 145.73 万 km²，农用井解译面积 80.73 万 km² 和渠系解译面积 90.52 万 km²，涉及 680 个县市，包括黄淮海区主要粮食基地的河北、河南、山东、安徽和江苏省等的 79 个地市，解译面积 71.94 万 km²；东北区主要粮食基地的黑龙江、吉林、辽宁省和内蒙古自治区的 209 个县（市、区、场），解译面积 68.23 万 km²；长江流域主要粮食基地的湖北、湖南、江西、浙江省和四川省等的 90 个地级市，解译面积 79.98 万 km²。

（2）粮食作物和渠系解译所需基础资料，以 Landsat-8 遥感数据源为主，数据分辨率 15m；农用井的解译，以在线 Google Earth 数据为主，并辅助粮食作物和渠系解译。在线 Google Earth 影像数据的时相主体以 2013～2014 年为主，部分区域缺失的数据以 2005～2012 年数据补充。同时，充分收集研究区地形地貌、区域地质、水文地质、农业和土地等遥感等资料，以及研究区农作物耕作制度、农作物物候历、农作物分布特征及种植结构特征等资料。

（3）本项研究选取了每年两期影像遥感解译，以便客观反映夏粮作物和秋粮作物播种实际状况，包括小麦-玉米、小麦-水稻、小麦-大豆、早稻-晚稻、裸地蔬菜和其他农作物播种一年两熟分布特征。第一期是以 4～5 月遥感数据为主，重点解译冬小麦、早稻等粮食作物种植分布范围；第二期是以 8～9 月遥感数据为主，重点解译玉米、大豆、晚稻和棉花等种植分布范围。在解译过程中，兼顾了蔬菜、果园和其他类作物种植范围解译的需求。

（4）黄淮海区主要粮食基地范围的解译面积 33.2 万 km²，解译农作物总播面积 5.68 亿亩，其中，冬小麦播种面积 2.16 亿亩，占农作物总播面积的 38.06%；玉米播种面积 1.82 亿亩，占农作物总播面积的 32.10%；水稻播种面积 5263.62 万亩，占农作物总播面积的 9.27%；大豆播种面积 1708.31 万亩，占农作物总播面积的 3.01%；蔬菜种植面积 5510.09 万亩，占农作物总播面积的 9.70%；果园种植面积 666.93 万亩，占农作物总播面积的 1.17%。

（5）在黄淮海区主要粮食基地的农作物布局结构区域分布上，"小麦-玉米一年两熟播种区"分布最为广泛，集中分布河北省清苑至邯郸、大名至吴桥一带，山东省乐棱-禹城-东明一带以及河南省南乐至卫辉、开封至淮阳、宁棱至夏邑一带，安徽省利辛至宿一带，都片连片大面积分布。"小麦-水稻一年两熟播种区"主要分布在山东省延津至东明一带、阜南至寿县一带和江苏省淮安至东海一带。"小麦-大豆一年两熟播种区"主要分布在安徽省界首至涡阳一带，在河南、山东省有零星分布。"玉米一年一熟播种区"主要分布在黄河以北的海河流域平原北部和东部，包括河北省献县至文安一带、滦县以及山东省利津一带。"早稻-晚稻一年两熟播种区"主要分布在河南省固始-安徽省寿县一带、江苏省宿迁至泗洪和滨海县一带。"水稻一年一熟播种区"主要分布在河北省唐海至天津市静海一带。

（6）在黄淮海区主要粮食基地农田区，遥感解译主要渠系 4524 条，渠系总长度 89652.47km，平均密度 0.27km/km^2。其中一级渠系 1214 条，平均密度 0.09km/km^2；二级渠系 1600 条，平均密度为 0.11km/km^2；三级渠系 1710 条，平均密度为 0.07km/km^2。从总体上看，在黄淮海区主要粮食基地的北部（海河流域平原区）渠系分布较稀疏，南部（黄淮流域平原区）较密集。

（7）在黄淮海区主要粮食基地，解译农用井 481268 眼，井平均密度 1.45 眼/km^2。在区域分布上，农用井呈现北多、南少，西密、东稀的分布特征。在黄河以北的海河流域平原区，井数量占总井数的 61.12%，平均密度 1.86 眼/km^2，最密达 57 眼/km^2；黄河以南的黄淮流域平原区，井数占总井数量的 38.88%，平均密度 1.09 眼/km^2。

第4章 东北区主要粮食基地农作物布局结构特征

本章重点介绍东北区主要粮食基地农作物播种范围、布局结构分布和井渠系分布状况，涉及松嫩平原、辽河平原、三江平原和内蒙古的河套平原4个分区，包括黑龙江、吉林、辽宁省和内蒙古自治区的209个县（市、区、场）。

4.1 粮食基地农作物播种概况

东北区主要粮食基地由松嫩平原、辽河平原、三江平原和内蒙古河套平原区4个部分组成，由此，按东北区（一）、（二）分区、东北区（三）分区和东北区（四）分区阐述遥感解译成果，具体范围如表4.1所示，解译总面积35.31万 km^2。

东北区主要粮食基地农作物为一年一熟，农作物以春小麦、玉米、大豆、水稻和花生等为主。根据东北区主要粮食基地农作物的物候历，选取每年7~8月遥感数据作为玉米、大豆、水稻、春小麦、蔬菜、果园和其他类作物的解译基础资料。

表4.1 东北区主要粮食基地遥感解译分区范围

粮食基地	序号	分区	范围	涉及地市
东北区主要粮食基地	1	东北区（一）即松嫩平原	121°21′~128°18′ 43°36′~49°26′	黑龙江省：大庆、哈尔滨、黑河、牡丹江、齐齐哈尔、绥化、伊春；吉林省：白城、松原、吉林、四平、长春；内蒙古自治区：呼伦贝尔、通辽和兴安等
	2	东北区（二）即松嫩平原	119°04′~125°01′ 41°59′~45°01′	吉林省：白城、松原、辽源、四平、长春；辽宁省：朝阳、扶顺、阜新、锦州、沈阳、铁岭；内蒙古自治区：赤峰、通辽、兴安盟和锡林郭勒等
	3	东北区（三）即三江平原	129°46′~135°05′ 46°06′~48°28′	黑龙江省：哈尔滨、鹤岗、鸡西、佳木斯、七台河、双鸭山和伊春等
	4	东北区（四）即内蒙古河套平原	106°25′~112°00′ 40°10′~41°20′	内蒙古自治区：呼和浩特、包头、乌兰察布、鄂尔多斯、巴彦淖尔和阿拉善等

4.2 东北区主要粮食基地（一）、（二）分区特征

4.2.1 遥感解译（一）、（二）分区农作物播种分布特征

在东北区主要粮食基地（一）、（二）分区，即松嫩平原和辽河平原，农作物播种分布范围和特征的遥感解译适宜时间是每年7~8月（表4.2），包括玉米、大豆、水稻、春

小麦、蔬菜和果园等，解译范围面积 27.86km²，解译各类农作物图斑 87.02 万个，解译农作物总播面积 2.27 亿亩。

表 4.2　东北区主要粮食基地（一）、（二）分区主要作物生长期

序号	作物类型	作物生长期	最佳解译时相	备注
1	春小麦	3、4 月至 8、9 月	7 月	长城以北区域
2	玉米	4 月至 8、9 月	7 月	
3	大豆	4 月至 8、9 月	7 月	
4	水稻	5、6 月至 10 月	8 月	
5	花生	4~10 月	8 月	
6	向日葵	4、5 月至 9、10 月	7 月	

1. 玉米播种分布特征

在东北区主要粮食基地（一）、（二）分区，解译玉米播种面积 1.42 亿亩，涉及 106 个县区（图 4.1，表 4.3）。该分区的玉米播种面积主要分布在黑龙江省青冈至吉林农安一

图 4.1　东北区主要粮食基地（一）、（二）分区玉米播种分布特征

带，呈连片大面积分布。在松嫩平原中部的地势低洼区域玉米播种分布较为稀疏，在周边地势较高区域玉米播种分布较为集中，呈环状分布。在辽河平原，玉米播种面积分布与松嫩平原玉米播种环状分布特征类似，在辽河平原中部低洼区域玉米播种分布稀疏，在周边地势较高区域玉米播种分布较为密集（图 4.1）。

在通榆、长岭、农安、科尔沁左翼中旗、扶余和前郭尔罗斯等地区玉米播种面积连片，都超过 400 万亩，其中通榆地区玉米种植面积达 645.70 万亩。奈曼旗、开鲁等地区玉米播种面积介于 300 万~400 万亩，洮南、昌图等地区玉米播种面积介于 200 万~300 万亩，扎赉特、榆树等地区玉米播种面积介于 100 万~200 万亩，科尔沁右翼中旗、北林等地区玉米播种面积不足 100 万亩（表 4.3）。在内蒙古自治区开鲁以南至辽宁康平一带，玉米播种分布较稀疏，无玉米播种区分布连片（图 4.1）。

表 4.3　东北区主要粮食基地（一）、（二）分区玉米播种状况

序号	省份（自治区）	市域	县区	解译玉米面积/万亩
1			大同	135.52
2			杜尔伯特	233.34
3			红岗	15.81
4			林甸	61.99
5		大庆	龙凤	6.91
6			让胡路	30.56
7			萨尔图	4.72
8			肇源	179.14
9			肇州	192.24
10			阿城	58.03
11			巴彦	149.09
12			宾县	37.50
13	黑龙江		道里	22.08
14			道外	25.81
15			呼兰	172.41
16		哈尔滨	木兰	0.01
17			南岗	8.48
18			平房	5.85
19			双城	276.53
20			松北	25.30
21			五常	54.02
22			香坊	15.68
23			北安	42.69
24		黑河	嫩江	31.10
25			五大连池	11.96

序号	省份（自治区）	市域	县区	解译玉米面积/万亩
26	黑龙江	齐齐哈尔	拜泉	276.39
27			富拉尔基	14.66
28			富裕	271.19
29			甘南	358.95
30			建华	3.17
31			克东	89.78
32			克山	8.46
33			龙江	335.38
34			龙沙	0.77
35			梅里斯达斡尔	127.39
36			讷河	310.31
37			碾子山	0.48
38			泰来	152.58
39			铁锋	0.14
40			依安	214.76
41		绥化	安达	137.22
42			北林	96.50
43			海伦	0.01
44			兰西	218.23
45			明水	154.30
46			青冈	180.80
47			望奎	3.27
48			肇东	337.76
49	吉林	白城	大安	161.33
50			洮北	137.61
51			洮南	0.50
52			洮南	298.62
53			通榆	645.70
54			镇赉	150.62
55		长春	朝阳	0.37
56			德惠	186.04
57			二道	6.62
58			九台	73.86
59			宽城	10.62
60			绿园	13.84
61			农安	502.91
62			榆树	192.56

序号	省份（自治区）	市域	县区	解译玉米面积/万亩
63	吉林	吉林	舒兰	12.90
64		四平	公主岭	327.10
65			梨树	325.64
66			双辽	272.84
67			铁东	8.80
68			铁西	12.27
69			伊通	1.57
70		松原	长岭	566.99
71			扶余	437.81
72			宁江	56.51
73			前郭	421.27
74			乾安	278.51
75	辽宁	阜新	阜新	0.88
76			彰武	137.40
77		沈阳	法库	74.78
78			康平	34.99
79			新民	11.88
80		铁岭	昌图	291.65
81			调兵山	14.99
82			开原	35.36
83			铁岭	48.80
84			银州	0.91
85	内蒙古	赤峰	阿鲁科尔沁	337.50
86			敖汉	162.91
87			巴林右	59.97
88			巴林左	1.40
89			松山	44.49
90			翁牛特	126.39
91			元宝山	0.07
92		呼伦贝尔	阿荣	48.01
93			莫力达	11.11
94			扎兰屯	0.25
95		通辽	开鲁	362.50
96			科尔沁	255.39
97			科尔沁左翼后旗	325.37

序号	省份（自治区）	市域	县区	解译玉米面积／万亩
98	内蒙古	通辽	科尔沁左翼中旗	458.57
99			库伦	104.31
100			奈曼	371.71
101			扎鲁特	35.60
102		兴安	科尔沁右翼前旗	165.59
103			科尔沁右翼中旗	97.00
104			突泉	113.94
105			乌兰浩特	32.05
106			扎赉特	199.77
合计				14158.27

2. 水稻播种分布特征

在东北区主要粮食基地（一）、（二）分区，解译水稻播种面积 3252.91 万亩，涉及 91 个县区（图 4.2，表 4.4），其中海伦、林甸、依安等地区水稻播种面积都大于 100 万亩，

图 4.2　东北区主要粮食基地（一）、（二）分区水稻播种分布特征

北安、前郭尔罗斯、泰来等地区水稻播种面积介于 50 万～100 万亩，讷河、铁力等地区水稻播种面积介于 20 万～50 万亩。

从区域分布上来看，水稻播种面积分布呈现北东部多、南西部少的特征。在北东部的松嫩平原，不仅降水量较大，渠系也比较发达，适宜水稻播种。而在南西部的辽河平原，气候相对干燥，降水量较小，水稻播种仅局限于辽河周边地区。

在东北区主要粮食基地（一）、（二）分区，水稻播种主要分布在松花江沿岸、辽河沿岸和松嫩平原中部的林甸、海伦一带。在松花江沿岸，水稻播种呈条带状分布于沿江两侧。在辽河流域平原区，水稻播种呈不规则的带状、斑块面状分布。在黑龙江省林甸、海伦一带，水稻呈连片密集分布（图4.2，表4.4）。

表 4.4　东北主要粮食基地（一）、（二）区解译水稻种植状况

序号	省份（自治区）	市域	县区	解译水稻面积/万亩
1	黑龙江	大庆	杜尔伯特	36.78
2			林甸	239.96
3			让胡路	19.44
4			萨尔图	0.48
5			肇源	30.51
6		哈尔滨	阿城	8.69
7			巴彦	23.96
8			宾县	1.06
9			道里	2.75
10			呼兰	29.14
11			南岗	0.19
12			双城	57.06
13			松北	0.70
14			五常	22.53
15			香坊	3.37
16		黑河	北安	85.70
17			嫩江	19.33
18			五大连池	77.73
19		齐齐哈尔	昂昂溪	26.59
20			拜泉	18.98
21			富拉尔基	0.44
22			富裕	4.71
23			甘南	67.13
24			建华	0.20
25			克东	15.37

续表

序号	省份（自治区）	市域	县区	解译水稻面积/万亩
26	黑龙江	齐齐哈尔	克山	60.39
27			龙江	9.19
28			龙沙	1.99
29			梅里斯	39.38
30			讷河	41.44
31			碾子山	0.01
32			泰来	78.46
33			铁锋	32.09
34			依安	174.31
35		绥化	安达	0.59
36			北林	128.64
37			海伦	294.91
38			兰西	12.55
39			明水	19.16
40			青冈	0.02
41			庆安	106.37
42			绥棱	34.37
43			望奎	141.48
44			肇东	56.33
45		伊春	铁力	38.58
46	吉林	白城	大安	3.72
47			洮北	31.54
48			洮南	22.57
49			镇赉	56.15
50		长春	德惠	74.67
51			二道	0
52			九台	22.29
53			绿园	0.44
54			农安	11.55
55			榆树	73.61
56		吉林	舒兰	10.41
57		四平	公主岭	54.56
58			梨树	33.89
59			双辽	32.82

续表

序号	省份（自治区）	市域	县区	解译水稻面积／万亩
60	吉林	松原	长岭	0.75
61			扶余	21.28
62			宁江	59.02
63			前郭尔罗斯	81.65
64			乾安	12.88
65	辽宁	阜新	阜新	6.58
66			彰武	74.62
67		沈阳	法库	6.75
68			康平	2.49
69			沈北新	18.09
70			新民	76.21
71			于洪	0.97
72		铁岭	昌图	8.14
73			调兵山	1.24
74			开原	11.88
75			铁岭	22.28
76			银州	0.65
77	内蒙古	赤峰	阿鲁科尔沁	0.18
78			敖汉	6.21
79		呼伦贝尔	阿荣	0.91
80			莫力达	34.72
81		通辽	开鲁	17.04
82			科尔沁	6.23
83			科尔沁左翼后旗	23.29
84			科尔沁左翼中旗	131.96
85			库伦	17.35
86			奈曼	24.80
87		兴安	科尔沁右翼前旗	11.82
88			科尔沁右翼中旗	2.31
89			突泉	11.12
90			乌兰浩特	3.71
91			扎赉特	64.49
合计				3252.91

3. 大豆播种分布特征

在东北区主要粮食基地（一）、（二）分区，解译大豆播种面积 3018.15 万亩，涉及 81 个县区（图 4.3，表 4.5）。该区大豆播种主要分布在黑龙江省平原区，播种面积 1943.84 万亩，占松辽平原大豆总播面积的 64.41%。在辽宁、吉林省和内蒙古自治区大豆播种面积较少。（一）、（二）分区大豆播种主要集中在松辽平原地势较高的区域，地势低洼的中部地区大豆播种较少。在松花江流域的北东部，大豆播种分布较多，呈连片大面积分布，而在松花江南西部大豆播种较少，零星分布。在松嫩平原，大豆播种面积呈半环状分布，包括嫩江、克山和安庆地区。在黑龙江省嫩江、克山和讷河等地区大豆播种面积都超过 200 万亩，在德惠、五大连池和甘南等地区大豆播种面积介于 50 万~100 万亩，在绥棱、北安和北林等地区大豆播种面积介于 30 万~50 万亩（图 4.3，表 4.5）。

图 4.3　东北区主要粮食基地（一）、（二）分区大豆播种分布特征

表 4.5　东北区主要粮食基地（一）、（二）分区大豆播种状况

序号	省份（自治区）	市域	县区	解译大豆面积/万亩
1			大同	27.96
2		大庆	杜尔伯特	45.74
3			肇源	69.82
4			肇州	26.40
5			阿城	8.48
6			巴彦	88.26
7			宾县	7.19
8			道里	3.10
9			道外	4.31
10		哈尔滨	呼兰	22.72
11			南岗	1.00
12			双城	26.99
13			松北	38.96
14			五常	6.66
15			香坊	3.25
16			北安	47.14
17		黑河	嫩江	286.06
18	黑龙江		五大连池	91.28
19			拜泉	24.45
20			富拉尔基	2.71
21			富裕	55.55
22			甘南	90.14
23			克东	26.45
24		齐齐哈尔	克山	242.46
25			龙江	70.38
26			梅里斯	0.01
27			讷河	219.36
28			碾子山	15.27
29			泰来	8.77
30			依安	2.26
31			安达	44.34
32			北林	45.80
33		绥化	海伦	45.31
34			兰西	20.76
35			明水	14.83

续表

序号	省份（自治区）	市域	县区	解译大豆面积/万亩
36	黑龙江	绥化	青冈	0.14
37			庆安	88.99
38			绥棱	49.32
39			望奎	50.36
40			肇东	1.05
41		伊春	铁力	19.81
42	吉林	白城	大安	22.74
43			洮北	32.67
44			洮南	0.10
45			洮南	60.44
46			通榆	9.31
47			镇赉	28.58
48		长春	德惠	97.86
49			九台	75.55
50			榆树	25.28
51		松原	长岭	31.80
52			扶余	35.79
53			前郭尔罗斯	4.38
54			乾安	14.18
55	辽宁	阜新	阜新	5.72
56			彰武	12.64
57		沈阳	法库	43.27
58			康平	58.06
59			沈北新	22.89
60			新民	33.93
61			于洪	1.57
62		铁岭	昌图	1.72
63			调兵山	0.95
64			开原	0.13
65			铁岭	1.57
66	内蒙古	赤峰	阿鲁科尔沁	60.31
67			巴林右旗	64.18
68			巴林左旗	9.73
69			翁牛特	41.96

序号	省份（自治区）	市域	县区	解译大豆面积/万亩
70	内蒙古	呼伦贝尔	阿荣	71.72
71			莫力达	22.19
72			扎兰屯	62.37
73		通辽	科尔沁	14.16
74			科尔沁左翼后旗	7.88
75			科尔沁左翼中旗	0.38
76			库伦	14.32
77		兴安	科尔沁右翼前旗	13.81
78			科尔沁右翼中旗	5.37
79			突泉	30.66
80			乌兰浩特	2.16
81			扎赉特	31.99
合计				3018.15

4. 小麦播种分布特征

在东北区主要粮食基地（一）、（二）分区，解译小麦面积264.37万亩，涉及32个县区（表4.6，图4.4）。该区小麦播种面积主要分布于松花江流域南部、辽河流域北部，包括黑龙江省龙江至内蒙古自治区洮南一带，扎鲁特、扎赉特、泰来、科尔沁左翼中旗、洮北和洮南等地区小麦播种面积都超过20万亩，其他地区小麦播种较少。

表 4.6　东北区主要粮食基地（一）、（二）分区小麦播种状况

序号	省份（自治区）	市域	县区	解译小麦面积/万亩
1	黑龙江	黑河	嫩江	5.22
2		齐齐哈尔	富拉尔基	0.01
3			甘南	0.05
4			龙江	10.40
5			讷河	4.05
6			泰来	33.76
7		绥化	兰西	0.72
8	吉林	白城	大安	1.41
9			洮北	34.50
10			洮南	41.25
11			通榆	0.33
12			镇赉	11.55

序号	省份（自治区）	市域	县区	解译小麦面积/万亩
13	辽宁	沈阳	法库	1.41
14			康平	11.57
15			沈北新	1.11
16			新民	0.99
17			于洪	0.12
18		铁岭	昌图	1.78
19			铁岭	0.04
20	内蒙古	赤峰	阿鲁科尔沁	5.58
21			敖汉	0.13
22			巴林右	2.27
23		呼伦贝尔	阿荣	0.16
24			莫力达	0.30
25		通辽	开鲁	5.03
26			科尔沁左翼中旗	33.79
27			奈曼	1.70
28			扎鲁特	23.55
29		兴安	科尔沁右翼前旗	1.68
30			科尔沁右翼中旗	0.28
31			突泉	0.01
32			扎赉特	29.64
合计				264.37

5. 蔬菜种植分布特征

在东北区主要粮食基地（一）、（二）分区，解译蔬菜种植面积537.06万亩，涉及70个县区（表4.7，图4.5）。该区蔬菜种植多呈零星分布，连片集中分布区较少，主要分布在大中城市和县镇城市周边，以裸地蔬菜种植为主，占蔬菜种植总面积的78%，设施蔬菜种植分布面积较少。在青冈、农安、公主岭、昌图、阿鲁科尔沁、敖汉、安达、克东和拜泉等地区蔬菜种植分布较多，以设施蔬菜种植为主，种植面积都超过20万亩（表4.7）。

6. 果园种植分布特征

在东北区主要粮食基地（一）、（二）分区，解译果园种植面积202.93万亩，涉及21个县区（表4.8，图4.6）。该区果园主要分布在南部敖汉、奈曼等地区，主要分布在城市周边和丘陵区，呈零星斑状分布，连片分布较少。

图 4.4 东北区主要粮食基地（一）、（二）分区小麦播种分布特征

表 4.7 东北区主要粮食基地（一）、（二）分区蔬菜种植状况

序号	省份（自治区）	市域	县区	解译播种面积/万亩	
				裸地蔬菜	设施蔬菜
1	黑龙江	哈尔滨市	道里区	3.37	3.03
2			道外区	1.14	0
3			南岗区	0.14	0.39
4			平房区	0.83	0
5			双城市	0	13.13
6			五常市	0	0.19
7			香坊区	0	1.16
8		黑河市	北安市	0.43	0.91
9			嫩江县	10.80	0
10			五大连池市	0.01	1.91

序号	省份（自治区）	市域	县区	解译播种面积/万亩	
				裸地蔬菜	设施蔬菜
11	黑龙江	齐齐哈尔市	昂昂溪区	3.80	0
12			拜泉县	22.98	0.79
13			富裕县	0.05	0
14			甘南县	0.06	0
15			建华区	1.49	0
16			克东县	19.42	5.42
17			克山县	3.22	0.90
18			讷河市	18.23	0
19			碾子山区	0.73	0
20			铁锋区	0.02	0
21		绥化市	安达市	25.04	0
22			兰西县	3.05	0
23			明水县	7.27	3.43
24			青冈县	50.58	1.36
25			肇东市	2.31	0
26	吉林	白城市	大安市	5.43	0
27			洮北区	4.66	0
28			洮南区	0.67	0
29			洮南市	7.28	0
30			通榆县	3.73	0
31			镇赉县	5.73	0
32		长春市	朝阳区	1.35	0
33			德惠市	0	11.99
34			二道区	2.15	0
35			九台市	0	0
36			宽城区	0.11	0
37			绿园区	0.72	0
38			南关区	2.25	0
39			农安县	26.38	15.82
40		四平市	公主岭市	8.65	28.21
41			双辽市	8.46	0
42		松原市	长岭县	5.11	0.94
43			前郭尔罗斯蒙古族自	0	0.36

续表

序号	省份（自治区）	市域	县区	解译播种面积/万亩	
				裸地蔬菜	设施蔬菜
44	辽宁	沈阳市	法库县	4	0.26
45			新民市	0.25	0.80
46		铁岭市	昌图县	31.40	0
47			调兵山市	0.07	0.06
48			开原市	0.04	0
49			铁岭县	1.02	0
50			银州区	0.05	0
51	内蒙古	赤峰市	阿鲁科尔沁旗	29.77	0
52			敖汉旗	1.32	24.18
53			巴林右旗	16.64	0.03
54			巴林左旗	0.01	1.93
55			松山区	0.12	0.32
56			翁牛特旗	8.40	2.39
57		呼伦贝尔市	阿荣旗	0.01	0.03
58			莫力达瓦达斡尔族自治旗	0.16	0
59		通辽市	开鲁县	6.55	0.28
60			科尔沁区	3.98	0
61			科尔沁左翼后旗	0.42	0
62			科尔沁左翼中旗	14.31	0
63			库伦旗	2.66	0
64			奈曼旗	11.99	0
65			扎鲁特旗	0.31	0
66		兴安盟	科尔沁右翼前旗	2.23	0
67			科尔沁右翼中旗	3.52	0
68			突泉县	1.59	0
69			乌兰浩特市	0.79	0
70			扎赉特旗	17.56	0
合计				416.81	120.25

图 4.5　东北区主要粮食基地（一）、（二）分区蔬菜种植分布特征

表 4.8　东北区主要粮食基地（一）、（二）分区果园种植状况

序号	省份（自治区）	市域	县区	解译果园面积/万亩
1	黑龙江	大庆	杜尔伯特	10.89
2			让胡路	3.63
3		黑河	嫩江	0.11
4	吉林	长春	二道	5.69
5			九台	2.68
6			南关	0.37
7	辽宁	铁岭	昌图	0.10
8			调兵山市	0.04
9			开原市	0.03
10			铁岭	0.17

续表

序号	省份（自治区）	市域	县区	解译果园面积/万亩
11	内蒙古	赤峰	阿鲁科尔沁	0.62
12			敖汉	93.82
13			松山	2.14
14			翁牛特	4.66
15			元宝山	0.07
16		通辽	开鲁	0.03
17			科尔沁	0.59
18			科尔沁左翼中旗	2.07
19			库伦	2.65
20			奈曼	72.43
21			扎鲁特	0.15
合计				202.93

图 4.6　东北区主要粮食基地（一）、（二）分区果园种植分布特征

7. 其他类作物播种分布特征

在东北区主要粮食基地（一）、（二）分区，解译其他类作物面积 1217.01 万亩，涉及 40 个县区（表 4.9，图 4.7），主要以花生、甜菜和烤烟播种为主。该区其他类作物播种主要分布在松花江流域西南部，北部分布较少，其中扎鲁特、科尔沁左翼中旗、通榆和敖汉等地区其他作物播种较多，播种面积都超过 100 万亩。

表 4.9 东北区主要粮食基地（一）、（二）分区其他作物播种状况

序号	省份（自治区）	市域	县区	解译其他作物面积/万亩
1	黑龙江	大庆	让胡路	0.26
2		哈尔滨	阿城	20.73
3			双城	0.01
4			五常	4.90
5		齐齐哈尔	拜泉	5.21
6			富裕	1.57
7			讷河	0.27
8			泰来	0.05
9			依安	0.76
10		绥化	明水	0.06
11			望奎	19.86
12			肇东	11.61
13	吉林	白城	大安	0.16
14			通榆	128.28
15		四平	双辽	1.94
16		松原	长岭	12.63
17			扶余	4.25
18	辽宁	阜新	彰武	25.16
19		沈阳	法库	93.27
20			康平	96.55
21			新民	15.25
22		铁岭	昌图	44.81
23	内蒙古	赤峰	阿鲁科尔沁	45.31
24			敖汉	110.83
25			巴林右旗	35.46
26			巴林左旗	0.22
27			松山	21.43
28			翁牛特	70.45
29			元宝山	0.32

续表

序号	省份（自治区）	市域	县区	解译其他作物面积/万亩
30			开鲁	23.60
31			科尔沁	18.05
32			科尔沁左翼后旗	20.12
33		通辽	科尔沁左翼中旗	141.66
34			库伦	23.78
35	内蒙古		奈曼	2.94
36			扎鲁特	162.88
37			科尔沁右翼前旗	0.22
38		兴安	科尔沁右翼中旗	51.71
39			乌兰浩特	0.03
40			扎赉特	0.44
合计				1217.01

图 4.7 东北区主要粮食基地（一）、（二）分区其他作物播种分布特征

4.2.2　遥感解译（一）、（二）分区农作物布局结构特征

在东北区主要粮食基地（一）、（二）分区，农作物耕作制度为一年一熟，以玉米、水稻和大豆为主，其次为小麦、蔬菜、果园和其他类作物（图4.8）。该区农作物总播面积2.27亿亩，其中玉米播种面积1.42亿亩，占总播面积62.51%；水稻播种面积3252.91万亩，占总播面积的14.36%；大豆播种面积3018.15万亩，占总播面积的13.32%；小麦播种面积264.37万亩，占解译农作物总播面积的1.17%；蔬菜种植面积537.06万亩，占总播面积的2.34%；果园种植面积202.93万亩，占总播面积的0.90%（表4.10）。在粮食作物播种面积中，玉米、水稻和春小麦都是一年一熟，玉米播种面积占粮食作物总播面积的80.20%，水稻播种面积占18.40%和小麦播种面积占1.50%。

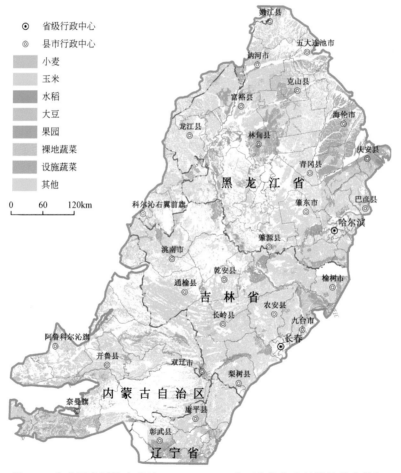

图4.8　东北区主要粮食基地（一）、（二）分区农作物布局结构分布特征

表 4.10　东北区主要粮食基地（一）、（二）分区粮蔬果作物种植（播种）结构特征

种植类型	作物类型	面积/万亩	占总播面积比/%	备注
粮食作物	玉米	14158.27	62.51	
	水稻	3252.91	14.36	
	小麦	264.37	1.17	
油料作物	大豆	3018.15	13.32	
其他作物		1217.01	5.37	花生、甜菜、向日葵等
蔬菜		537.06	2.37	
果园		202.93	0.90	
合计		22650.70	100.00	

4.2.3　遥感解译（一）、（二）分区农用井渠分布特征

1. 农田区渠系分布特征

在东北区主要粮食基地（一）、（二）分区，自北向南东，嫩江和松花江流经黑河、兴安、绥化、大庆、松原、哈尔滨和吉林市等地区，河流总长 2466km；辽河流经赤峰、通辽、铁岭和沈阳市等地区，河流总长 722.08km。依附这些河流，该区渠系发达（图4.9），解译渠系 9737 条，渠系总长度 79939.32km，其中一级渠系 1963 条、二级渠系 2834 条和三级渠系 4940 条（表 4.11）。

在东北区主要粮食基地（一）、（二）分区，一级渠系主要为松花江、辽河等河流的支流及其引水主干渠，它们延伸长、覆盖规模广泛，多呈树枝状分布，总长度 29833.7km，渠系分布密度 $0.11km/km^2$。二级渠系为干渠和主干渠的支渠，连接河流与耕地，在辽河、松花江流域平原区广布，二级渠系总长度 27490.36km，渠系分布密度 $0.10km/km^2$。三级渠系分布不均匀，渠系总长度 22615.25km，渠系分布密度 $0.08km/km^2$，主要分布在辽河流域南部和松花江沿岸一带，三级渠系分布密集，呈网格状分布，西北部三级渠系较稀疏。

表 4.11　东北区主要粮食基地（一）、（二）分区解译渠系状况

序号	渠系级别	解译渠数量/条	解译渠长度/km
1	一级	1963	29833.71
2	二级	2834	27490.36
3	三级	4940	22615.25
合计		9737	79939.32

采用 1km×1km、2km×2km 和 5km×5km 的网度，建立指标体系如表 4.12 所示，东北区主要粮食基地（一）、（二）分区的渠系分布密度特征，如图 4.10～图 4.12 所示。该区渠系分布最为密集地区，位于东南部的辽河流域平原区，在 1km×1km、2km×2km 和 5km×

图 4.9　东北区主要粮食基地（一）、（二）分区渠系分布特征

5km 的网度下渠系分布密度达六级或七级，多为田间渠系。在松花江流域流域平原区，渠系分布密度为三至四级，主干渠系分布居多。

表 4.12　东北区主要粮食基地（一）、（二）分区渠系分布密度等级划分指标

（单位：km/km²）

渠系密度等级	不同网度下渠系密度的等级值域			渠系密度状况
	1km×1km	2km×2km	5km×5km	
一级	0≤P≤0.2	0≤P≤0.2	0≤P≤0.1	极稀疏
二级	0.2<P≤0.5	0.2<P≤0.4	0.1<P≤0.3	稀疏
三级	0.5<P≤0.8	0.4<P≤0.6	0.3<P≤0.4	较稀疏
四级	0.8<P≤1.1	0.6<P≤0.8	0.4<P≤0.5	适中
五级	1.1<P≤1.5	0.8<P≤1	0.5<P≤0.7	较稠密
六级	1.5<P≤2	1<P≤1.5	0.7<P≤1	稠密
七级	2<P≤4.1	1.5<P≤2.9	1<P≤2	极稠密

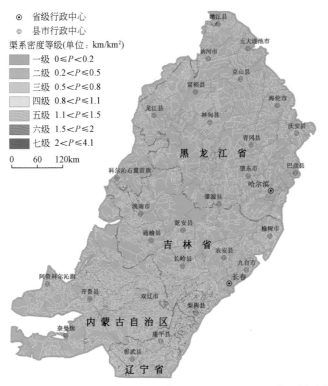

图 4.10　1km×1km 网度下东北区主要粮食基地（一）、（二）分区渠系分布特征

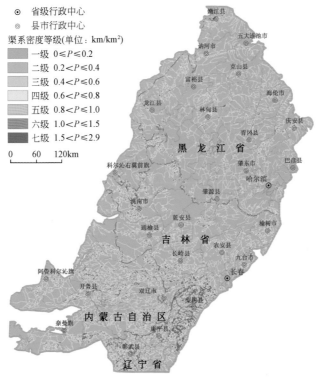

图 4.11　2km×2km 网度下东北区主要粮食基地（一）、（二）分区渠系分布特征

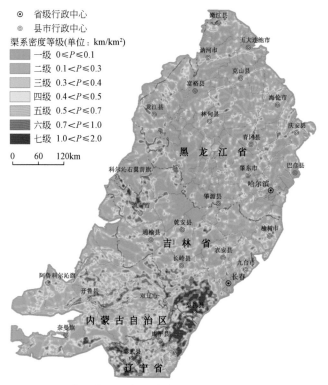

图 4.12　5km×5km 网度下东北区主要粮食基地（一）、（二）分区渠系分布特征

2. 农田区地下水开采井分布特征

在东北区主要粮食基地（一）、（二）分区，解译农用井 48749 眼，平均分布密度 0.17 眼/km²，主要分布黑龙江省南部、吉林省西北部和辽宁省北部，其中肇州、扎赉特、安达、彰武、肇东和肇源等地区农用井数量都超过 1000 眼（表 4.13，图 4.13）。

表 4.13　东北区主要粮食基地（一）、（二）分区农用井分布状况

序号	省份（自治区）	市域	县区	解译解译面积/km²	农用井个数/眼	农用井分布密度/(眼/km²)
1			大同	1445.30	1064	0.74
2			杜尔伯特	3685.09	1243	0.34
3			红岗	284.94	166	0.58
4			林甸	3198.87	261	0.08
5	黑龙江	大庆	龙凤	189.21	15	0.08
6			让胡路	724.82	120	0.17
7			萨尔图	153.84	21	0.14
8			肇源	4384.02	1361	0.31
9			肇州	1115.93	2683	2.40

续表

序号	省份（自治区）	市域	县区	解译解译面积/km²	农用井个数/眼	农用井分布密度/（眼/km²）
10	黑龙江	哈尔滨市	阿城	1112.32	221	0.20
11			巴彦	949.79	214	0.23
12			宾县	581.13	76	0.13
13			道里	134.63	373	2.77
14			道外	93.19	121	1.30
15			呼兰	666.65	325	0.49
16			南岗	51.06	77	1.51
17			平房	42.00	18	0.43
18			双城	1889.28	893	0.47
19			松北	233.47	72	0.31
20			五常	2269.44	131	0.06
21			香坊	103.49	36	0.35
22		黑河	北安	4352.64	72	0.02
23			嫩江	2306.86	79	0.03
24			五大连池	2648.03	68	0.03
25		齐齐哈尔	昂昂溪	342.56	84	0.25
26			拜泉	3273.83	48	0.01
27			富拉尔基	171.96	182	1.06
28			富裕	4282.42	242	0.06
29			甘南	2192.86	156	0.07
30			建华	36.80	2	0.05
31			克东	947.09	45	0.05
32			克山	1450.69	216	0.15
33			龙江	2702.63	1273	0.47
34			龙沙	93.51	41	0.44
35			梅里斯	1526.20	237	0.16
36			讷河	3036.90	315	0.10
37			碾子山	91.64	3	0.03
38			泰来	598.86	1178	1.97
39			铁锋	452.89	56	0.12
40			依安	2234.79	126	0.06
41		绥化	安达	2735.43	1757	0.64
42			北林	1250.70	584	0.47
43			海伦	1405.59	194	0.14
44			兰西	753.62	715	0.95

序号	省份（自治区）	市域	县区	解译解译面积/km²	农用井个数/眼	农用井分布密度/（眼/km²）
45	黑龙江	绥化	明水	1394.65	272	0.20
46			青冈	813.51	179	0.22
47			庆安	1652.02	176	0.11
48			绥棱	1954.41	141	0.07
49			望奎	351.00	207	0.59
50			肇东	3282.66	1542	0.47
51		伊春	铁力	972.29	76	0.08
52	吉林	白城	大安	2237.77	521	0.23
53			洮北	1976.80	1115	0.56
54			洮南	3921.56	1207	0.31
55			通榆	6505.90	354	0.05
56			镇赉	3608.67	1240	0.34
57		吉林	舒兰	2071.90	41	0.02
58		四平	公主岭	1263.45	561	0.44
59			梨树	1768.37	346	0.20
60			双辽	1422.44	258	0.18
61			铁东	178.23	13	0.07
62			铁西	53.47	4	0.07
63			伊通	384.92	4	0.01
64		松原	扶余	4946.03	938	0.19
65			宁江	571.31	155	0.27
66			前郭	3676.14	1134	0.31
67			乾安	1073.75	804	0.75
68			长岭	3509.28	630	0.18
69		长春	朝阳	127.12	10	0.08
70			德惠	2630.33	727	0.28
71			二道	349.16	3	0.01
72			九台	2048.96	146	0.07
73			宽城	149.54	12	0.08
74			绿园	150.49	83	0.55
75			南关	235.38	12	0.05
76			农安	5788.59	979	0.17
77			榆树	3572.91	652	0.18

序号	省份（自治区）	市域	县区	解译解译面积/km²	农用井个数/眼	农用井分布密度/（眼/km²）
78	辽宁	阜新	阜新	1921.63	998	0.52
79			彰武	2789.21	1604	0.58
80		锦州	黑山	384.99	124	0.32
81		沈阳	法库	1400.24	504	0.36
82			康平	1330.02	430	0.32
83			沈北新	136.90	315	2.30
84			新民	1013.87	580	0.57
85			于洪	118.42	25	0.21
86		铁岭	昌图	2646.71	470	0.18
87			开原	860.28	210	0.24
88			调兵山	80.37	128	1.59
89			铁岭	1033.34	348	0.34
90			银州	26.33	4	0.15
91	内蒙古	赤峰	阿鲁科尔沁	8226.99	332	0.04
92			敖汉	3844.28	977	0.25
93			巴林右旗	6239.02	249	0.04
94			巴林左旗	3025.78	17	0.01
95			松山	1765.71	162	0.09
96			翁牛特	9286.09	302	0.03
98		呼伦贝尔	阿荣	3384.46	15	0
99			莫力达	1576.15	188	0.12
100		通辽	开鲁	4036.29	980	0.24
101			科尔沁	2164.64	1256	0.58
102			科尔沁左翼后旗	10607.69	778	0.07
103			科尔沁左翼中旗	13245.98	678	0.05
104			库伦	2182.83	314	0.14
105			奈曼	5041.36	1157	0.23
106			扎鲁特	5107.26	107	0.02
107		兴安	科尔沁右翼前旗	11252.66	728	0.06
108			科尔沁右翼中旗	5925.33	101	0.02
109			突泉	1478.56	474	0.32
110			乌兰浩特	363.71	361	0.99
111			扎赉特	5117.17	2117	0.41

采用 1km×1km、5km×5km、10km×10km 和 20km×20km 的网度，建立指标体系如表 4.14 所示，在东北区主要粮食基地（一）、（二）分区的农用井分布密度分布特征如图

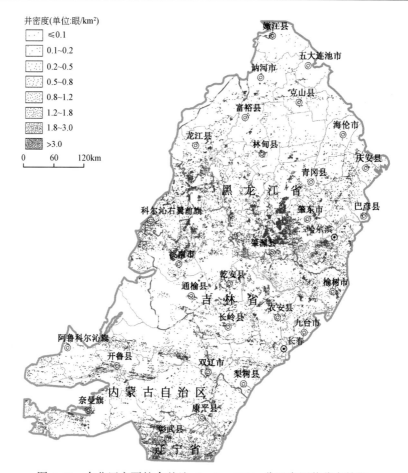

图 4.13 东北区主要粮食基地（一）、（二）分区农用井分布特征

4.14～图 4.17 所示。农用井分布最为密集地区为黑龙江省肇源至哈尔滨、内蒙古科尔沁
右翼前旗、辽宁省彰武等地区，在 1km×1km、5km×5km、10km×10km 和 20km×20km 的网
度下农用井分布密度达六级或七级，在五大连池至庆安、林甸一带农用井分布密度较为稀
疏，不超过三级，但渠系较为发育。

表 4.14 东北区主要粮食基地（一）、（二）分区农用井分布密度等级划分指标

（单位：眼/km²）

井密度等级	不同网度下农用井分布密度的等级值域				农用井密度状况
	1km×1km	5km×5km	10km×10km	20km×20km	
一级	$0 \leqslant Q \leqslant 0.5$	$0 < Q \leqslant 0.1$	$0 < Q \leqslant 0.1$	$0 < Q \leqslant 0.1$	极稀疏
二级	$0.5 < Q \leqslant 1.5$	$0.1 < Q \leqslant 0.5$	$0.1 < Q \leqslant 0.3$	$0.1 < Q \leqslant 0.15$	稀疏
三级	$1.5 < Q \leqslant 2.5$	$0.5 < Q \leqslant 0.8$	$0.3 < Q \leqslant 0.5$	$0.15 < Q \leqslant 0.3$	较稀疏
四级	$2.5 < Q \leqslant 4.5$	$0.8 < Q \leqslant 1.5$	$0.5 < Q \leqslant 0.8$	$0.3 < Q \leqslant 0.5$	适中
五级	$4.5 < Q \leqslant 7$	$1.5 < Q \leqslant 2$	$0.8 < Q \leqslant 1.0$	$0.5 < Q \leqslant 1$	较稠密
六级	$7 < Q \leqslant 11.5$	$2 < Q \leqslant 3$	$1.0 < Q \leqslant 1.5$	$1 < Q \leqslant 1.2$	稠密
七级	$11.5 < Q \leqslant 25$	$3 < Q \leqslant 5$	$1.5 < Q \leqslant 2.0$	$1.2 < Q \leqslant 2$	极稠密

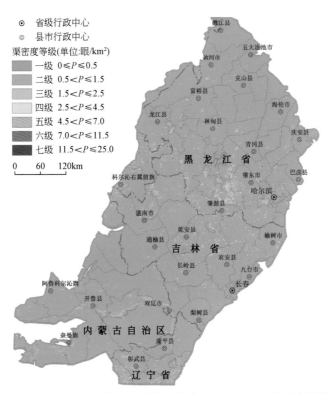

图 4.14　1km×1km 网度下东北区主要粮食基地（一）、（二）分区农用井分布特征

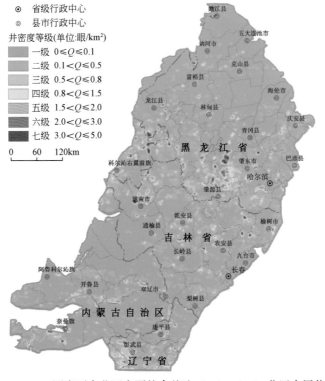

图 4.15　5km×5km 网度下东北区主要粮食基地（一）、（二）分区农用井分布特征

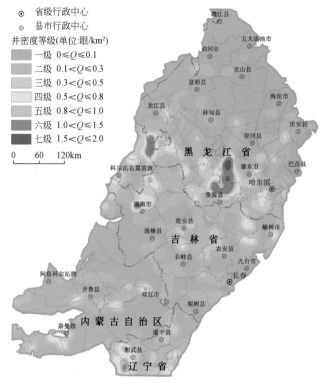

图 4.16　10km×10km 网度下东北区主要粮食基地（一）、（二）分区农用井分布特征

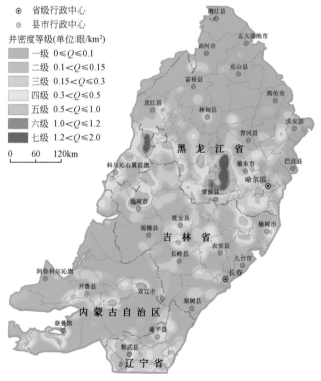

图 4.17　20km×20km 网度下东北区主要粮食基地（一）、（二）分区农用井分布特征

4.3　东北区主要粮食基地（三）分区特征

4.3.1　遥感解译（三）分区农作物播种分布特征

在东北区主要粮食基地（三）分区，即三江平原，农作物为一年一熟，主要农作物及生长期如表 4.15 所示。根据该区作物的物候历，选取 7～8 月遥感数据解译该区水稻、玉米、大豆、春小麦、蔬菜、果园及其他类作物播种范围、分布特征和作物布局结构状况，解译范围面积 4.77 万 km²，解译各类作物图斑 14.26 万个，解译农作物总播面积 5114.56 万亩。

表 4.15　东北区主要粮食基地（三）分区主要作物及生长期

序号	作物类型	作物生长期	最佳解译时相	备注
1	春小麦	3、4 月至 8、9 月	7 月	长城以北区域
2	玉米	4 月至 8、9 月	7 月	
3	大豆	4 月至 8、9 月	7 月	
4	水稻	5、6 月至 10 月	8 月	
5	花生	4 月至 10 月	8 月	
6	向日葵	4、5 月至 9、10 月	7 月	

1. 水稻播种分布特征

在东北区主要粮食基地（三）分区，解译水稻播种面积 2193 万亩，涉及 21 个县区（表 4.16，图 4.18）。该区中部水稻播种面积呈现大面积连片分布，达 1824.53 万亩，占该区水稻总播面积的 83.20%。在该区东北部和西南部，水稻播种面积零星分布，水稻播种面积分别为 82.97 万亩和 285.57 万亩，仅占该区水稻总播面积的 3.78% 和 13.02%。

东北区主要粮食基地（三）分区水稻播种主要分布于河渠密集区，包括松花江、黑龙江和乌苏里江及其渠系密集分布区，其中宝清、抚远、富锦、桦川、萝北、饶河、绥滨和友谊等地区的水稻播种面积都超过 100 万亩，富锦地区水稻播种面积达 487.42 万亩，占该区水稻总播面积的 22%。其他地区水稻播种面积分布较少。

表 4.16　东北区主要粮食基地（三）分区水稻播种状况

序号	市域	县区	解译大豆面积/万亩
1		宝清	307.00
2		宝山	5.24
3	双鸭山	集贤	44.32
4		饶河	157.08
5		四方台	0.95
6		友谊	117.68

续表

序号	市域	县区	解译大豆面积/万亩
7	鹤岗	东山	62.71
8		萝北	192.13
9		绥滨	179.95
10		向阳	1.25
11		兴安	0.02
12	佳木斯	东风	12.02
13		抚远	192.17
14		富锦	487.42
15		桦川	103.96
16		桦南	48.13
17		郊区	72.79
18		前进	0.49
19		汤原	79.52
20		同江	93.40
21	哈尔滨	依兰	34.84
合计			2193.06

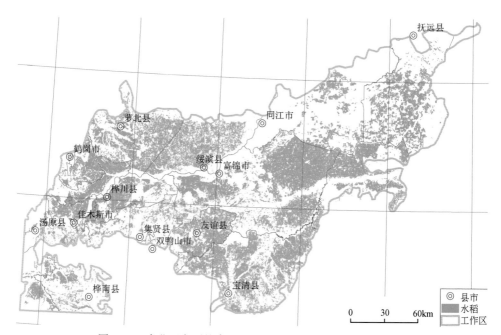

图 4.18 东北区主要粮食基地（三）分区水稻播种分布特征

2. 玉米播种分布特征

在东北区主要粮食基地（三）分区，解译玉米播种分布面积 1502.67 万亩，涉及 21 个县区（表 4.17，图 4.19）。该区玉米播种分布呈现西南部多、东北部少的特征。东北区主要粮食基地（三）分区玉米播种分布主要位于三江平原地势较高地区，片连片大面积分布。在地势较低的地区，玉米播种面积零星分布。在富锦市西部、双鸭山、鹤岗等地区，玉米播种面积分布较多，包括宝清、抚远、富锦、桦川、集贤、萝北、绥滨、汤原、同江、依兰和友谊等地区，玉米播种面积达 1256.26 万亩，占玉米播种总面积的 83.60%。在该区北东部，玉米播种较少，播种面积仅 246.36 万亩，占玉米播种总面积的 16.40%。

表 4.17　东北区主要粮食基地（三）分区玉米播种状况

序号	市域	县区	解译玉米面积/万亩
1	双鸭山	宝清	94.67
2		宝山	5.91
3	七台河	勃利	0.11
4	鹤岗	东山	37.93
5		萝北	116.13
6		绥滨	85.72
7		兴安	0.72
8		工农	0.01
9	佳木斯	抚远	115.57
10		富锦	304.98
11		桦川	102.20
12		桦南	75.17
13		郊区	54.12
14		汤原	89.99
15		同江	87.61
16	哈尔滨	依兰	63.51
17	双鸭山	集贤	157.37
18		尖山	1.06
19		饶河	43.18
20		四方台	6.21
21		友谊	60.46
合计			1502.63

3. 大豆播种分布特征

在东北区主要粮食基地（三）分区，解译大豆播种分布面积 1115.38 万亩，涉及 18

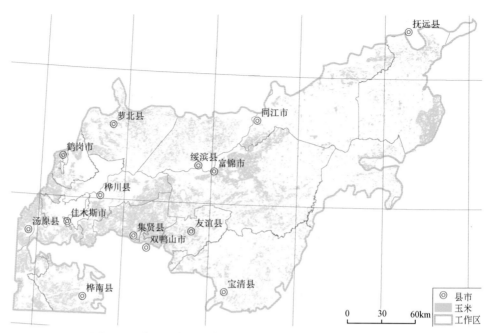

图 4.19　东北区主要粮食基地（三）分区玉米播种分布特征

个县区（表 4.18，图 4.20）。该区大豆播种分布呈现北东部多、南西部少的特征，多分布在平原边缘区，中部大多播种面积较少。在该区北东部的宝清、抚远、饶河、富锦等地区，大豆播种面积达 748.14 万亩，占该区大豆总播种面积的 67.07%，各县区播种面积都大于 100 万亩。在该区南西部，大豆播种面积 367.24 万亩，占该区大多总播种面积的32.93%，主要分布在桦南和绥滨地区。

表 4.18　东北区主要粮食基地（三）分区大豆播种状况

序号	市域	县区	解译大豆面积/万亩
1	双鸭山	宝清	105.68
2		宝山	3.47
3		集贤	11.85
4		尖山	0.01
5		饶河	52.43
6		四方台	0.81
7		友谊	7.94
8	鹤岗	萝北	41.73
9		绥滨	63.35
10		兴安	0.09

续表

序号	市域	县区	解译大豆面积/万亩
11	佳木斯	抚远	240.54
12		富锦	128.43
13		桦川	10.05
14		桦南	84.88
15		郊区	2.92
16		汤原	7.97
17		同江	326.74
18	哈尔滨	依兰	26.49
合计			1115.38

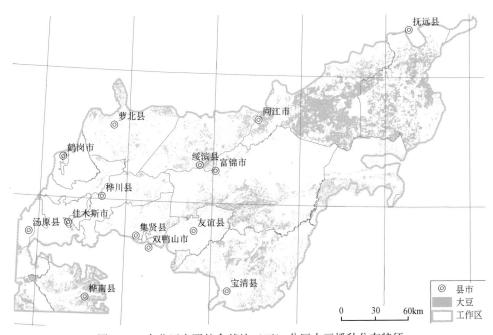

图 4.20　东北区主要粮食基地（三）分区大豆播种分布特征

4. 小麦播种分布特征

在东北区主要粮食基地（三）分区，解译小麦播种分布面积 121.15 万亩，涉及 7 个县区（表 4.19 和图 4.21）。该区小麦播种面积较小，零散分布，主要分布在松花江流域东南的地势低洼地区，包括宝清和饶河地区，小麦播种面积 89.54 万亩，占该区小麦总播种面积的 73.91%。在该区西北部，小麦播种面积 31.61 万亩，占该区小麦总面积的 26.09%。

表 4.19　东北区主要粮食基地（三）分区小麦播种状况

序号	市域	县区	解译小麦面积/万亩
1	双鸭山	宝清	40.11
2		宝山	1.19
3		四方台	0.56
4	佳木斯	抚远	1.95
5		桦川	16.69
6	鹤岗	萝北	11.22
7		饶河	49.43
合计			121.15

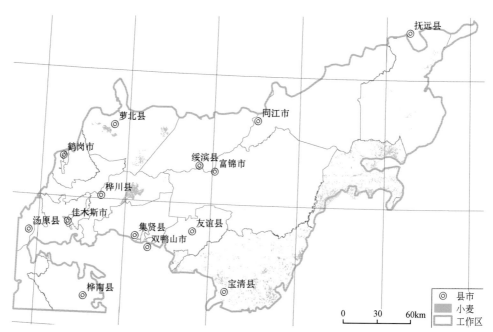

图 4.21　东北区主要粮食基地（三）分区小麦播种分布特征

5. 蔬菜种植分布特征

在东北区主要粮食基地（三）分区，解译蔬菜种植分布面积 141.46 万亩，涉及 24 个县区（表 4.20，图 4.22）。该区蔬菜种植面积主要分布在县城城郊及城镇周边，以裸地蔬菜种植为主，设施蔬菜种植较少。在该区佳木斯市的富锦、抚远、同江地区和鹤岗市的东山地区，裸地蔬菜种植面积较大，其中抚远地区蔬菜种植面积 28.99 万亩、东山地区 17.66 万亩、同江地区 14.79 万亩和富锦地区 14.29 万亩。其他地区，蔬菜种植零散分布。

表 4.20 东北区主要粮食基地（三）分区蔬菜种植状况

序号	市域	县区	解译蔬菜面积/万亩
1	双鸭山	宝清	5.12
2		宝山	1.17
3		集贤	3.71
4		尖山	0.32
5		饶河	7.82
6		四方台	0.46
7		友谊	9.79
8	鹤岗	东山	17.66
9		工农	0.01
10		萝北	9.36
11		南山	0.74
12		绥滨	1.15
13		向阳	0.86
14		兴安	0.21
15	佳木斯	东风	0.88
16		抚远	28.99
17		富锦	14.29
18		桦川	4.47
19		桦南	4.02
20		郊区	5.32
21		前进	0.21
22		汤原	4.04
23		同江	14.79
24	哈尔滨	依兰	6.07
合计			141.46

6. 果园种植分布特征

在东北区主要粮食基地（三）分区，解译果园种植分布面积 9.88 万亩，涉及 5 个县区（表 4.21，图 4.23）。该区果园种植主要分布在东北部的抚远、饶河、绥滨、同江和南山等地区，位于山前冲洪积平原区和城市周边区域，佳木斯市的抚远、绥滨地区果园种植分布面积分别达 5.45 万亩和 2.69 万亩，双鸭山市的饶河县果园种植分布面积 1.19 万亩，3 个县区果园种植面积占（三）分区果园种植总面积的 94.43%。

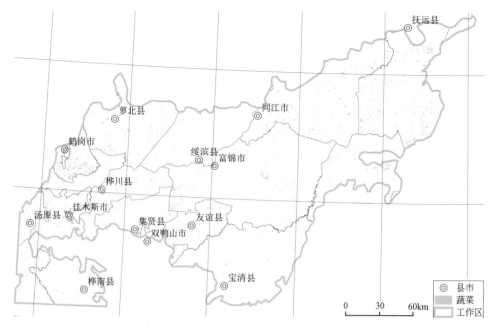

图 4.22 东北区主要粮食基地（三）分区蔬菜种植分布特征

表 4.21 东北区主要粮食基地（三）分区果园种植状况

序号	市域	县区	解译果园面积/万亩
1	双鸭山	饶河	1.19
2	鹤岗	南山	0.21
3	佳木斯	抚远	5.45
4		绥滨	2.69
5		同江	0.34
合计			9.88

7. 其他类作物播种分布特征

在东北区主要粮食基地（三）分区，解译其他类作物面积 30.92 万亩，涉及 10 个县区（表 4.22，图 4.24），以甜菜、向日葵等经济作物为主，局部有红薯、红小豆等经济作物。该区其他类作物主要分布在三江平原的中西部和北部的绥滨地区，在中西部的富锦、宝清、桦川、桦南、集贤和汤原等地区其他类作物播种面积 16.08 万亩，占该区其他类作物总播面积的 52.01%；在北部的绥滨地区其他类作物播种面积 11.99 万亩，占该区其他类作物总播面积的 38.77%。在东部的饶河、同江和抚远地区，其他类作物播种较少，播种面积 2.85 万亩，仅占该区其他类作物总播面积的 9.22%。

图 4.23 东北区主要粮食基地（三）分区果园种植分布特征

表 4.22 东北区主要粮食基地（三）分区其他作物播种状况

序号	市域	县区	解译其他类作物面积/万亩
1	双鸭山	宝清	2.51
2		集贤	2.12
3		饶河	1.61
4	鹤岗	绥滨	11.99
5	佳木斯	抚远	0.67
6		富锦	3.62
7		桦川	2.37
8		桦南	2.51
9		汤原	2.95
10		同江	0.58
合计			30.92

4.3.2 遥感解译（三）分区农作物布局结构特征

在东北区主要粮食基地（三）分区，农作物耕作制度为一年一熟，以水稻、玉米和大豆为主，其次春小麦，蔬菜、果园和其他作物种植较少（图 4.25）。该区农作物总播面积 5114.56 万亩，其中水稻播种面积 2193.06 万亩，占该区农作物总播面积的 42.88%；玉米播种面积 1502.67 万亩，占总播面积的 29.38%；大豆播种面积 1115.38 万亩，占总播面

图 4.24　东北区主要粮食基地 （三） 分区其他作物播种分布特征

积的 21.81%；小麦播种面积为 121.15 万亩，占总播面积的 2.37%；蔬菜种植面积 141.50 万亩，占总播面积的 2.77%；其他类作物 30.92 万亩，占总播面积的 0.60%；果园种植面积 9.88 万亩，占总播面积的 0.19% （表 4.23）。

在东北区主要粮食基地 （三） 分区的粮食作物播种面积中，水稻播种面积占粮食作物总播面积的 57.46%，玉米播种面积占 39.37% 和小麦播种面积占 3.17%。

表 4.23　东北区主要粮食基地 （三） 分区粮蔬果作物种植 （播种） 结构特征

作物类型		播种面积/万亩	占总播种面积比例/%	备注
粮食作物	玉米	1502.67	29.38	
	水稻	2193.06	42.88	
	小麦	121.15	2.37	
油料作物	大豆	1115.38	21.81	
其他作物		30.92	0.60	主要为甜菜、向日葵等
蔬菜		141.50	2.77	为裸地蔬菜和设施蔬菜
果园		9.88	0.19	
合计		5114.56		

4.3.3　遥感解译 （三） 分区农用井渠分布特征

1. 农田区渠系分布特征

东北区主要粮食基地 （三） 分区地表水系及湖泊发育，有大小河流 190 余条，其中主

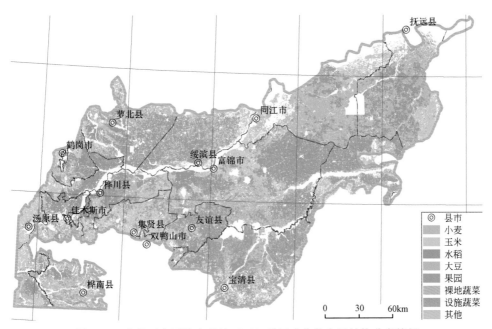

图 4.25　东北区主要粮食基地（三）分区农作物布局结构分布特征

要河流 21 条，包括黑龙江、松花江和乌苏里江，总流长 5418km，流域面积 9.45 万 km²。
该区解译渠系 2581 条（图 4.26），其中一级渠系 295 条、二级渠系 975 条和三级渠系
1311 条，渠系总长 16872.95km（表 4.24）。

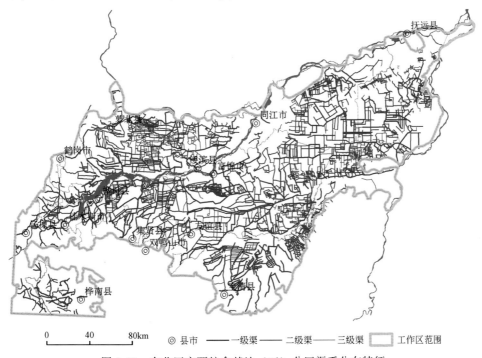

图 4.26　东北区主要粮食基地（三）分区渠系分布特征

在东北区主要粮食基地（三）分区，解译渠系平均密度 $0.36km/km^2$，其中一级渠系总长度 5286.71km，渠系分布密度 $0.11km/km^2$，多呈树枝状分布，主要为松花江、乌苏里江和黑龙江的支流，规模较大，分布广布。二级渠系总长达 7630.73km，渠系分布密度 $0.16km/km^2$，二级渠系极为发达，尤其黑龙江省萝北至绥滨一带呈不规则网格状稠密分布，在同江市一带二级渠系分布较少。三级渠系分布渠系密度 $0.08km/km^2$，在桦川至同江一带三级渠系分布较多，呈网格状分布。

表 4.24　东北区主要粮食基地（三）分区解译渠系状况

序号	渠系级别	渠系数量/条	渠系长度/km
1	一级	295	5286.71
2	二级	975	7630.73
3	三级	1311	3955.51
合计		2581	16872.95

采用 1km×1km、2km×2km 和 5km×5km 的网度，建立指标体系见表 4.25，该区渠系分布特征如图 4.27～图 4.29 所示。在 1km×1km 和 2km×2km 的网度下该区渠系分布密度为四级以上，局部达六级或七级，在松花江及乌苏里江流域渠系分布密度稠密，中部渠系分布密度稀疏。

表 4.25　东北区主要粮食基地（三）分区农用井分布密度指标体系

（单位：km/km^2）

渠系密度等级	各网度渠系密度等级值域			渠系密度状况
	1km×1km	2km×2km	5km×5km	
一级	$0 \leqslant P \leqslant 0.2$	$0 \leqslant P \leqslant 0.1$	$0 \leqslant P \leqslant 0.1$	极稀疏
二级	$0.2 < P \leqslant 0.5$	$0.1 < P \leqslant 0.4$	$0.1 < P \leqslant 0.3$	稀疏
三级	$0.5 < P \leqslant 1$	$0.4 < P \leqslant 0.6$	$0.3 < P \leqslant 0.5$	较稀疏
四级	$1 < P \leqslant 1.2$	$0.6 < P \leqslant 1$	$0.5 < P \leqslant 0.7$	适中
五级	$1.2 < P \leqslant 1.6$	$1 < P \leqslant 1.2$	$0.7 < P \leqslant 1$	较稠密
六级	$1.6 < P \leqslant 2.2$	$1.2 < P \leqslant 1.8$	$1 < P \leqslant 1.2$	稠密
七级	$2.2 < P \leqslant 4.3$	$1.8 < P \leqslant 3.2$	$1.2 < P \leqslant 2.2$	极稠密

2. 农田区地下水开采井分布特征

在东北区主要粮食基地（三）分区，解译农用井 13643 眼，平均分布密度 0.37 眼/km^2（表 4.26，图 4.30）。在抚远、同江、富锦、绥滨、友谊和桦川等地区，农用井分布密度较大，其中佳木斯市抚远地区达 0.80 眼/km^2、双鸭山市友谊地区农用井分布密度 0.64 眼/km^2 和佳木斯市桦川地区 0.38 眼/km^2。在集贤、饶河和桦南等地区，农用井分布密度较小，农用井分布密度小于 0.15 眼/km^2。

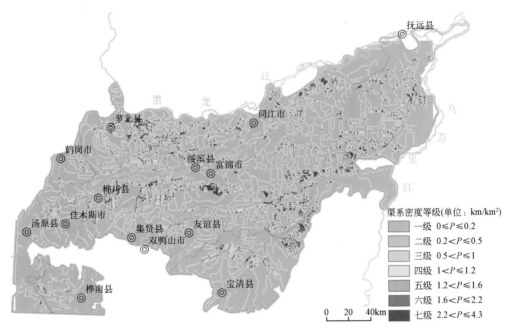

图 4.27　1km×1km 网度下东北区主要粮食基地（三）分区渠系分布特征

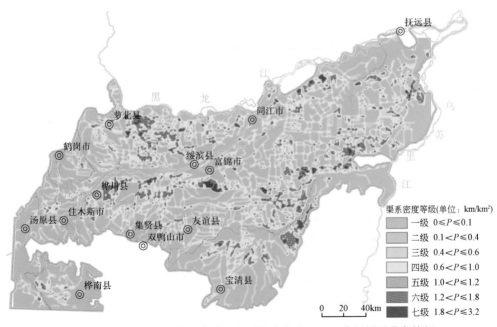

图 4.28　2km×2km 网度下东北区主要粮食基地（三）分区渠系分布特征

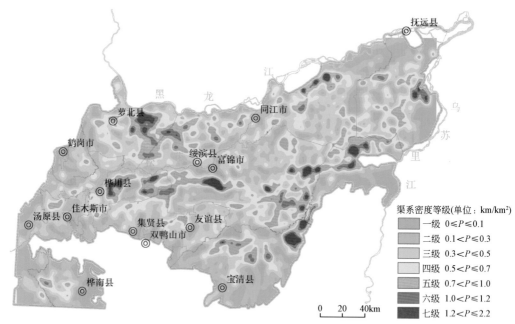

图 4.29　5km×5km 网度下东北区主要粮食基地（三）分区渠系分布特征

表 4.26　东北区主要粮食基地（三）分区农用井分布状况

序号	市域	县区	解译面积/km²	农用井数量/眼	农用井分布密度/（眼/km²）
1		四方台	73.10	5	0.07
2		集贤	1810.59	178	0.10
3	双鸭山	友谊	1617.57	1042	0.64
4		宝清	5278.51	791	0.15
5		饶河	2804.93	232	0.08
6		兴安	28.84	5	0.17
7	鹤岗	东山	1003.96	225	0.22
8		萝北	3459.93	969	0.28
9		绥滨	3328.73	942	0.28
10		东风	143.01	40	0.28
11		郊区	1371.89	239	0.17
12		桦南	1997.89	274	0.14
13	佳木斯	桦川	2043.08	783	0.38
14		汤原	1764.74	596	0.34
15		抚远	5390.91	4286	0.80
16		同江	5594.34	1284	0.23
17		富锦	8231.62	1517	0.18
18	哈尔滨	依兰	1182.48	234	0.20

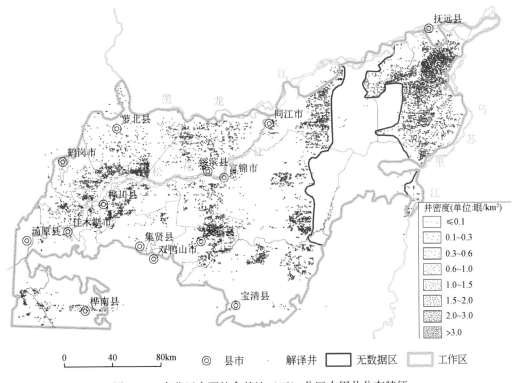

图 4.30　东北区主要粮食基地（三）分区农用井分布特征

采用 1km×1km、5km×5km、10km×10km 和 20km×20km 的网度，建立指标体系如表 4.27 所示，东北区主要粮食基地（三）分区农用井分布特征如图 4.31~图 4.34 所示。该区农用井分布最为密集地区位于黑龙江与乌苏里江交汇区域，在 1km×1km、5km×5km、10km×10km 和 20km×20km 的网度下该区农用井分布密度达六级或七级，尤其在桦川、友谊等地区农用井分布密度普遍在五级以上。在黑龙江省同江至宝清一带，农用井分布密度较稀疏，除局部达四级外，大部分区域农用井分布密度在三级以下。

表 4.27　东北区主要粮食基地（三）分区农用井分布指标体系

（单位：眼/km²）

农用井密度等级	各网度井密度等级值域				农用井密度状况
	1km×1km	5km×5km	10km×10km	20km×20km	
一级	$0 \leqslant Q \leqslant 0.5$	$0 < Q \leqslant 0.1$	$0 < Q \leqslant 0.1$	$0 < Q \leqslant 0.1$	极稀疏
二级	$0.5 < Q \leqslant 1.5$	$0.1 < Q \leqslant 0.5$	$0.1 < Q \leqslant 0.3$	$0.1 < Q \leqslant 0.3$	稀疏
三级	$1.5 < Q \leqslant 2.5$	$0.5 < Q \leqslant 1$	$0.3 < Q \leqslant 0.5$	$0.3 < Q \leqslant 0.5$	较稀疏
四级	$2.5 < Q \leqslant 4.5$	$0.8 < Q \leqslant 1.5$	$0.5 < Q \leqslant 0.8$	$0.5 < Q \leqslant 0.8$	适中
五级	$4.5 < Q \leqslant 7$	$1.5 < Q \leqslant 2.5$	$0.8 < Q \leqslant 1.0$	$0.8 < Q \leqslant 1.2$	较稠密
六级	$7 < Q \leqslant 11.5$	$2.5 < Q \leqslant 3.5$	$1.0 < Q \leqslant 1.5$	$1.2 < Q \leqslant 1.8$	稠密
七级	$11.5 < Q \leqslant 39$	$3.5 < Q \leqslant 4.9$	$1.5 < Q \leqslant 2.6$	$1.8 < Q \leqslant 2.5$	极稠密

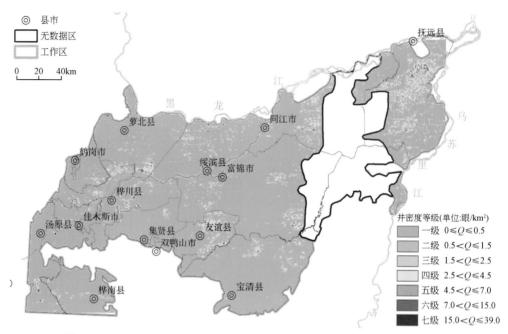

图 4.31　1km×1km 网度下东北区主要粮食基地（三）分区农用井分布特征

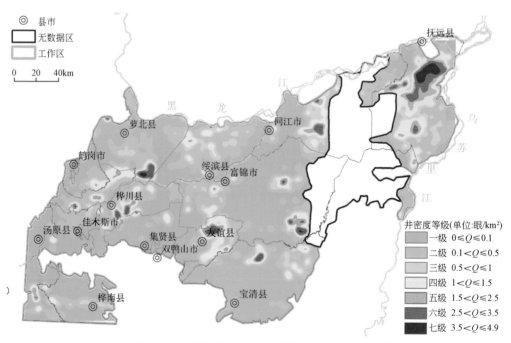

图 4.32　5km×5km 网度下东北区主要粮食基地（三）分区农用井分布特征

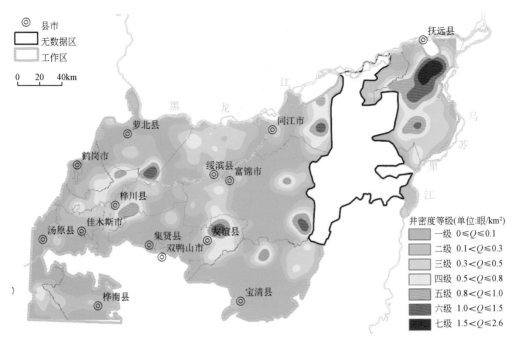

图 4.33　10km×10km 网度下东北区主要粮食基地（三）分区农用井分布特征

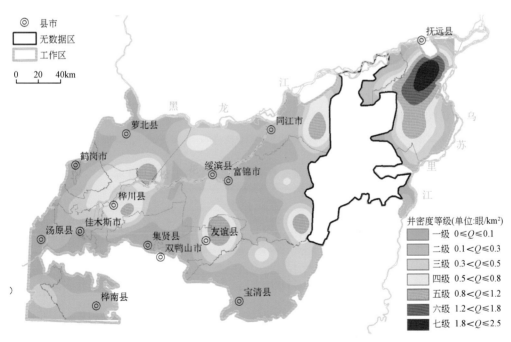

图 4.34　20km×20km 网度下东北区主要粮食基地（三）分区农用井分布特征

4.4　东北区主要粮食基地（四）分区特征

4.4.1　遥感解译（四）分区农作物播种分布与布局结构特征

在东北区主要粮食基地（四）分区，即内蒙古河套平原区，农作物为一年一熟，主要作物及其生长期如表 4.28 所示。根据该区作物的物候历，选取 7 ~ 8 月遥感数据，解译该区春小麦、玉米、蔬菜、果园及其他类作物播种范围、分布特征和作物布局结构状况，解译范围面积 2.68 万 km²，解译各类作物图斑 18634 个，农作物总播面积 2202.64 万亩。

表 4.28　东北区主要粮食基地（四）分区主要作物及生长期

序号	作物类型	作物生长期	最佳解译时相	备注
1	春小麦	4 月至 9、10 月	7 月	
2	玉米	4 月至 8、9 月	7 月	
3	向日葵	4、5 月至 9、10 月	7 月	

1. 玉米播种分布特征

在东北区主要粮食基地（四）分区，解译玉米播种分布面积 1036.71 万亩，涉及 23 个县区（表 4.29，图 4.35）。该区玉米播种分布面积呈现西部少、东部多的特征。在乌拉特前旗东部，玉米播种分布面积大，占（四）分区玉米总播面积的 72.54%；在西部玉米播种分布面积较少，占（四）分区玉米总播面积的 27.46%。在土默特左旗、达拉特旗、土默特右旗和乌拉特前旗，玉米分布面积较大，各县旗区玉米播种面积都大于 90 万亩。在蹬口至五原一带，玉米播种分布面积较少，各县旗区玉米播种面积都小于 50 万亩。

表 4.29　东北区主要粮食基地（四）分区玉米播种状况

序号	县区	解译玉米面积/万亩
1	土默特左旗	156.67
2	达拉特	150.03
3	土默特右旗	119.12
4	乌拉特前旗	99.31
5	托克托	85.43
6	临河	62.85
7	和林格尔	58.02
8	五原	52.75
9	杭锦后旗	47.32
10	乌拉特中旗	44.77

续表

序号	县区	解译玉米面积/万亩
11	赛罕	38.84
12	九原	31.03
13	磴口	27.19
14	杭锦	24.22
15	玉泉	13.56
16	乌拉特后旗	10.16
17	准格尔	9.46
18	新城	2.79
19	昆都仑	1.06
20	东河	0.81
21	回民	0.68
22	阿拉善左旗	0.59
23	青山	0.05
合计		1036.71

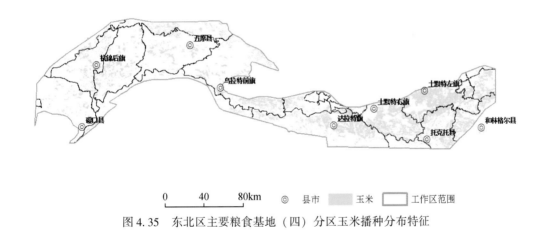

0 40 80km ◎ 县市 ▨ 玉米 □ 工作区范围

图 4.35 东北区主要粮食基地（四）分区玉米播种分布特征

2. 小麦播种分布特征

在东北区主要粮食基地（四）分区，解译小麦播种分布面积 312.34 万亩，涉及 20 个县区（表 4.30，图 4.36）。该区小麦播种分布面积呈现西部多、东部少的特征。在（四）分区西部，小麦播种面积 185.21 万亩，占（四）分区小麦总播面积的 58.66%；在东部，小麦播种面积 129.13 万亩，占（四）分区小麦总播面积的 41.34%。在杭棉后旗、临河、五原等地区，小麦播种呈不规则片状、带状分布。在土默特左旗和右旗、乌拉特前旗西部，小麦播种分布面积较为密集，其他地区小麦播种面积较少。

表 4.30　东北区主要粮食基地（四）分区小麦播种状况

序号	县区	解译小麦面积/万亩
1	五原	60.88
2	乌拉特前旗	49.83
3	土默特右旗	44.21
4	临河	34.07
5	达拉特	25.94
6	土默特左旗	25.76
7	杭锦后旗	22.63
8	赛罕	9.58
9	和林格尔	7.79
10	托克托	7.36
11	九原	7.25
12	杭锦	6.18
13	乌拉特中旗	4.34
14	磴口	2.68
15	乌拉特后旗	2.31
16	玉泉	1.10
17	阿拉善左旗	0.28
18	准格尔	0.10
19	新城	0.03
20	昆都仑	0.01
合计		312.34

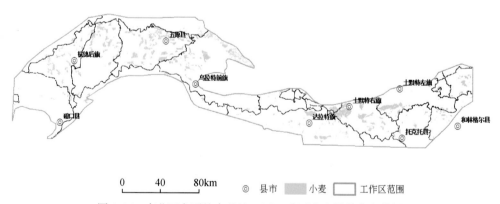

图 4.36　东北区主要粮食基地（四）分区小麦播种分布特征

3. 果园种植分布特征

在东北区主要粮食基地（四）分区，解译果园种植分布面积 37.60 万亩，涉及 20 个县区（表 4.31，图 4.37）。该区果园种植主要分布在（四）分区西部的土默特右旗中部、土默特左旗西部、呼和浩特市赛罕区、托克托县与和林格尔县交界处，多位于山前冲洪积平原和城市周边区域。其中，赛罕地区果园种植面积 8.99 万亩、和林格尔地区 6.19 万亩、乌拉特前旗地区 4.89 万亩、土默特右旗地区 4.39 万亩、土默特左旗地区 3.51 万亩和达拉特地区 2.40 万亩，累计占东北区主要粮食基地（四）分区果园种植分布面积的 80.77%。

表 4.31　东北区主要粮食基地（四）分区果园种植状况

序号	县区	解译果园面积/万亩
1	赛罕	8.99
2	和林格尔	6.19
3	乌拉特前旗	4.89
4	土默特右旗	4.39
5	土默特左旗	3.51
6	达拉特	2.40
7	托克托	1.67
8	九原	1.56
9	玉泉	1.28
10	新城	0.79
11	杭锦后旗	0.59
12	杭锦	0.44
13	临河	0.34
14	磴口	0.19
15	东河	0.18
16	乌拉特中旗	0.06
17	准格尔	0.05
18	回民	0.03
19	乌拉特后旗	0.03
20	五原	0.02
合计		37.60

4. 蔬菜种植分布特征

在东北区主要粮食基地（四）分区，解译蔬菜种植分布面积 21.34 万亩，涉及 17 个县区（表 4.32，图 4.38）。该区蔬菜种植主要分布在县城郊区，其中包头市九原和达拉特

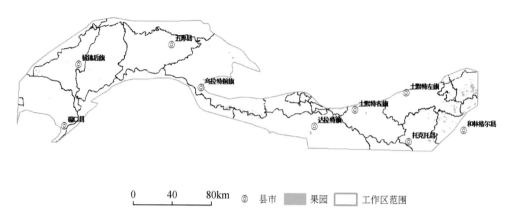

图 4.37　东北区主要粮食基地（四）分区果园种植分布特征

等地区蔬菜种植分布较多，九原地区蔬菜种植面积 9.98 万亩、达拉特地区 3.63 万亩、土
默特左旗地区 1.39 万亩和杭锦后旗地区 1.15 万亩，累计占（四）分区蔬菜种植总面积的
75.68%。在其他地区，蔬菜种植面积零散分布，以裸地蔬菜为主。

表 4.32　东北区主要粮食基地（四）分区蔬菜种植状况

序号	县区	解译蔬菜面积/万亩
1	九原	9.98
2	达拉特	3.63
3	土默特左旗	1.39
4	杭锦后旗	1.15
5	五原	0.89
6	托克托	0.81
7	和林格尔	0.68
8	赛罕	0.62
9	临河	0.56
10	磴口	0.41
11	乌拉特中旗	0.40
12	乌拉特前旗	0.30
13	杭锦	0.18
14	准格尔	0.15
15	玉泉	0.13
16	昆都仑	0.04
17	东河	0.02
合计		21.34

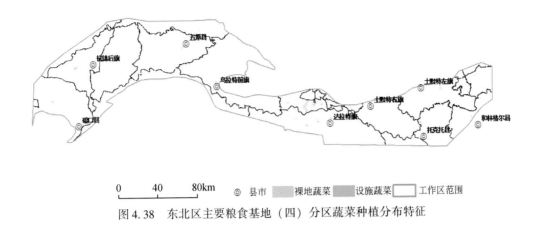

图 4.38　东北区主要粮食基地（四）分区蔬菜种植分布特征

5. 其他类作物播种分布特征

在东北区主要粮食基地（四）分区，其他类作物播种主要为向日葵，其次油菜等经济作物，解译播种分布面积 794.64 万亩，涉及 24 个县区（表 4.33，图 4.39）。该区其他类作物播种主要分布在河套平原的西部，以乌拉特前期为界，西部磴口、临河、杭棉后旗和五原等地区的其他作物播种面积 742.17 万亩，占（四）分区其他作物总播面积的 93.40%。在河套平原的东部，其他类作物播种较少（图 4.41），该区其他作物播种面积仅占（四）分区其他作物总播面积的 6.60%。

表 4.33　东北区主要粮食基地（四）分区其他类作物播种状况

序号	县区	解译其他类作物面积/万亩
1	临河	158.02
2	五原	151.23
3	乌拉特前旗	142.16
4	杭锦后旗	102.96
5	磴口	76.24
6	乌拉特中旗	62.41
7	杭锦	49.16
8	达拉特	18.57
9	乌拉特后旗	6.19
10	土默特右旗	4.73
11	九原	4.68
12	准格尔	4.65
13	和林格尔	3.74

续表

序号	县区	解译其他类作物面积/万亩
14	阿拉善左旗	2.42
15	新城	2.41
16	土默特左旗	1.99
17	赛罕	1.38
18	托克托	0.55
19	玉泉	0.34
20	青山	0.31
21	昆都仑	0.24
22	鄂托克	0.21
23	回民	0.04
24	东河	0.02
合计		794.63

图 4.39　东北区主要粮食基地（四）分区其他作物播种分布特征

4.4.2　遥感解译（四）分区农作物布局结构特征

在东北区主要粮食基地（四）分区，农作物一年一熟，种植结构较为简单，以玉米播种为主，其次为春小麦、蔬菜、果园及其他类作物。该区玉米播种面积1036.71万亩，占（四）分区农作物总播面积的47.07%；春小麦播种面积312.34万亩，占总播面积的14.18%；果园种植面积37.60万亩，占总播面积的1.71%；蔬菜种植面积21.34万亩，占总播面积的0.97%；向日葵等其他类作物794.64万亩，占总播面积的36.08%（图4.40，表4.34）。

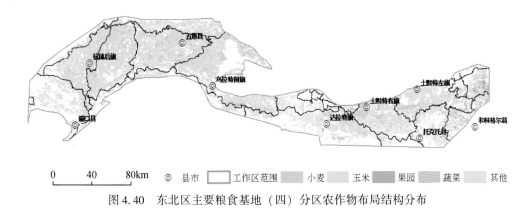

图 4.40　东北区主要粮食基地（四）分区农作物布局结构分布

表 4.34　东北区主要粮食基地（四）分区粮蔬果作物种植（播种）结构特征

种植类型	作物类型	播种面积/万亩	占农作物总播面积比例/%	备注
粮食作物	玉米	1036.71	47.07	
	小麦	312.34	14.18	
其他作物		794.64	36.08	主要为向日葵、油菜等
蔬菜		21.34	0.97	
果园		37.60	1.71	
合计		2202.64		

4.4.3　遥感解译（四）分区农用井渠分布特征

1. 农田区渠系分布特征

在东北区主要粮食基地（四）分区，黄河从该区南部通过，自西部的磴口地区，流经五原县，至东部托克托地区，总长 568.46km。沿黄河两岸渠系发育，解译渠系 1321 条，总长度 13138.69km，平均渠系分布密度 0.53km/km²。其中一级渠 64 条，分布密度 0.10km/km²；二级渠系 992 条，分布密度 0.19km/km²；三级渠系 265 条，分布密度 0.25km/km²（表 4.35，图 4.41）。

在区域分布上，东北区主要粮食基地（四）分区的渠系呈网脉状分布，主要分布在黄河沿岸两侧，黄河北侧农田区渠系密集，黄河南侧渠系分布稀疏。在五原及乌拉特前旗一带和达拉特旗、土默特右旗一带，渠系分布较为密集，呈格网状分布。在磴口至杭棉后旗一带和土默特左旗一带，渠系较稀疏。

表 4.35　东北区主要粮食基地（四）分区解译渠系状况

序号	渠系级别	渠系数量/条	渠系长度/km
1	一级	64	2462.26
2	二级	265	4855.91

序号	渠系级别	渠系数量/条	渠系长度/km
3	三级	992	5820.52
合计		1321	13138.69

采用 1km×1km、2km×2km 和 5km×5km 的网度，建立指标体系如表 4.36 所示，东北区主要粮食基地（四）分区渠系分布特征如图 4.42 ~ 图 4.44 所示。在黄河北部农田区，渠系分布密度达六级至七级；在黄河南部，渠系分布密度多在四级以下。在乌拉特前旗的西部，渠系总长为 8232.69km，平均密度为 0.57km/km²；在乌拉特前旗的东部，渠系总长为 4906km，平均密度为 0.40km/km²。

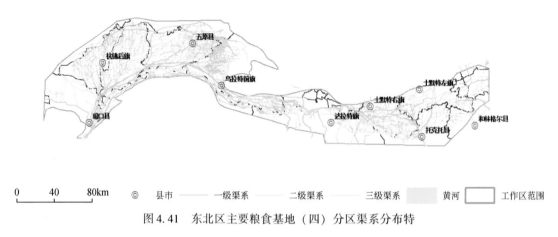

图 4.41　东北区主要粮食基地（四）分区渠系分布特

图 4.42　1km×1km 网度下东北区主要粮食基地（四）分区渠系分布特征

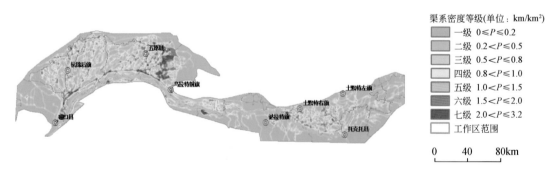

图 4.43　2km×2km 网度下东北区主要粮食基地（四）分区渠系分布特征

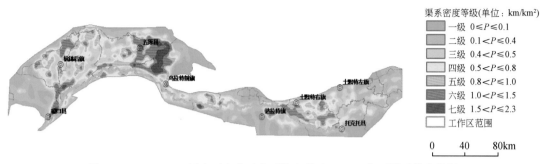

图 4.44　5km×5km 网度下东北区主要粮食基地（四）分区渠系分布特征

表 4.36　东北区主要粮食基地（四）分区农用井分布密度指标体系

（单位：km/km²）

渠系密度等级	不同网度下渠系密度的等级值域			渠系密度状况
	1km×1km	2km×2km	5km×5km	
一级	$0 \leqslant P \leqslant 0.3$	$0 \leqslant P \leqslant 0.2$	$0 \leqslant P \leqslant 0.1$	极稀疏
二级	$0.3 < P \leqslant 0.8$	$0.2 < P \leqslant 0.5$	$0.1 < P \leqslant 0.4$	稀疏
三级	$0.8 < P \leqslant 1$	$0.5 < P \leqslant 0.8$	$0.4 < P \leqslant 0.5$	较稀疏
四级	$1 < P \leqslant 1.5$	$0.8 < P \leqslant 1$	$0.6 < P \leqslant 0.8$	适中
五级	$1.5 < P \leqslant 2$	$1 < P \leqslant 1.5$	$0.8 < P \leqslant 1$	较稠密
六级	$2 < P \leqslant 2.5$	$1.5 < P \leqslant 2$	$1 < P \leqslant 1.5$	稠密
七级	$2.5 < P \leqslant 4.8$	$2 < P \leqslant 3.2$	$1.5 < P \leqslant 2.3$	极稠密

2. 农田区地下水开采井分布特征

在东北区主要粮食基地（四）分区，解译农用井数量 7447 眼，平均分布密度 0.30 眼/km²，涉及 19 个县区，总体上呈现西部多、东部少的特征，仅有 3 个县为全县域覆盖（表 4.37，图 4.45）。在准格尔、乌拉特、临河、达拉特和五原等地区，农用井分布较稠密，平均分布密度介于 0.29~1.27 眼/km²。在磴口、托克托和杭锦等地区，农用井分布较少，分布密度小于 0.10 眼/km²。

表 4.37　东北区主要粮食基地（四）分区农用井分布状况

县区	解译面积/km²	农用井个数/眼	农用井分布密度/（眼/km²）	备注
准格尔	396.64	501	1.263	
乌拉特中旗	1324.58	861	0.650	
临河	2338.42	1187	0.508	
乌拉特后旗	631.22	305	0.483	
和林格尔	781.75	308	0.394	
达拉特	2999.18	1129	0.376	
乌拉特前旗	3382.24	1140	0.337	

县区	解译面积/km²	农用井个数/眼	农用井分布密度/（眼/km²）	备注
五原	2507.15	734	0.293	
新城	153.45	34	0.222	
杭锦后旗	1756.38	312	0.178	
赛罕	632.26	105	0.166	
土默特左旗	1782.84	289	0.162	
磴口	2239.58	219	0.098	
九原	927.43	90	0.097	
托克托	1287.60	109	0.085	
杭锦	1483.62	69	0.047	

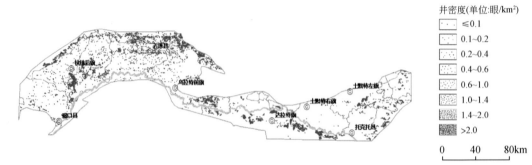

图 4.45　东北区主要粮食基地（四）分区农用井分布特征

采用 1km×1km、5km×5km、10km×10km 和 20km×20km 的网度，建立指标体系如表 4.38 所示，东北区主要粮食基地（四）分区农用井分布特征如图 4.46 ~ 图 4.49 所示。该区农用井分布最为密集地区位于准格尔、五原和达拉特地区的黄河沿岸、杭棉后旗与临河区交界地区，在 1km×1km、5km×5km、10km×10km 和 20km×20km 的网度下农用井分布密度达六级至七级，其中五原地区农用井分布密度达 17.5 眼/km²。在乌拉特前旗、土默特左旗至土默特右旗一带，农用井分布密度较为稀疏，为四级以下。

表 4.38　东北区主要粮食基地（四）分区农用井分布密度指标体系

（单位：眼/km²）

井密度等级	各网度井密度等级值域				渠系密度状况
	1km×1km	5km×5km	10km×10km	20km×20km	
一级	0≤Q≤0.5	0<Q≤0.1	0<Q≤0.1	0<Q≤0.1	极稀疏
二级	0.5<Q≤1.2	0.1<Q≤0.5	0.1<Q≤0.3	0.1<Q≤0.2	稀疏
三级	1.2<Q≤2.5	0.5<Q≤1	0.3<Q≤0.5	0.2<Q≤0.3	较稀疏
四级	2.5<Q≤4	0.8<Q≤1.5	0.5<Q≤0.8	0.3<Q≤0.4	适中
五级	4<Q≤6	1.5<Q≤2	0.8<Q≤1.0	0.4<Q≤0.6	较稠密
六级	6<Q≤8.5	2<Q≤3	1.0<Q≤1.5	0.6<Q≤0.8	稠密
七级	8.5<Q≤17.5	3<Q≤5.7	1.5<Q≤2.6	0.8<Q≤1.1	极稠密

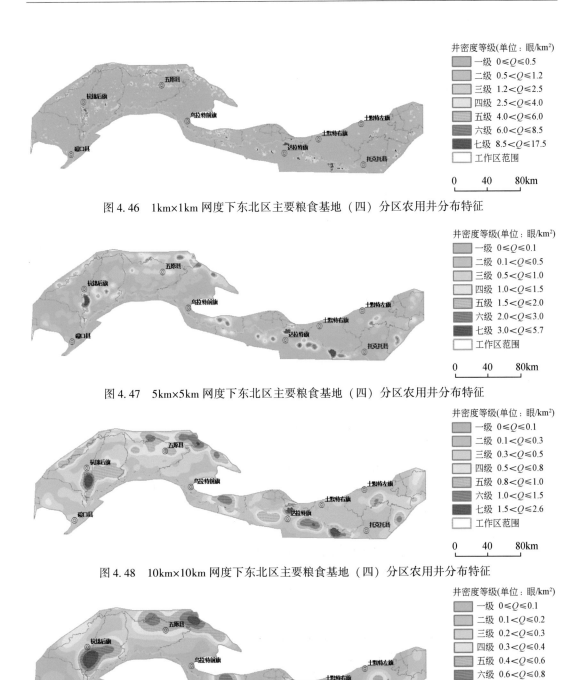

图 4.46　1km×1km 网度下东北区主要粮食基地（四）分区农用井分布特征

图 4.47　5km×5km 网度下东北区主要粮食基地（四）分区农用井分布特征

图 4.48　10km×10km 网度下东北区主要粮食基地（四）分区农用井分布特征

图 4.49　20km×20km 网度下东北区主要粮食基地（四）分区农用井分布特征

4.5　小　　结

（1）东北区主要粮食基地由松嫩平原、辽河平原、三江平原和内蒙古河套平原 4 个分区组成，包括黑龙江、吉林、辽宁省和内蒙古自治区的 209 个县（市、区、场），解译范围面积 35.31 万 km²。该区农作物为一年一熟，主要农作物有玉米、水稻、大豆、春小麦和花生等，7~8 月遥感数据适宜作为解译基础数据。

（2）在东北区主要粮食基地（一）、（二）分区，解译面积 27.86km²，其中玉米播种面积 1.42 亿亩，占该区农作物总播面积 62.51%；水稻播种面积 3252.91 万亩，占总播面积的 14.36%；大豆播种面积 3018.15 万亩，占总播面积的 13.32%；春小麦播种面积 264.37 万亩，占总播面积的 1.17%；蔬菜种植面积 537.06 万亩，占总播面积的 2.34%；果园种植面积 202.93 万亩，占总播面积的 0.90%。解译渠系 9737 条，总长 79939.32km，其中，一级渠系 1963 条，分布密度 0.11km/km²；二级渠系 2834 条，分布密度 0.10km/km²；三级渠系 4940 条，分布密度 0.08km/km²。区内解译农用井 48749 眼，平均密度 0.17 眼/km²。

（3）在东北区主要粮食基地（三）分区，解译面积 4.77 万 km²，农作物总播面积 5114.56 万亩，其中水稻播种面积 2193.06 万亩，占该区总播面积的 42.88%；玉米播种面积 1502.67 万亩，占总播面积的 29.38%；大豆播种面积 1115.38 万亩，占总播面积的 21.81%；春小麦播种面积为 121.15 万亩，占总播面积的 2.37%；蔬菜种植面积 141.50 万亩，占总播面积的 2.77%；果园种植面积 9.88 万亩，占总播面积的 0.19%。解译渠系 2581 条，总长度 16872.95km，其中，一级渠系 295 条，分布密度 0.11km/km²；二级渠系 975 条，分布密度 0.16km/km²；三级渠系 1311 条，分布密度 0.08km/km²。区内解译农用井 13643 眼，平均密度 0.37 眼/km²。

（4）在东北区主要粮食基地（四）分区，解译面积 2.68 万 km²，农作物总播面积 2202.64 万亩，其中玉米播种面积 1036.71 万亩，占该区总播面积的 47.07%；春小麦播种面积 312.34 万亩，占总播面积的 14.18%；果园种植面积 37.60 万亩，占总播面积的 1.71%；蔬菜种植面积 21.34 万亩，占总播面积的 0.97%；向日葵等其他类作物 794.64 万亩，占总播面积的 36.08%。解译渠系 1321 条，总长度 13138.69km，其中，一级渠系 64 条，分布密度 0.10km/km²；二级渠系 992 条，分布密度 0.19km/km²；三级渠系 265 条，分布密度 0.25km/km²。区内解译农用井 7447 眼，平均密度 0.30 眼/km²。

（5）在东北区主要粮食基地，地势较高地区玉米、大豆播种呈连片大面积分布，中部地势低洼地区玉米播种分布稀疏。水稻播种主要在松花江沿岸两侧呈条带状分布，在辽河流域平原区呈不规则带状斑块状分布，在黑龙江省林甸、海伦一带连片密集分布；在三江平原中部，水稻播种呈现大面积连片分布，播种面积占该分区水稻总播面积的 83.20%。小麦播种主要分布于辽河流域北部、松花江流域南部和东南部地势低洼地区。蔬菜种植呈零星分布，主要分布在大中城市和县镇城市周边，以裸地蔬菜种植为主。果园主要分布在城市周边和丘陵区，零星分布。农用井主要分布黑龙江省南部、吉林省西北部和辽宁省北部，以及内蒙古河套平原的准格尔、乌拉特、临河、达拉特和五原地区。

第5章 长江流域主要粮食基地农作物布局结构特征

本章重点介绍长江流域中下游主要粮食基地农作物播种范围、分布特征、作物布局结构及井渠系分布现状，主要农作物包括冬小麦、早稻、中晚稻、玉米、小麦、蔬菜、果园等。

5.1 粮食基地农作物播种概况

长江流域中下游主要粮食基地位于我国长江流域的中下游平原区，主要由成都平原、两湖平原和长江流域中下游平原组成，其中包括江汉平原、洞庭湖平原、鄱阳湖平原、苏皖沿江平原、里下河平原和长江三角洲平原区，遥感解译范围面积79.98万 km^2，涉及安徽、湖北、湖南、江西、浙江和四川省等90个地级市。该粮食基地由3个分区组成，（一）分区位于成都平原区；（二）分区包括洞庭湖平原和长江三角洲平原区等；（三）分区为江汉平原区。

5.2 长江流域主要粮食基地（一）分区特征

5.2.1 遥感解译（一）分区农作物播种分布特征

在长江流域主要粮食基地（一）分区，即成都平原区，农作物播种以一年两熟为主，主要农作物及其生长期如表5.1所示。根据该区农作物的物候历，选取两期影像数据作为（一）分区农作物播种范围、分布特征和作物布局结构的遥感解译基础资料。第一期以4~5月数据为主，重点解译冬小麦、早稻等作物播种状况；第二期以8~9月数据为主，重点解译玉米、中晚稻等粮食作物播种状况。在上述两期解译过程中，兼顾了蔬菜、果园和其他类作物播种状况解译。

在长江流域主要粮食基地（一）分区，解译范围面积1.85万 km^2，解译各类作物图斑11.05万个，农作物总播面积3270.67万亩，以冬小麦和水稻为主，其次为玉米、果园和蔬菜以及油菜、棉花等作物。

表5.1 长江流域主要粮食基地（一）分区主要作物及生长期状况

序号	作物类型	作物生长期	最佳解译时相	备注
1	冬小麦	10月至次年5月	3、4月	
2	玉米	6~10月	8月	

序号	作物类型	作物生长期	最佳解译时相	备注
3	早稻	4~7月	5月	
4	中稻	6~9月	8月	
5	晚稻	7~10月	8月	
7	油菜	10月至次年5月	4、5月	
8	棉花	4~10月	8月	

1. 水稻播种分布特征

在长江流域主要粮食基地（一）分区，水稻播种范围和分布特征解译分为早稻、晚稻两期，解译水稻播种总面积1320.52万亩，其中早稻播种面积69.37万亩，涉及7个县区（表5.2，图5.1）；晚稻播种面积1251.15万亩，涉及32个县区（表5.2，图5.2）。

表5.2　长江流域主要粮食基地（一）分区水稻播种状况

序号	省份	市域	县区	解译播种面积/万亩	
				早稻	晚稻
1	四川	成都	崇州		51.83
2			大邑		25.35
3			都江堰		28.79
4			金牛		1.64
5			金堂		101.21
6			锦江		0.13
7			龙泉驿		18.47
8			彭州		58.66
9			郫县		25.76
10			蒲江		34.30
11			青白江		9.81
12			邛崃		46.42
13			双流		72.61
14			温江		23.39
15			新都		35.73
16			新津		19.95
17		德阳	广汉		37.30
18			旌阳	2.45	33.75
19			罗江	10.99	21.51
20			绵竹		51.63
21			什邡		32.22
22			中江		77.07

续表

序号	省份	市域	县区	解译播种面积/万亩	
				早稻	晚稻
23	四川	眉山	东坡	15.15	34.33
24			彭山	3.04	16.59
25			仁寿	21.88	46.19
26		绵阳	安县		9.95
27			涪城	14.68	30.41
28			三台	1.18	17.22
29			游仙		2.04
30		雅安	名山		27.16
31		资阳	简阳		219.30
32			雁江		40.44
合计				69.37	1251.15

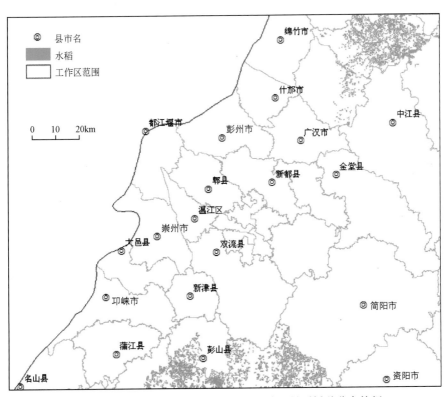

图 5.1　长江流域主要粮食基地（一）分区早稻播种分布特征

在长江流域主要粮食基地（一）分区，早稻播种面积较小，仅 69.37 万亩，占（一）分区水稻总播面积的 5.25%，主要分布该区南部和北部的仁寿、东坡、涪城、罗江等地

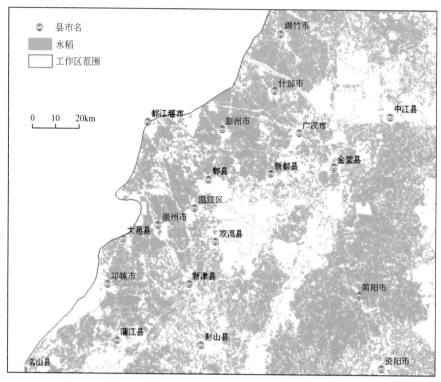

图 5.2　长江流域主要粮食基地（一）分区晚稻播种分布特征

区，各县区早稻播种面积都大于 10 万亩，中部和东西部早稻播种较少。晚稻播种分布面积较广，播种面积 1251.15 万亩，占（一）分区水稻总播面积的 94.75%，除该区中部隆起地区分布较稀疏之外，其他地区都呈连片大面积分布。在简阳、金堂等地区晚稻播种分布面积都大于 100 万亩，在中江、双流、彭州、崇州和绵竹等地区晚稻播种面积都介于 30 万~100 万亩，其余地区晚稻播种面积都小于 30 万亩（表 5.2，图 5.2）。

2. 小麦播种分布特征

在长江流域主要粮食基地（一）分区，解译小麦播种分布面积 734.92 万亩，占（一）分区农作物总播面积的 22.47%，涉及 30 个县区（表 5.3，图 5.3）。该区小麦播种主要分布在（一）分区东部和西部，呈连片大面积分布，其中简阳地区小麦播种面积达 158.00 万亩，中江、金堂和崇州等地区小麦播种面积都超过 30 万亩以上，蒲江、都江堰、广汉和仁寿等地区小麦播种面积介于 20 万~30 万亩，新都、名山和绵竹等县区小麦播种面积都不足 20 万亩。在（一）分区南部、北东部以及中部地区，小麦播种较少，零星分布。

表 5.3　长江流域主要粮食基地（一）分区小麦播种状况

序号	市域	县区	解译小麦面积/万亩
1	成都	崇州	40.40
2		大邑	16.34
3		都江堰	25.32
4		金堂	43.71
5		锦江	0.13
6		龙泉驿	6.67
7		彭州	33.63
8		郫县	6.33
9		蒲江	26.51
10		青白江	1.86
11		邛崃	17.56
12		双流	35.42
13		温江	17.09
14		新都	18.91
15		新津	15.17
16	德阳	广汉	24.09
17		旌阳	32.50
18		罗江	2.84
19		绵竹	18.05
20		什邡	11.89
21		中江	94.10
22	眉山	东坡	17.15
23		彭山	10.23
24		仁寿	21.66
25	绵阳	安县	6.03
26		涪城	3.47
27		游仙	2.90
28	雅安	名山	18.48
29	资阳	简阳	158.03
30		雁江	8.45
合计			734.92

3. 玉米播种分布特征

在长江流域主要粮食基地（一）分区，解译玉米播种分布面积 113.89 万亩，主要分布在两片区域，第一片位于（一）分区中部的金堂县一带，为中低山丘陵区，呈条带状分

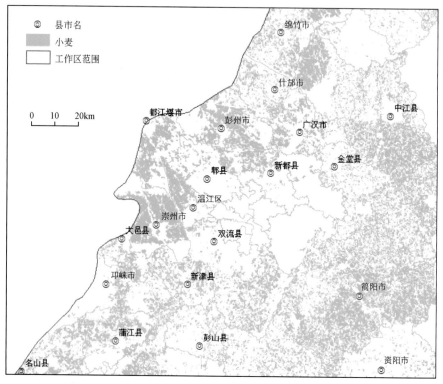

图 5.3 　长江流域主要粮食基地（一）分区小麦播种分布特征

布；第二片位于（一）分区的西部一带，相对第一片规模，播种面积较小，但呈连片分布（表 5.4，图 5.4）。在中江、简阳、旌阳等地区，玉米播种面积都大于 20 万亩。在仁寿、龙泉驿、崇州等地区，玉米播种面积都介于 5 万 ~20 万亩。其余 8 个县区，玉米播种面积都小于 5 万亩。

表 5.4 　长江流域主要粮食基地（一）分区玉米播种状况

序号	地域	县区	解译玉米面积/万亩
1	成都	崇州	5.55
2		龙泉驿	6.67
3		青白江	2.12
4		邛崃	2.20
5	德阳	广汉	1.87
6		旌阳	21.95
7		罗江	3.89
8		绵竹	1.53
9		中江	26.83
10	眉山	彭山	4.41
11		仁寿	9.35

序号	地域	县区	解译玉米面积/万亩
12	绵阳	涪城	3.32
13		游仙	1.46
14	资阳	简阳	22.73
	合计		113.89

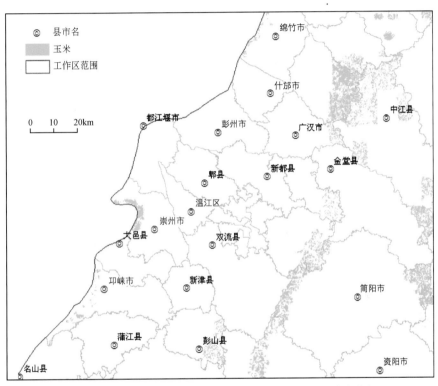

图 5.4　长江流域主要粮食基地（一）分区玉米播种分布特征

4. 蔬菜种植分布特征

在长江流域主要粮食基地（一）分区，解译蔬菜种植分布面积 241.42 万亩，涉及 33 个县区（表 5.5，图 5.5～图 5.7）。其中裸地蔬菜种植面积 215.35 万亩，占（一）分区蔬菜总播面积的 89.20%；设施蔬菜种植面积 26.07 万亩，占（一）分区蔬菜总播面积的 10.80%。在裸地蔬菜种植面积中，夏季（6 月底之前）裸地蔬菜种植面积 102.99 万亩，秋季（6 月底之后）裸地蔬菜种植面积 112.36 万亩。

在长江流域主要粮食基地（一）分区，各县区两期裸地蔬菜均有种植分布。在（一）分区西南部、中东部及北部地区，裸地蔬菜种植分布面积较大，呈片连片分布，其中在成都地区裸地蔬菜种植分布面积大于 50 万亩，德阳、眉山和资阳地区蔬菜种植分布面积都大于 10 万亩,绵阳和雅安地区裸地蔬菜种植分布面积不足 5 万亩。在(一)分区东南部的简阳、西北部彭州、什邡等地区,裸地蔬菜种植分布面积较少,零星分布,该区设施蔬菜种植分布面积较为广泛,30 个县区都有设施蔬菜种植分布,但种植面积都小于 3 万亩,主要分布在县城镇周边,呈带状分布。

表5.5　长江流域主要粮食基地(一)分区蔬菜种植状况

序号	市域	县区	解译种植面积/万亩		
			裸地蔬菜		设施蔬菜
			夏季	秋季	
1	成都	崇州	1.14	1.26	1.68
2		大邑	1.17	1.44	1.01
3		都江堰	3.65	3.89	0.73
4		金牛	0.30	0.40	
5		金堂	14.66	16.11	1.06
6		锦江	1.43	1.59	0.03
7		龙泉驿	2.61	3.17	0.73
8		彭州	2.15	2.50	0.45
9		郫县	1.40	1.69	0.84
10		蒲江	2.85	3.22	1.97
11		青白江	8.85	9.78	1.23
12		青羊	0.24	0.33	0.04
13		邛崃	1.33	1.64	1.01
14		双流	6.94	7.55	1.62
15		温江	1.50	1.79	0.56
16		新都	6.26	6.77	1.11
17		新津	1.99	2.22	0.43
18	德阳	广汉	3.92	4.19	0.92
19		旌阳	0.69	0.73	0.43
20		罗江	1.80	1.90	0.90
21		绵竹	1.22	0.03	1.71
22		什邡	0.33	0.47	0.11
23		中江	8.04	8.11	1.79
24	眉山	东坡	5.36	5.41	0.94
25		彭山	5.83	6.38	0.78
26		仁寿	2.62	2.94	0.43

续表

序号	市域	县区	解译种植面积/万亩		
			裸地蔬菜		设施蔬菜
			夏季	秋季	
27	绵阳	安县	0.12	0.12	0.10
28		涪城	2.81	3.15	0.20
29		三台		0.47	
30	雅安	名山	1.78	1.86	0.31
31	资阳	雁江	10.01	11.24	2.96
合计			102.99	112.36	26.07

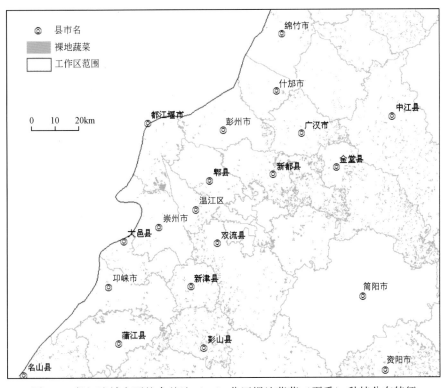

图 5.5　长江流域主要粮食基地（一）分区裸地蔬菜（夏季）种植分布特征

5. 果园种植分布特征

在长江流域主要粮食基地（一）分区，解译果园种植面积 100.40 万亩，该区的各县基本都有果树种植（表 5.6，图 5.8），其中在（一）分区西南部的蒲江和邛崃地区果园种植分布面积较为集中，其他地区呈不规则条带状星斑状分布，主要分布在山坡或村庄附近。在成都市蒲江、邛崃和资阳市简阳地区，果园种植分布面积都均大于 15 万亩。在名山、

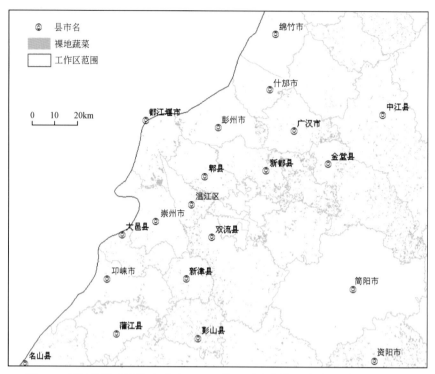

图 5.6　长江流域主要粮食基地（一）分区裸地蔬菜（秋季）种植分布特征

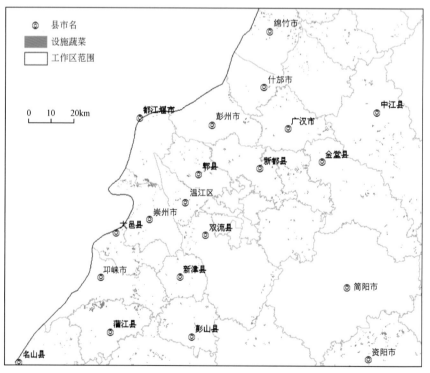

图 5.7　长江流域主要粮食基地（一）分区设施蔬菜种植分布特征

新津、双流、绵竹、东坡和中江等地区，果园种植面积都大于 3 万亩。其他县区，果园种植面积都小于 3 万亩。

表 5.6　长江流域主要粮食基地（一）分区果园种植状况

序号	地域	县区	解译果园面积/万亩
1	成都	都江堰	0.54
2		金堂	2.95
3		锦江	0.11
4		龙泉驿	0.71
5		彭州	0.65
6		蒲江	23.92
7		邛崃	15.21
8		双流	4.77
9		温江	0.55
10		新津	5.48
11	德阳	广汉	2.49
12		旌阳	1.17
13		罗江	0.62
14		绵竹	4.17
15		什邡	1.27
16		中江	3.07
17	眉山	东坡	3.73
18		彭山	2.97
19		仁寿	1.60
20	绵阳	安县	0.46
21	雅安	名山	7.64
22	资阳	简阳	16.32
	合计		100.40

6. 其他类作物播种分布特征

在长江流域主要粮食基地（一）分区，解译其他类作物播种分布面积 759.52 万亩，主要为油菜、棉花、花生、洋芋和红薯等作物，涉及 33 个县区（表 5.7，图 5.9、图 5.10）。其中夏季（6 月底之前）其他类作物播种面积 665.76 万亩，占（一）分区其他类作物总播面积的 87.66%，主要为油菜，其中成都地区播种分布面积大于 200 万亩，资阳和德阳地区播种面积都介于 100 万~200 万亩，绵阳、眉山和雅安地区播种分布面积都小于 50 万亩。秋季（6 月底之后）其他类作物播种较少，播种面积 93.76 万亩，占（一）分区其他类作物总播面积的 12.34%，主要为棉花和花生等作物，成都地区播种分布面积

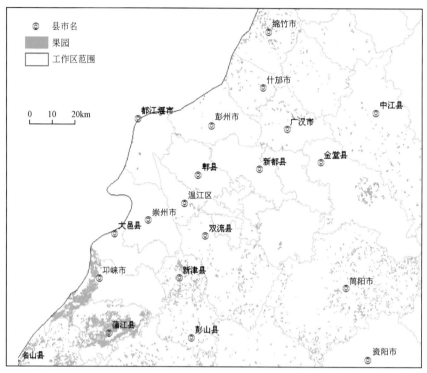

图 5.8　长江流域主要粮食基地（一）分区果园种植分布特征

大于 40 万亩，资阳和德阳地区播种分布面积都介于 10 万～40 万亩，其他县区播种面积都小于 10 万亩。

表 5.7　长江流域主要粮食基地（一）分区其他作物播种状况

序号	市域	县区	解译播种面积/万亩	
			春季其他作物	秋季其他作物
1		崇州	19.97	2.87
2		大邑	17.14	7.86
3		都江堰	4.31	0.60
5		金堂	64.06	5.10
6		锦江	0.36	0.19
7	成都	龙泉驿	26.69	7.65
8		彭州	25.94	0.56
9		郫县	25.33	5.62
11		青白江	14.58	3.58
13		邛崃	32.55	1.17
16		新都	19.44	2.11
17		新津	7.70	2.69

续表

序号	市域	县区	解译播种面积/万亩	
			春季其他作物	秋季其他作物
18	德阳	广汉	19.26	3.83
19		旌阳	21.19	0.26
20		罗江	12.26	0.43
21		绵竹	41.22	5.97
22		什邡	22.36	1.79
23		中江	14.74	4.86
24	眉山	东坡	2.08	
25		彭山	10.36	2.07
26		仁寿	17.67	5.36
27	绵阳	安县	3.92	
28		涪城	16.50	0.59
29		三台	17.02	0.47
30		游仙	1.73	1.12
31	雅安	名山	9.87	1.12
32	资阳	简阳	104.71	20.70
33		雁江	38.42	5.19
合计			665.76	93.76

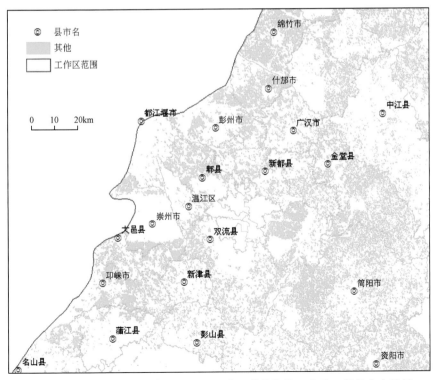

图 5.9　长江流域主要粮食基地（一）分区其他作物（春季）播种分布特征

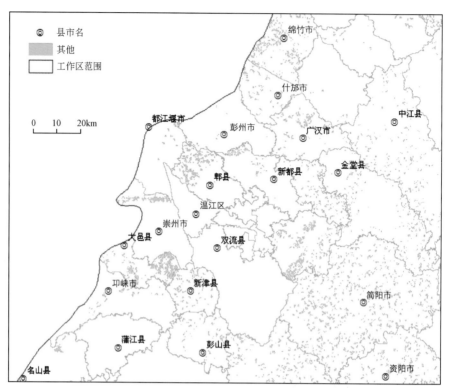

图 5.10　长江流域主要粮食基地（一）分区其他作物（秋季）播种分布特征

5.2.2　遥感解译（一）分区农作物布局结构分布特征

在长江流域主要粮食基地（一）分区，农作物耕作制度主要为一年两熟，农作物总播面积 3270.67 万亩，以冬小麦、水稻为主，其次为玉米、果园、蔬菜及其他类作物（油菜、棉花等），其中水稻播种面积 1320.52 万亩，占（一）分区农作物总播面积的40.37%；小麦播种面积 734.92 万亩，占总播面积的 22.47%；玉米播种面积 113.89 万亩，占总播面积的 3.48%；蔬菜种植面积 241.42 万亩，占总播面积的 7.38%；果园种植面积 100.40 万亩，占总播面积的 3.07%；其他作物播种面积 759.52 万亩，占总播面积的23.22%（表 5.8，图 5.11～图 5.13）。

表 5.8　长江流域主要粮食基地（一）分区粮蔬果作物种植（播种）结构特征

种植类型	作物类型	播种面积/万亩	占农作物总播面积比率/%	备注
粮食作物	水稻	1320.52	40.37	两期
	小麦	734.92	22.47	
	玉米	113.89	3.48	
其他作物		759.52	25.22	两期

续表

种植类型	作物类型	播种面积/万亩	占农作物总播面积比率/%	备注
蔬菜	裸地蔬菜	215.35	6.58	两期
	设施蔬菜	26.07	0.80	
果园		100.40	3.07	
合计		3270.67	100.00	

　　按农作物耕作制度区划，长江流域主要粮食基地（一）分区为"小麦-水稻一年两熟播种区"、"水稻一年两熟播种区"、"小麦-玉米一年两熟播种区"以及"裸地蔬菜一年两熟种植区"、"其他作物一年两熟播种区"。"小麦-水稻一年两熟播种区"分布最为广泛，除（一）分区北东部、南部地区之外，在其他地区都呈连片大面积分布。"水稻一年两熟播种区"分布范围较小，主要分布在绵竹市东部地区和彭山地区，其他地区分布较少。"小麦-玉米一年两熟播种区"在中江-广汉地区，简阳、金堂和大邑地区都有分布，但分布面积较小（图 5.11 ~ 图 5.13）。

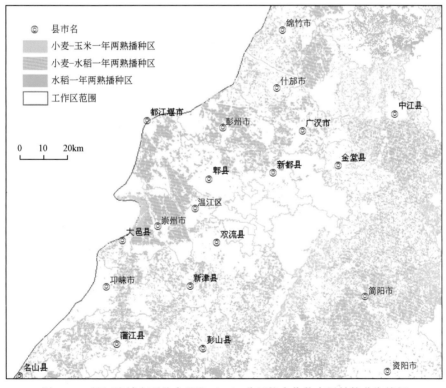

图 5.11　长江流域主要粮食基地（一）分区粮食作物布局结构分布特征

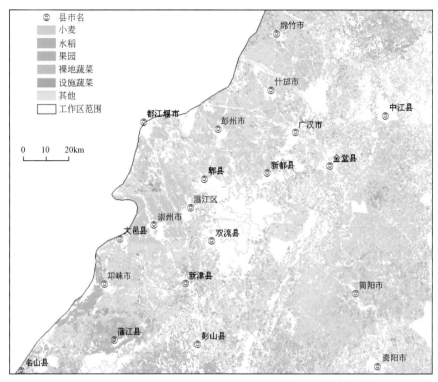

图 5.12 长江流域主要粮食基地（一）分区农作物布局结构（夏季）分布特征

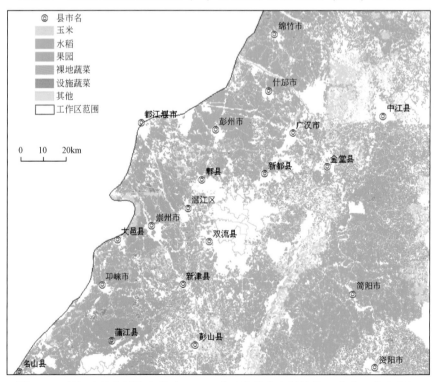

图 5.13 长江流域主要粮食基地（一）分区农作物布局结构（秋季）分布特征

5.2.3　遥感解译（一）分区农用井渠分布特征

1. 农田区渠系分布特征

在长江流域主要粮食基地（一）分区，水系发育，河渠网稠密，解译渠系 10858 条（表 5.9，图 5.14），总长度 22642.42km，平均分布密度 1.22km/km^2。其中一级渠 1943 条，分布密度 0.58km/km^2；二级渠 2853 条，分布密度 0.34km/km^2；三级渠 6062 条，分布密度 0.30km/km^2。渠系呈网脉状分布，北部渠系分布稠密、南部渠系分布稀疏。一级渠系主要为区域性河流及其支流，规模较大，延伸较长，总长达 10731.81km，多呈网脉状或树枝状分布；二级渠系为主干渠，连接区内河流与农田，呈网脉状分布。三级渠系多位于田间，呈网格状分布。

表 5.9　长江流域主要粮食基地（一）分区渠系分布状况

序号	渠级别	渠系数量/条	渠系长度/km
1	一级	1943	10731.81
2	二级	2853	6293.48
3	三级	6062	5617.12
合计		10858	22642.42

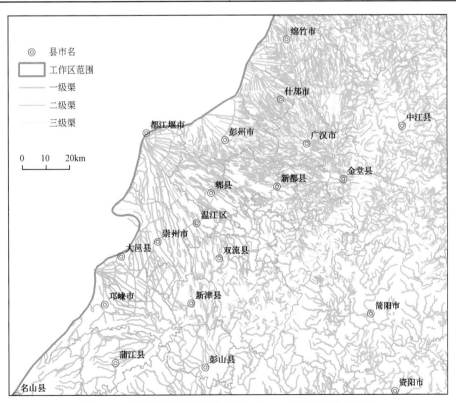

图 5.14　长江流域主要粮食基地（一）分区渠系分布特征

采用1km×1km、2km×2km 和5km×5km 网度，建立指标体系如表5.10 所示，长江流域主要粮食基地（一）分区渠系分布特征如图5.15～图5.17 所示。在（一）分区北部的绵竹、广汉、新都和彭州等地区，渠系分布密度介于四至六级，局部达七级。在（一）分区中部及南部的双流、彭山等地区，渠系分布密度多为四级以下。

表5.10　长江流域主要粮食基地（一）分区渠系分布指标体系

（单位：km/km²）

渠系密度等级	不同网度下渠系密度的等级值域			渠系密度状况
	1km×1km	2km×2km	5km×5km	
一级	$0 \leqslant P \leqslant 0.3$	$0 \leqslant P \leqslant 0.3$	$0 \leqslant P \leqslant 0.3$	极稀疏
二级	$0.3 < P \leqslant 0.8$	$0.3 < P \leqslant 0.7$	$0.3 < P \leqslant 0.6$	稀疏
三级	$0.8 < P \leqslant 1.5$	$0.7 < P \leqslant 1.2$	$0.6 < P \leqslant 1$	较稀疏
四级	$1.5 < P \leqslant 2$	$1.2 < P \leqslant 1.6$	$1 < P \leqslant 1.5$	适中
五级	$2 < P \leqslant 2.5$	$1.6 < P \leqslant 2$	$1.5 < P \leqslant 1.8$	较稠密
六级	$2.5 < P \leqslant 3.5$	$2 < P \leqslant 2.7$	$1.8 < P \leqslant 2.2$	稠密
七级	$3.5 < P \leqslant 7.6$	$2.7 < P \leqslant 4.9$	$2.2 < P \leqslant 3.1$	极稠密

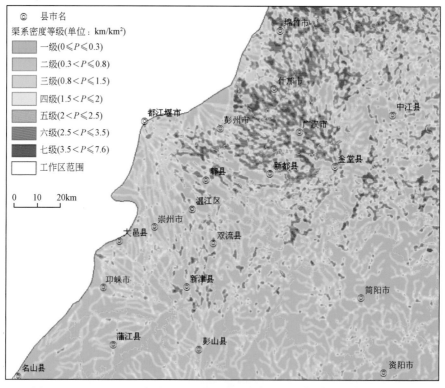

图5.15　1km×1km 网度下长江流域主要粮食基地（一）分区渠系分布特征

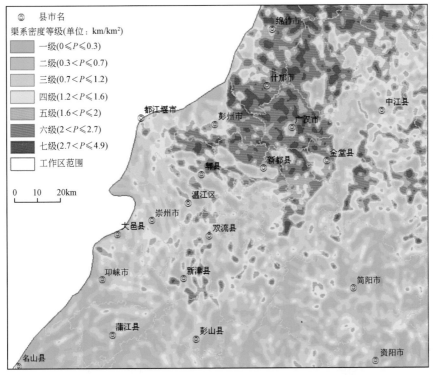

图 5.16　2km×2km 网度下长江流域主要粮食基地（一）分区渠系分布特征

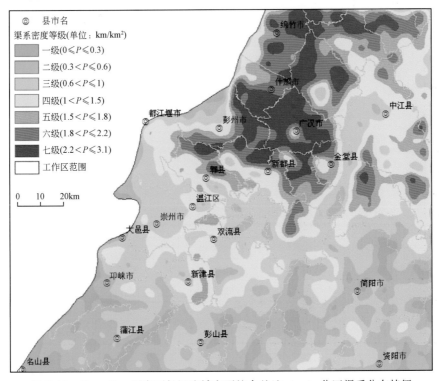

图 5.17　5km×5km 网度下长江流域主要粮食基地（一）分区渠系分布特征

2. 农田区地下水开采井分布特征

在长江流域主要粮食基地（一）分区，由于气候湿润，降雨量较大，河流纵横交错，加之泉水分布较多，所以，该区农用井较少（表5.11，图5.18），解译农用井数量仅2523眼，平均密度0.13眼/km²。

表5.11 长江流域主要粮食基地（一）分区农用井分布状况

序号	市域	县区	解译面积/km²	农用井数量/眼	农用井分布密度/（眼/km²）
1	成都	崇州	1089.25	27	0.025
2		大邑	1284.18	6	0.005
3		都江堰	1208.95	15	0.012
4		金牛	55.00	5	0.091
5		金堂	1155.65	245	0.212
6		成华	108.26	6	0.055
7		龙泉驿	555.75	198	0.356
8		彭州	1421.84	84	0.059
9		郫县	437.31	20	0.046
10		蒲江	580.44	37	0.064
11		青白江	378.98	60	0.158
12		邛崃	1377.48	31	0.023
13		高新	47.05	8	0.170
14		武侯	75.38	4	0.053
15		双流	1067.85	292	0.273
16		温江	276.23	9	0.033
17		新都	496.58	24	0.048
18		新津	329.13	196	0.596
19	德阳	广汉	548.75	46	0.084
20		旌阳	647.99	234	0.361
21		罗江	447.89	68	0.152
22		绵竹	1246.24	285	0.229
23		什邡	820.48	35	0.043
24		中江	2200.43	87	0.040
25	眉山	东坡	1336.41	8	0.006
26		彭山	462.24	34	0.074
27		仁寿	2608.30	40	0.015

续表

序号	市域	县区	解译面积/km²	农用井数量/眼	农用井分布密度/(眼/km²)
28	绵阳	安县	1181.80	57	0.048
29		涪城	554.49	27	0.049
30		三台	2659.67	8	0.003
31		游仙	1017.07	15	0.015
32	雅安	名山	618.39	7	0.011
33	资阳	简阳	2213.63	289	0.131
34		雁江	1632.42	16	0.010

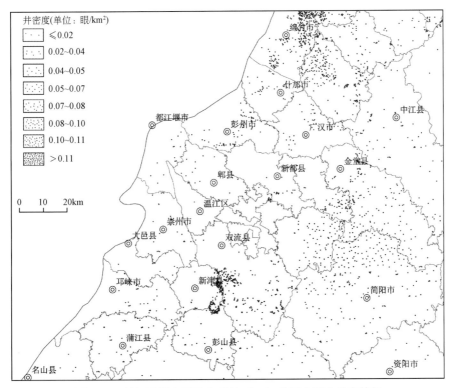

图 5.18　长江流域主要粮食基地（一）分区农用井分布特征

　　采用 1km×1km、5km×5km、10km×10km 和 20km×20km 网度，建立指标体系如表 5.12 所示，长江流域主要粮食基地（一）分区农用井分布特征如图 5.19～图 5.22 所示。大部分地区农用机分布密度在三级以下，仅在（一）分区中部的新津、金堂和绵竹一带农用井分布密度较稠密。

表 5.12 长江流域主要粮食基地（一）分区农用井分布密度指标

（单位：眼/km²）

井密度等级	各网度井密度等级值域				农用井密度状况
	1km×1km	5km×5km	10km×10km	20km×20km	
一级	$0 \leqslant Q \leqslant 0.3$	$0 \leqslant Q \leqslant 0.1$	$0 \leqslant Q \leqslant 0.1$	$0 \leqslant Q \leqslant 0.05$	极稀疏
二级	$0.3 < Q \leqslant 1$	$0.1 < Q \leqslant 0.3$	$0.1 < Q \leqslant 0.2$	$0.05 < Q \leqslant 0.1$	稀疏
三级	$1 < Q \leqslant 2$	$0.3 < Q \leqslant 0.6$	$0.2 < Q \leqslant 0.3$	$0.1 < Q \leqslant 0.2$	较稀疏
四级	$2 < Q \leqslant 3$	$0.6 < Q \leqslant 1$	$0.3 < Q \leqslant 0.5$	$0.2 < Q \leqslant 0.3$	适中
五级	$3 < Q \leqslant 4.5$	$1 < Q \leqslant 1.5$	$0.5 < Q \leqslant 0.7$	$0.3 < Q \leqslant 0.4$	较稠密
六级	$4.5 < Q \leqslant 6.8$	$1.5 < Q \leqslant 2$	$0.7 < Q \leqslant 1.0$	$0.4 < Q \leqslant 0.5$	稠密
七级	$6.8 < Q \leqslant 12.7$	$2 < Q \leqslant 3$	$1.0 < Q \leqslant 1.6$	$0.5 < Q \leqslant 0.8$	极稠密

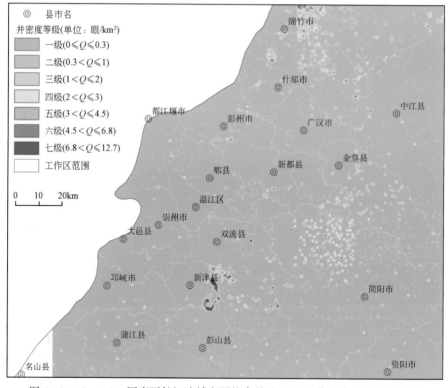

图 5.19 1km×1km 网度下长江流域主要粮食基地（一）分区农用井分布特征

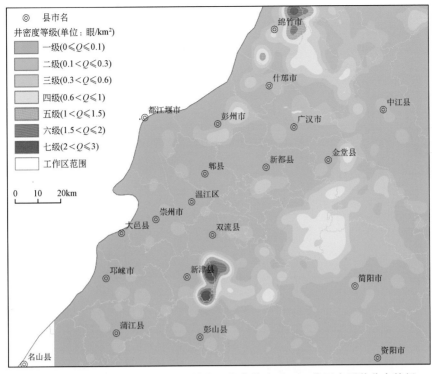

图 5.20　5km×5km 网度下长江流域主要粮食基地（一）分区农用井分布特征

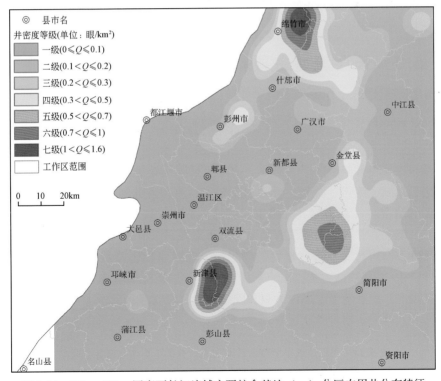

图 5.21　10km×10km 网度下长江流域主要粮食基地（一）分区农用井分布特征

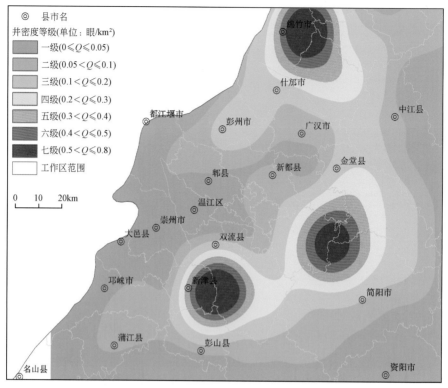

图 5.22　20km×20km 网度下长江流域主要粮食基地（一）分区农用井分布特征

5.3　长江流域主要粮食基地（二）分区特征

5.3.1　遥感解译（二）分区农作物播种分布特征

　　长江流域主要粮食基地（二）分区，主要包括洞庭湖平原和长江三角洲平原区等，由安徽省安庆、巢湖、池州、滁州、合肥和芜湖等，河南省漯河、信阳、许昌和驻马店等，湖北省黄冈和襄樊，江苏省常州、淮安、南通、苏州、扬州和镇江等，江西省抚州、吉安、九江、上饶和宜春等以及浙江省湖州和嘉兴市平原区组成。该区农作物种植为一年两熟（表 5.13），根据（二）分区作物的物候历，选取两期影像数据进行主要作物遥感解译，第一期以 4~5 月数据为主，重点解译冬小麦、早稻等粮食作物播种状况；第二期以 8~9 月数据为主，重点解译玉米、大豆和晚稻等粮食作物播种状况。在解译过程中，兼顾蔬菜、果园和其他类作物种植状况解译。

表 5.13　长江流域主要粮食基地（二）分区主要作物及其生长期

序号	作物类型	作物生长期	最佳解译时相	备注
1	冬小麦	10 月至次年 5 月	3、4 月	跨年度

序号	作物类型	作物生长期	最佳解译时相	备注
2	玉米	6～10 月	8 月	
3	大豆	6～9 月	8 月	
4	早稻	4～7 月	5 月	
5	晚稻	7～10 月	8 月	
6	油菜	10 月至次年 5 月	4、5 月	跨年度
7	棉花	4～10 月	8 月	
8	花生	4～9 月	8 月	

在长江流域主要粮食基地（二）分区，解译范围面积 22.06 万 km²，解译各类作物图斑 114.32 万个，农作物总播面积 2.86 亿亩，以水稻为主，其次为小麦、玉米和大豆，还包括果园、蔬菜及油菜、棉花等其他类作物（表 5.14）。

表 5.14　长江流域主要粮食基地（二）分区主要作物播种状况

序号	省份	市域	县区	解译播种面积/万亩							
				小麦	玉米	水稻	大豆	果园	裸地蔬菜	设施蔬菜	其他
1	安徽	安庆	枞阳			176.77			4.06		62.80
2			大观			10.21		1.35	3.15		0.26
3			怀宁	5.53	5.53	188.55		0.18	11.99		11.79
4			潜山	0.01	0.01	98.35			8.56		1.54
5			太湖			70.95			4.13		15.83
6			桐城	0	0	138.24		0.13	5.51		13.70
7			望江	0.08	0.08	133.08			5.08		98.70
8			宿松	27.97	24.33	238.22			4.59		4.02
9			宜秀			14.53		3.03	9.00		0
10			迎江			14.15		0.33	1.40		4.99
11		蚌埠	蚌山		0.26	7.83			0.12		0
12			龙子湖	1.00	0.26	4.93			0		0.24
13			五河	0.90	0.90	0.10			0		0
14			禹会			0.06			0		0
15		巢湖	和县			213.39			86.84		0.26
16			居巢	0.24	0.02	162.23			42.24		11.19
17			庐江			347.29		1.19	30.05		18.58
18			无为	7.38		357.85			2.29		50.97
19			周伏	2.62		143.98		0.28	1.14		21.60

序号	省份	市域	县区	解译播种面积/万亩							
				小麦	玉米	水稻	大豆	果园	裸地蔬菜	设施蔬菜	其他
20	安徽	池州	东至			94.00			1.14		0.06
21			贵池			86.12			5.56		10.14
22			青阳			0.13			0.03		0
23		滁州	定远	99.50	58.47	356.69		4.27	37.76		41.82
24			凤阳	19.45	14.65	235.33		1.62	5.82		54.72
25			来安	137.98	42.84	102.25		0.13	21.21		19.23
26			琅琊	4.39	3.17	1.32			0		0
27			明光	106.17	103.15	117.64		0.12	25.19		0
28			南谯	52.43	36.87	15.83		0.10	10.96		49.76
29			全椒	115.44	14.75	101.76		0.39	1.97		74.28
30			天长	171.32	13.49	187.70		2.11	20.65	0.30	0
31		合肥	包河			14.43			0.46		0.62
32			肥东	0.10		236.40			91.95		67.29
33			肥西	13.03		307.43			0.72		52.01
34			庐阳			7.41			0.11		2.68
35			蜀山			10.94			2.98		0
36			瑶海			4.41			0.05		1.83
37			长丰	32.59		249.67			86.42		9.97
38		淮南	八公山			0.10		0.03	0.25		0
39			大通			35.06		0.48	3.22		0.74
40			潘集	0.10		0			0.10		0
41			田家庵			23.39		0.97	12.24		0.14
42			谢家集			43.00		0.52	1.91		0.63
43		六安	霍邱	0.30		319.24		1.21	7.38		24.27
44			金安	0.93	15.95	196.92		0.05	3.42		13.10
45			寿县	66.00		451.02		5.04	23.56		2.47
46			舒城			118.21			0.20	0.12	18.75
47			裕安			168.96		0.07	2.29		14.37
48		马鞍山	花山			3.83			0		0
49			金家庄	0.11		2.29			0.22		0
50			孙赵	6.08	0.47	171.48			25.02		28.41
51			雨山			4.04			0.76		0.04

续表

序号	省份	市域	县区	解译播种面积/万亩							
				小麦	玉米	水稻	大豆	果园	裸地蔬菜	设施蔬菜	其他
52	安徽	铜陵	狮子山			2.10			0.15		0.23
53			铜陵			1.28			0.87		0.42
54			铜陵			53.78			2.89		9.52
55		芜湖	繁昌			21.71			0.52		12.11
56			镜湖			1.93			0		0
57			鸠江	0.50		18.46			2.01		0
58			南陵	12.50		76.69			4.54		18.82
59			三山			31.30			0		0
60			芜湖			113.77			2.87		0.16
61			弋江			14.18			0.39		0
62		宣城	广德			0.40			0		0
63			郎溪	0.01		98.53			22.02		18.17
64			宣州			173.23			0.03		5.33
65	河南	漯河	舞阳	10.56	10.09	0			1.19		0.03
66		南阳	邓州	213.76	121.64	10.39	6.80		92.45		22.37
67			方城	94.63	95.12	0		10.82	1.17		16.71
68			南召	0.14	0.04	0			0		0.01
69			内乡	29.75	26.46	3.22			3.23		0.02
70			社旗	107.88	98.86	0		1.26	5.96		21.99
71			唐河	213.47	157.15	9.87	53.12		30.33		7.41
72			桐柏	10.27	3.36	6.11			0		0
73			宛城	88.34	81.90	0			2.72		16.04
74			卧龙	58.46	37.53	0			3.18		37.89
75			淅川	20.67	20.34	0	0.02		0		4.52
76			新野	74.89	26.59	0	2.34		10.61		83.35
77			镇平	65.10	71.86	0			29.78		0.07
78		平顶山	宝丰	26.24	22.22	0	8.71	0.46	0.37		1.26
79			郏县	21.45	8.73	0	2.65	0.79	18.08		4.77
80			鲁山	32.68	27.15	0		0.76	11.47	0.97	0.38
81			汝州	0.83	0.86	0		0.19	0.25		0
82			卫东	2.82	0.23	0	0.19	0.73	0.27		0.39
83			舞钢	27.21	28.55	0		0.85	2.24		1.28
84			新华	0.58	0.52	0		2.67	2.65		0
85			叶县	73.73	53.78	0	1.89	2.21	18.19		0.21
86			湛河	5.36	4.38	0	0.34	1.24	5.43		0.11

序号	省份	市域	县区	解译播种面积/万亩							
				小麦	玉米	水稻	大豆	果园	裸地蔬菜	设施蔬菜	其他
87	河南	信阳市	固始	0.67		75.87			3.85		3.68
88		许昌	襄城	8.50	2.46	0	0.05		2.65		0.50
89		驻马店	泌阳	88.06	81.10	0		12.03	4.76		23.19
90			确山	21.42	30.82	0		2.97	23.81	0	0.33
91			遂平	6.59	5.92			0.96	0.11		0.65
92			西平	9.30	7.75	0		0.68	0		0
93			驿城	26.38	16.67	0		0.46	11.82		0.04
94	湖北	黄冈	黄梅	9.67	0.55	184.43			12.43	0.02	37.01
95			武穴	0.16		3.71			0.22		0.45
96		襄樊	樊城	19.93	0.61	17.60	1.21		5.25		1.28
97			老河口	49.69	9.43	36.82	2.51		0		0.26
98			襄城	4.17		3.12	1.82		0		0.77
99			襄阳	206.53	56.56	121.07	34.05		24.33		46.44
100			枣阳	114.43	19.41	90.30	7.74		12.18		14.98
101	江苏	常州	金坛	1.66		161.26			3.10		0.13
102			溧阳	0.87		186.57			9.07		22.17
103			戚墅堰			2.95			0		0
104			天宁			1.78			0		0
105			武进	0.04		187.95			0		13.47
106			新北	16.53		45.77			0.38		0.07
107			钟楼			1.08			0		0
108		淮安	楚州	40.59		44.89		0.22	5.92	0.30	0.26
109			洪泽	53.45	0.11	72.69	1.77	0.08	2.43		0.01
110			金湖	1.90	0.53	145.07	2.08	5.78	16.25	5.86	1.63
111			盱眙	69.07	23.22	295.97	7.22	2.37	15.46	0.03	3.13
112		南京	白下	0.18	0.18	0			0		0
113			高淳	1.00	0.01	64.05		2.15	5.30	0.24	65.41
114			建邺	1.10	1.10	0			0		0
115			江宁	62.29	2.35	76.02		2.00	18.55	1.62	31.21
116			溧水	31.60	1.93	85.69			20.64	0.83	25.29
117			六合	33.89	5.03	105.44	1.51	6.87	54.00	0.86	71.04
118			浦口	39.64	8.57	44.54		5.88	8.56	1.31	26.21
119			栖霞	3.97	3.09	4.85		3.76	13.34	0.05	6.31
120			下关	0.36	0.36	0			0		0
121			玄武	0.25	0.37	0		0.07	0		0
122			雨花台	0.95		0.95			0.66		0

续表

序号	省份	市域	县区	解译播种面积/万亩							
				小麦	玉米	水稻	大豆	果园	裸地蔬菜	设施蔬菜	其他
123			崇川	0.30		4.59			2.12		0
124			港闸	2.72		13.25			1.21	0.21	1.80
125			海安	40.18	18.94	196.18			22.91	0.23	18.56
126		南通	海门			133.07	11.82	0.05	71.97	0.27	36.66
127			南通	0.71		20.37	0.83		1.55		1.23
128			启东			110.69	22.04	0.08	82.09		44.09
129			如东	5.84	1.11	439.52	15.62		1.54		27.81
130			如皋	72.92		337.36			2.09	0.42	5.36
131			通州		0.17	223.91	23.96		61.01		40.11
132			常熟	1.40		156.45	9.51		4.99		4.75
133			虎丘			16.81			0		0
134			金阊			1.22			0		0
135			昆山			94.35			3.78		2.84
136		苏州	平江			0.20			0		0
137			太仓			77.37	15.38		3.80		6.31
138	江苏		吴江			108.10	3.35	0.08	3.31		33.10
139			吴中			26.72	1.53		1.03		2.94
140			相城			37.79	0.40		0.29		0.05
141			张家港			134.65	0		0.47		0.62
142			高港	20.63		21.11			4.74		0
143			海陵	10.53		8.83	1.45		7.09		1.53
144			姜堰	34.22	0.32	123.85	2.73		0.27		2.81
145		泰州	靖江	20.35		89.06			3.53		1.33
146			泰兴	51.66		163.67			14.77		1.09
147			泰州	4.88		4.22			2.07		0
148			兴化	141.38		163.19	8.80		5.23		9.77
149			滨湖	2.66	2.18	5.28		2.07	0		1.41
150			惠山			23.29		11.67	0		0
151			江阴	11.97		113.32			5.75		24.32
152		无锡	南长			0.07			0		0
153			无锡新			15.68			3.46		0
154			锡山	7.08		54.90			0.73		3.37
155			宜兴	8.84	8.84	177.21			4.94		1.41

序号	省份	市域	县区	解译播种面积/万亩							
				小麦	玉米	水稻	大豆	果园	裸地蔬菜	设施蔬菜	其他
156	江苏	盐城	滨海			28.13			0.11		17.63
157			大丰	53.92		442.87	3.40		48.17		69.25
158			东台	109.24	2.71	288.95	11.55		67.55		120.21
159			阜宁	19.58		103.43		0.60	3.77	0.38	3.55
160			建湖	33.25		141.91	10.23		5.29		10.81
161			射阳	1.16	0.43	349.04			59.89		140.67
162			亭湖	20.58		107.36	9.43		0.76		32.20
163			盐城	2.50		8.80			0.68		1.14
164			盐都	56.67		103.96	1.53		13.67		2.25
165		扬州	宝应	98.31	1.28	109.36	1.24	0.72	7.93	1.60	62.43
166			高邮	74.86	2.20	91.68	0.02	1.40	32.61	1.31	100.77
167			广陵	0.60	0.39	0.30			0.87		0
168			邗江	31.57	2.56	32.77		0.95	8.91	1.81	7.97
169			江都	82.38	0.59	104.41		0.80	5.35	1.95	39.14
170			维扬	1.97	0.05	2.29		0.75	0.67	0.30	0.39
171			扬州	0.89	0.39	1.75		0.28	1.29		1.54
172			仪征	58.29	1.23	62.10		4.10	14.59	2.60	6.01
173		镇江	丹徒	19.66	0.06	40.65		0.84	5.17	0.45	10.24
174			丹阳	34.33	4.33	128.85		1.02	6.53	0.73	20.28
175			京口	1.90		2.21			0.28		0.85
176			句容	95.27	3.26	105.23		4.33	7.68	0.94	21.48
177			润州	0.18	0.01	1.26		0.22	0.76		1.37
178			扬中	13.69	0.50	14.51		0.12	2.24		2.67
179			镇江	8.21	1.83	9.76		0.03	1.97		1.96
180	江西	抚州	东乡			1.69			0		0.13
181			临川			0.44			0		0.07
182		吉安	新干			0.50	0.16		0		0.16
183		景德镇	昌江			9.97			0		0
184			乐平			74.99			0.60		0
185		九江	德安			5.07			0		1.49
186			都昌			99.15	3.24		1.12		23.27
187			湖口			57.06		1.78	4.00		16.34
188			九江			12.75			1.15		0.02
189			庐山			11.37			0.96		0.02

续表

序号	省份	市域	县区	解译播种面积/万亩							
				小麦	玉米	水稻	大豆	果园	裸地蔬菜	设施蔬菜	其他
190	江西	九江	彭泽			58.05		0.04	1.66		19.92
191			星子			29.96			0		1.36
192			浔阳			0.02			0.23		0
193			永修			101.62	4.06		7.02		9.68
194		南昌	安义			19.28	0.90		9.78		0.90
195			进贤			182.25	0.60		2.37		26.93
196			南昌		0.44	196.58	6.55		9.95		23.43
197			青山湖			14.10	0.36		0.60		0.98
198			青云谱			0.73	0.02		0.05		0.09
199			湾里			1.28	0.01		0.71		0.01
200			西湖			1.11			0.01		0
201			新建			175.83	4.37		11.15		22.87
202		上饶	鄱阳		0.93	263.15	13.48		4.52		21.42
203			万年			56.45	0.93		1.43		2.76
204			余干		1.53	171.50	8.34		19.65		11.83
205		宜春	丰城			113.39	17.21		2.19		37.97
206			奉新			0.12			0.39		0
207			高安			51.12	4.61		0		4.61
208			樟树			68.90	4.35		4.14		4.35
209	上海	上海	宝山			24.27		0.44	0.28		0
210			崇明			184.85		14.69	28.06		2.78
211			奉贤			91.29		3.71	1.78		2.89
212			嘉定			47.48		4.23	0.82		0.05
213			金山			73.08			12.10		0.73
214			闵行			30.93		0.81	0.07		0.07
215			南汇			109.00		6.46	1.25		2.44
216			浦东			48.84		0.81	0.33		0.09
217			普陀			1.95			0		0
218			青浦			72.28		2.89	5.60		1.02
219			松江			69.37		0.73	3.61		0.10
220			徐汇			2.02			0		0.01
221			杨浦			1.79		0.03	0		0.02
222			闸北			0.01			0		0
223			长宁			1.80		0.04	0.05		0

序号	省份	市域	县区	解译播种面积/万亩							
				小麦	玉米	水稻	大豆	果园	裸地蔬菜	设施蔬菜	其他
224	浙江	杭州	余杭			2.26			0		0
225		湖州	安吉			4.67			0		0
226			德清	1.15		39.58	5.32		1.80	0.47	9.26
227			南浔	16.54		127.27	1.02		0		14.26
228			吴兴			58.34	2.52		0.04	0.09	7.97
229			长兴			81.59	16.89		0		17.40
230		嘉兴	海宁			103.56	3.51		4.40	1.45	3.84
231			海盐			70.64	5.73		6.76		6.45
232			嘉善			61.46	6.34	0.36	3.96		6.93
233			南湖			64.67			6.08	0.30	0.67
234			平湖			46.69	10.99	0.64	19.20		12.64
235			桐乡	6.57		136.21			1.38	4.68	0
236			秀洲	6.06		87.06	1.18		3.87	2.62	1.16
237	总计			4263.45	1566.95	17484.30	413.52	159.63	1963.27	35.32	2752.77

1. 水稻播种分布特征

在长江流域主要粮食基地（二）分区，水稻播种解译为早稻和晚稻两期，解译水稻播种总面积1.75亿亩，其中早稻播种面积7284.40万亩，涉及34个地市（表5.14，图5.23）；晚稻播种面积1.02亿亩，涉及37个地市（表5.14，图5.24）。

在长江流域主要粮食基地（二）分区，水稻播种分布面积较广，在沿长江流域渠系密集区水稻播种呈大面积连片分布，在沿海区及鄱阳湖区早、晚稻都有密集播种分布。其中在江苏省至浙江省沿海区、安徽省长丰至庐江、潜山一带，早稻播种分布面积呈连片分布。在鄱阳湖平原区，不仅早稻播种呈大面积分布，而且晚稻播种也呈面状分布，只有在河南省南阳地区晚稻播种零星分布。在安徽省与江苏省接壤区域，早稻播种也较少。

在长江流域主要粮食基地（二）分区，早稻播种分布面积较广，在南通、盐城、巢湖、六安和安庆等地区早稻播种面积都超过500万亩，在上海、滁州和合肥等地区早稻播种面积都介于200万~500万亩，在无锡、九江和泰州等地区早稻播种面积都介于100万~200万亩，其他地区都不足100万亩。在盐城、南通、滁州、六安、巢湖和安庆等地区，晚稻播种面积都超过500万亩，在合肥、泰州和扬州市等地区晚稻播种面积也都介于200万~500万亩，在湖州、芜湖、宣城和宜昌等地区晚稻播种面积都介于100万~200万亩。在黄冈、池州和马鞍山等12个地市区，晚稻播种面积都小于100万亩。

2. 小麦播种分布特征

在长江流域主要粮食基地（二）分区，解译小麦面积4263.45万亩，涉及30个地市

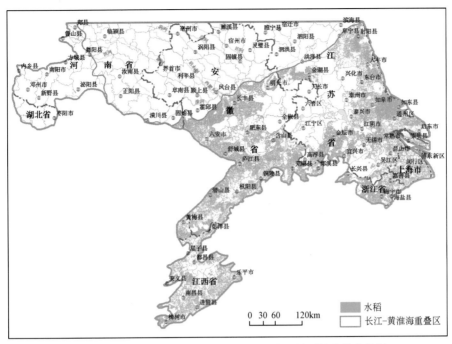

图 5.23　长江流域主要粮食基地（二）分区早稻播种分布特征

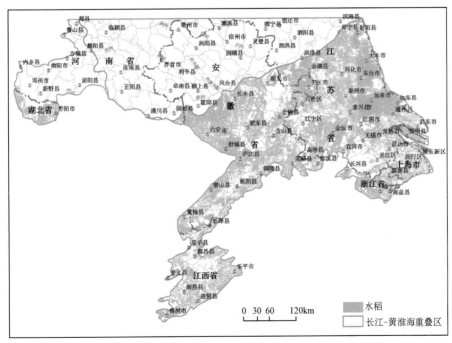

图 5.24　长江流域主要粮食基地（二）分区晚稻播种分布特征

（表 5.14，图 5.25）。以北纬 32°为界，在北纬 32°以北地区，小麦播种分布面积较大，呈面状分布；在北纬 32°以南地区，除江宁地区小麦播种较多之外，其他地区小麦播种面积较少。南阳和滁州地区小麦播种面积都大于 500 万亩，襄樊、扬州、盐城和泰州地区小麦播种面积都介于 200 万~500 万亩，平顶山、南京和镇江地区小麦播种面积都介于 100 万~200 万亩，其他地市区小麦播种面积都小于 100 万亩。

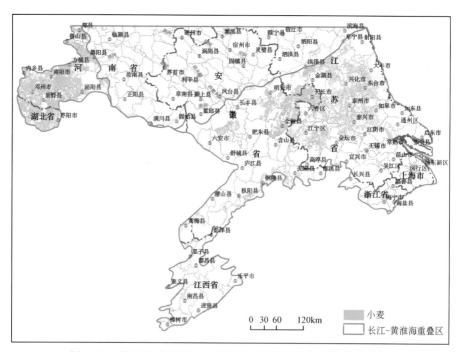

图 5.25　长江流域主要粮食基地（二）分区小麦播种分布特征

3. 玉米播种分布特征

在长江流域主要粮食基地（二）分区，解译玉米播种面积 1566.95 万亩，涉及 24 个地市（表 5.14，图 5.26）。（二）分区玉米播种分布特征与小麦播种分布特征相似，在北纬 32°以北地区玉米播种较多，在北纬 32°以南地区玉米播种较少。在南阳地区，玉米播种分布面积达 740.85 万亩。滁州、驻马店和平顶山地区玉米播种分布面积都在 100 万亩以上，其他地区玉米播种分布面积都小于 100 万亩。在河南省南阳与湖北省襄樊接壤地区，玉米播种呈大片面状分布。在安徽省嘉山至全椒一带，玉米播种分布也集中连片。其他地区玉米播种分布面积较少。

4. 大豆播种分布特征

在长江流域主要粮食基地（二）分区，解译大豆播种面积 413.52 万亩，仅占该区农作物总播面积的 1.44%，涉及 19 个地市（表 5.14，图 5.27）。（二）分区大豆播种主要分布于丘陵区，河流水系分布较为密集区大豆播种较少。在河南省与湖北省接壤区域，大豆播种分布面积较大。在鄱阳湖周边地势较高的丘陵区大豆播种面积也较大，而在低平原

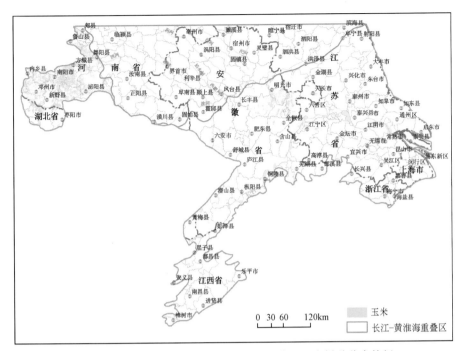

图 5.26　长江流域主要粮食基地（二）分区玉米播种分布特征

区域大豆播种面积分布极少。南通地区大豆播种面积 74.28 万亩，南阳地区大豆播种面积 62.29 万亩，在襄樊、盐城和苏州等地区大豆播种面积都介于 20 万 ~ 50 万亩，平顶山、泰州和南昌等地区大豆播种面积都小于 20 万亩。

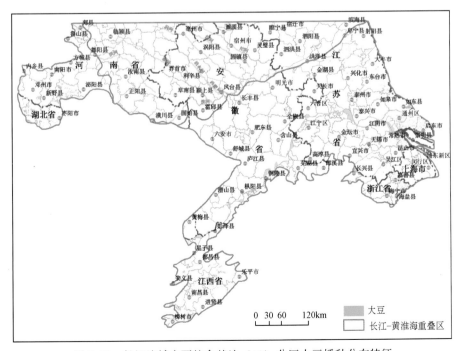

图 5.27　长江流域主要粮食基地（二）分区大豆播种分布特征

5. 蔬菜种植分布特征

在长江流域主要粮食基地（二）分区，解译蔬菜种植面积 1998.59 万亩，其中裸地蔬菜种植面积 1963.27 万亩，涉及 37 个地市；设施蔬菜种植面积 35.32 万亩，涉及 13 个地市（表 5.14，图 5.28、图 5.29）。（二）分区蔬菜种植主要分布在大中型城市周边和长江沿线。

裸地蔬菜种植解译了（春、秋季）两期。（二）分区春季裸地蔬菜种植面积 972.52 万亩，在南通、盐城和巢湖等地区，裸地蔬菜种植面积较大，都超过 50 万亩。在扬州、上海、淮安等地区，裸地蔬菜种植面积都介于 20 万 ~30 万亩。在南昌、泰州和驻马店等地区，裸地蔬菜种植面积都介于 10 万 ~20 万亩。在其他地区，裸地蔬菜种植面积较小，都不足 10 万亩。（二）分区秋季裸地蔬菜种植面积 990.74 万亩，总体分布特征与春季分布特征类似，主要集中在南阳、南通、盐城、巢湖和合肥等地区，裸地蔬菜种植面积都超过 50 万亩，设施蔬菜种植分布面积较小，主要分布在蚌埠、南昌和驻马店等 12 个地市。

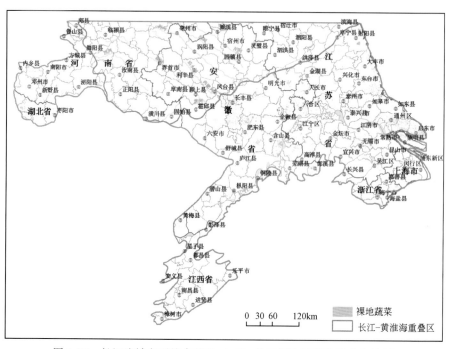

图 5.28　长江流域主要粮食基地（二）分区裸地蔬菜种植分布特征

6. 果园种植分布特征

在长江流域主要粮食基地（二）分区，解译果园种植面积 159.63 万亩，涉及 20 个地市（表 5.14，图 5.30）。该区果园种植面积分布较为分散，多分布于山区、丘陵地带，呈零星斑状分布。在上海、南京、无锡、驻马店和南阳等地区，果园种植分布面积较大，都超过 10 万亩。在扬州、滁州等地区，果园种植面积都不足 10 万亩。

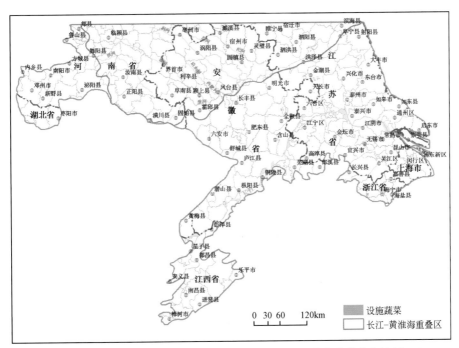

图 5.29　长江流域主要粮食基地（二）分区设施蔬菜种植分布特征

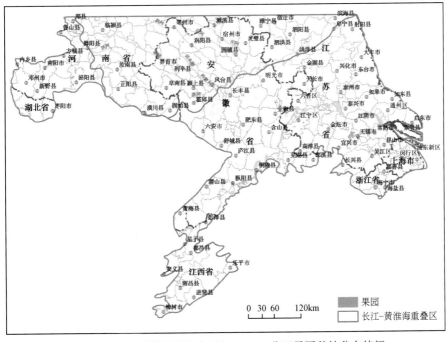

图 5.30　长江流域主要粮食基地（二）分区果园种植分布特征

7. 其他作物播种分布特征

在长江流域主要粮食基地（二）分区，解译其他作物播种面积 2752.77 万亩，主要为棉花、油菜等经济或油料作物，涉及 37 个地市（表 5.14，图 5.31、图 5.32）。在（二）分区东部沿海一带棉花播种分布较多，在长江沿线及鄱阳湖丘陵区油菜播种分布较多，多呈斑状分布。

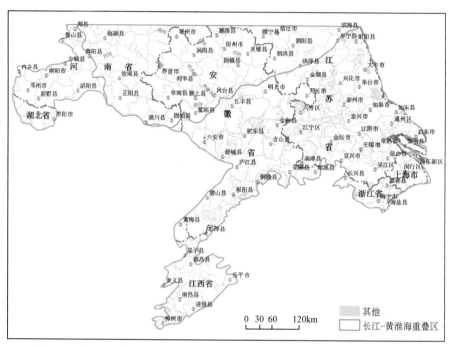

图 5.31　长江流域主要粮食基地（二）分区（夏季）其他作物播种分布特征

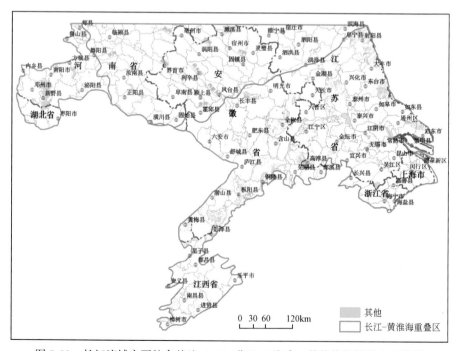

图 5.32　长江流域主要粮食基地（二）分区（秋季）其他作物播种分布特征

（二）分区春季其他作物播种面积 1644.42 万亩，主要作物为油菜，集中分布在盐城、南京和扬州等地区，播种面积都大于 100 万亩。在六安、巢湖、九江、南昌市等地区，其他作物播种面积都介于 50 万~100 万亩。在镇江、湖州和宜春等地区，其他作物播种面积都介于 20 万~50 万亩。在黄冈、泰州和芜湖等地区，其他作物播种面积均都小于 20 万亩。（二）分区秋季其他作物播种面积 1108.36 万亩，主要为棉花、花生等，在南阳、盐城、滁州和安庆等地区其他作物播种面积都超过 100 万亩。在扬州、南通和南京等地区，其他作物播种面积都介于 50 万~100 万亩。在襄樊、巢湖、马鞍山和常州等地区，其他作物播种面积都介于 20 万~50 万亩。其他 25 个地市，其他作物播种面积都小于 20 万亩。

5.3.2　遥感解译（二）分区农作物布局结构特征

农作物布局结构分布特征

在长江流域主要粮食基地（二）分区，水稻播种面积 17484.30 万亩，占该区农作物总播面积的 61.05%；冬小麦播种面积 4263.45 万亩，占总播面积的 14.89%；玉米播种面积 1566.95 万亩，占总播面积的 5.47%；大豆播种面积 413.52 万亩，占总播面积的 1.44%；裸地蔬菜种植面积 1963.27 万亩，占总播面积的 6.86%；设施蔬菜种植面积 35.32 万亩，占总播面积的 0.12%；果园种植面积 159.63 万亩，占总播面积的 0.56%；其他作物播种面积 2752.77 万亩，占总播面积的 9.61%（表 5.15、图 5.33~图 5.35）。

在长江流域主要粮食基地（二）分区，农作物主要有水稻、小麦，其次为玉米、大豆、果园、蔬菜及其他类作物，种植结构主要为"水稻一年两熟播种区"、"小麦-水稻一年两熟播种区"、"小麦-玉米一年两熟播种区"、"小麦-大豆一年两熟播种区"、"裸地蔬菜一年两熟种植区"和"其他作物一年两熟播种区"。"水稻一年两熟播种区"主要分布在长江流域沿线、江西省鄱阳湖平原区以及江苏和浙江省沿海区，呈连片分布。"小麦-水稻一年两熟播种区"主要分布湖北省襄樊市北部以及江苏省六合、江宁县及安徽省全椒县一带，呈大面积分布。"小麦-玉米一年两熟播种区"集中在河南省南阳、驻马店一带，呈大面积分布；安徽省明光市至全椒县地区"小麦-玉米一年两熟播种区"分布也较稠密。"小麦-大豆一年两熟区"分布局限，主要分布在河南省南阳市南部与湖北省襄樊市北部接壤地区，零星分布（图 5.33、图 5.34）。

表 5.15　长江流域主要粮食基地（二）分区粮蔬果作物种植（播种）结构特征

种植类型	作物类型	解译播种面积/万亩	播种比率/%	备注
粮食作物	水稻	17484.30	61.05	两期
	小麦	4263.45	14.89	
	玉米	1566.95	5.47	
油料作物	大豆	413.52	1.44	
其他作物	棉花、花生等	2752.77	9.61	
蔬菜	裸地蔬菜	1963.27	6.86	两期
	设施蔬菜	35.32	0.12	

种植类型	作物类型	解译播种面积/万亩	播种比率/%	备注
果园		159.63	0.56	
合计		28639.21		

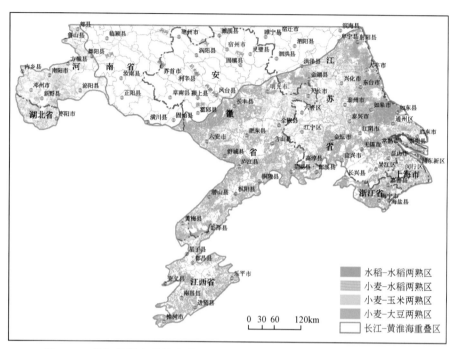

图5.33　长江流域主要粮食基地（二）分区主要粮食作物结构分布特征

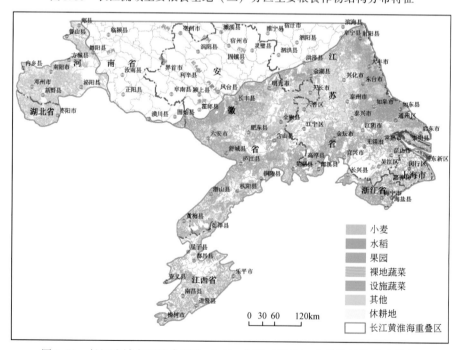

图5.34　长江流域主要粮食基地（二）分区（夏季）农作物结构分布特征

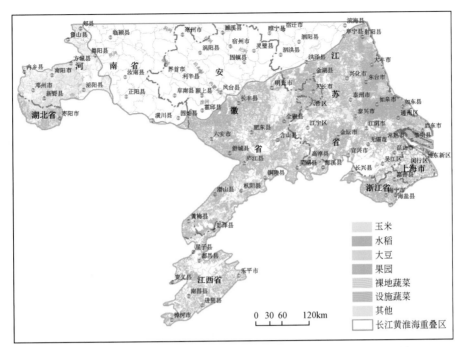

图 5.35　长江流域主要粮食基地（二）分区（秋季）农作物结构分布特征

5.3.3　遥感解译（二）分区农用井渠分布特征

1. 农田区渠系分布特征

在长江流域主要粮食基地（二）分区，南部为鄱阳湖，河流水系较为发育。解译渠系 16340 条，平均分布密度 0.63km/km²。其中一级渠系 9039 条，分布密度 0.42km/km²；二级渠系 2492 条，分布密度 0.11km/km²；三级渠系 4809 条，分布密度 0.10km/km²（表 5.16，图 5.36）。

表 5.16　长江流域主要粮食基地（二）分区渠系分布状况

序号	渠系级别	渠系数量/条	渠系长度/km
1	一级	9039	74410.15
2	二级	2492	18812.05
3	三级	4809	18046.22
合计		16340	111268.42

在长江流域主要粮食基地（二）分区，一级渠系主要为长江及浙江境内的钱塘江支流和主干渠，分布较广泛，渠系总长 74410.15km，呈密集不规则网状分布。二级渠系主要为干渠、主干渠的主支渠，多连接河流与耕地，主要分布在长江沿线、鄱阳湖周边及江

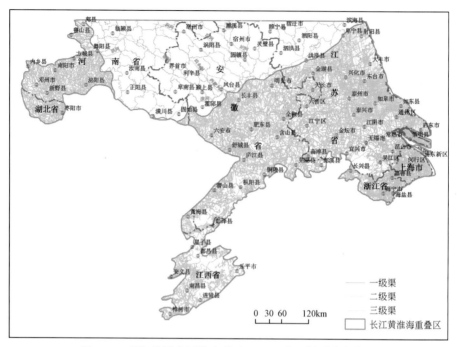

图 5.36　长江流域主要粮食基地（二）分区渠系分布特征

苏、浙江沿海区，渠系总长 18812.05km，呈树枝状分布。三级渠系主要集中在长江沿线及东部沿海区，东部沿海地区较稠密，向西变稀疏，呈网格状分布。

采用 1km×1km、2km×2km 和 5km×5km 的网度，建立指标体系如表 5.17 所示，长江流域主要粮食基地（二）分区渠系分布特征如图 5.37 ~ 图 5.39 所示。渠系最为密集地区位于东部江苏省、浙江省沿海区域及鄱阳湖区域，在 1km×1km、2km×2km 和 5km×5km 网度下该区渠系分布密度达六级或七级。在江苏、浙江省沿海区，渠系分布密度一至三级。在鄱阳湖地区，一级渠系较为发育。

表 5.17　长江流域主要粮食基地（二）分区渠系分布密度指标体系

（单位：km/km²）

渠系密度等级	不同网度下渠系密度的等级值域			渠系密度状况
	1km×1km	2km×2km	5km×5km	
一级	$0 \leq P \leq 0.2$	$0 \leq P \leq 0.2$	$0 \leq P \leq 0.2$	极稀疏
二级	$0.2 < P \leq 0.7$	$0.2 < P \leq 0.5$	$0.2 < P \leq 0.4$	稀疏
三级	$0.7 < P \leq 1$	$0.5 < P \leq 0.8$	$0.4 < P \leq 0.6$	较稀疏
四级	$1 < P \leq 1.5$	$0.8 < P \leq 1$	$0.6 < P \leq 1$	适中
五级	$1.5 < P \leq 2$	$1 < P \leq 1.5$	$1 < P \leq 1.2$	较稠密
六级	$2 < P \leq 2.5$	$1.5 < P \leq 2.3$	$1.2 < P \leq 1.6$	稠密
七级	$2.5 < P \leq 5.7$	$2 < P \leq 4.4$	$1.6 < P \leq 2.6$	极稠密

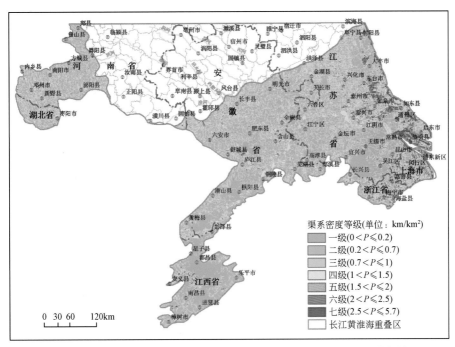

图 5.37　1km×1km 网度下长江流域主要粮食基地（二）分区渠系分布特征

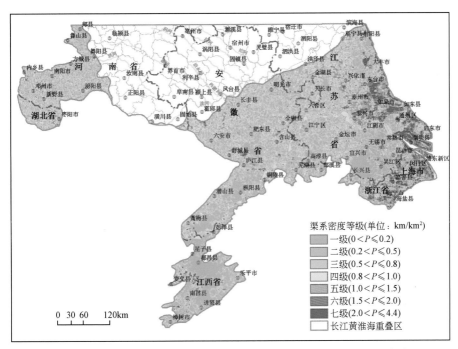

图 5.38　2km×2km 网度下长江流域主要粮食基地（二）分区渠系分布特征

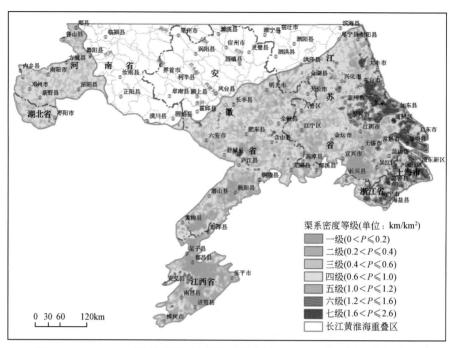

图 5.39　5km×5km 网度下长江流域主要粮食基地（二）分区渠系分布特征

2. 农田区地下水开采井分布特征

在长江流域主要粮食基地（二）分区，由于渠系较为密集，所以，农用井较少，该区解译农用井数量 27270 眼，平均分布密度 0.32 眼/km²（表 5.18，图 5.40）。农用井主要分布在（二）分区西部的河南省与湖北省襄樊市接壤地区，其中南阳地区农用井数量就达 17145 眼，平顶山地区 2113 眼和襄樊地区 2033 眼，占（二）分区农用井总数量的 78.07%。安徽省平原区农用井分布也较多，但分布密度稀疏。

表 5.18　长江流域主要粮食基地（二）分区农用井分布状况

省份	市域	县区	解译面积 /km²	农用井数量 /眼	农用井分布密度 /（眼/km²）
安徽	蚌埠	蚌山	43.77	1	0.02
		五河	6.81	1	0.15
	巢湖	和县	987.23	8	0.01
		居巢	1714.31	53	0.03
		庐江	1305.73	34	0.03
		无为	1124.71	29	0.03
		周伏	697.95	11	0.02

续表

省份	市域	县区	解译面积 /km²	农用井数量 /眼	农用井分布密度 /(眼/km²)
安徽	滁州	定远	3002.08	598	0.20
		凤阳	1646.89	181	0.11
		来安	1499.38	139	0.09
		明光	2144.87	61	0.03
		南谯	1278.75	35	0.03
		全椒	1568.78	48	0.03
		天长	1755.62	195	0.11
	合肥	肥东	2206.09	149	0.07
		肥西	2082.68	58	0.03
		庐阳	137.57	2	0.01
		长丰	1928.47	337	0.17
	淮南	大通	189.71	60	0.32
		田家庵	212.18	44	0.21
		谢家集	244.06	41	0.17
	六安	霍邱	1612.17	410	0.25
		金安	1243.38	37	0.03
		寿县	2337.79	558	0.24
		舒城	622.88	15	0.02
		裕安	1166.46	72	0.06
	马鞍山	花山	107.02	1	0.01
		金家庄	71.84	1	0.01
		孙赵	371.83	12	0.03
		雨山	172.15	9	0.05
河南	漯河	舞阳	98.24	68	0.69
	南阳	邓州	2342.47	5458	2.33
		方城	1437.01	1647	1.15
		内乡	346.68	727	2.10
		社旗	1156.82	1128	0.98
		唐河	2116.32	3390	1.60
		桐柏	178.86	98	0.55
		宛城	975.04	1066	1.09
		卧龙	744.03	792	1.06
		淅川	234.07	198	0.85
		新野	1066.17	1983	1.86
		镇平	923.67	658	0.71

续表

省份	市域	县区	解译面积/km²	农用井数量/眼	农用井分布密度/（眼/km²）
河南	平顶山	湛河	179.45	2	0.01
		宝丰	356.56	716	2.01
		郏县	378.96	313	0.83
		鲁山	449.55	524	1.17
		汝州	11.17	12	1.07
		卫东	110.87	1	0.01
		舞钢	613.33	30	0.05
		新华	125.17	23	0.18
		叶县	782.84	494	0.63
	信阳	固始	405.87	110	0.27
	许昌	襄城	116.53	8	0.07
	驻马店	泌阳	2528.27	182	0.07
		确山	620.44	62	0.10
		遂平	146.71	35	0.24
		西平	135.48	2	0.01
		驿城	285.25	58	0.20
湖北	襄樊	樊城	349.73	71	0.20
		老河口	506.68	76	0.15
		襄城	64.04	17	0.27
		襄阳	2284.07	971	0.43
		枣阳	1281.80	898	0.70
江苏	常州	金坛	375.19	6	0.02
		溧阳	297.80	8	0.03
	淮安	楚州	481.79	86	0.18
		洪泽	839.63	120	0.14
		金湖	1379.09	182	0.13
		盱眙	2344.72	193	0.08
	南京	建邺	82.98	20	0.24
		江宁	1578.92	18	0.01
		溧水	693.47	8	0.01
		六合	1472.08	233	0.16
		浦口	910.98	41	0.05
		栖霞	381.33	18	0.05
		雨花台	132.47	5	0.04

续表

省份	市域	县区	解译面积/km²	农用井数量/眼	农用井分布密度/(眼/km²)
江苏	南通	如东	122.75	6	0.05
	泰州	泰州	29.02	1	0.03
		兴化	1090.95	17	0.02
	盐城	滨海	198.14	23	0.12
		东台	51.95	2	0.04
		阜宁	700.65	137	0.20
		建湖	1157.84	96	0.08
		射阳	2546.06	147	0.06
		亭湖区	510.67	7	0.01
		盐城	74.98	2	0.03
		盐都	477.86	8	0.02
	扬州	宝应	1463.43	226	0.15
		高邮	1924.38	121	0.06
		邗江	699.63	100	0.14
		江都	1311.53	33	0.03
		维扬	111.31	16	0.14
		扬州	88.35	4	0.05
		仪征	903.14	201	0.22
	镇江	丹徒	583.73	24	0.04
		丹阳	192.12	6	0.03
		句容	1379.33	135	0.10
		润州	124.19	2	0.02

采用 1km×1km、5km×5km、10km×10km 和 20km×20km 的网度，建立指标体系如表 5.19 所示，长江流域主要粮食基地（二）分区农用井分布特征如图 5.41～图 5.44 所示。在（二）分区西南部的河南省南阳、驻马店地区，在 1km×1km、5km×5km、10km×10km 和 20km×20km 的网度下农用井分布密度达六级至七级。在南部鄱阳湖地区东部江苏省北部地区、浙江省沿海一带，农用井分布密度不超过三级。

表 5.19　长江流域主要粮食基地（二）分区农用井分布密度指标体系　　（单位：眼/km²）

井密度等级	各网度井密度等级值域				农用井密度状况
	1km×1km	5km×5km	10km×10km	20km×20km	
一级	$0 \leqslant Q \leqslant 0.5$	$0 \leqslant Q \leqslant 0.2$	$0 \leqslant Q \leqslant 0.2$	$0 \leqslant Q \leqslant 0.1$	极稀疏
二级	$0.5 < Q \leqslant 2$	$0.2 < Q \leqslant 1$	$0.2 < Q \leqslant 1$	$0.1 < Q \leqslant 0.5$	稀疏
三级	$2 < Q \leqslant 4$	$1 < Q \leqslant 2$	$1 < Q \leqslant 1.5$	$0.5 < Q \leqslant 1$	较稀疏
四级	$4 < Q \leqslant 7$	$2 < Q \leqslant 3.5$	$1.5 < Q \leqslant 3$	$1 < Q \leqslant 2$	适中
五级	$7 < Q \leqslant 11$	$3.5 < Q \leqslant 6$	$3 < Q \leqslant 4.5$	$2 < Q \leqslant 3$	较稠密
六级	$11 < Q \leqslant 16$	$6 < Q \leqslant 9$	$4.5 < Q \leqslant 6.5$	$3 < Q \leqslant 4.5$	稠密
七级	$16 < Q \leqslant 32.7$	$9 < Q \leqslant 14.8$	$6.5 < Q \leqslant 9.1$	$4.5 < Q \leqslant 6.3$	极稠密

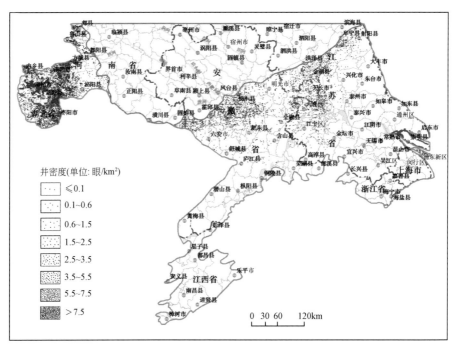

图 5.40 长江流域主要粮食基地(二)分区农用井分布特征

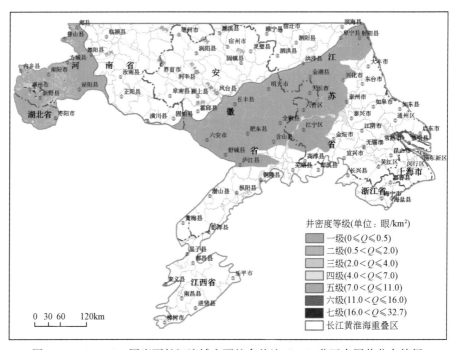

图 5.41 1km×1km 网度下长江流域主要粮食基地(二)分区农用井分布特征

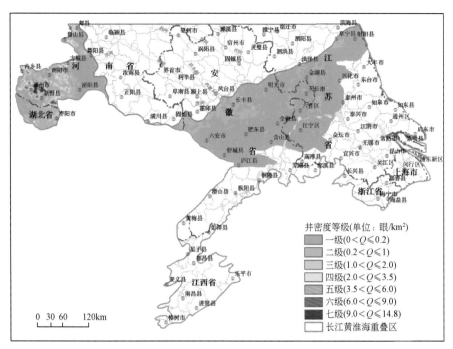

图 5.42　5km×5km 网度下长江流域主要粮食基地（二）分区农用井分布特征

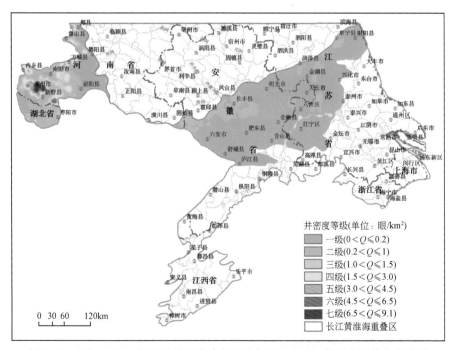

图 5.43　10km×10km 网度下长江流域主要粮食基地（二）分区农用井分布特征

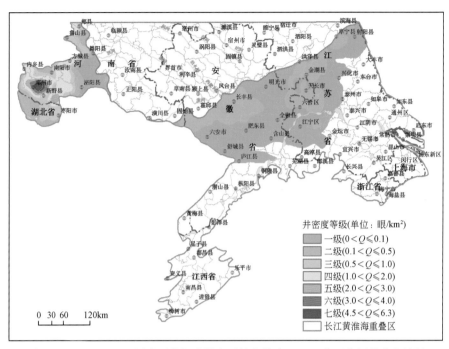

图 5.44　20km×20km 网度下长江流域主要粮食基地（二）分区农用井分布特征

5.4　长江流域主要粮食基地（三）分区特征

5.4.1　遥感解译（三）分区农作物播种分布特征

在长江流域主要粮食基地（三）分区，即江汉平原，农作物播种为一年两熟，主要作物及其生长期如表 5.20 所示。根据（三）分区作物的物候历，该区农作物播种范围、分布特征和作物布局结构遥感解译分为两期：第一期以 4～6 月数据为主，重点解译冬小麦、早稻等作物；第二期以 8～9 月数据为主，重点解译晚稻、玉米等。在上述解译过程中，兼顾了各时期的果园、蔬菜和其他类作物。

表 5.20　长江流域主要粮食基地（三）分区各类作物生长周期

序号	作物类型	作物生长期	最佳解译时相	备注
1	冬小麦	10 月至次年 5 月	3、4 月	
2	玉米	6～10 月	8 月	
3	大豆	6～9 月	8 月	
4	早稻	4～7 月	5 月	
5	晚稻	7～10 月	8 月	
6	油菜	10 月至次年 5 月	4、5 月	

序号	作物类型	作物生长期	最佳解译时相	备注
7	棉花	4～10 月	8 月	
8	花生	4～9 月	8 月	

在长江流域主要粮食基地（三）分区，解译范围面积 4.60 万 km²，解译各类作物图斑 320770 个，农作物总播面积 8046.61 万亩，以水稻为主，其次为油菜、棉花等作物，冬小麦、玉米、大豆、果园和蔬菜播种面积较少（图 5.45、图 5.46）。

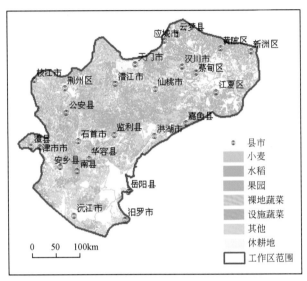

图 5.45　长江流域主要粮食基地（三）分区夏季农作物分布状况

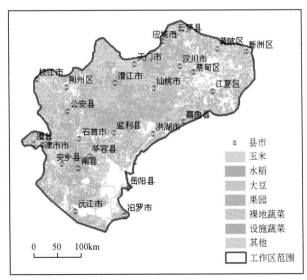

图 5.46　长江流域主要粮食基地（三）分区秋季农作物分布状况

1. 水稻播种分布特征

在长江流域主要粮食基地（三）分区，水稻播种分为早稻和晚稻播种两期，解译水稻播种总面积4205.40万亩，其中（三）分区早稻播种面积1975.40万亩，晚稻面积为2230.00万亩，涉及13个地级市的63个县区（表5.21，图5.47、图5.48）。该区早稻播种分布面积较广，其中荆州地区早稻播种分布面积达639.23万亩。在武汉和孝感地区，早稻播种分布面积都介于200万~500万亩。在岳阳、黄冈、常德和益阳地区，早稻播种分布面积都介于50万~200万亩。在其他地区，早稻播种分布面积都小于50万亩。（三）分区晚稻播种分布情况与早稻播种分布特征相似，荆州地区晚稻播种分布面积达662.99万亩。在武汉、孝感、益阳等地区，晚稻播种分布面积都介于200万~500万亩。在黄冈、常德、岳阳地区，晚稻播种分布面积都介于100万~200万亩。在其他地区，晚稻播种分布面积都小于50万亩。

在区域分布上，长江流域主要粮食基地（三）分区水稻播种具有广布特征，在荆州、武汉和孝感地区水稻播种呈连片大面积分布，这里河流水系发育，渠系密布。但在丘陵区，水稻呈零星状、条带状分布，渠系分布较少。

表5.21 长江流域主要粮食基地（三）分区水稻播种状况

序号	省份	市域	县区	解译播种面积/万亩	
				早稻	晚稻
1	湖北	鄂州	鄂城	3.14	5.08
2			华容	25.35	25.59
3			梁子湖	20.21	18.72
4		黄冈	红安	0.42	0.23
5			黄梅	87.20	97.23
6			黄州	2.16	1.90
7			团风	7.12	7.54
8			武穴	1.74	1.97
9		黄石	大冶	1.52	1.30
10		荆门	京山	3.09	3.20
11			沙洋	28.26	28.22
12			钟祥	7.51	7.57
13		荆州	公安	111.87	115.13
14			洪湖	122.63	134.51
15			监利	197.40	201.02
16			江陵	64.32	65.14
17			荆州	31.23	30.31
18			沙市	20.34	20.49
19			石首	62.96	67.70
20			松滋	28.46	28.69

序号	省份	市域	县区	解译播种面积/万亩	
				早稻	晚稻
21	湖北	省直	潜江	82.15	91.87
22			天门	57.68	66.78
23			仙桃	161.21	176.05
24		武汉	蔡甸	32.04	29.61
25			东西湖	17.24	16.33
26			汉南	3.37	7.03
27			汉阳	0	0
28			洪山	5.83	6.32
29			黄陂	70.36	52.24
30			江岸	0	0
31			江汉	0	0
32			江夏	100.34	85.21
33			硚口	0	0
34			青山	0.03	0
35			武昌	0	0
36			新洲	47.37	47.52
37		咸宁	赤壁	0.86	0.70
38			嘉鱼	47.11	40.46
39		孝感	安陆	2.28	0.64
40			汉川	66.25	70.43
41			孝昌	10.65	6.18
42			孝南	66.04	52.63
43			应城	42.26	42.04
44			云梦	39.42	36.79
45		宜昌	当阳	1.69	1.72
46			枝江	9.21	8.38
47	湖南	益阳	南县	41.86	83.09
48			沅江	37.07	101.63
49			资阳	2.32	16.10
50		岳阳	华容	55.06	81.41
51			君山	23.21	22.99
52			临湘	5.15	6.85
53			汨罗	2.66	14.35
54			湘阴	17.27	36.28

续表

序号	省份	市域	县区	解译播种面积/万亩	
				早稻	晚稻
55	湖南	岳阳	岳阳楼	0	0
56			岳阳	2.13	3.68
57			云溪	1.14	1.06
58		常德	安乡	33.81	44.70
59			鼎城	21.60	36.55
60			汉寿	13.72	32.15
61			津市	9.29	15.01
62			澧县	18.47	31.00
63			临澧	0.29	2.71
合计				1975.40	2230.00

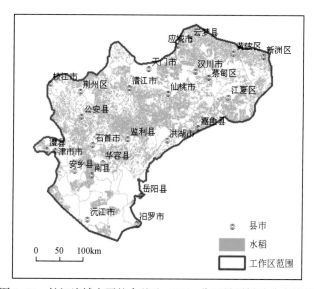

图 5.47　长江流域主要粮食基地（三）分区早稻播种分布特征

2. 小麦播种分布特征

在长江流域主要粮食基地（三）分区，解译冬小麦播种面积 75.73 万亩，仅分布在黄冈、荆州等地区的 9 个县区（表 5.22，图 5.49）。该分区小麦播种分布面积仅占该分区农作物总播面积的 0.94%，主要集中在公安、潜江、监利和荆州地区。其中公安、潜江、监利和荆州 4 个县区小麦播种分布面积都大于 10 万亩，江陵和黄梅地区小麦播种分布面积都介于 5 万～10 万亩，其他地区小麦播种分布面积小于 5 万亩。

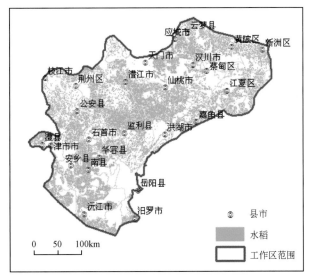

图 5.48　长江流域主要粮食基地（三）分区晚稻播种分布特征

表 5.22　长江流域主要粮食基地（三）分区小麦播种分布状况

序号	省份（自治区）	市域	县区	解译小麦播种面积/万亩
1		黄冈	黄梅	9.67
2			武穴	0.16
3		省直	潜江	13.47
4	湖北		公安	17.14
5			监利	13.28
6		荆州	江陵	9.77
7			荆州	12.03
8			石首	0.09
9			松滋	0.11
合计				75.73

3. 玉米播种分布特征

在长江流域主要粮食基地（三）分区，解译玉米播种分布面积 57.86 万亩，主要分布于荆州、黄冈和武汉地区的 8 个县区内（表 5.23，图 5.50）。在监利、潜江和荆州县区，玉米播种分布面积分别为 19.93 万亩、14.25 万亩和 12.06 万亩，占（三）分区玉米总播面积的 79.92%。在其他地区，玉米播种面积较少。

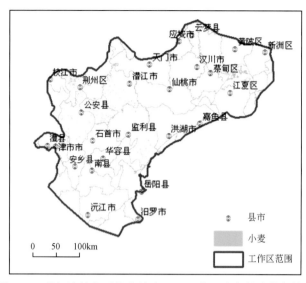

图 5.49　长江流域主要粮食基地（三）分区小麦播种分布特征

表 5.23　长江流域主要粮食基地（三）分区玉米播种分布状况

序号	省份（自治区）	市域	县区	解译玉米播种面积/万亩
1	湖北	荆州	监利	19.93
2			江陵	9.82
3			荆州	12.06
4			石首	0.22
5		黄冈	黄梅	0.55
6		省直	潜江	14.25
7		武汉	东西湖	0.10
8			新洲	0.94
合计				57.86

4. 蔬菜种植分布特征

在长江流域主要粮食基地（三）分区，解译蔬菜种植面积 1137.08 万亩，东部地区蔬菜种植分布密集，南部较密集，西部稀疏。（三）分区裸地蔬菜 1129.09 万亩（表 5.24，图 5.51、图 5.52），设施蔬菜为 7.99 万亩（表 5.24，图 5.53），涉及 63 个县区。在（三）分区的武汉等地区蔬菜种植分布面积都大于 100 万亩，孝感和荆州地区都介于 50 万~100 万亩，岳阳和常德地区蔬菜种植分布面积都介于 30 万~50 万亩。在其他县区，蔬菜种植分布面积都小于 30 万亩。在长江流域主要粮食基地（三）分区，设施蔬菜呈零星点状分布。

在长江流域主要粮食基地（三）分区，蔬菜种植面积大县区较多，如天门地区蔬菜种植面积达 155.77 万亩，孝感市汉川地区蔬菜种植面积 151.16 万亩，荆州市监利地区蔬菜

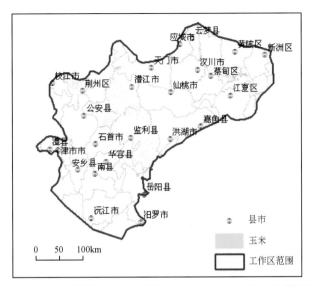

图 5.50　长江流域主要粮食基地（三）分区玉米播种分布特征

种植面积 56.56 万亩，岳阳市华容地区蔬菜种植面积 50.09 万亩，武汉市蔡甸地区蔬菜种植面积 41.49 万亩，沙洋、石首、江夏、安乡和澧县等蔬菜种植面积都在 30 万亩以上（表 5.24）。

表 5.24　长江流域主要粮食基地（三）分区蔬菜种植分布状况

序号	省份	市域	县区	解译种植面积/万亩		
				裸地蔬菜		设施蔬菜
				夏季	秋季	
1	湖北	鄂州	鄂城	0.39	0.46	
2			华容	5.50	4.46	
3			梁子湖	2.98	0.94	
4		黄冈	红安	0	0	
5			黄梅	6.84	5.59	0.02
6			黄州	1.03	0.68	
7			团风	1.19	0.67	
8			武穴	0.11	0.11	
9		黄石	大冶	0.19	0	
10		荆门	京山	4.82	4.82	
11			沙洋	18.56	18.73	
12			钟祥	0.01	0.02	

续表

| 序号 | 省份 | 市域 | 县区 | 解译种植面积/万亩 | | 设施蔬菜 |
| | | | | 裸地蔬菜 | | |
				夏季	秋季	
13	湖北	荆州	公安	7.39	7.39	
14			洪湖	0.14	0.03	0.41
15			监利	26.61	29.95	
16			江陵	11.67	11.81	0.49
17			荆州	3.35	3.14	1.67
18			沙市	8.51	10.19	1.63
19			石首	17.47	18.65	0.12
20			松滋	8.19	8.27	0.03
21		省直	潜江	9.94	9.93	
22			天门	77.22	78.55	
23			仙桃	14.06	14.74	
24		武汉	蔡甸	19.79	21.70	
25			东西湖	12.60	11.93	
26			汉南	14.81	11.87	
27			汉阳	1.22	0.93	
28			洪山	15.57	14.03	
29			黄陂	15.91	13.85	
30			江岸	0.40	0.17	
31			江汉	0.07	0.06	
32			江夏	20.92	14.77	
33			硚口	0.15	0.14	
34			青山	0.62	0.45	
35			武昌	0.62	0.55	
36			新洲	15.48	6.46	
37		咸宁	赤壁	5.06	5.82	
38			嘉鱼	4.20	7.64	
39		孝感	安陆	0.12	0	
40			汉川	75.00	76.16	
41			孝昌	0.20	2.12	
42			孝南	6.58	5.42	
43			应城	9.51	12.25	
44			云梦	3.58	2.68	
45		宜昌	当阳	0.32	0.32	
46			枝江	1.73	1.57	0.90

续表

序号	省份	市域	县区	解译种植面积/万亩		
				裸地蔬菜		设施蔬菜
				夏季	秋季	
47	湖南	益阳	南县	15.40	13.78	
48			沅江	7.35	7.42	
49			资阳	2.57	1.06	
50		岳阳	华容	25.89	24.20	
51			君山	10.80	13.00	0.77
52			临湘	0.33	0.78	1.95
53			汨罗	3.17	2.91	
54			湘阴	3.84	4.21	
55			岳阳楼	0.22	0.22	
56			岳阳	4.27	4.25	
57			云溪	0.07	0.19	
58		常德	安乡	14.79	16.10	
59			鼎城区	12.97	10.55	
60			汉寿	1.22	1.21	
61			津市	0.98	0.99	
62			澧县	17.68	14.31	
63			临澧	0.85	0.84	
合计				573.04	556.05	7.99

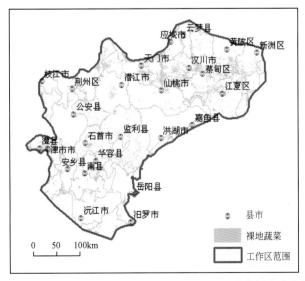

图 5.51　长江流域主要粮食基地（三）分区夏季蔬菜播种分布特征

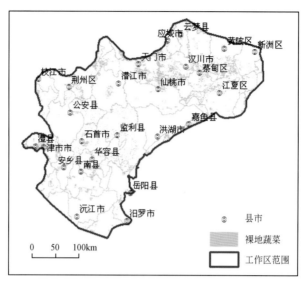

图 5.52　长江流域主要粮食基地（三）分区秋季蔬菜播种分布特征

图 5.53　长江流域主要粮食基地（三）分区设施蔬菜播种分布特征

5. 果园种植分布特征

在长江流域主要粮食基地（三）分区，解译果园种植分布面积 23.16 万亩（表 5.25，图 5.54），主要分布在丘陵区或村庄附近，呈零星分布。在黄陂和公安地区，果园种植分布面积都大于 5 万亩。在其他各县区，果园种植面积都小于 5 万亩。

表 5.25　长江流域主要粮食基地（三）分区果园种植状况

序号	省份	市域	县区	解译果园种植面积/万亩
1	湖北	黄冈	红安	0.30
2		省直	潜江	0.53
3		武汉	蔡甸	1.79
4			洪山	1.18
5			黄陂	7.12
6			江夏	0.40
7			新洲	0.15
8		咸宁	嘉鱼	0.79
9		孝感	安陆	0.02
10			汉川	0.60
11			孝昌	1.84
12			应城	1.34
13		荆州	公安	7.10
合计				23.16

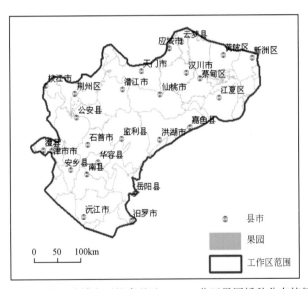

图 5.54　长江流域主要粮食基地（三）分区果园播种分布特征

5.4.2　遥感解译（三）分区农作物结构特征

在长江流域主要粮食基地（三）分区，农作物播种分布面积以水稻为主，其次为大豆、小麦等。在该区作物总播种面积中，水稻播种面积占 52.26%，为 4205.40 万亩；冬小麦播种面积占 0.94%，为 75.73 万亩；玉米播种面积占 0.72%，为 57.86 万亩；大豆播种面积占 1.69%，为 136.19 万亩；蔬菜种植面积占 14.13%，为 1137.08 万亩；果园种植面积占 0.29%，为 23.16 万亩；其他类作物面积占 29.97%，为 2411.19 万亩。其中"水稻一年两熟播种区"和"蔬菜一年两熟播种区"广布，"水稻-大豆一年两熟播种区"、"水稻-玉米一年两熟播种区"和"水稻-小麦一年两熟播种区"也呈片分布，但不如"水稻一年两熟播种区"分布广泛。

5.4.3　遥感解译（三）分区井渠系分布特征

1. 渠系分布特征

在长江流域主要粮食基地（三）分区，河流纵横交错，湖泊星罗棋布，解译渠 4278 条，渠总长 45635.45km，分布密度 1.62km/km²，其中一级渠系 2191 条，主要为河流及其支流，渠系长度 37292.42km，分布密度 1.33km/km²；二级渠系 849 条，分布密度 0.23km/km²，主要贯穿一级渠系和灌溉地，多呈网脉状分布；三级渠 507 条，分布密度 0.07km/km²，分布长度较短，多位于田间、呈网格状分布（图5.55）。

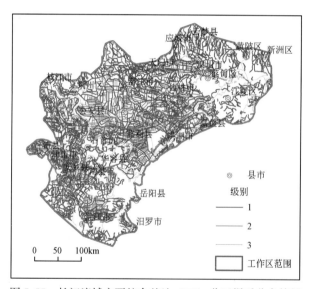

图 5.55　长江流域主要粮食基地（三）分区渠系分布特征

在 1km×1km、2km×2km 和 5km×5km 网度下，该区渠系密度多在三级以上。在长江流域主要粮食基地（三）分区的中部，渠系密度大；在南部及北部，渠系分布密度稀疏。在长江沿线地区，渠系密度可达六级、七级（图5.56～图5.58）。其中在（三）分区中部的石首、监利和洪湖地区渠密度达六级、七级，在天门、沅江地区渠系密度也较大。而在（三）分区南部、北部地区，渠系分布密度较稀疏，介于一至四级。

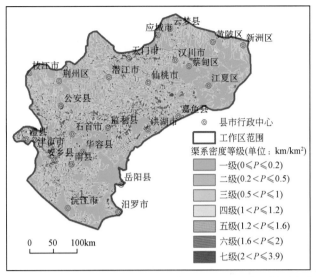

图 5.56　网度 1km×1km 下长江流域主要粮食基地（三）分区渠系密度分布特征

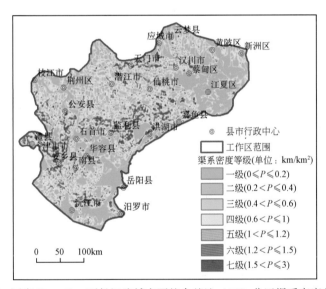

图 5.57　网度 2km×2km 下长江流域主要粮食基地（三）分区渠系密度分布特征

2. 农业区地下水开采井分布特征

在长江流域主要粮食基地（三）分区，解译农用井数量 581 眼，主要分布在公安、潜江、天门和仙桃地区（表 5.26，图 5.59）。农用井较多的县区有，荆州市江陵地区农用井数量 116 眼、公安地区农用井数量 82 眼、荆州区农用井数量 44 眼，湖北省仙桃地区农用井数量 65 眼，松滋、潜江和天门地区农用井数量都 30 眼以上。农用井分布密度较大县区是荆州、沙市、江陵和京山县区，农用井分布密度介于 0.12~0.27 眼/km²。（三）分区的大部分地区，农用井分布密度小于 0.05 眼/km²。

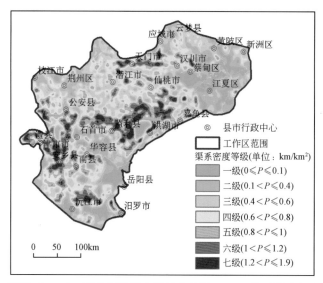

图5.58 网度5km×5km下长江流域主要粮食基地（三）分区渠系密度分布特征

表5.26 长江流域主要粮食基地（三）分农用井分布特征

序号	省份	市域	县区	解译面积/km²	农用井数量/眼	农用井分布密度/(眼/km²)
1			京山	201.61	24	0.12
2		荆门	沙洋	152.24	13	0.09
3			钟祥	291.05	26	0.09
4			公安	1762.50	82	0.05
5			洪湖	72.42	1	0.01
6			监利	564.70	22	0.04
7			江陵	992.85	116	0.12
8		荆州	荆州	163.48	44	0.27
9	湖北		沙市	153.45	32	0.21
10			石首	109.17	2	0.02
11			松滋	377.48	38	0.10
12			潜江	1977.60	35	0.02
13		省直	天门	2193.04	38	0.02
14			仙桃	1169.38	65	0.06
15		武汉	蔡甸	313.45	16	0.05
16			安陆	100.00	2	0.02
17		孝感	汉川	1292.25	22	0.02
18			应城	186.60	3	0.02

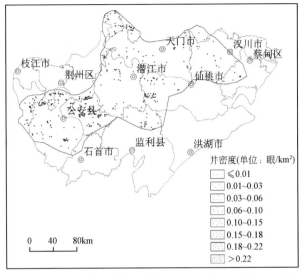

图 5.59　长江流域主要粮食基地（三）分区农用井分布特征

5.5　小　　结

（1）长江流域主要粮食基地位于成都平原、两湖平原和长江流域中下游平原区，涉及安徽、湖北、湖南、江西、浙江和四川省等的 90 个地级市，农作物播种以一年两熟为主，包括"水稻一年两熟播种区"、"小麦-水稻一年两熟播种区"、"小麦-玉米一年两熟播种区"、"小麦-大豆一年两熟播种区"、"裸地蔬菜一年两熟播种区"和"其他作物一年两熟播种区"等，根据该区农作物的物候历，采用 4~5 月和 8~9 月两期遥感数据为主，重点解译早稻、晚稻、冬小麦和玉米等粮食作物播种状况，兼顾了蔬菜、果园和其他类作物播种状况解译。

（2）在长江流域主要粮食基地（一）分区，解译范围面积 1.85 万 km²，农作物总播面积 3270.67 万亩，其中水稻播种面积 1320.52 万亩，包括早稻播种面积 69.37 万亩和晚稻播种面积 1251.15 万亩，占农作物总播面积的 40.37%；小麦播种面积 734.92 万亩，占总播面积的 22.47%；玉米播种面积 113.89 万亩，占总播面积的 3.48%；蔬菜种植面积 241.42 万亩，占总播面积的 7.38%；果园种植面积 100.40 万亩，占总播面积的 3.07%；其他作物播种面积 759.52 万亩，占总播面积的 23.22%，主要为油菜、棉花、花生、洋芋和红薯等作物。该区解译渠系 10858 条，总长度 22642.42km，其中一级渠 1943 条，分布密度 0.58km/km²；二级渠 2853 条，分布密度 0.34km/km²；三级渠 6062 条，分布密度 0.30km/km²。区内农用井较少，解译农用井数量仅 2523 眼。

（3）在长江流域主要粮食基地（二）分区，解译范围面积 22.06 万 km²，农作物总播面积 2.86 亿亩，其中水稻播种面积 17484.30 万亩，占总播面积的 61.05%；冬小麦播种面积 4263.45 万亩，占总播面积的 14.89%；玉米播种面积 1566.95 万亩，占总播面积的 5.47%；大豆播种面积 413.52 万亩，占总播面积的 1.44%；裸地蔬菜播种面积 1963.27

万亩，占总播面积的 6.86%；设施蔬菜播种面积 35.32 万亩，占总播面积的 0.12%；果园种植面积 159.63 万亩，占总播面积的 0.56%。该区解译渠系 16340 条，总长度 74410.15km，其中一级渠系 9039 条，分布密度 0.42km/km²；二级渠系 2492 条，分布密度 0.11km/km²；三级渠系 4809 条，分布密度 0.10km/km²。区内农用井解译数量 27270 眼，平均分布密度 0.32 眼/km²，主要分布在河南省南阳和平顶山、湖北省襄樊地区和安徽省平原区。

（4）在长江流域主要粮食基地（三）分区，解译范围面积 4.60 万 km²，农作物总播面积 8046.61 万亩，其中水稻播种面积 4205.4 万亩，占总播面积的 52.26%；大豆播种面积 136.19 万亩，占总播面积的 1.69%；冬小麦播种面积 75.73 万亩，占总播面积的 0.94%；玉米播种面积 57.86 万亩，占总播面积的 0.72%；蔬菜种植面积 1137.08 万亩，占总播面积的 14.13%；果园种植面积 23.16 万亩，占总播面积的 0.29%；其他类作物播种面积 2411.19 万亩，占总播面积的 29.97%。该区解译渠 4278 条，渠总长度 45635.45km，其中一级渠 2191 条，分布密度 1.33km/km²；二级渠 849 条，分布密度 0.23km/km²；三级渠 507 条，分布密度 0.07km/km²。区内解译农用井数量 581 眼，主要分布在公安、潜江、天门和仙桃地区。

（5）在长江流域主要粮食基地，粮食作物中水稻播种分布面积占主导，水稻播种面积占该区农作物总播面积的 57.64%，为 23010.22 万亩；其次，小麦播种面积占总播面积的 12.71%，为 5074.1 万亩；玉米播种面积占总播面积的 4.36%，为 1738.7 万亩；大豆播种面积占总播面积的 1.38%，为 549.71 万亩。蔬菜种植面积 3377.09 万亩，占总播面积的 8.46%；果园种植面积 283.19 万亩，占总播面积的 0.71%。其他作物播种面积，占总播面积的 14.74%。该区解译渠系 30745 条，总长度 142688km，其中一级渠 13173 条，分布密度 0.78km/km²；二级渠 6194 条，分布密度 0.23km/km²；三级渠 11378 条，分布密度 0.16km/km²。区内农用井较少，解译农用井数量 30374 眼，分布密度 0.11 眼/km²。

第6章 主要粮食基地农业种植及地下水开发利用概况

本章介绍我国小麦、玉米、水稻、大豆、蔬菜和鲜果主产区种植面积与产量状况，以及13个主产区用水量和地下水供水量在全国总量中占比率现状，重点阐述黄淮海区、东北区和长江流域中下游区3个主要粮食基地的区域地质及水文地质条件，以及其所属粮食主产区农业生产概况和地下水开发利用现状，奠定灌溉农业用水对地下水依赖程度和保障能力的评价基础。

6.1 粮食主产区概况

6.1.1 主要粮食作物生产概况

1. 粮食主产区基本特征

本书中的"粮食主产区"是借用《全国新增1000亿斤粮食生产能力规划》（2009～2020年）中阐述，是指能够为国家粮食供给提供重要和稳定的产量保障的独立经济区域，即区域粮食产量能够稳定的维持占全国粮食总产量一定比例以上的粮食主产省份。

我国粮食作物生产主要集中在黄淮海区、东北区和长江中下游区主要粮食基地的13个粮食主产区，13个粮食主产区现有耕地86295万亩，粮食作物种植面积在6000万亩以上的主产（省）区有河北、山东、河南、内蒙古、吉林、黑龙江、江苏、安徽、湖南和四川，粮食种植面积超过4500万亩的主产（省）区有辽宁、江西和湖北省。这13个主产区的粮食种植面积占全国粮食种植总面积的68.78%，粮食产量占全国粮食总产量的72.06%，外销原粮占全国外销原粮总量的88.03%，粮食增产量占全国总增产量74.20%。其中，黑龙江、吉林、河南、内蒙古、河北、山东、江苏、安徽和江西9个主产区的净调出原粮量占全国净调出原粮总量的95.99%。

2. 小麦主产区分布特征

小麦作物是我国北方灌溉农业的主要耗水粮食作物，主要分布在黄淮海区主要粮食基地的河南、山东、河北、安徽和江苏粮食主产区。其中，河南主产区小麦种植面积占全国小麦总种植面积的比率位居第一，为21.93%，小麦产量占全国小麦总产量的26.60%；山东主产区小麦种植面积占全国小麦总种植面积的比率位居第二，为14.81%，小麦产量占全国小麦总产量的17.92%；河北主产区小麦种植面积占全国小麦总种植面积的比率位居第三，为9.87%%，小麦产量占全国小麦总产量的10.87%；安徽主产区小麦种植面积占全国小麦总种植面积的比率位居第四，为 9.82%，小麦产量占全国小麦总产量的 10.36%；江苏主产区小麦种植面积占全国小麦总种植面积的比率位居第五，为 8.70%，小麦产量占全国小麦总产量的 8.72%。四川、湖北、内蒙古、黑龙江和湖南主产区小麦播种面积和小麦产量也占有一定份额，其中四川、湖北主产区小麦播种面积和小麦产量占比率都较大（图6.1、图6.2红色柱）。

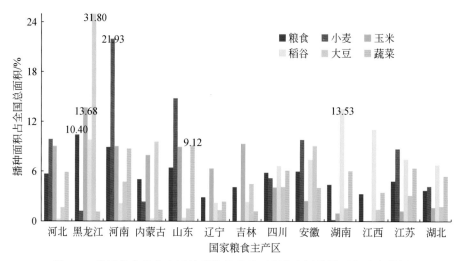

图 6.1　我国各农业主产区粮蔬作物种植面积占全国总播面积比率特征

自右至左，各粮食主产区地下水年开采量依次增大

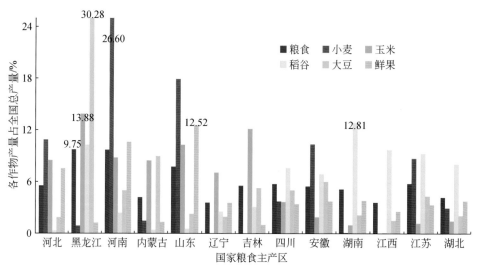

图 6.2　我国各农业主产区粮果作物产量占全国总产量比率特征

自右至左，各粮食主产区地下水年开采量依次增大

3. 玉米主产区分布特征

我国玉米主要种植区分布在黑龙江、吉林、河北、河南和山东粮食主产区。其中黑龙江主产区玉米种植面积占全国玉米总种植面积的比率位居第一，为13.68%，玉米产量占全国玉米总产量的13.88%；吉林主产区玉米种植面积占全国玉米总种植面积的比率位居第二，为9.34%，玉米产量占全国玉米总产量的12.13%；河北主产区玉米种植面积占全国玉米总种植面积的比率位居第三，为9.05%，玉米产量占全国玉米总产量的8.50%；河南玉米种植面积占全国玉米总种植面积的比率位居第四，为9.02%，玉米产量占全国玉米总产量的8.80%；山东主产区玉米种植面积占全国玉米总种植面积的比率位居第五，为8.93%，玉米产量占全国玉米总产量的10.26%。内蒙古、辽宁、四川、安徽、湖北、江苏和湖南主产区玉米播种面积和玉米产量也占有一定份额，其中内蒙古、辽宁和四川主产区玉米播种面积和玉米产量占比率都较大（图6.1、图6.2绿色柱）。

4. 水稻主产区分布特征

我国水稻主要种植区分布在湖南、江西、黑龙江、江苏和湖北主产区，以及四川、安徽、吉林、辽宁和河南主产区（图6.1、图6.2）。在黄淮海主要粮食基地，水稻面积5263.62万亩，占全国水稻总播面积的15.61%，占当地农作物总播面积的9.27%，主要分布淮海沿线及江苏省大部分区域，早、晚稻均有分布。在东北主要粮食基地，水稻面积5445.97万亩，占全国水稻总播面积的16.15%，占当地农作物总播面积的18.17%，集中分布在松辽平原黑龙江省境内，位于松花江沿线，其次分布于下辽河沿线。在长江流域主要粮食基地，水稻面积23010.22万亩，占全国水稻总播面积的68.24%，占当地农作物总播面积的57.59%。

湖南主产区水稻种植面积占全国水稻总种植面积的比率位居第一，为13.53%，水稻产量占全国水稻总产量的12.81%；江西主产区水稻种植面积占全国水稻总种植面积的比率位居第二，为11.04%，水稻产量占全国水稻总产量的9.70%；黑龙江主产区水稻种植面积占全国水稻总种植面积的比率位居第三，为9.79%，水稻产量占全国玉米总产量的10.25%；江苏水稻种植面积占全国水稻总种植面积的比率位居第四，为7.48%，水稻产量占全国水稻总产量的9.27%；湖北主产区水稻种植面积占全国水稻总种植面积的比率位居第五，为6.77%，水稻产量占全国水稻总产量的8.04%（图6.1、图6.2黄色柱）。

5. 大豆主产区分布特征

我国大豆主要种植区分布在黑龙江、内蒙古、安徽、河南和吉林粮食主产区。其中黑龙江主产区大豆种植面积占全国大豆总种植面积的比率位居第一，为31.80%，大豆产量占全国大豆总产量的30.28%；内蒙古主产区大豆种植面积占全国大豆总种植面积的比率位居第二，为9.60%，大豆产量占全国大豆总产量的8.98%；安徽主产区大豆种植面积占全国大豆总种植面积的比率位居第三，为9.10%，大豆产量占全国大豆总产量的6.03%；河南主产区大豆种植面积占全国大豆总种植面积的比率位居第四，为4.75%，大豆产量占全国大豆总产量的 4.99%；吉林主产区大豆种植面积占全国大豆总种植面积的比率位居第五，为 4.52%，大豆产量占全国大豆总产量的 5.31%。四川、江苏、湖北、河北、山东、辽宁和湖南主产区大豆播种面积和大豆产量也占有一定份额，其中四川和江苏主产区大豆播种面积和大豆产量占比率都较大（图 6.1、图 6.2 浅蓝色柱）。

6. 蔬菜主产区分布特征

我国蔬菜主要种植区分布在山东、河南、江苏、四川和湖南省。其中山东主产区蔬菜种植面积占全国蔬菜总种植面积的比率位居第一，为 9.12%；河南主产区蔬菜种植面积占全国蔬菜总种植面积的比率位居第二，为 8.76%；江苏主产区蔬菜种植面积占全国蔬菜总种植面积的比率位居第三，为 6.42%；四川主产区蔬菜种植面积占全国蔬菜总种植面积的比率位居第四，为 6.14%；湖南主产区蔬菜种植面积占全国蔬菜总种植面积的比率位居第五，为 6.08%；河北主产区蔬菜种植面积与湖南主产区近同。湖北、安徽、江西、辽宁、内蒙古、吉林和黑龙江主产区蔬菜种植面积也占有一定份额，其中湖北、安徽、江西和辽宁主产区蔬菜种植面积占比率都较大（图 6.1 灰色柱）。

7. 鲜果主产区分布特征

我国苹果、梨、桃子和葡萄等耗水型鲜果主要产区分布在山东、河南、河北、湖南和湖北省。其中山东主产区鲜果总产量占全国鲜果总产量的比率位居第一，为 12.52%；河南主产区鲜果总产量占全国鲜果总产量的比率位居第二，为 10.60%；河北主产区鲜果总产量占全国鲜果总产量的比率位居第三，为 7.55%；湖南主产区鲜果总产量占全国鲜果总产量的比率位居第四，为 3.82%；湖北主产区鲜果总产量占全国鲜果总产量的比率位居第五，为 3.76%。安徽、四川、辽宁、江苏、江西、内蒙古、黑龙江和吉林主产区鲜果产量也占有一定份额，其中安徽、四川、辽宁、江苏和江西主产区鲜果产量占比率都较大（图 6.2 灰色柱）。

6.1.2　地下水开发利用状况

我国 13 个粮食主产区用水量 3432.4 亿 m³，占全国总用水量的 56.20%，其中地下水供水量占 24.03%。在我国北方的 7 个粮食主产区，用水量 1462.0 亿 m³，占 13 个粮食主产区总用水量的 42.59%；在我国南方的 6 个粮食主产区，用水量 1970.4 亿 m³，占 13 个粮食主产区总用水量的 57.41%。分布在我国南方的 6 个粮食主产区用水量，是我国北方的 7 个粮食主产区用水量的 1.35 倍。南方的 6 个粮食主产区水稻播种面积，是北方的 7 粮食主产区水稻播种面积的 4.69 倍。南方的 6 个主产区水稻播种面积占水稻总播面积的 82.42%，北方的 7 个主产区水稻播种面积占 17.58%。

在我国北方的 7 粮食主产区，地下水供水量占当地总用水量的比率较大，其中河北、河南和内蒙古 3 个主产区地下水供水量占当地总用水量的 50% 以上（表 6.1）。而在南方的 6 个粮食主产区，90% 以上用水量是地表水。由此可见，我国灌溉农业的地下水保障问题主要集中在北方的各粮食主产区，尤其淮河以北黄淮海区主要粮食基地的主产区。

表6.1　我国粮食主产区供水量与用水量现状

| 粮食主产（省）区 | 供水水源类型及数量/亿（m³/a） | | | | | 用水类型及数量/亿（m³/a） | | | | | |
	地表水	地下水	地下水所占/%	其他	总供水量	生活	工业	农业	农业用水所占/%	生态环境	总用水量
河北	38.5	154.9	79.03	2.6	196.0	26.1	25.7	140.5	71.68	3.6	196.0
河南	96.9	131.3	57.31	0.9	229.1	37.4	56.8	124.6	54.39	10.3	229.1
内蒙古	91.1	92.5	50.08	1.1	184.7	15.1	23.6	135.9	73.58	10.0	184.7
辽宁	76.7	64.3	44.50	3.6	144.5	25.9	24.0	89.7	62.08	4.9	144.5
黑龙江	201.4	149.9	42.54	1.1	352.4	21.2	53.2	272.3	77.27	5.6	352.4
山东	127.4	89.3	39.85	7.4	224.1	38.2	29.8	148.9	66.44	7.2	224.1
吉林	87.4	43.7	33.31	0.2	131.2	15.1	26.6	81.6	62.20	7.9	131.2
安徽	259.9	33.4	11.34	1.3	294.6	31.7	90.6	168.4	57.16	4.0	294.6
四川	212.1	18.1	7.75	3.2	233.5	38.3	64.6	128.4	54.99	2.2	233.5
湖南	308.9	17.4	5.33	0.1	326.5	45.2	95.6	183.1	56.08	2.6	326.5
江西	252.7	10.2	3.88	0	262.9	28.4	60.6	171.7	65.31	2.1	262.9
湖北	286.2	9.7	3.27	0.8	296.7	33.8	120.4	142.3	47.96	0.3	296.7
江苏	546.1	10.1	1.82	0	556.2	52.4	192.9	307.6	55.30	3.3	556.2
合计　数量	2585.3	824.8	24.03	22.3	3432.4	408.8	864.4	2095.0	61.04	64.0	3432.4
合计　所占%	75.3	24.0	24.00	0.7	100.0	11.9	25.2	61.0	61.00	1.9	100.0
全国　数量	4953.3	1109.1	18.16	44.8	6107.2	789.9	1461.8	3743.6	61.30	111.9	6107.2
全国　所占%	81.1	18.2	18.20	0.7	100.0	12.9	23.9	61.3	61.30	1.8	100.0
北方　数量	719.4	725.9	49.65	16.9	1462.0	179.0	239.7	993.5	67.95	49.5	1462.0
北方　所占%	49.2	49.7	49.70	1.2	100.0	12.2	16.4	68.0	68.00	3.4	100.0
南方　数量	1865.9	98.9	5.02	5.4	1970.4	229.8	624.7	1101.5	55.90	14.5	1970.4
南方　所占%	94.7	5.0	5.00	0.3	100.0	11.7	31.7	55.9	55.90	0.7	100.0

注：基于2010～2015年资料。

从黄淮海区、东北区和长江流域3个主要粮食基地的地下水开发利用总体状况来看，在黄淮海区主要粮食基地，地下水开采程度大于50%的分布区面积达38.68万km²，占黄淮海平原总面积的65.03%，其中地下水开采程度大于100%的分布区面积24.56万km²，占黄淮海平原总面积的41.28%。在东北区主要粮食基地，地下水开采程度小于20%的分布区面积93.54万km²，占东北地区总面积的50.27%；开采程度介于50%～100%的分布面积为54.03万km²，占29.04%；该区尚未出现地下水开采程度大范围大于100%的区域。在长江流域主要粮食基地，地下水开采程度小于20%的分布区面积93.72万km²，占长江流域主要粮食基地所在区域总面积的78.67%，且该区尚未出现开发利用程度大于100%的地区。

从13个粮食主产区的地下水开采量占总用水量比率来看，河北主产区地下水开采量所占比率最高，达 79.03%。其次，河南主产区，地下水开采量占当地总用水量的 57.31%。内蒙古主产区第三，地下水开采量占当地总用水量的 50.08%。辽宁主产区地下水开采量占当地总用水量的 44.50%，位列第四。黑龙江主产区第五，为 42.54%。地下水开采量占当地总用水量比率最小的粮食主产区，是江苏主产区，地下水开采量占当地总用水量的 1.82%；其次，是湖北主产区，为 3.27%。江西主产区倒数第三，地下水开采量占当地总用水量的 3.88%。湖南主产区倒数第四，地下水开采量占当地总用水量的 5.33%。四川主产区倒数第五，地下水开采量占当地总用水量的 7.75%。安徽主产区地下水开采量占当地总用水量的 11.34%。吉林和山东粮食主产区的地下水开采量占当地总用水量的比率，分别为 33.31% 和 39.85%（表 6.1）。

从 13 个粮食主产区的地下水开采量来看，河北主产区仍然排在第一位，地下水开采量为 154.9 亿 m³/a。其次，黑龙江主产区，地下水开采量 149.9 亿 m³/a。河南主产区第三，地下水开采量 131.3 亿 m³/a。内蒙古主产区地下水开采量位列第四，为 92.5 亿 m³/a。山东主产区第五，地下水开采量 89.3 亿 m³/a。地下水开采量最小的粮食主产区，是江西主产区，地下水开采量 10.1 亿 m³/a；其次，湖北主产区，地下水开采量 9.7 亿 m³/a。然后，依次为江苏（地下水开采量 10.1 亿 m³/a）、江西（地下水开采量 10.2 亿 m³/a）、湖南（17.4 亿 m³/a）、四川（18.1 亿 m³/a）、安徽（33.4 亿 m³/a）、吉林（43.7 亿 m³/a）和辽宁（64.3 亿 m³/a），如表 6.1 所示。

从 13 个粮食主产区农业用水量占总用水量比率来看，黑龙江主产区农业用水量所占比率最高，达 77.27%。其次，为内蒙古主产区，农业用水量占当地总用水量的 73.58%。河北主产区第三，农业用水量占当地总用水量的 71.68%。山东主产区农业用水量占当地总用水量的 66.44%，位列第四。江西主产区第五，为 65.31%。农业用水量占当地总用水量比率最小的粮食主产区，是湖北主产区，农业用水量占当地总用水量的 54.39%；其次，是四川主产区，为 54.99%。河南主产区倒数第三，农业用水量占当地总用水量的 54.39%。江苏主产区倒数第四，农业用水量占当地总用水量的 55.30%。湖南主产区倒数第五，农业用水量占当地总用水量的 56.08%。安徽、辽宁、和吉林粮食主产区的农业用水量占当地总用水量的比率，分别为 57.16%、62.08% 和 62.20%（表 6.1）。

从 13 个粮食主产区地下水开采程度（开采量与可开采量之比，%）来看，河北主产区的地下水开采程度最高，达 155.68%；湖北主产区的开采程度最低，仅为 5.87%。河南主产区的地下水开采程度位列第二，为 84.22%。山东主产区的地下水开采程度第三，为 78.13%。黑龙江主产区的地下水开采程度第四，为 70.91%。地下水开采程度第五是辽宁主产区，地下水开采程度为 70.04%。内蒙古主产区的地下水开采程度 65.98%，吉林主产区为 50.75%，四川主产区为 19.09%。地下水开采程度倒数第二是湖南主产区，为 11.91%；倒数第三是江苏主产区，为 12.53%；倒数第四是安徽主产区，为 13.38%；倒数第五是江西主产区，为 13.90%。

在我国北方的各粮食主产区，地下水已成为不可缺少的重要供水水源（表 6.1，图 6.3）。其中，在黄河以北黄淮海区主要粮食基地的海河流域平原区，地下水开采量占当地总供水量的 65% 以上，河北平原占 79.03%，河南平原占 57.31%（豫北地区为 65.52%），山东平原占 39.85%。在东北区主要粮食基地，辽河流域平原区地下水开采量占当地总供水量的 55.6% ，内蒙古主产区地下水开采量占当地总供水量的 50% 以上，黑龙江和辽宁主产区地下水开采量占当地总供水量的 40% 左右，吉林主产区地下水开采量占当地总供水量的 30% 以上。从地下水超采状况来看，农业主导的地下水超采区主要分布在黄淮海平原，尤其黄河以北的海河流域平原区最为严重。

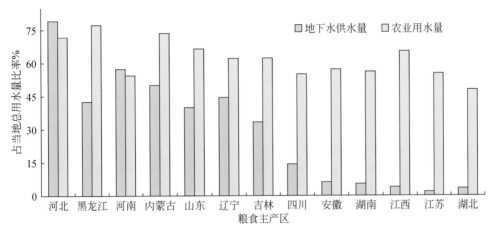

图 6.3　粮食主产区地下水开采量和农业用水量占当地总用水量状况

数据源自 2010～2015 年期间中国水资源公报

6.2　黄淮海区主要粮食基地农业种植及地下水开发利用概况

6.2.1　黄淮海平原地质及水文地质条件

黄淮海区主要粮食基地位于黄淮海平原，涉及河北、河南、山东、安徽和江苏 5 个粮食主产（省）区的 300 个县（市、区），大部分地区农作物为一年两熟播种，以小麦、玉米和水稻为主，其次为大豆、高粱、棉花和油料等经济作物，蔬菜、果种植面积和产量在全国总量中占有较大比率。在黄淮海区主要粮食基地，现有耕地 3.22 亿亩，粮食作物播种面积 4.88 亿亩，总产量 1867.82 亿千克，分别占全国总量的 28.69% 和 30.06%，其中小麦播种面积和产量，分别占全国总量的 39.69% 和 52.71%；玉米播种面积和产量，分别占全国总量的 28.31% 和 32.89%。在我国未来粮食增产规划中，承担新增粮食产能指标 164.5 亿千克，占全国新增产能的 32.89%。

1. 区域地质

在大地构造分区上，黄淮海区主要粮食基地分布区隶属中朝准地台的华北断拗，由冀中拗陷、沧州隆起、黄骅拗陷、埕宁隆起、济阳拗陷、临清拗陷、内黄隆起和开封拗陷等次一级构造单元组成。区内的上奥陶统至下石炭统普遍缺失。燕山运动晚期以来，该区继承性活动，以强烈升降运动为主，接受了巨厚的中、新生代的沉积。第四纪，该区新构造运动仍然活跃，伴有火山活动和地震活动。在黄淮海区主要粮食基地分布区东部的沿海一带曾发生多次海侵活动。第四纪以来，太行山东麓和燕山南麓有过多次冰川活动，第四纪沉积物保留有明显的冰川和冰水活动特征。新生界地层广泛分布，厚度一般为 1000 ~ 3500m，厚度达 5000m，以古近系—新近系沉积最厚，构成了该平原区基底。第四纪沉积物厚度受基底构造控制，拗陷区第四系厚度达 500m 以上，在黄淮海平原南部和隆起区第四系厚度较薄，一般为 200m 左右。

2. 水文地质条件

在黄淮海区主要粮食基地分布区，赋存滦河平原地下水系统、海河平原地下水系统、古黄河中下游平原地下水系统、淮河水系平原区地下水系统、沂沭河水系平原区地下水系统和南四湖水平原系区地下水系统 6 个一级地下水系统。

滦河平原地下水系统。由滦河冲洪积扇子系统和滦河冲积海积子系统组成，位于黄淮海区主要粮食基地分布区的东北部，东部至渤海岸边，西部为山前平原唐山市东，以黏性土弱透水边界与潮白蓟运河地下水系统区相接。其中，①滦河冲洪积扇子系统分布面积 4379km²，北部以单层结构为主，南部为多层结构，赋存 HCO_3–Ca·Mg 型水，矿化度小于 0.5g/L。②滦河冲积海积子系统分布面积 2620km²，浅层含水层以多层结构为主，赋存 HCO_3–Ca·Na 及 HCO_3·Cl–Na 型水，矿化度为 0.3 ~ 1.0g/L。

海河平原地下水系统。包括潮白蓟运河平原地下水亚系统、永定河平原地下水亚系统、大清河平原地下水亚系统、子牙河平原地下水亚系统和漳卫河平原地下水亚系统。

潮白蓟运河平原地下水亚系统又划分 6 个子系统，跨北京、天津和河北三省市，以相对弱透水层为界与永定河地下水亚系统相邻。①蓟运河冲洪积扇子系统分布面积 3209km²，赋存 HCO_3–Ca·Mg 型，矿化度小于 0.5g/L。②潮白河冲洪积扇子系统分布面积 3916km²，在洪积扇的顶部潜水区砂卵砾石层厚而埋藏浅，赋存 HCO_3–Ca·Mg 型水为主，矿化度小于 0.5g/L。③温榆河冲洪积扇子系统分布面积 766km²，以砂和卵砾石层为主，赋存 HCO_3–Ca·Mg 型水为主，矿化度小于 1.0g/L。④蓟运河古河道带子系统分布面积 730km²，沿古河道分布条带状浅层淡水或微咸水，咸水下伏深层淡水，赋存 HCO_3·SO_4–Na 型和 Cl·SO_4–Na 型水。⑤潮白河古河道带子系统分布面积 1171km²，多层结构，赋存 HCO_3·SO_4–Na 和 Cl·SO_4–Na 型水。⑥潮白–蓟运河冲积海积子系统分布面积 2214km²，局部分布有咸水，矿化度大于 5g/L，以 HCO_3–Na 型水为主。

永定河平原地下水亚系统有两个子系统，以黏性土为弱透水边界与南部大清河地下水亚系统相接，与子牙河地下水系统存在一定重合。①永定河冲洪积扇子系统分布面积 4116km²，砂砾石层裸露面积大，赋存 HCO_3–Ca·Na 型和 HCO_3–Ca·Mg 型为主，矿化度 0.3 ~ 1.0g/L。②永定河古河道带子系统分布面积 2437km²，以 HCO_3·Cl–Na·Mg 型水为主，矿化度小于 2g/L。

大清河平原地下水亚系统由 5 个子系统组成，南邻子牙河地下水亚系统，自西向东，由砂性土透水边界过渡为黏性土弱透水边界。①拒马河冲洪积扇子系统分布面积 3578km²，以粗砂和卵砾石为主，赋存 HCO_3–Ca·Na 型水，矿化度小于 0.5g/L。②瀑河–

漕河冲洪积扇子系统分布面积 $1366km^2$，以粗砂和中砂为主，赋存 $HCO_3–Ca·Na$ 型水，矿化度小于 $1.0g/L$。③唐河–界河冲洪积扇子系统分布面积 $3650km^2$，以含砾砂和粗砂为主，赋存 $HCO_3–Ca·Na$ 型水，矿化度小于 $1.0g/L$。④大沙河–磁河冲洪积扇子系统分布面积 $2461km^2$，以粗砂和砾石为主，赋存 $HCO_3–Ca·Na$ 型水，矿化度小于 $1.0g/L$。⑤大清河古河道带子系统分布面积 $3719km^2$，分布有咸水，多层结构，赋存 $SO_4·HCO_3·Cl–Na·Mg$ 和 $SO_4·Cl–Na·Mg$ 型，矿化度为 $1\sim3g/L$。

子牙河平原地下水亚系统由 5 个子系统组成，南邻漳卫河地下水亚系统，为河间带黏性土弱透水边界，穿过多个深层地下水漏斗中心区。①滹沱河冲洪积扇子系统分布面积 $4327km^2$，多层结构，以粗砂、砾石和卵石为主，赋存 $HCO_3–Ca·Na$，矿化度小于 $0.5g/L$。②滏阳河冲洪积扇系统分布面积 $4914km^2$，以粗砂、卵石和砾石为主，赋存 $HCO_3–Ca$ 型水，矿化度小于 $1g/L$。③滹沱河古河道带子系统分布面积 $5054km^2$，多层结构，以 $HCO_3–Na$ 型水为主，矿化度小于 $1.0g/L$。④子牙河中下游古河道带子系统分布面积 $6490km^2$，多层结构，分布有咸水，咸水为 $SO_4·Cl–Na·Mg$ 型和 $Cl–Na·Mg$ 型水，矿化度为 $3\sim10g/L$；深层水为 $HCO_3·Cl–Na$ 型水，矿化度小于 $1.0g/L$。⑤子牙河中下游冲积海积子系统，面积 $3020km^2$，从山前至滨海带，由 $SO_4·Cl–Na·Mg$ 型和 $Cl·SO_4–Na·Mg$ 型水，变为 $Cl–Na$ 型水，矿化度由 $3g/L$ 增加为 $10g/L$。

漳卫河平原地下水亚系统。由 3 个子系统组成，东南邻古黄河地下水系统，边界由西部的透水边界，向东过渡为河间带黏性土弱透水边界。①漳卫河冲洪积扇子系统分布面积 $4969km^2$，双层结构，以 $HCO_3–Ca·Mg$ 型水为主，矿化度 $0.3\sim2.0g/L$。②漳卫河古河道带子系统分布面积 $11563km^2$，多层结构，分布有浅层咸水或高氟水，赋存 $HCO_3·Cl–Na·Mg$ 型水，矿化度为 $1.0\sim2.0g/L$。③漳卫河冲积海积子系统分布面积 $1162km^2$，多层结构，径流滞缓，为 $Cl–Na$、$Cl·SO_4–Na·Mg$ 型水，矿化度大于 $5.0g/L$。

古黄河中下游平原地下水系统。由古河道带地下水子系统和冲积海积平原地下水子系统组成，包括河南、山东沿黄地区和河北东南部平原，西北邻子牙河地下水亚系统，为河道带黏性土弱透水边界，东南以黄河为补给边界。其中，古河道带地下水子系统分为 6 个三级系统，①武陟–内黄河间带子系统分布面积 $2339km^2$，以 $SO_4·Cl–Na·Mg$ 型水为主，矿化度在 $2.0g/L$ 左右。②内黄南–冠县–宁津古河道带子系统分布面积 $18487km^2$，多为 $HCO_3·Cl·SO_4–Na·Mg$ 型和 $HCO_3·Cl–Na·Mg$ 型水，西南部矿化度小于 $1.0g/L$，东北部为 $1\sim2g/L$。③濮阳县–高唐–阳信古河间带子系统分布面积 $8701km^2$，以 $HCO_3–Na·Mg$ 型和 $HCO_3·Cl–Na$ 型水为主，矿化度为 $1\sim2g/L$。④聊城–临邑古河道带子系统分布面积 $7761km^2$，以 $HCO_3–Na$、$HCO_3·Cl–Na$ 型水，矿化度为 $1\sim2g/L$。⑤现代黄河影响带子系统分布面积 $8934km^2$，矿化度为 $0.5\sim1.0g/L$。⑥古黄河冲积海积子系统分布面积 $10684km^2$，以咸水为主，咸水矿化度大于 $5g/L$，以 $Cl–Na$ 型或 $Cl–Na·Mg$ 型水为主。

淮河水系平原区地下水系统。分布面积 14.45 万 km^2，包括黄河以南的豫西冲洪积平原地下水子系统、豫东冲湖积平原地下水子系统，安徽淮河冲积平原地下水子系统、江苏淮河冲积平原地下水子系统以及淮河下游冲湖积滨海平原地下水子系统。区内地下水埋藏较浅，在山前凹陷带含水层厚度较大，以粗砂和砾石层为主，赋水和补给条件好；在丘岗地区含水层厚度较薄，补给条件和富水性较差。在淮河下游的滨海平原，由西至东，含水层厚度变薄，岩性颗粒变细，以亚砂土、亚黏土为主。

沂沭河水系平原区地下水系统。分布面积2.91万km²，包括黄河以南的鲁东平原冲洪积平原以及江苏省北部徐淮宿冲洪积平原，主要由山前冲洪积扇、裂隙含水系统组成，富水性变化大。沂蒙山以南的淮河冲积平原以北地区，含水层以黄土状亚砂土、粉砂土为主，富水性较强。在沂沭河水系滨海平原，含水层组以亚砂土、亚黏土为主，富水性较差。

南四湖水平原系区地下水系统。面积2.42万km²，包括山东省菏泽、济宁，河南省商丘和江苏省丰县、沛县等地区，含水层岩性以冲湖积物为主，含水层厚度薄，颗粒细，富水性差，地下水位埋深浅。

在黄淮海区主要粮食基地分布区，单层结构含水层组主要分布于山前倾斜平原上部，岩性颗粒较粗，黏性土多以透镜状分布，上、下层之间水力联系好。多层结构含水层组分布区主要分布在山前平原的前缘一带、中部平原和滨海平原区，砂层和黏性土层相间展布。在区域上，第四系含水层组可概划为4个含水层组。

第 I 含水层组（黄河以南淮河流域被称为浅层含水层组）。底界埋深小于60m，主要分布在燕山、太行山等山前倾斜平原和黄淮海冲积平原，淄河、汶泗河大型冲洪积扇和淮河及其支流河谷地带，含水层主要为冲洪积、冲积砂、砂砾和卵砾石，结构疏松，分选性好，多为二元结构，具有埋藏浅、厚度大、分布广又稳定、渗透性强、补给与储存条件好、富水性好等特点。在冲洪积扇地区，含水层粒度大、厚度30~50m、垂向连续性强，属单层或双层结构，透水性强，含水体直接裸露，或被薄层砂质黏土覆盖，具有强入渗补给和储存条件，又常与山区河谷含水体相连，具有侧向径流补给条件。在山前冲洪积扇间及前缘地带，含水层厚度减小，粒度变细，呈薄层状多层含水层结构，含水层之间夹有厚度不等的黏土层，含水层透水性及导水性显著变差。在扇前洼地区，含水层由粉砂组成，厚度小于10m，含水层多被黏土层覆盖，地下水径流条件较差。海河流域或淮河流域的中下游平原古河道带区，为条带状含水层，以粉砂、细砂为主，一般厚度为10~30m。古黄河河道、滦河河道以及其他局部地段，含水层厚20~30m。在中部平原河道间带含水层不发育，为单一的薄层状、多层结构，岩性为粉细砂，厚度小于10m。在滨海低平原区含水层以粉砂、细砂为主，厚度一般小于10m，局部为10~20m。天津南部及其以南，多上覆黏土或砂质黏土，降水入渗补给差，除河道带具有微弱的径流外，一般处于滞流状态。

第 II 含水层组（黄河以南淮河流域称为中深层含水层组）。埋深介于60~150m，局部达210m或小于60m。该层位含水层组主要是更新统地层，由于构造、古地理、气候及成因不同，造成各地沉积厚度和埋藏深度差异巨大。在山前平原和河南中部平原，与第 I 含水层组之间缺乏稳定的隔水层，二者之间具有较好的水力联系。自西向东发育2~3套中细砂-中粗砂-砂砾石韵律层，含水层透水性与导水性均比第 I 含水层组强。在各流域的中部平原区，含水层以河流冲积作用和湖沼沉积作用形成的中细砂、细砂为主，呈舌状、条带状分布，透水性和导水性比山前明显减弱。第 II 含水层组与第 I 含水层组之间一般发育黏土或砂质黏土，尤其在古河间带，在天然条件下地下水补给弱，径流缓慢。在海河以南，含水层组水质特征逐渐二分，上部为咸水体，下部为淡水体。在漳卫河以南河北部分

和山东部分几乎全为咸水。在滨海区，含水层以粉砂、细砂为主，水质上部为咸水体与第
Ⅰ含水层组咸水体连续，下部为淡水体。海河为界，北区含水层粒度粗而厚，地下水补给
条件和富水性、导水性相对强，矿化度低。南区上部咸水体自北向南逐渐加厚，在大港附
近以南全为咸水体。

第Ⅲ含水层组（黄河以南淮河流域称为深层含水层组）。埋深介于150～210m以下至
350m。除局部洼地和近滨海地区外，一般均为淡水。在山前平原，含水层呈扇状、扇群状
展布，由3～4套中细砂–中粗砂–砾石岩性韵律组成，下段含水层遭受不同程度的风化。
在大型扇体内部，与上覆第Ⅱ含水层组之间无连续分布的隔水层，二者水力联系良好，在
其他地段一般都有单层厚度5～10m的黏土或砂质黏土分布，水力联系变弱。在中部平原，
含水层呈舌状、带状展布，由3～4套细砂–中砂岩性韵律构成，与第Ⅱ含水层组相比，粒
度粗，分选好，单层厚度大，导水性强，部分地段略大或略小。在天津武清北部、宁河北
部，河北文安、大城及青县北部，含水层以中砂、中粗砂为主，单层厚度20～30m，分布
稳定，累计厚度达70～100m，呈盆状含水结构。在滨海区，含水层以粉砂、细砂为主，
富水性、导水性和补给条件较中部平原差。在豫西黄土区，各山前缓岗地区和淮河平原主
要是古近系、新近系含水层，黄河、海河流域平原区主要为下更新统或二者合之。

第Ⅳ含水层组。底界为第四系基底，该层主要分布在黄河以北平原区，淮河流域江苏
省淮河流域平原区划分有第Ⅲ承压含水层组，与黄河以北平原区第Ⅳ含水层组近同位，
属于更新世泥河湾期沉积地层，主要由粉细砂、中细砂组成。第Ⅳ含水层组地下水水力
性质均为承压水，矿化度较第Ⅲ含水层组略有增高，除滨海平原地区达到2g/L左右外，
其他地区均小于2g/L。山前冲洪积扇区，由冲积、洪积、湖积及冰川–冰水堆积作用所形
成的3～4套中细砂–含砾中粗砂韵律构成，其展布形态呈扇状及带状，分布范围较小。由
于该含水层组与第Ⅲ含水层组之间分布有较厚的黏土相隔，在山麓前缘地带，一般以厚层
黏土与第四纪地层呈不整合接触，形成阻水边界，以至侧向补给条件均差。在海河流域中
部平原与滨海平原地区，含水层以中细砂、细砂为主，由厚层黏土、粉质黏土与含水砂层
交替沉积，风化与胶结程度较高，透水性与富水性均较弱。由于上覆层与含水层组之间为
厚层黏土与粉质黏土，又远离补给区，故侧向径流微弱。在山东省平原区，深层承压孔隙
地下水主要分布在鲁西北平原，含水层粉细砂、细砂为主，500m内可见8～10层承压含
水层，单层厚度1～5m，累计厚度30～50m，淡水顶界埋深100～200m，局部300m，无
棣、利津以东地区300～400m。

6.2.2　黄淮海平原粮食主产区农业生产概况

1. 河北粮食主产区

河北粮食主产（省）区的粮食生产在全国占有举足轻重的地位，小麦播种面积及产量
占全国总量的比率都位居全国第三，分别为9.87%和10.87%；玉米播种面积及产量占全
国总量的比率分别位居全国第三、第五，分别为9.05%和8.50%；鲜果产量及蔬菜播种
面积分别位列全国第三、第六，分别占全国总量的7.55%和5.90%。目前，河北主产区

粮食播种面积 9429.17 万亩,总产量 634.52 亿斤。在粮食稳定增产行动计划中,以 4000 万亩粮食生产核心区为载体,以小麦、玉米为重点,将 86 个生产条件较好、单产水平较高、粮食产量较大的县作为粮食生产区,打造集中连片、高产稳产的小麦、玉米和优质杂粮等产业带,建设 4000 万亩粮食生产核心区,粮食综合生产能力达到 700 亿斤。

在河北粮食主产区,前 10 产粮大县(市)为宁晋、定州、大名、深州、临漳、景县、藁城、赵县、辛集和永年县。宁晋县粮食作物播种面积 160.3 万亩,占该主产区总播面积的 1.70%,粮食总产量 15.7 亿斤,占该主产区总产量的 2.47%。定州市粮食作物播种面积 150.8 万亩,占该主产区总播面积的 1.60%,粮食总产量 15.18 亿斤,占该主产区总产量的 1.20%。大名县粮食作物播种面积 149 万亩,占该主产区总播面积的 1.58%,粮食总产量 14.26 亿斤,占该主产区总产量的 1.12%。深州市粮食作物播种面积 143.5 万亩,占该主产区总播面积的 1.52%,粮食总产量 13.10 亿斤,占该主产区总产量的 1.03%。临漳县小麦、玉米两季亩产达到 1053kg,实现“吨粮县”;景县粮食作物播种面积 136.6 万亩,占该主产区总播面积的 1.45%,粮食总产量 12.06 亿斤,占该主产区总产量的 1.91%。辛集市粮食作物播种面积 115.2 万亩,占该主产区总播面积的 1.22%,粮食总产量 10.95 亿斤,占该主产区总产量的 0.86%。赵县小麦、玉米平均亩产分别达 537.1kg 和 613.9kg,年粮食总产量 13.88 亿斤,占该主产区总产量的 1.09%。藁城市粮食作物播种面积 107 万亩,占该主产区总播面积的 1.13%,粮食总产量 11.72 亿斤,占该主产区总产量的 0.92%。永年县小麦玉米亩产合计达 1049.7kg,粮食总产量 11.10 万 t,占该主产区总产量的 0.88%。

2. 河南粮食主产区

河南粮食主产(省)区既是粮食生产大省,又是人口数量大省,小麦播种面积及产量分别占全国总量的比率都位居第一,分别为 21.93% 和 26.60%;玉米播种面积及产量都位列第四,分别占全国总量的 9.02% 和 8.80%;蔬菜播种面积及鲜果产量分别位列全国第二,各占全国总量的 8.76% 和 10.60%;大豆播种面积及产量分别排序全国第四、第六,占全国总量的 4.75% 和 4.99%。

目前,河南主产区粮食总产量已达 1108.5 亿斤,连续 6 年超过 1000 亿斤,不仅有效解决了全省 1 亿人的吃饭问题,每年还调出 400 亿斤以上的食用原粮和制成品。到 2020 年,河南主产区粮食生产能力达到 1300 亿斤,新增粮食 155 亿斤,占全国 1/7 的增产任务;兴建 1366 万亩抗旱应急工程,有效灌溉面积发展到 6400 万亩,改造中低产田 4500 万亩,建设 168 个小麦平均亩产 1064 斤的高产万亩示范片。

3. 山东粮食主产区

山东粮食主产(省)区是全国重要的粮食生产基地,蔬菜播种面积及鲜果产量分别位列全国第一,各占全国总量的 9.12% 和 12.52%;小麦播种面积及产量占全国总量的比率都位居全国第二,分别为 14.81% 和 17.92%;玉米播种面积及产量占全国总量的比率分别为全国第五、第三,分别为 8.93% 和 10.26%。

目前,山东主产区粮食总产量 885.26 亿斤,其中夏粮总产量 420.9 亿斤,秋粮总产量 464.36 亿斤。2009 年以来该区实施了千亿斤粮食生产能力建设规划,到 2020 年新增粮食生产能力 150 亿斤以上,全省粮食总产达到千亿斤以上。该区已建 703 个粮食高产万亩示范片,152 个平均亩产达 607.69kg 的小麦万亩示范片,99 个平均亩产达 633.4kg 的玉米万亩示范片,连续 5 年小麦、玉米两季亩产超过 3500 斤。到 2020 年,山东粮食主产区建设有灌溉设施、有水源依托的"旱能浇、涝能排"高标准农田 8500 万亩,目前农田有效灌溉面积已达 7430 万亩以上。

4. 安徽粮食主产区

安徽粮食主产(省)区的粮食总产量居全国前列,大豆播种面积及产量占全国总量的比率分别位列全国第五、第三,为 9.10% 和 6.03%;小麦播种面积及产量占全国总量的比率位居全国第四,分别为 9.82% 和 10.36%;水稻播种面积及产量占全国总量的比率分别位居全国第五、第七,为 7.42% 和 6.90%;玉米播种面积及产量占全国总量的比率都位居全国第九,分别为 2.44% 和 1.88%。

目前,安徽粮食主产区粮食产量 620 亿斤以上,每年粮食外调 150 多亿斤以上。已改造中低产田 600 多万亩,形成一批高产稳产、旱涝保收的高标准农田,正在创建 56 个产粮高产大县,建立皖北 3 市 7 县小麦、玉米千斤县和高产高效万亩吨粮田示范县。其中,涡阳、临泉县已迈入全国小麦、玉米单产千斤县行列。已建立 1500 万亩小麦、1500 万亩水稻、600 万亩玉米核心示范区以及 246 个万亩粮食高产示范片,新增和改善灌溉面积 603 万亩和除涝面积 522 万亩,新增粮食综合生产能力 5.85 亿千克。

5. 江苏粮食主产区

江苏粮食主产(省)区是经济大省,也是农业大省,蔬菜播种面积位列全国第三,占全国总量的 6.42%;水稻播种面积及产量占全国总量的比率都位列全国第四,分别为 7.48% 和 9.27%;小麦播种面积及产量占全国总量的比率都位列全国第五,分别为 8.70% 和 8.72%。

目前,江苏粮食主产区粮食总产量 657 亿斤,近八年累计增加粮食面积 996 万亩,建立 568 个粮食万亩示范片、3.65 万亩商品化集中育秧秧池和 360 万亩水稻大田,以及 1685 万亩机插秧面积,550 万亩籼稻和 147 万亩籼稻改粳稻田,水稻单产亩均增加 80 斤以上,提高水稻生产能力 40 亿斤。10 亿斤以上产粮大县(市、区)有:兴化、沭阳、东海、射阳、盱眙、楚州、泗洪、阜宁、宝应、如东、滨海、涟水、睢宁、高邮、东台、铜山、邳州、大丰、灌云、如皋、建湖、泰兴、海安、江都、盐都、新沂、淮阴、灌南、沛县、泗阳、姜堰、溧阳、赣榆、丰县、通州、响水、丹阳和金湖等县。

6.2.3　黄淮海平原粮食主产区地下水开发利用情势

1. 河北粮食主产区

在河北粮食主产(省)区,近 5 年总用水量介于 190.6 亿~196.2 亿 m³/a,其中地下水供水量介于142.8亿~156.7亿 m³/a, 占总用水量的74.92%~79.87%。年降水量偏枯, 总用水量中地下水所占比率增大, 甚至达80%以上; 年降水量偏丰, 尤其降水连年偏丰, 地下水供水量占当地总用水量的比率明显减小, 一般在75%以下。

河北粮食主产区是13个粮食主产区中唯一以地下水作为灌溉用水主要水源的地区。在上述地下水供水量中, 农业用水的地下水开采量介于106.2亿~114.8亿 m³/a, 占总开采量的73%以上, 而且, 在河北滨海农业区深层水开采量占当地总用水量的60%以上, 包括衡水和沧州等地区。例如2011年这些地区的深层水开采量分别为7.7亿 m³/a 和10.8亿 m³/a, 分别占当地总开采量的70.61%和71.94%。小麦、玉米主产区——廊坊、邢台和邯郸地区的深层水开采量所占比率也较高, 分别为43.51%、41.31%和30.75%。保定、石家庄、秦皇岛和唐山地区, 浅层地下水开采量分别占当年当地总开采量的93.69%、90.81%、97.29%和73.99%, 地下水开采量分别占当地总用水量的91.99%、81.78%、62.64%和67.89%。衡水、邢台、廊坊、沧州和邯郸地区的地下水开采量分别占当地总用水量的89.58%、85.98%、84.01%、77.09%和72.29%。

由图6.4可知, 黄淮海区主要粮食基地的各主产(省)区中, 河北主产区的地下水开采程度长期处于超采状态。20世纪70年代, 河北粮食主产区地下水开采量已达114.1亿 m³/a, 开采程度114.60%; 20世纪80年代, 河北粮食主产区地下水开采量增至139.0亿 m³/a, 开采程度达139.70%。至1999年, 河北粮食主产区地下水开采量为149.5亿 m³/a, 开采程度150.20%; 2010~2015年期间, 河北粮食主产区地下水开采量达到154.9亿 m³/a, 开采程度达155.68%, 呈现严重的区域性超采状态。在降水偏枯的2002年(年降水量390mm), 河北地下水开采量曾达171.3亿 m³/a, 开采程度高达172.18%。

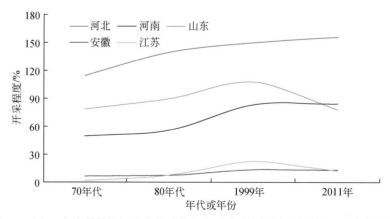

图6.4　近40年来黄淮海区粮食基地各主产区地下水资源开发利用程度变化趋势

从农业主导地下水超采角度来看, 主要发生在河北粮食主产区, 每年灌溉用水主导的地下水超采量介于30亿~55亿 m³/a。在降水连年偏枯时段, 农业开采量明显增大; 在降水偏丰水年份, 农业开采量明显减少, 地下水超采量随之减小。发生"96·8"和"7·19"流域性大洪水的当年, 农业主导地下水超采量消失, 地下水位普遍大幅上升。

2. 河南粮食主产区

河南粮食主产（省）区总用水量大于河北粮食主产区总用水量（196.2 亿 m³/a），为 229.1 亿 m³/a，但是，河南主产区农业用水量和地下水开采都小于河北主产区。该区地下水开采量 131.3 亿 m³/a，农业用水量 124.6 亿 m³/a，分别占当地总用水量的 57.31% 和 54.39%（表 6.1）。黄河以南地区，降水量明显大于河北平原，暴雨洪涝多于黄河以北地区，地表水相对丰富，河渠网系较发达，是农业用水量和地下水开采量小于河北主产区的重要因素。

由图 6.4 可知，河南粮食主产区的地下水开采程度长期低于河北和山东主产区。但是，近 20 年以来，河南主产区地下水开采量和开采程度都不断增大，20 世纪 70 年代，河南主产区地下水开采量 77.3 亿 m³/a，仅为开采程度 49.58%；20 世纪 80 年代，河南主产区地下水开采量增至 87.0 亿 m³/a，开采程度达 55.81%。至 1999 年，河南主产区地下水开采量激增至 129.7 亿 m³/a，开采程度提高为 83.21%；2011 年，河南主产区地下水开采量 131.3 亿 m³，开采程度 84.22%；2012～2013 年地下水开采量介于 137.2 亿～138.8 亿 m³/a（图 6.5），2014～2015 年平均年开采量 120.1 亿 m³，开采程度 77.04%，尚未呈现超采状态。

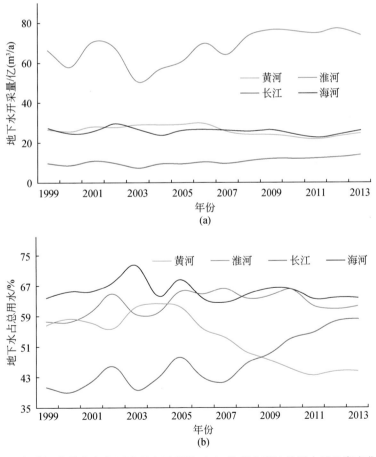

图 6.5　近 10 年来河南粮食主产区地下水开采量（a）及其占当地总用水量比率变化趋势（b）

在河南主产区的地下水总开采量中，农业开采量为83.7亿 m³/a，占该区总开采量的64.52%（当年总开采量129.7亿 m³/a）。1984年河南主产区的农业地下水开采量仅为33.2亿 m³/a，1990年增至56.2亿 m³/a，年均增加3.83亿 m³/a。至1996年达到63.9亿 m³/a，2000年为71.7亿 m³/a。

从区域分布上看，河南主产区的安阳、鹤壁、焦作、开封、许昌和漯河等地区的地下水开采程度较高，都超过100%，其中安阳地区地下水开采程度119%，鹤壁地区为182%，焦作地区为123%，开封地区为118%，许昌地区为145%和漯河地区为135%。南阳、信阳、洛阳和驻马店地区浅层地下水开采程度较低，大部分地区不足40%。郑州、周口和漯河地区深层地下水开采程度较高，已达85%以上，局部已出现严重超采情况。

从河南主产区的海河、黄河、淮河流域和长江流域4个分区来看，近10年以来淮河流域、长江流域两个分区的地下水开采量及其占当地总用水量比率都呈上升趋势，分别从2003年的50.4亿 m³/a 和7.43亿 m³/a，增至2012年的77.1亿 m³/a 和12.9亿 m³/a，分别增长52.98%和73.62%。而黄河以北的海河流域分区和黄河流域分区，地下水开采量及其占当地总用水量比率都呈缓慢下降趋势［图6.5（a）、（b）］。由图6.5（b）可知，长江流域分区地下水开采量占当地总用水量比率的上升趋势和黄河流域分区下降趋势尤为显著。从河南主产区的各地市分区来看，安阳、鹤壁、焦作、开封、商丘、许昌、周口和驻马店地区地下水供水量占总用水量的比率较高，普遍大于65%。其中鹤壁地区地下水供水量占总用水量的比率介于70.60%~83.50%、安阳地区介于66.01%~77.39%、开封地区介于61.40%~78.87%、漯河地区介于69.81%~87.08%、驻马店地区介于74.64%~85.66%和周口地区介于68.25%~95.69%（表6.2）。

表6.2　1999年以来河南省各地市地下水开采量占当地总用水量比率变化趋势

| 分区 | 不同年份地下水开采量占当地总用水量比率变化状况/% | | | | | | | | | | | | | | |
	1999	2000	2001	2002	2003	2004	2005	2006	2007	2008	2009	2010	2011	2012	2013
安阳	71.97	77.39	77.01	70.73	75.53	71.39	77.09	72.89	66.01	68.42	74.88	72.59	71.67	76.23	72.39
鹤壁	72.57	79.11	77.61	81.44	83.50	76.00	72.51	73.94	74.17	72.55	70.60	73.67	71.22	76.05	72.59
濮阳	51.36	47.23	40.11	37.67	46.03	42.39	44.45	40.89	42.31	47.03	43.45	38.72	40.34	40.94	43.00
新乡	51.15	52.11	52.18	51.01	61.38	60.45	69.15	59.18	59.69	54.75	53.32	53.66	48.74	47.15	47.36
焦作	66.35	69.80	73.50	78.62	82.61	69.16	67.72	61.20	60.12	53.36	53.21	58.03	58.25	57.91	58.34
三门峡	57.10	59.54	57.13	56.53	58.02	55.38	47.59	41.40	43.84	41.34	38.34	38.86	36.19	36.19	38.64
洛阳	59.16	59.45	58.26	59.31	62.05	64.24	61.66	57.56	49.89	48.82	50.36	47.13	38.67	40.01	41.58
郑州	62.95	61.49	66.35	71.61	67.25	69.14	71.37	71.46	76.32	69.14	63.26	58.30	51.46	52.24	56.30
开封	70.05	63.58	67.58	68.06	65.08	62.35	65.37	78.87	75.12	61.40	61.96	73.88	73.22	73.49	73.58
商丘	76.19	78.06	82.19	77.78	69.99	84.06	89.39	82.89	75.80	85.46	84.34	83.95	76.41	73.90	75.25
许昌	74.19	73.77	75.26	72.52	59.86	57.41	57.26	54.73	58.02	57.06	67.72	63.43	60.28	69.44	68.23
平顶山	41.60	51.40	47.71	62.66	47.23	49.56	50.23	55.85	48.37	45.62	51.60	59.33	51.94	39.33	35.35

续表

分区	不同年份地下水开采量占当地总用水量比率变化状况/%														
	1999	2000	2001	2002	2003	2004	2005	2006	2007	2008	2009	2010	2011	2012	2013
漯河	71.48	69.81	71.94	87.08	72.87	86.92	76.35	81.07	83.86	80.09	82.22	86.06	79.26	80.58	81.76
周口	68.25	73.33	70.78	75.96	88.25	82.25	93.36	94.46	92.27	95.47	95.69	94.42	89.14	88.51	88.30
驻马店	74.74	74.64	75.47	77.28	85.66	77.99	84.31	85.29	82.72	82.36	78.08	81.66	81.69	83.81	83.30
信阳	12.13	8.16	15.53	11.94	11.06	12.82	13.25	14.45	12.31	10.29	10.01	14.34	13.98	15.90	12.92
南阳	38.94	38.64	40.91	44.78	39.01	42.79	47.68	41.59	41.25	45.59	47.42	52.00	53.45	56.34	59.14
济源	33.61	39.85	43.73	40.69	49.71	46.70	48.90	40.09	48.39	40.93	42.80	40.37	40.49	36.60	36.26

3. 山东粮食主产区

山东粮食主产（省）区农业灌溉用水对地下水供给的依赖程度仅次于河北、河南粮食主产区，该区地下水开采强度在 20 世纪末达到峰值之后，受黄河长期过水和引灌供水影响，地下水开采强度呈现不断下降趋势。在农业灌溉用水中，地表水所占比率较大，地下水供水量仅占总用水量的 39.85%（表 6.1）。但是，在 13 个粮食主产区中，山东主产区地下水开采程度位居第三，为 78.13%，地下水开采量 89.3 亿 m^3/a。

在 20 世纪 70 年代，山东粮食主产区多年平均地下水开采量 90.1 亿 m^3/a，开采程度 78.86%。20 世纪 80 年代，山东主产区地下水开采量增至 102.7 亿 m^3/a，开采程度达 89.85%。至 1999 年，该区地下水开采量达 129.7 亿 m^3/a，呈现超采征兆，开采程度 107.61%，与当时黄河断流、地表水资源紧缺有一定关系。进入 21 世纪之后，黄河水引灌发挥了作用，山东主产区地下水开采程度明显减缓，地下水开采程度由 1999 年的 107.61% 下降为目前的 78.13%。该主产区 2007 年地下水开采量 101.9 亿 m^3，2008~2009 年地下水开采量介于 97 亿~101 亿 m^3/a，2010~2011 年平均年开采量 90.4 亿 m^3/a，2012~2013 年地下水开采量介于 86 亿~89 亿 m^3/a，2014~2015 年平均年开采量 84.6 亿 m^3，恢复了超采前状态。

从山东主产区各地市分区的地下水开采量占当地总用水量比率来看，淄博、枣庄、烟台、潍坊、济宁、泰安和莱芜地区都大于 50%，其中淄博地区地下水开采量占当地总用水量的 74.97%，枣庄地区地下水开采量占 68.40%，莱芜地区地下水开采量占 64.74%。济南、青岛、东营、威海、日照、临沂、德州、聊城和滨州的地下水开采量占当地总用水量比率都不足 40%，其中东营地区 11.42%，滨州地区 16.67%，威海和日照地区小于 327%（表 6.3）。

表 6.3　近 10 年以来山东省各地市地下水开采量占当地总用水量比率变化趋势

分区	不同年份地下水开采量占当地总用水量比率变化状况/%					农业开采量占总开采量比率/%
	1999	2007	2008	2011	2015	
济南	59.44	47.37	43.33	39.54	35.51	49.54
青岛	51.06	44.01	42.96	39.76	27.85	62.97

分区	不同年份地下水开采量占当地总用水量比率变化状况/%					农业开采量占总开采量比率/%
	1999	2007	2008	2011	2015	
淄博	69.55	71.43	69.93	74.97	58.09	63.92
枣庄	64.77	75.74	64.45	68.40	67.21	51.66
东营	7.78	10.67	10.81	11.42	7.25	76.58
烟台	59.55	51.02	53.58	48.83	46.14	68.67
潍坊	66.30	53.00	52.58	52.84	58.63	68.78
济宁	56.01	64.75	64.15	60.51	39.28	62.60
泰安	75.25	63.46	59.65	58.52	50.48	67.81
威海	36.02	26.24	31.56	31.90	36.21	9.87
日照	37.12	35.57	36.43	31.88	32.88	37.84
莱芜	63.71	61.84	66.15	64.74	57.40	38.57
临沂	42.86	35.66	36.40	36.34	26.53	53.46
德州	35.19	35.04	39.18	35.02	35.70	68.64
聊城	42.52	42.96	39.38	37.61	43.75	67.85
滨州	16.56	17.08	20.91	16.67	12.52	70.20
菏泽	39.17	51.78	50.58	49.46	49.82	83.04
全省	47.03	46.44	46.04	44.12	39.06	63.29

在山东主产区各地市分区的地下水开采量中，除了济南、威海、日照和莱芜地区之外，其他地市的农业开采量占当地地下水总开采量的比率都大于50%，大部分地市分区在60%以上。其中，菏泽地区农业开采量占当地地下水总开采量的83.04%、德州地区占68.64%、泰安地区占67.81%、潍坊地区占68.78%和烟台地区占68.67%。

从农业用水量占当地总用水量的比率来看，多数地区农业用水量所占比率呈下降趋势，只是莱芜、德州、济宁地区呈上升情势（图6.6）。鲁西北平原区是山东省粮食主要基地，1999~2015年期间该地区的德州、聊城和滨州地区农业用水量占当地总用水量的比率，分别为介于86.28%~90.56%、83.01%~85.87%和85.62%~87.48%，位居山东粮食主产区农业用水所占比率的前三名。从鲁西北平原区地下水开发利用的历史来看，该地区地下水开发利用历史悠久，20世纪70年代以前已开始浅层地下水开采，用于人畜饮用和灌溉菜地。20世纪70年代以后，开始采用机井大规模开采浅层地下水。

进入20世纪80年代，山东主产区大力兴修农田水利，引黄灌溉面积不断扩大，一些引黄条件好的地区弃井、引黄灌溉，逐步形成了引黄为主、井灌为辅的农业用水格局，地下水开采量增速减慢。但是，20世纪90年代，由于黄河来水量逐年减少，经常发生断流，使引黄保证率明显降低，由此地下水开采量再次大幅增加，特别是1995~2000年期间地下水开采井数和开采量剧增（表6.4）。进入21世纪以来，黄河来水时间和来水量明显增加，加之，引黄干渠和平原水库的修建，增大了地表水利用的数量和范围，该区地下水开采量再度开始减少，尤其东部的滨州和东营等地区弃井引黄，居民生活和农业灌溉基本都

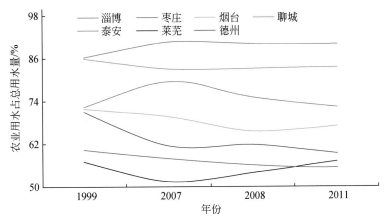

图6.6　近10年来山东粮食主产区农业用水量占当地总用水量比率变化趋势

依赖黄河水。

鲁西北平原是山东主产区的主要地下水超采区，尤其冠县一带，工农业用水和生活用水均开采地下水，地下水开采强度介于20万~30万 $m^3/(a·km^2)$，地下水位持续下降，地下水位埋深大于15m。德州的宁津、夏津及聊城的临清、茌平、东昌府、东阿、阳谷、莘县一带，该区引黄条件较差，工农业用水和生活用水主要开采地下水，开采强度介于10万~20万 $m^3/(a·km^2)$，处于强开采状态，枯水期地下水位大幅下降，丰水期水位回升，地下水位总体呈下降趋势。

表6.4　近30年以来山东的鲁西北地区地下水开采量及开采井变化特征

分区	20世纪									21世纪初		
	70年代			80年代			90年代			开采量/亿（m^3/a）		机井数/万眼
	开采量/亿（m^3/a）		机井数/万眼	开采量/亿（m^3/a）		机井数/万眼	开采量/亿（m^3/a）		机井数/万眼	浅层	深层	
	浅层	深层		浅层	深层		浅层	深层				
聊城	6.68	0.12	5.06	7.50	0.31	5.83	10.17	0.40	13.69	10.17	0.40	13.69
德州	4.09	0.18	3.76	4.68	0.69	4.61	8.26	0.88	14.28	8.26	0.88	14.28
滨州	1.51	0.11	0.47	2.98	0.25	1.96	3.49	0.26	0.79	3.49	0.26	0.79
合计	12.28	0.41	9.29	15.16	1.25	12.40	21.92	1.54	28.76	21.92	1.54	28.76

在鲁西北平原的庆云–惠民–济阳以东、引黄条件较好地区，地下水开发利用较少，开采强度介于3万~5万 $m^3/(a·km^2)$。在滨海地区，受地下水水质限制，浅层地下水基本未开发利用，开采强度小于3万 $m^3/(a·km^2)$。在德州的武城、平原、禹城、齐河、乐陵及济南的商河、济阳广大地区，引黄条件较好，地下水开采强度介于5万~10万 $m^3/(a·km^2)$。

4. 安徽粮食主产区

在黄淮海区主要粮食基地中，安徽粮食主产（省）区的地下水开采量占当地总用水量比率属于较低地区（图6.3、图6.4）；但是，在我国13个粮食主产区中，安徽主产区的地下水开采量占当地总用水量比率高于湖南、湖北、江苏和广西等粮食主产区。自 20 世纪 70 年代以来，安徽主产区的地下水开采量和开采程度呈缓慢增加趋势，地下水开采量从 20 世纪 70 年代 9.2 亿 m³/a 增加目前的 13.4 亿 m³/a，地下水开采程度从 6.80% 增加目前的 18.09%（图 6.4），农业用水量占当地总用水量的 57.16%。该主产区 2007 年地下水开采量 19.9 亿 m³，2008～2009 年地下水开采量介于 23.5 亿～26.1 亿 m³/a，2010～2011 年平均年开采量 33.3 亿 m³，2012～2013 年地下水开采量介于 33.4 亿～34.1 亿 m³/a，2014～2015 年平均年开采量 31.4 亿 m³，总体上地下水开采量呈增加趋势。

从安徽主产区的分区来看，淮河以北地区地下水开采量和农业用水量所占比率较大（表 6.5、表 6.6）。其中阜阳地区地下亿水年开采量 8.05 亿 m³，占安徽主产区地下水总开采量的 24.09%；宿州地区地下水年开采量 7.44 亿 m³，占安徽主产区地下水总开采量的 22.27%；亳州地区地下水年开采量 7.39 亿 m³，占安徽主产区地下水总开采量的 22.12%；淮北市地区地下水年开采量 3.46 亿 m³，占安徽主产区地下水总开采量的 10.35%。

表 6.5　安徽主产区不同流域分区地下水开采量及开采程度状况

流域	地区	地下水		地表水		农业开采地下水	
		开采量 /亿(m³/a)	开采 程度/%	利用量 /亿(m³/a)	利用 程度/%	开采量 /亿(m³/a)	占总用 水量/%
淮河	淮北地区	17.1	29.47	39.2	132.50	6.7	39.16
	淮南地区	0.71	4.83	48.4	113.86	0.13	18.31
长江	江北地区	0.23	0.68	43.8	61.72	0	0
	江南地区	0.43	1.64	40.6	44.53	0.16	37.21
钱塘江	新安江地区	0.05	1.82	3.6	13.09	0.02	40.00
全省		18.48	13.67	175.6	67.08	6.99	37.82

表 6.6　20 世纪 70 年代以来安徽粮食主产区不同地市分区地下水开采量及程度变化特征

分区	20 世纪						2013 年		
	70 年代		80 年代		90 年代				
	开采量 /亿(m³/a)	开采程度 /%	开采量 /亿(m³/a)	开采程度 /%	开采量 /亿(m³/a)	开采程度 /%	开采量 /亿(m³/a)	开采程度 /%	占总开 采量/%
蚌埠	0.96	10.98	1.03	11.78	1.65	18.88	2.96	33.87	8.86
亳州	0.49	4.12	0.53	4.45	0.94	7.90	7.39	62.10	22.12
阜阳	3.68	23.62	3.96	25.42	7.03	45.12	8.05	51.67	24.09
淮北	2.26	61.41	1.56	42.39	1.94	52.72	3.46	94.02	10.36
淮南	0.49	12.89	0.58	15.26	0.82	21.58	1.05	27.63	3.14
宿州	1.81	12.23	1.94	13.11	5.18	35.00	7.44	50.27	22.27
六安			0.31	3.02	0.05	0.49	0.64	6.24	1.92
合肥			0.1	8.33	0.12	10.00	0.39	32.50	1.17
滁州			0.23	5.31	0.18	4.16	0.67	15.47	2.01
全省	9.2	6.80	10.71	7.92	18.48	13.67	33.41	24.71	100.00

从安徽主产区的各分区地下水开采程度来看，都呈增高趋势（图 6.7、图 6.8），尤其亳州、宿州和淮北地区地下水开采程度增高显著，分别从 20 世纪 70 年的 4.12%、12.23% 和 61.41%，增至 2013 年的 62.10%、50.27% 和 94.02%，安徽的淮河流域内各分区地下水开采量增加 15.56 亿 m³，占安徽主产区地下水总开采量的 46.57%。

从近 10 年以来安徽主产区的各流域分区地下水开采量变化来看，淮河以北、淮河以南和长江以北地区的地下水开采量增加显著（图 6.8），尤其淮河以北地区地下水开采量从 2007 年的 17.8 亿 m³ 增加为 2013 年的 29.6 亿 m³，占 2013 年安徽主产区地下水总开采量的 88.72%；淮河以南地区地下水开采量从 2007 年的 15000 万 m³ 增加为 2013 年的 18000 万 m³，占 2013 年安徽主产区地下水总开采量的 5.33%；长江以北地区地下水开采量从 2007 年的 1800 万 m³ 增加为 2013 年的 11900 万 m³，占 2013 年安徽主产区地下水总开采量的 3.56%；长江以南地区地下水开采量从 2007 年的 3200 万 m³ 增加为 2013 年的 6400 万 m³，占 2013 年安徽主产区地下水总开采量的 1.92%。

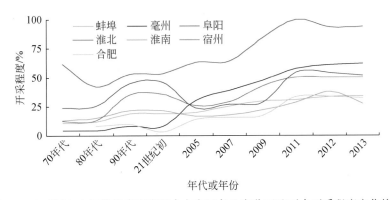

图 6.7　20 世纪 70 年代以来安徽粮食主产区各地市分区地下水开采程度变化趋势

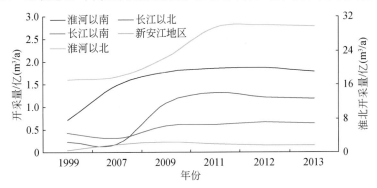

图 6.8　近 10 年以来安徽粮食主产区各流域分区地下水开采量变化特征

5. 江苏粮食主产区

江苏粮食主产（省）区是经济大省，也是农业大省，但是，江苏主产区地下水供水量占当地总用水量的比率不足 2.0%，而农业用水量占当地总用水量的 55.31%，灌溉用水以地表水源为主，农业的地表水用水量达 307.6 亿 m³/a。虽然 2009 年以来地下水开采量呈增加趋势，但是年地下水开采量仅 8. 67 亿 ~ 10. 1 亿 m³（表 6. 7），主要分布在江苏主产区的淮河流域分区，该区地下水开采量占江苏主产区总开采量的 80. 71%，而长江流域分区地下水开采量仅占江苏主产区总开采量的 18. 01%，太湖流域分区地下水开采量占江苏主产区总开采量的 1. 29%。

表 6.7　2009 年以来江苏省各流域分区地下水开采量变化特征

| 分区 | 不同年份地下水开采量占当地总用水量比率变化状况/% | | | | |
	2009	2010	2011	2012	2013
淮河流域	7. 67	7. 57	8. 98	8. 79	7. 53
长江流域	1. 11	1. 01	1. 00	0. 95	1. 68
太湖流域	0. 06	0. 09	0. 08	0. 08	0. 12
全省	8. 84	8. 67	10. 07	9. 93	9. 33

6.3　东北区主要粮食基地农业种植及地下水开发利用概况

东北区主要粮食基地主要分布在东北地区的辽河平原、松嫩平原、三江平原和内蒙古的河套平原区，农作物播种为一年一熟，该区是我国最大的玉米、优质粳稻和大豆产区，涉及黑龙江、吉林、辽宁省和内蒙古自治区的 209 个县（市、区、场），主要粮食作物为玉米、水稻、高粱和谷子，还有小麦和薯类，经济作物有甜菜、烟草和大豆等油料作物。玉米播种区主要分布在东北区主要粮食基地的中部，水稻播种区主要分布在南部，小麦播种区主要分布在北部。现有耕地面积 3. 90 亿亩，粮食播种面积 3. 88 亿亩，总产量 1480. 05 亿千克，分别占全国的 22. 82% 和 23. 82%，商品粮占全国商品粮总量的 1/3 以上，商品粮率高达 50%~60%，占全国商品粮总量的 1/3 以上，素有中国的"粮食市场稳压器"之称。在我国未来粮食增产规划中，承担新增粮食产能指标 150. 5 亿千克，占全国新增产能的 30. 10%。

6.3.1　东北平原区域地质及水文地质条件

1. 区域地质

东北区主要粮食基地分布区地处西伯利亚、华北两大古板块与太平洋板块所辖的构造区域内，由吉黑褶皱系的佳木斯隆起带和那丹哈达岭优地槽褶皱带两大地构造单元组成。晚白垩世以后，大陆裂谷逐渐形成，发展呈东北大陆裂谷系，以松辽-结雅地堑为主体，包括一通-依兰裂谷、敦化-密山裂谷、三江-阿穆尔地堑及其附近的断陷盆地。东北区主要粮食基地分布区的南部陆块属于华北陆块区的东段，其主体分布于辽宁和吉林省的南部，其主体岩石形成于新太古代，表壳岩较为发育，主要为石英闪长岩-花岗闪长岩。古生代地质建造主要分布在太子河-浑江一带，辽吉东部地区的中生代花岗岩岩浆活动极为发育，形成规模不等、展布方向不同的火山-沉积盆地。

松辽平原是在前古生界和上古生界结晶基底基础上发育起来的中新生代大型陆相断陷沉积盆地，处于蒙古-兴安褶皱系的东段，该平原西部属兴安海西中期褶皱带，东部为吉黑海西晚期褶皱带。盆地基底主要有花岗岩、闪长岩、片麻岩、板岩和碳酸盐岩等组成。松辽盆地的基底经历了兴凯旋回、加里东旋回和海西旋回，后者在西部形成了内蒙古-大兴安岭褶皱系，东部为张广才岭褶皱带和延边褶皱系，中部为松辽拗陷。喜马拉雅运动在老构造的基础上，使地层产生翘曲、断裂，呈现为大兴安岭翘起、隆升，盆地沿断裂沉降。从此，盆地进入了第四纪的演变期，新构造运动的频繁发生，对第四纪环境的演化起了主导作用。在大兴安岭山前地带、盆地中部及东部丘陵沉积了数米至数十米的白土山组地层。在早更新世的中、晚期，黏土层分布范围扩大，湖泊已具有较大的规模。进入中更新世，大兴安岭、长白山山地抬升，松辽盆地缓慢而稳定下沉，发展为大湖盆，沉积厚度介于 $30 \sim 70m$ 的湖相淤泥质黏土及黏土，分布面积达 $50000km^2$。晚更新世初，松辽分水岭缓慢抬升，西辽河与松嫩水系分离，形成辽河水系，松辽平原沉降中心不断缩小，古水文网发生重大变迁，逐渐西移，中更新世形成的巨大湖泊不断萎缩，分割为星罗棋布的小湖泊，在古河床及河曲带形成湖泊群。

三江平原是新华夏构造体系第二隆起带北端的一个拗陷带。在大地构造上，三江平原属同江内陆断陷。它是在前古生代变质岩、古生代和中生代沉积岩组成的基底上，经古近纪、新近纪拗陷（断陷）而形成的盆地。主要由古生代、中生代页岩，中酸性火山岩和花岗岩所构成。

2. 水文地质条件

东北区主要粮食基地分布区的地下水系统形成与地下水赋存条件复杂，在地质构造、地形地貌和水文等条件控制下表现出不同的水文地质特征，平原区与丘陵山区的水文地质条件差异大，区内的辽河平原、松嫩平原和三江平原是地下水的主要汇集和赋存地区，在巨厚中新生代碎屑岩、第四系松散堆积层中赋存丰富地下水。

松辽平原地下水系统是一个包含第四系孔隙水、新近系裂隙-孔隙水、古近系裂隙-孔隙水和白垩系孔隙-裂隙水的大型含水层组系统，由盆地周边的各种弱透水地层、基岩岩体、阻水断层和区域性稳定的地下水分水岭组成。该含水层组分布有白垩系、古近系、新近系和第四系的多个含水层，彼此之间存在直接或间接水力联系。白垩系含水层分布最广，厚度最大，在松辽平原的东部平原区和西部山前倾斜平原区白垩系含水层埋藏较浅，在松辽平原的中部低平原白垩系含水层埋藏较深。在松嫩平原，单层结构含水层分布范围与西部山前倾斜平原基本一致，由扇形地和台地构成，由南向北主要地下水子系统有：霍林河冲洪积扇地下水子系统、洮儿河冲洪积扇地下水子系统、绰尔河冲积扇地下水子系统、雅鲁河冲洪积扇地下水子系统、阿伦河冲洪积扇地下水子系统和诺敏河冲洪积扇地下水子系统。南部的霍林河和洮儿河形成的山前冲积扇砂砾层厚度为 $20 \sim 30m$，北部各河流冲洪积扇的沉积厚度介于 $50 \sim 100m$。双层结构或多层结构含水层主要分布在松嫩平原的东部高平原，由第四系孔隙含水层与白垩系孔隙-裂隙含水层组成，含水层厚度为 $10 \sim 30m$。

三江平原埋藏有第四系松散岩类孔隙水、古近系-新近系碎屑岩类孔隙-裂隙水和基岩裂隙水含水层系统，其中古近系-新近系的单层结构含水层主要分布在完达山山前台地和鹤岗南部的小兴安岭山前台地区，含水层厚度 20 ~ 60m；双层结构或多层结构含水层分布范围与三江低平原区分布范围基本一致，自东向西，依次为东部低平原双层结构含水层系统、中部低平原双层结构含水层系统和西部山前扇形平原双层结构含水层系统。

6.3.2 东北平原粮食主产区农业生产概况

1. 黑龙江粮食主产区

黑龙江粮食主产（省）区的粮食总产和商品粮产量都居全国第一。该区粮食作物播种面积 20650 万亩，粮食总产量 1114.1 亿斤。玉米、水稻、大豆、小麦和马铃薯是主推作物，播种面积 17478.22 万亩，其中高产玉米播种面积达 8856 万亩，水稻播种面积 5171 万亩，机械精细精量播种比例达到 90% 以上，机收面积达到 10300 万亩。玉米播种面积及产量分别占全国总量的 13.68% 和 13.88%，都位居全国之首。大豆播种面积及产量分别占全国总量的 31.80% 和 30.28%。水稻播种面积和产量分别位居全国第三、第二。在黑龙江粮食主产区，国家级粮油糖高产示范片 682 个，种植业标准化面积达 9000 万亩。该区正在建设西部松嫩平原的林甸、富裕牧场、富南、富西和兴旺等灌区工程，以及在东部三江平原建设沿乌苏里江、黑龙江和兴凯湖流域的 14 个大中型灌区工程，新打抗旱水源井 10749 眼，新增蓄水能力 8700m³。粮食综合生产能力达 1500 亿斤。在黑龙江垦区，粮食总产量达 407.4 亿斤，水稻播种面积 2182.4 万亩，玉米播种面积 1020.6 万亩，飞机航化作业面积 1600 万亩，新增水田灌溉面积 260 万亩和旱田节水灌溉面积 30.6 万亩，以及水土流失治理面积 20.8 万亩，新增改善防洪除涝面积 116 万亩和秸秆还田面积 2700 万亩。

2. 吉林粮食主产区

吉林粮食主产（省）区是我国重要的粮食商品粮基地，农作物播种面积 8697.6 万亩，粮食作物播种面积 7696.8 万亩，粮食总产量 634.2 亿斤，其中玉米播种面积 5429.2 万亩，水稻播种面积 1218.3 万亩。玉米播种面积及产量占全国总量的第二，分别为 9.34% 和 12.13%。大豆播种面积及产量占全国总量的比率分别位列全国第五、第四，为 4.52% 和 5.31%。水稻播种面积及产量占全国总量的比率都位居全国第八，分别为 2.30% 和 3.10%。已建 400 个万亩高产示范片，179 个玉米万亩高产示范片，面积达 184.2 万亩，平均亩产达 786.3kg，形成榆树、公主岭、农安、梨树、前郭、扶余、长岭、德惠、双辽和伊通十大产粮县，建设高效节水灌溉工程保障面积 202.81 万亩。

3. 辽宁粮食主产区

辽宁粮食主产（省）区的粮食作物播种面积 4754.7 万亩，粮食总产量 407 亿斤，以玉米、水稻为主，其中玉米播种面积 3163.2 万亩，水稻播种面积 964.7 万亩。玉米播种面积及产量占全国总量的比率分别为 6.36% 和 7.06%，都位居全国第七。水稻播种面积及产量占全国总量的比率分别为 2.19% 和 2.51%，都位居全国第九。鲜果产量及蔬菜播种面积占全国总量的比率分别为 3.56% 和 2.37%，分别位居全国第七、第十。在国家增粮 1000 亿斤产能中，辽宁主产区围绕新增 45 亿斤粮食生产能力，正在改造 1000 万亩中低产田和建设 1000 万亩优质粳稻单产提升工程，建设了辽河流域 100 万亩水稻现代化示范区和辽宁北部 100 万亩玉米现代化示范区，在昌图、辽中、开原、大石桥、盘山和大洼等县建设示范核心区，已建设 385 个连片粮油高产示范区，包括国家级粮油高产示范区 262 个。

4. 内蒙古粮食主产区

内蒙古（自治区）粮食主产区的粮食总产量 477.5 亿斤。大豆播种面积及产量占全国总量的比率分别为 9.60% 和 8.98%，都位列第二。玉米播种面积及产量占全国总量的比率分别为 7.96% 和 8.47%，都位居全国第六。小麦播种面积及产量占全国总量的比率分别为 2.34% 和 1.46%，都位居全国第八。该主产区启动了增粮工程、"四个一千万亩"节水灌溉工程、标准粮田建设和旱作农田改造等重大农田基本建设工程，灌溉机电井 40.4 万眼，输水干渠 2.7 万 km，有效灌溉面积 4579 万亩，其中节水灌溉面积达 3290 万亩，近 8 年来粮食综合生产能力增加 200 亿斤。已培育抗旱丰产优质品种 3668 个，示范的新品种 2017 个，审认定新品种 647 个，年推广面积 5000 万亩以上，优质高产高效作物比重达 66%。

6.3.3　东北平原粮食主产区地下水开发利用情势

2010 年以来东北区主要粮食基地分布区年均总用水量 687.5 亿 m^3/a，地下水开采量 314.4 亿 m^3/a，占当地总用水量的 45.73%。其中，内蒙古粮食主产区地下水开采量占当地总用水量的 50.08%，辽宁粮食主产区占 44.50%，黑龙江粮食主产区占 42.54% 和吉林粮食主产区占 33.31%（表 6.1）。

在松嫩平原，农业用水是地下水开采量中用水大户，占总开采量的 72.9%。区内开采机井 25.6 万眼，其中黑龙江和吉林省境内分别为 15.8 万眼和 9.8 万眼，白城、洮南、大庆、长春、甘南、龙江、泰来县和齐齐哈尔地区机井密度较大，分布密度 2.5 眼/km^2 以上，其中白城和洮南地区机井分布密度达 10 眼/km^2 以上，大庆和甘南地区机井分布密度达 5 眼/km^2 以上。从地下水开采强度来看，白城、哈尔滨、绥化、松原、阿城、齐齐哈尔、榆树、绥棱、五常、九台、大庆、德惠、呼兰和长春地区地下水开采强度大于 5 万 $m^3/(a \cdot km^2)$，其中中白城、哈尔滨和绥化地区地下水开采强度大于 10 万 $m^3/(a \cdot km^2)$。

在辽河平原，开采机井数量达 23.78 万眼，其中农业开采井 14.56 万眼，林业开采井 1.01 万眼和牧业开采井 4526 眼，分别占该平原开采井总量的 61.20%、4.26% 和 1.90%；农林业用水量 30.48 亿 m^3/a，占该区总用水量的 85.12%；牧业用水量 1.73 亿 m^3/a，占总用水量的 4.81%；农牧区人畜用水量 2.01 亿 m^3/a，占总用水量的 5.79%。拉林河、阿什河地区的地下水开采强度较大，为 5.31 万 $m^3/(a \cdot km^2)$，其次是第二松花江流域平原区，地下水开采强度 4.06 万 $m^3/(a \cdot km^2)$。洮儿河、霍林河、乌裕尔河和双阳河流域平原区的地下水开采量较大，达 11 亿 m^3/a 以上，农业用水为主。

1. 黑龙江粮食主产区

在黑龙江粮食主产（省）区，近5年以来地下水开采量介于157亿~168亿 m³/a，占当地总用水量的比率不断增大（图6.9）。该区农业用水量占当地总用水量的77.27%，是东北区主要粮食基地中农业用水量占当地总用水量比率最高的主产区。黑龙江主产区地下水开采量呈明显增加趋势，2001~2005年平均年开采量104亿 m³，2007~2009年平均年开采量129亿 m³，2010~2011年平均年开采量153亿 m³，2012年地下水开采量161.5亿 m³，2013~2014年地下水开采量167.5亿 m³，2015年地下水开采量157.7亿 m³，其中农业开采量占主导，所占比率呈增大趋势。

从黑龙江主产区的各地市分区地下水开采量来看，哈尔滨、齐齐哈尔和绥化地区地下水开采量比较大，其开采量分别占黑龙江主产区地下水总开采量的21.99%、17.33%和15.25%。牡丹江、七台河、黑河和伊春地区地下水开采量比较小，其开采量分别占黑龙江主产区地下水总开采量的1.14%、1.67%、1.79%和1.85%。

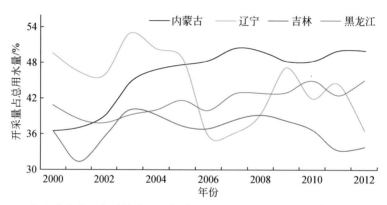

图6.9　2000年以来东北区主要粮食基地各分区地下水开采量占当地总用水量比率变化特征

2. 吉林粮食主产区

在吉林粮食主产（省）区，近5年以来地下水开采量介于42.9亿~44.9亿 m³/a，占当地总用水量的比率呈减少趋势（图6.9）。该区农业用水量占当地总用水量的62.22%，是东北区主要粮食基地中农业用水量占当地总用水量比率较低的主产区。吉林主产区地下水开采量呈缓慢增加趋势，2001~2005年平均年开采量37.1亿 m³，2008~2011年平均年开采量42.9亿 m³，2012年地下水开采量43.9亿 m³，2014~2015年平均年开采量44.5亿 m³。该主产区总用水量也呈增加趋势，2001~2005年平均年总用水量103.1亿 m³，2008~2011年平均年总用水量119.9亿 m³，2012年总用水量129.8亿 m³，2014~2015年平均总用水量133.3亿 m³，地表水供水量占总用水量的66.59%。

从吉林粮食主产区的各分区地下水开采量来看，白城、松原、长春和四平地区地下水开采量比较大，其开采量分别占吉林主产区地下水总开采量的26.08%、22.03%、21.07%和10.44%。辽源、白山和延边地区地下水开采量比较小，其开采量分别占吉林主产区地下水总开采量的1.34%、1.96%和2.86%。

3. 辽宁粮食主产区

在辽宁粮食主产（省）区，近 5 年以来地下水开采量介于 58.6 亿 ~ 61.3 亿 m³/a，占当地总用水量的比率呈减小趋势（图 6.9）。该主产区农业用水量占当地总用水量的 62.08%，是东北区主要粮食基地中农业用水量占当地总用水量比率最低的主产区。辽宁主产区地下水开采量呈缓慢减少趋势。2001 ~ 2005 年平均地下水年开采量 64 亿 m³，2007 ~ 2011 年平均年开采量 58.9 亿 m³，2012 年地下水年开采量 61.3 亿 m³，2013 年开采量 60.0 亿 m³，2014 ~ 2015 年平均地下水年开采量 58.6 亿 m³。该主产区总用水量也呈缓慢减少趋势，2008 ~ 2012 年平均年总用水量 142.9 亿 m³，2011 年总用水量 144.5 亿 m³，2012 ~ 2013 年平均总用水量 142.2 亿 m³，2014 ~ 2015 年平均年总用水量 141.3 亿 m³，地表水供水量占总用水量的 55.39%。

从辽宁主产区的各分区地下水开采量来看，沈阳、锦州、辽阳和铁岭地区地下水开采量比较大，其开采量分别占辽宁主产区地下水总开采量的 35.07%、15.64%、13.24% 和 7.62%。本溪、丹东、抚顺和营口地区地下水开采量比较小，其开采量分别占辽宁主产区地下水总开采量的 0.70%、0.77%、1.37% 和 1.76%。

4. 内蒙古粮食主产区

在内蒙古（自治区）粮食主产区，近 5 年以来地下水开采量介于 85 亿 ~ 93 亿 m³/a，占当地总用水量的比率呈显著增大趋势（图 6.9）。该主产区地下水开采量占当地总用水量的 50.08%，是东北区主要粮食基地中地下水开采量占当地总用水量比率最高的主产区。内蒙古主产区地下水开采量呈增加趋势，2001 ~ 2005 年平均年开采量 68.2 亿 m³，2007 ~ 2009 年平均年开采量 81.9 亿 m³，2010 ~ 2013 年平均年开采量 87.9 亿 m³，2014 ~ 2015 年平均年开采量 89.6 亿 m³，地下水开采量增加速率明显大于当地总用水量增加速率（图 6.10）。2001 ~ 2005 年平均年总用水量 168.9 亿 m³，2006 ~ 2008 年平均年总用水量 171.1 亿 m³，2009 ~ 2011 年平均年总用水量 175.9 亿 m³，2012 ~ 2013 年平均总用水量 183.8 亿 m³，2014 ~ 2015 年平均年总用水量 184.1 亿 m³。

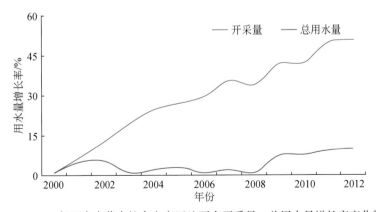

图 6.10　2000 年以来内蒙古粮食主产区地下水开采量、总用水量增长率变化特征

从内蒙古粮食主产区的各分区地下水开采量来看，通辽、鄂尔多斯、兴安盟和赤峰地

区地下水开采量比较大，其开采量分别占内蒙古粮食主产区地下水总开采量的 35.77%、12.47%、8.34% 和 7.89%。乌海、锡林郭勒盟、阿拉善盟和包头地区地下水开采量比较小，其开采量分别占内蒙古粮食主产区地下水总开采量的 1.18%、1.57%、2.03% 和 6.19%。

6.4　长江流域主要粮食基地农业种植及地下水开发利用概况

长江流域主要粮食基地主要分布在江汉平原、洞庭湖平原、鄱阳湖平原、苏皖平原和长江三角洲等平原区，是我国水稻集中产区，涉及江西、湖北、湖南、四川省的 171 个县（市、区），现有耕地面积 1.51 亿亩，粮食播种面积 2.94 亿亩，总产量 1129.77 亿千克，分别占全国总量的 17.27% 和 18.18%。农作物以一年两熟播种为主，以水稻为主，其次是小麦、玉米、红苕、甘蔗、芝麻、菜籽、豌豆和胡豆等。在我国未来粮食增产规划中，承担新增粮食产能指标 56 亿千克，占全国新增产能的 11.21%。

6.4.1　长江流域区域地质及水文地质条件

1. 区域地质

长江流域主要粮食基地分布区地处扬子准地台的褶皱断拗带内，燕山运动产生一系列断陷盆地，后经长江切通、贯连和冲积后，形成现今的长江流域中下游平原的整体。在大地构造上，长江流域主体部分为北北东向分布的稳定地块——扬子准地台，在其四周为一系列活动性强的造山带所围限，西缘为三江褶皱系、松潘–甘孜褶皱系，北缘为秦岭褶皱系，东南缘为华南褶皱系。晚三叠世以后的中生代地层，以陆相沉积为主，在长江下游地区发育侏罗纪—早白垩世的中酸性火山岩系。新生代沉积为含膏盐红色建造和含油建造。晚三叠世以来，准地台原有的构造面貌，遭到了强烈的改造。起初是印支运动，在西部和下扬子地区有显著的影响，形成盖层褶皱、逆掩和推覆构造，并伴有中酸性岩浆活动；而后是燕山运动，它涉及全区形成广泛的盖层褶皱。喜马拉雅运动使该区则剧烈沉陷，使燕山阶段形成的江汉、苏北盆地进一步扩张和发展。

在长江流域主要粮食基地分布区，自太古宇至新生界第四系均有出露。太古宇主要为分布于四川的康定杂岩、湖北的东冲河杂岩、大别山区的大别岩群。元古宇主要分布在川西、湘东赣北、浙西皖南和长江中下游沿岸等地区，主要为火山碎屑岩夹碳酸盐岩、片麻岩、角门岩、片岩、大理岩和石英岩，沉积变质的碎屑岩夹火山岩、碳酸角斑岩、安山岩、石英岩、大理岩以及浅变质碎屑岩，以砂板岩为主，夹有千枚岩、片岩、变质砂岩和变质砾岩等。古生界的寒武系为变质片岩、变质基性火山岩、千枚岩、大理岩以及以海相碎屑岩和碳酸盐岩。奥陶系与寒武系为平行不整合–整合接触，以浅海相–滨浅海相碎屑岩和碳酸盐岩为主。志留系中下统沉积范围与上奥陶统基本一致，为平行不整合–整合接触，主要为薄层页岩、粉砂岩和砂岩，局部夹基性火山岩。泥盆系下统缺失较多，中、上统为浅海碳酸盐台地或潮坪沉积、滨海碎屑沉积和滨海平原和河湖沼泽碎屑沉积,岩性为石灰岩和白云岩,或以砂页岩、石灰岩、泥灰岩为主,夹陆相砂页岩,或以砂岩和黑色碳质页岩为主。石炭系为海陆交互相沉积和浅海相碳酸盐岩夹碎屑岩沉积,以碎屑岩夹碳酸盐岩为主。该区中生界的三叠系分布最为广泛,主要为潮坪-蒸发海相碳酸盐和硫酸盐沉积,上统以近海海陆交互相或陆相碎屑含煤沉积为主。侏罗系下、中统主要为内陆河湖盆地碎屑沉积,浙皖地区发育有中酸性火山岩,四川盆地为红色河湖相砂岩、泥岩,底部为砂砾岩。白垩系下统分布在川滇和苏浙皖地区,主要为内陆河湖盆地沉积,岩性为红色砂岩、页岩、泥岩及砂砾岩。苏皖地区有中酸性火山岩及火山碎屑岩分布。新生界的古近系、新近系为陆相盆地沉积,以大中型盆地为主,在江汉盆地、成都平原等地区以红色砂岩、泥岩和砾岩为主,局部地区含有煤系、油页岩和石膏等。第四系主要为陆相沉积,成都平原有冲洪积和冰水堆积,中下游平原为河湖相沉积,沿海地带还有滨海相沉积等,主要岩性为黏土、粉细砂和砂砾石等。

该平原区底部为白垩系—古近系、新近系红色碎屑岩沉积。在两湖平原(江汉平原、洞庭湖平原)白垩系—古近系、新近系厚近 8000m,其中古近系、新近系介于 3000 ~ 4000m。第四纪沉积层由湖盆北部边缘的武汉地区至沉降中心的洞庭湖区,厚度由 30 ~ 60m 增至 200m 以上。长江三角洲第四纪海陆交互松散沉积层,自西向东由几十米增至 300 ~ 400m,最厚可达 480m。受新构造运动影响,平原边缘白垩系—古近系、新近系红层和第四纪红土层微微掀升,经流水冲切,成为相对高度 20 ~ 30m 的红土岗丘,中部和沿江沿海地区则继续下降形成泛滥平原和滨海平原。

2. 水文地质条件

根据地下水赋存的含水层介质特征、储存和运移的空间形态特征,区内的地下水基本可归结为松散岩类孔隙水(孔隙潜水和孔隙承压水)、碳酸盐岩类岩溶水和基岩裂隙水三类。

松散岩类孔隙水分布于鄱阳湖平原、江汉平原、洞庭湖地区,含水层为冲积、冲湖积和湖积等形成的砂、砂砾石、卵砾石、含黏土砂砾石层及粉砂土等。洞庭湖地区孔隙潜水含贫乏-中等孔隙潜水,水位埋深一般在 3m 以上;孔隙承压水分布在洞庭湖平原区中央部分,其间大部地段有数米至 30m 的弱透水的黏土、砂质黏土层相隔;岩层富水性较好,富水程度为中等-丰富。鄱阳湖地区的松散岩类孔隙水以中-强富水性为主,含水层一般具有双层结构,上部为弱透水的黏性土,下部为强透水的砂砾卵石层,厚度由河流上游向下游滨湖平原递增;天然专题下地下水具微承压性。江汉平原的松散岩类孔隙水含水层厚度变化较大,平原腹地可达百余米,边缘 10 ~ 15m,总的趋势是腹地厚,边缘薄;西部薄,东部厚,含水层顶板埋深 5 ~ 15m,水位埋深 0 ~ 7m。

碳酸盐岩类主要分布在湘南北、湘中、湘南、鄂西南、鄂西、鄂东南、瑞昌-九江、萍乡-丰城、莲花-安福等地。碳酸盐岩类在多地又分为裸露型岩溶、覆盖型岩溶和埋藏型岩溶区。不同岩溶类型区,由于岩性、地质构造、地形地貌等因素不同,岩溶发育程度也不一样,因此,富水程度差异也较大。其中,湖南省的覆盖性碳酸盐岩类岩溶水分布区,松散覆盖层厚一般为数米至十余米,最厚 80m 多。江西省的碳酸盐岩类岩溶水分布区,含水层厚度数米至 170m，强烈岩溶发育带下限深度一般为 50~250m，地下水位埋深一般小于 30m。

基岩裂隙水主要分布在湘西北、湘中南、湘东南及各省的丘陵山地，其中湖南省含水层厚度 9~70m，水位埋深 1~16m。

6.4.2　长江流域粮食主产区农业生产概况

1. 四川粮食主产区

四川粮食主产（省）区是我国西部的唯一粮食主产区，也是我国粮食生产大省和消费大省，年粮食总产量 730 亿斤以上，常年粮食消费及转化量 780 多亿斤，粮食供需具有保证基本自给的能力。该主产区小麦播种面积及产量占全国总量的比率分别为 5.19% 和 3.71%，都位列全国第六。水稻播种面积及产量占全国总量的比率分别为 6.68% 和 7.60%，分别位列全国第七、第六。蔬菜播种面积占全国总量的比率为 6.14%，位列全国第四。四川主产区正在推进新增 100 亿斤粮食生产能力建设，新增有效灌溉面积 800 万亩，新增节水灌溉面积 310 万亩。在 88 个粮食生产重点县，建设田网、水网和路网配套的农田，建成一批高标准农田。在 50 个县连片建设 100 万亩高标准农田示范区，新增 1000 万亩稳产高产农田。到 2020 年，新增有效灌溉面积 1000 万亩和新增 1000 万亩高标准农田。

2. 江西粮食主产区

江西粮食主产（省）区不仅是全国产粮大省，还是粮源净调出省，粮食播种面积 5475 万亩，粮食总产量 430 多亿斤，年均外调商品粮 100 亿斤。该主产区水稻播种面积及产量占全国总量的比率分别为 11.04% 和 9.70%，分别位居全国第二、第三。蔬菜播种面积及鲜果产量占全国总量的比率分别为 3.46% 和 2.55%，分别位居全国第九、第十。已建国家级粮棉油高产示范片 193 个，其中水稻高产示范片 161 个；水稻抛秧面积 2400 万亩，占水稻种植面积的 48.2%。到 2020 年，新增建设高标准农田 1800 万亩，高标准农田超过 2000 万亩。

3. 湖南粮食主产区

湖南粮食主产（省）区的年粮食总产量在 600 亿斤以上，水稻播种面积及产量占全国总量的比率都位居全国第一，分别为 13.53% 和 12.81%；鲜果产量及蔬菜播种面积占全国总量的比率分别为 3.82% 和 6.08%，分别位居全国第四、第五。该主产区超级稻面积超过 1300 万亩，机插秧面积达 280 余万亩，玉米种植面积扩大到 850 万亩。在 43 个县建设优质高产水稻生产基地 600 万亩，种粮专业化组织和种粮专业协会规模种粮面积 744 万亩。到 2020 年，新增 46 亿斤粮食产能。

4. 湖北粮食主产区

湖北粮食主产（省）区的粮食播种面积 6183.13 万亩，年粮食总产量 477.7 亿斤，水稻播种面积及产量占全国总量的比率为6.77%和8.04%，分别位居全国第六、第五。小麦播种面积及产量占全国总量的比率分别为4.18%和2.94%，分别位居全国第七。鲜果产量及蔬菜播种面积占全国总量的比率分别为3.76%和5.41%，分别位居全国第五、第七。在107个农业县市区，水稻轻简栽培面积1360万亩。已建设部省级高产万亩示范片926个，示范片内先进技术覆盖率达到90%以上。在江汉平原和鄂中丘陵建立了1500万亩优质稻板块和北纬31度以北600万亩优质中筋小麦板块等优势产业带。46个产粮大县板块连接，粮食面积和产量分别占全省种粮的80%和95%。水稻机插面积668万亩，其中早稻125万亩、中稻457万亩和晚稻86万亩。

6.4.3　长江流域粮食主产区地下水开发利用情势

长江流域主要粮食基地的年均总用水量1119.6亿 m^3/a，地下水开采量55.4亿 m^3/a，占当地总用水量的4.95%。其中，四川粮食主产区地下水开采量占当地总用水量的7.75%，湖南粮食主产区占5.33%，江西粮食主产区占3.88%和湖北粮食主产区3.27%（表6.1）。

1. 四川粮食主产区

在四川粮食主产区，多年平均地下水开采量16.8亿 m^3/a，地下水开采程度呈增大趋势。20世纪70年代地下水开采程度为9.88%，1999年达10.38%，2011年增至19.09%。2009~2011年地下水开采量介于16.4亿~18.1亿 m^3/a，2012年地下水开采量18.6亿 m^3，2013年地下水开采量16.6亿 m^3，2014~2015年地下水开采量介于13.2亿~17.3亿 m^3/a。农业用水量占当地总用水量的54.99%。从该主产区的各地市分区地下水开采量来看，成都、德阳、凉山和绵阳地区地下水开采量比较大，其开采量分别占该主产区地下水总开采量的19.45%、18.72%、7.62%和6.63%；雅安、阿坝、甘孜和自贡市地区地下水开采量比较小，其开采量分别占该主产区地下水总开采量的1.41%、0.85%、0.95%和0.49%。

2. 江西粮食主产区

在江西粮食主产（省）区，多年平均地下水开采量10.2亿 m^3/a，地下水开采程度呈增大趋势。20世纪70年代地下水开采程度为7.14%，80年代达11.28%，2011年增至13.90%。2009~2011年地下水开采量介于9.9亿~10.4亿 m^3/a，2012年地下水开采量9.3亿 m^3，2013年地下水开采量9.4亿 m^3，2014~2015年地下水开采量介于8.2亿~9.1亿 m^3/a。农业用水量占当地总用水量的65.31%。从该主产区的各地市分区地下水开采量来看，宜春、赣州、吉安和上饶地区地下水开采量比较大，其开采量分别占该主产区地下水总开采量的21.26%、13.59%、12.79%和10.47%；鹰潭、新余和萍乡地区地下水开采量比较小，其开采量分别占该主产区地下水总开采量的2.00%、4.96%和4.80%。

3. 湖南粮食主产区

在湖南粮食主产（省）区，多年平均地下水开采量17.4亿 m^3/a，地下水开采程度呈增大趋势。20 世纪 80 年代地下水开采程度为 1.26%，2011 年增至 11.91%。2009 ~ 2011 年地下水开采量介于 17.2 亿 ~ 20.6 亿 m^3/a，2012 年地下水开采量 18.3 亿 m^3，2013 年地下水开采量 17.5 亿 m^3，2014 ~ 2015 年地下水开采量介于 16.1 亿 ~ 17.7 亿 m^3/a。农业用水量占当地总用水量的 56.08%。从该主产区的各地市分区来看，常德、长沙、岳阳和邵阳地区地下水开采量比较大，其开采量分别占该主产区地下水总开采量的 12.21%、11.16%、11.04% 和 10.40%；张家界、湘西、怀化和郴州地区地下水开采量比较小，其开采量分别占该主产区地下水总开采量的 2.07%、4.25%、4.51% 和 4.55%。

4. 湖北粮食主产区

在湖北粮食主产（省）区，多年平均地下水开采量 9.7 亿 m^3/a，地下水开采程度呈增大趋势。20 世纪 70 年代地下水开采程度为 0.31%，80 年达 5.59%，2011 年增至 5.87%。2009 ~ 2011 年地下水开采量介于 8.8 亿 ~ 9.7 亿 m^3/a，2012 年地下水开采量 10.1 亿 m^3，2013 年地下水开采量 9.2 亿 m^3，2014 ~ 2015 年地下水开采量介于 9.1 亿 ~ 9.3 亿 m^3/a。农业用水量占当地总用水量的 47.96%。从该主产区的各地市分区来看，襄樊、黄石、黄冈和十堰地区地下水开采量比较大，其开采量分别占该主产区地下水总开采量的 26.12%、15.92%、9.61% 和 8.29%；湛江、随州、十堰和天门地区地下水开采量比较小，其开采量分别占该主产区地下水总开采量的 0.49%、1.08%、1.18% 和 1.77%。

6.5　小　　结

（1）我国粮食生产区主要分布于黄淮海区、东北区和长江中下游区主要粮食基地中的 13 个主产（省）区，包括河北、山东、河南、内蒙古、吉林、黑龙江、江苏、安徽、湖南、四川、辽宁、江西和湖北等粮食主产区，现有耕地 5753 万 hm^2，它们的粮食种植面积占全国粮食种植总面积的 68.78%，产量占全国的 72.06%，外销原粮占全国外销原粮总量的 88.03%，粮食增产量占全国增产量 74.20%，净调出原粮量占全国净调出原粮总量的 95.99%。13 个粮食主产区的总人口 7.86 亿人，占全国总人口的 57.34%。

（2）这 13 个粮食主产区的总用水量 3432.4 亿 m^3，占全国总用水量的 56.20%，其中地下水供水量占 24.03%。我国北方的 7 个主产区用水量 1462.0 亿 m^3，占 13 个粮食主产区总用水量的 42.59%；我国南方的 6 个主产区用水量 1970.4 亿 m^3，占 13 个粮食主产区总用水量的 57.41%。南方的各粮食主产区灌溉用水以地表水为主，占当地总供水量的 90% 以上；北方的各粮食主产区地下水供水量占当地总用水量的比率较大，其中河北、河南和内蒙古 3 个主产区地下水供水量占总用水量的 50% 以上。

（3）在黄淮海区主要粮食基地，地下水开采程度大于 50% 的分布区面积达 38.68 万 km^2，占黄淮海平原区总面积的 65.03%；在东北区主要粮食基地，地下水开采程度小于 20% 的分布区面积 93.54 万 km^2，占东北地区总面积的 50.27%；在长江流域主要粮食基地，地下水开采程度小于 20% 的分布区面积 93.72 万 km^2，占长江流域主要粮食基地所在区域总面积的 78.67%。

（4）在 13 个粮食主产区中，河北主产区地下水开采量占当地总用水量比率最高，达

79.03%。其次，河南主产区，地下水开采量占当地总用水量的57.31%。内蒙古主产区位居第三，占50.08%；辽宁主产区占44.50%，位列第四。黑龙江主产区第五，为42.54%。吉林和山东主产区的地下水开采量占当地总用水量的比率，分别为33.31%和39.85%，安徽主产区占11.34%。其他粮食主产区，地下水开采量占当地总用水量的比率不足11%。

（5）从农业用水量占总用水量比率来看，黑龙江主产区占比率最高，达77.27%。其次，为内蒙古主产区，占73.58%。河北主产区第三，占71.68%。山东主产区占66.44%，位列第四。农业用水量占当地总用水量比率最小的粮食主产区，是湖北主产区，为54.39%。

（6）从地下水开采程度来看，河北粮食主产区地下水开采程度最高，达155.68%；湖北主产区最低，仅为5.87%。河南主产区地下水开采程度为84.22%、山东主产区为78.13%、黑龙江主产区为70.91%、辽宁主产区为70.04%、内蒙古主产区为65.98%、吉林主产区为50.75%和四川主产区为19.09%。其他粮食主产区，地下水开采程度不足20%，有些主产区地下水开采程度不足10%，如湖北主产区地下水开采程度仅5.87%。

第7章 黄淮海区主要粮食基地灌溉农业对地下水依赖程度

在我国3个主要粮食基地（核心区）中，唯有黄淮海区主要粮食基地农作物播种既兼有东北区一熟种植特征，又兼有长江流域中下游区两熟种植特征，同时还具有独特的灌溉用水对地下水依赖程度较高特点。因此，本章及后续章节以黄淮海区主要粮食基地及其所属的5个主产（省）区作为重点研究区，阐述在粮食、蔬菜和鲜果种植生产中灌溉需用水的底量、灌溉用水对地下水依赖程度及其空间分布特征和面临主要问题，为各粮食主产区地下水保障能力评价奠定基础。

7.1 基 本 概 况

黄淮海区主要粮食基地位于黄淮海平原，北起长城，南至桐柏山、大别山北麓，西倚太行山和豫西伏牛山地，东濒渤海和黄海，其主体为由黄河、淮河和海河及其支流冲洪积平原组成，俗称"黄淮海平原"或"华北平原"，以及与其相毗连的鲁中南丘陵，面积46.95万km²，包括北京、天津市和河北省，河南、山东两省的大部（主要平原区）以及安徽、江苏省的淮北地区，共辖53个地市，376个县（市、区）。

黄淮海区主要粮食基地的分布面积28.32万km²，位于东经113°00′~121°30′，北纬32°00′~40°30′，地处黄河、淮河和海河流域的平原区，分布范围为西起太行山，东到海滨，北依燕山，南至淮河附近，与长江中下游相接（图2.2）。黄淮海区主要粮食基地，包括河北、河南、山东、安徽和江苏5个粮食主产（省）区，涉及300个县（市、区），耕地面积3.22亿亩，大部分地区为一年两熟，主要以小麦、玉米为主，高粱、大豆为主要的杂粮，经济作物有油料、棉花等。该主要粮食基地是我国小麦和玉米等优势产区，粮食播种面积4.88亿亩，总产量1867.82亿千克，分别占全国总量的28.69%和30.06%。其中小麦播种面积和产量，分别占全国总量的39.71%和52.69%；玉米种植面积和产量，分别占全国总量的28.29%和32.91%。在我国未来（至2020年）粮食增产规划中，承担新增粮食产能指标164.5亿千克，占全国新增产能的32.89%。

黄淮海平原农耕历史悠久，是我国原始农业发展最早的地区之一，是全国粮、棉、油生产大县分布最集中的地区，在全国农业增加值总量前100位的县（市）中该区占34%，在全国粮棉油总产前100位的县（市）中分别占35%、40%和61%，在全国猪牛羊肉总产、水产品总产和水果总产前100位的县（市）中分别占33%、22%和40%。该区人均的粮、棉、油、水果及肉类占有量都超过全国平均水平，是全国重要的商品粮、棉、油、肉和水果重要生产基地。

根据2010~2015年期间的各省、市农村经济统计年鉴资料表明，黄淮海平原农作物总播种面积3405万hm²，其中粮食播种面积2530万hm²，小麦播种面积1073万hm²，玉米播种面积 854 万 hm²，稻谷播种面积 603 万 hm²，大豆播种面积 310 万 hm² 和蔬菜播种面积 403 万 hm²。

从农田土地水保条件来看，黄淮海平原大部分的农田为中低产田（图 7.1），高标准基本农田面积 855.4 万 hm²，仅占该平原土地面积的 26.14%。但是，干旱缺水土地面积947.5 万 hm²，占该平原土地面积的 28.95%；低洼易涝土地面积 797.0 万 hm²，占该平原土地面积的 24.51%；盐碱化土地面积 448.5 万 hm²，占该平原土地面积的 13.79%；粉质砂性土地面积 276.6 万 hm²，占该平原土地面积的 8.51%；受侵蚀土地面积 143.1 万 hm²，占该平原土地面积的 4.40%。正如《全国新增 1000 亿斤粮食生产能力规划》（2009～2020 年）所提出：我国现有耕地中，中低产田约占 2/3，农田有效灌溉面积所占比例不足47%，抗御自然灾害的能力差，未从根本上摆脱靠天吃饭的局面。建成旱涝保收的高产田、把低产田改造成产量稳定的中产田，形成一批北方地区 80 万亩以上、南方地区 50 万亩以上的区域化、规模化、集中连片的商品粮生产基地，仍然面临严峻的挑战。同时，也为基本农田水文地质调查和地下水资源综合评价工作提供了难得的发挥重要作用机遇。

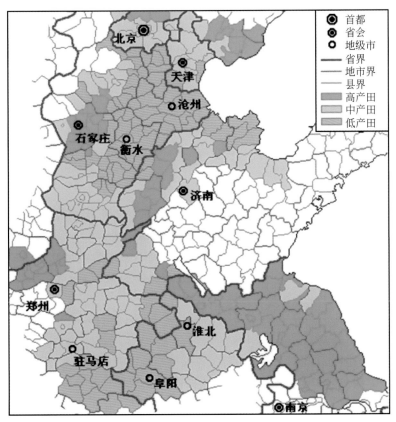

图 7.1　黄淮海平原高、中、低产农田分布范围

图中白色范围不属于黄淮海平原区

7.2 河北粮食主产区农业灌溉用水对地下水依赖程度

7.2.1 河北主产区灌溉农业需用水底量

灌溉农业需用水底量是指灌溉农田区每年合理灌溉用水的极小量，主要依据粮食作物、蔬菜和耗水型（苹果、梨、葡萄和桃子等）果园所需灌溉面积、极小灌溉定额和基本农田面积确定，采用近5年以来实际灌溉用水量验证。现状农业开采量是依据水利、国土等部门监测资料，包括各省市、地市的水资源公报资料。各个分区的农作物播种范围、分布特征和农作物布局结构及灌溉用水强度，也是确定各粮食主产区灌溉农业需用水底量的重要因素。

1. 灌溉农田的基底指标

河北粮食主产（省）区，包括石家庄、保定、邯郸、邢台、衡水、廊坊、沧州、唐山和秦皇岛等地市，耕地保有量的面积630.3万 hm^2，基本农田保护面积554.4万 hm^2。河北粮食主产区的农作物总播种面积787.7万 hm^2，占该区基本农田面积的124.97%。粮食播种面积565.3万 hm^2，占该区农作物总播种面积的71.77%，占基本农田面积的101.97%。小麦播种面积241.5万 hm^2，占该区粮食作物播种面积的42.71%；玉米播种面积278.1万 hm^2，占该区粮食作物播种面积的49.18%。蔬菜播种面积100.3万 hm^2，占该区农作物总播种面积的12.73%。

2. 灌溉农田需用水底量

根据河北粮食主产区上述灌溉农业要素，包括各种作物播种面积和单位面积的实际灌溉用水量，该主产区农作物灌溉总用水量115.6亿 m^3/a，其中粮食作物灌溉总用水量88.3亿 m^3/a，占该区农作物灌溉总用水量的76.35%；小麦作物灌溉用水量58.5亿 m^3/a，占该区农作物灌溉总用水量的50.58%；玉米作物灌溉用水量29.8亿 m^3/a，占该区农作物灌溉总用水量的25.76%；蔬菜作物灌溉用水量19.6亿 m^3/a，占该区农作物灌溉总用水量的16.94%；鲜果树灌溉总用水量7.8亿 m^3/a（表7.1），占该区农作物灌溉总用水量的6.71%。

从河北主产区的各地市分区来看，石家庄、保定地区农作物灌溉用水量较大，分别为20.6亿 m^3/a 和20.2亿 m^3/a，分别占河北主产区灌溉总用水量的17.79%和17.47%。其次是唐山、邢台和邯郸地区，农作物灌溉用水量分别为14.4亿 m^3/a、11.8亿 m^3/a 和11.4亿 m^3/a，分别占河北主产区灌溉总用水量的12.46%、10.24%和9.91%。秦皇岛、廊坊地区农作物灌溉用水量较小，分别为4.7亿 m^3/a 和5.4亿 m^3/a（表7.1），分别占河北主产区灌溉总用水量的4.04%和4.71%。

表 7.1　河北粮食主产区各地市分区主要农作物播种面积与灌溉用水底量

地市	农作物总播种面积/万 hm²	总灌用水量/亿(m³/a)	粮食灌溉用水量/亿(m³/a)	小麦种植面积/万 hm²	小麦灌溉用水量/亿(m³/a)	玉米种植面积/万 hm²	玉米灌溉用水量/亿(m³/a)	蔬菜种植面积/万 hm²	蔬菜灌溉用水量/亿(m³/a)	灌溉用水强度/[万 m³/(a·km²)]
石家庄	101.11	20.56	16.57	38.04	12.33	33.99	4.24	15.35	3.99	14.66
唐山	80.32	14.40	11.01	11.65	3.63	28.44	7.38	18.22	3.39	11.41
秦皇岛	22.23	4.67	3.54	0.67	0.85	9.09	2.69	4.52	1.13	6.40
邯郸	107.75	11.44	8.82	38.13	6.66	33.68	2.16	13.28	2.62	9.89
邢台	102.13	11.84	11.46	34.84	7.84	32.06	3.62	6.03	0.38	9.88
保定	122.94	20.19	16.68	40.00	12.90	46.59	3.78	15.81	3.51	9.26
沧州	115.87	8.44	7.20	39.83	5.05	45.27	2.15	8.27	1.24	6.37
廊坊	49.88	5.44	3.46	9.35	2.34	20.32	1.12	10.51	1.98	8.44
衡水	85.47	10.85	9.51	28.96	6.87	28.57	2.64	8.28	1.34	12.33
合计	787.70	115.59	88.25	241.47	58.47	278.01	29.78	100.28	19.58	10.72

从农作物灌溉用水强度来看，石家庄、衡水和唐山地区农作物灌溉用水量较大，灌溉用水强度分别为 14.7 万 m³/(a·km²)、12.3 万 m³/(a·km²) 和 11.4 万 m³/(a·km²)，这些地区小麦等粮食作物播种强度较大。沧州、秦皇岛和廊坊地区农作物灌溉用水强度较小，分别为 6.3 万 m³/(a·km²)、6.4 万 m³/(a·km²) 和 8.4 万 m³/(a·km²)，这些地区小麦等粮食作物播种强度较小（图 7.2）。

从河北主产区农作物播种强度来看，河北平原的南部和太行山前平原播种强度较大（图 7.2），尤其主要耗水作物——小麦、玉米和蔬菜播种强度明显高于河北平原的东南部（图 7.3～图 7.5）。在河北平原北部的唐山、廊坊、保定以及东部的沧州等地区，小麦播种强度普遍小于河北平原小麦平均播种强度，许多县区小麦播种强度比河北平原小麦平均播种强度小 60%以上。在河北平原南部的邯郸、邢台和西部的石家庄地区，小麦播种强度普遍大于河北平原小麦平均播种强度，许多县区小麦播种强度比河北平原小麦平均播种强度大 60%以上（表 7.2）。

河北主产区的玉米播种强度具有小麦的类似分布规律。上述规律与河北平原地下水农业超采区分布特征相吻合。

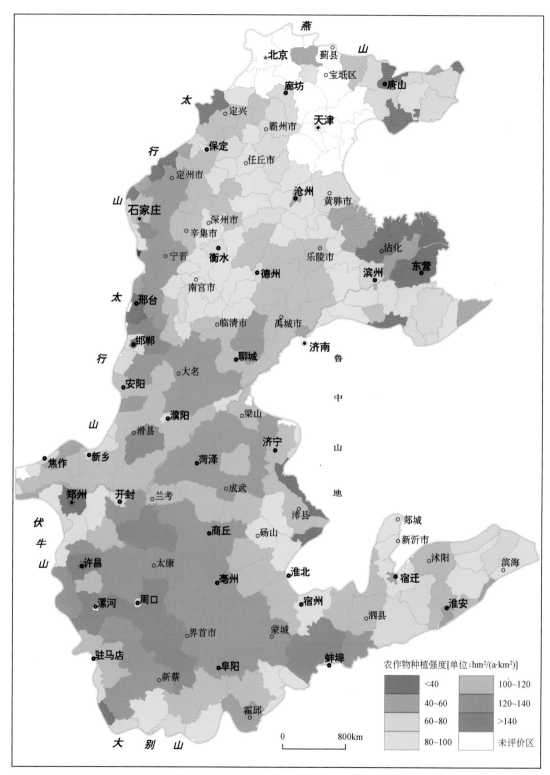

图 7.2　黄淮海区主要粮食基地主要农作物播种总强度分布特征

播种强度=每年播种面积/研究区面积，下同

表7.2　河北粮食主产区主要农作物播种强度分布区位特征

分区地理位置			农作物种植强度/[hm²/(a·km²)]	农作物 V_r/%	小麦种植强度/[hm²/(a·km²)]	小麦 V_r/%	玉米种植强度/[hm²/(a·km²)]	玉米 V_r/%	蔬菜种植强度/[hm²/(a·km²)]	蔬菜 V_r/%
区位	市域	县区								
河北平原北部	唐山	开平	36	-61.44	4.6	-85.98	20.4	-36.94	6.1	-46.63
		丰南	67.5	-27.71	8.8	-73.19	15	-53.63	23.1	102.10
		丰润	75.9	-18.71	16.6	-49.42	32.8	1.39	15.3	33.86
		滦县	69.3	-25.78	9.4	-71.36	31	-4.17	9.5	-16.89
		滦南	97.2	4.10	13.6	-58.56	24.8	-23.34	22.2	94.23
		乐亭	64.2	-31.24	6.6	-79.89	19.6	-39.41	21.5	88.10
	廊坊	市区	69	-26.10	7.9	-75.93	23.7	-26.74	13.6	18.99
		永清	80	-14.32	7.8	-76.23	25.5	-21.17	28.9	152.84
		大城	69	-26.10	8.8	-73.19	44	36.01	4	-65.00
		文安	60.6	-35.10	10.7	-67.40	26.6	-17.77	2.2	-80.75
		冀州	82.9	-11.21	21.1	-35.71	19.4	-40.03	7.7	-32.63
河北平原西北	保定	满城	61.4	-34.24	20.2	-38.45	21.5	-33.54	8.8	-23.01
		涞水	19.7	-78.90	5.7	-82.63	8.7	-73.11	1.6	-86.00
		唐县	31.3	-66.48	9.9	-69.84	11.2	-65.38	3.5	-69.38
		高阳	80.4	-13.89	22.7	-30.83	28.8	-10.97	9	-21.26
		易县	21.1	-77.40	5.1	-84.46	9.5	-70.63	1.9	-83.38
		曲阳	36.3	-61.12	8.5	-74.10	15.4	-52.40	2.3	-79.88
		顺平	44.4	-52.45	14.1	-57.04	16.4	-49.30	6.6	-42.26
河北平原东部	沧州	青县	94.4	1.10	19.6	-40.28	40.3	24.57	26.4	130.97
		海兴	48.4	-48.16	18.3	-44.24	17.8	-44.98	0.6	-94.75
		东光	90.4	-3.18	28.2	-14.08	28	-13.45	2.3	-79.88
		献县	93.4	0.03	29.1	-11.33	30.5	-5.72	7.7	-32.63
		黄骅	61.6	-34.03	24.5	-25.35	19.6	-39.41	2.3	-79.88
		河间	94.4	1.10	26.9	-18.04	35.7	10.36	6	-47.51
		南皮	88.8	-4.89	31.4	-4.33	30.6	-5.41	5.5	-51.88
河北平原西部	石家庄	正定	119.1	27.56	44.9	36.81	42.8	32.30	16.9	47.86
		栾城	142.5	52.62	55.4	68.80	51.3	58.58	37	223.71
		高邑	139.7	49.62	53	61.49	47.3	46.21	28.5	149.34
		无极	123	31.73	49	49.30	38.8	19.94	18.4	60.98
		赵县	127.4	36.45	58.4	77.94	47.3	46.21	18.1	58.36
		新乐	123.9	32.70	46.3	41.07	36.1	11.59	15.7	37.36
河北平原南部	邯郸	临漳	125.1	33.98	50.9	55.09	49.5	53.01	12.6	10.24
		大名	124.8	33.66	54.6	66.36	39.3	21.48	7.2	-37.01
		肥乡	143.6	53.80	48	46.25	39	20.56	22.7	98.60
		鸡泽	138.4	48.23	49.7	51.43	31.8	-1.70	30.7	168.59
		广平	124.3	33.13	50	52.35	40.1	23.96	4.8	-58.01
		魏县	111.1	18.99	49.8	51.74	46.5	43.74	5.7	-50.13
	邢台	柏乡	123.5	32.27	54	64.53	48.4	49.61	9.3	-18.64
		隆尧	128.2	37.30	53.2	62.10	46.6	44.05	11.3	-1.14
		任县	129.3	38.48	56.6	72.46	52.3	61.67	9.7	-15.14
		南和	132.4	41.80	56.4	71.85	52.6	62.60	17.2	50.48
		宁晋	120.2	28.74	51.7	57.53	50.3	55.49	7.8	-31.76
河北全区		平均	93.37	0	32.82	0	32.35	-0.01	11.43	-0.04

注：V_r 为相对全区强度的变化率，正值为高于全省的相应均值，负值为小于全省的相应均值。

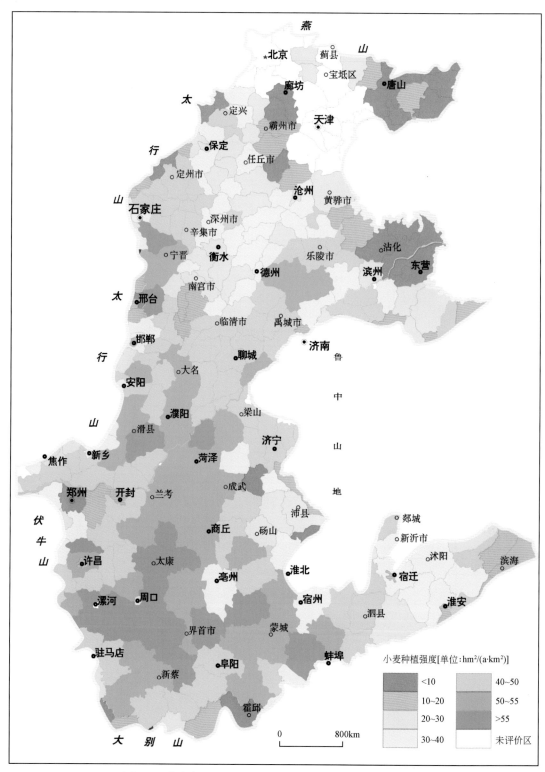

图 7.3　黄淮海区主要粮食基地小麦作物播种强度分布特征

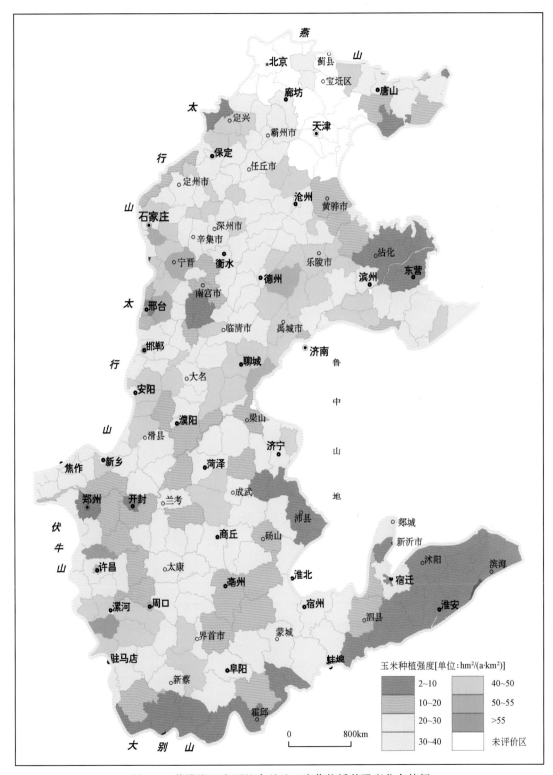

图 7.4　黄淮海区主要粮食基地玉米作物播种强度分布特征

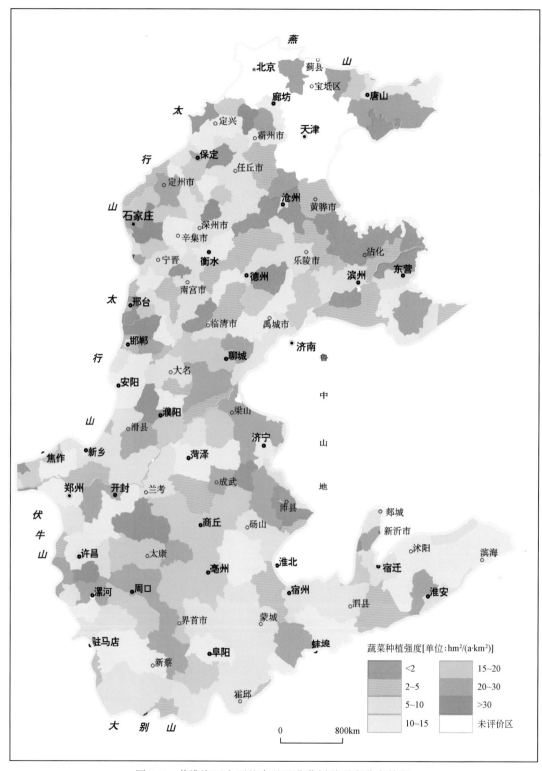

图 7.5　黄淮海区主要粮食基地蔬菜播种强度分布特征

7.2.2　河北主产区对地下水依赖程度

从地下水开采量占总供水量比率来看，河北粮食主产区的大部分农田区灌溉用水对地下水依赖程度较高（图7.6），石家庄、邢台、保定、廊坊和衡水地区地下水开采量在总供水量中占比都超过80%（表7.3，图7.7）。其中，保定地区地下水开采量占当地总供水量的90.98%，2011年曾达92.0%。保定地区农业开采量占当地地下水总开采量的81.88%，2012年曾达83.21%。农业开采量占当地农业总用水量的比率达94.16%，是河北主产区对地下水依赖程度最高地区（表7.3，图7.6）。

表 7.3　河北粮食主产区各分区地下水供水量及农业用水量所占比率

指标	年份	石家庄	唐山	秦皇岛	邯郸	邢台	保定	沧州	廊坊	衡水
地下水供水量占总供水量/%	2011	81.77	67.87	62.65	72.29	85.96	92.00	77.06	84.08	89.62
	2012	81.34	64.50	60.70	72.30	80.13	91.43	76.92	82.65	87.95
	2013	75.91	64.59	56.85	73.69	79.60	89.51	72.88	78.48	84.18
	平均	79.67	65.65	60.07	72.76	81.90	90.98	75.62	81.74	87.25
农业开采量占农业总用水量/%	2011	86.35	65.07	69.18	75.42	84.23	93.05	81.14	83.33	88.93
	2012	85.29	62.43	68.01	74.37	79.48	94.16	81.07	82.06	87.50
	2013	82.03	61.84	63.67	77.62	81.04	92.29	76.36	73.94	83.31
	平均	84.55	63.12	66.95	75.80	81.59	93.16	79.52	79.78	86.58
农业开采量占总开采量/%	2011	77.33	60.37	75.76	73.89	76.72	80.64	74.42	66.20	85.73
	2012	76.64	59.22	75.32	75.37	76.31	83.21	74.86	64.74	84.79
	2013	76.14	59.12	74.49	75.05	75.09	81.79	73.13	60.55	83.94
	平均	76.70	59.57	75.19	74.77	76.04	81.88	74.14	63.83	84.82
深层水占总开采量/%	3 年平均值	12.69	24.23	2.93	29.99	41.37	4.81	71.72	46.24	71.69

其次是衡水地区，地下水开采量占当地总供水量的87.25%（图7.7），2011年该区曾达89.62%，农业开采量占农业总用水量的比率达88.93%（表7.3）。衡水地区农业开采量占当地地下水总开采量的84.82%，2012年曾达85.73%，是河北主产区农业灌溉用水对地下水依赖程度较高的地区（图7.6），也是深层地下水开采程度较高地区，深层水开采量占当地总开采量的71.69%。

河北平原东部的沧州地区，是河北主产区深层地下水占总开采量最高的地区，达71.72%，2012年曾达72.15%。地下水开采量占沧州当地总供水量的75.62%（图7.7），农业开采量占当地地下水总开采量的74.14%，农业开采量占农业总用水量的比率达81.14%（表7.3）。该区最大的问题同衡水地区一样，是农业灌溉用水量中深层地下水占较大比率，难以可持续利用。

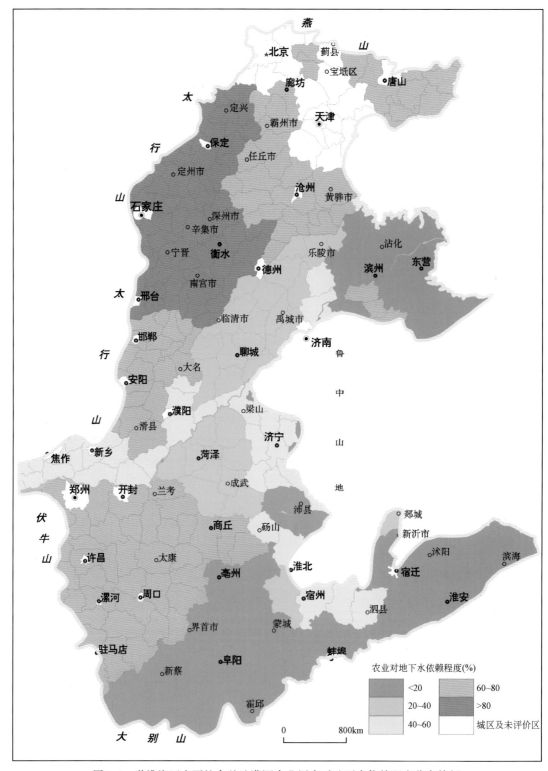

图 7.6 黄淮海区主要粮食基地灌溉农业用水对地下水依赖程度分布特征

依赖程度=农业开采量占当地农业总用水量的比率

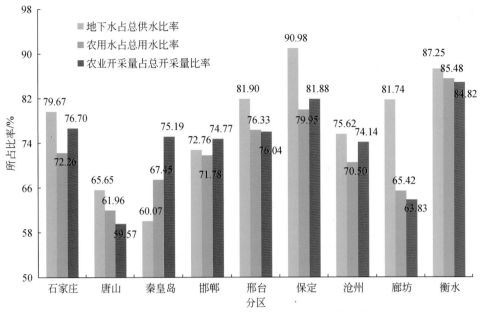

图 7.7 河北粮食主产区各分区地下水供水量及农业用水量所占比率

基于 2010~2015 年河北省水资源公报资料

在河北主产区南部的邢台地区，地下水开采量占当地总供水量的 81.90%（图 7.7），2011 年该区曾达 85.96%。该区农业开采量占当地地下水总开采量的 76.04%，2011 年曾达 76.72%。邢台农业用水量占当地总用水量的比率也较高，2011 年达 78.30%，农业开采量占农业总用水量的 84.23%（表 7.3）。邢台地区深层地下水开采量占当地总开采量的 41.37%，主要分布在邢台东部的黑龙港平原区，大部分处于严重超采状态。

河北主产区南部的邯郸地区好于邢台地区，地下水开采量占当地总供水量的 72.76%（图 7.7），上游水库的地表水供给一定水量。该区农业开采量占当地地下水总开采量的 74.77%，2012 年曾达 75.37%，农业开采量占农业总用水量的 77.62%（表 7.3）。邯郸农业用水量占当地总用水量的比率为 71.78%（图 7.7）。邯郸地区深层地下水开采量占当地总开采量的比率较小，为 29.99%（表 7.3）。

河北平原北部的唐山地区，是河北粮食主产区地下水开采量较大的地区，占河北主产区地下水总开采量的 12.73%，2013 年达 13.17%。地下水开采量占当地总供水量的 65.65%，农业开采量占当地地下水总开采量的 59.57%（图 7.8），是河北主产区农业用水占总用水量比率最低的地区（图 7.6），2013 年仅为 59.12%，农业开采量占农业总用水量的比率达 65.07%（表 7.3）。

在河北主产区北部的廊坊地区，虽然该区仅农业开采量占当地总开采量的 63.83%（图 7.8），2013 年为 60.55%，但是，地下水开采量占当地总供水量的比率高达 81.74%，2011 年达 84.08%（表 7.3）。廊坊地区的农业用水量占当地总用水量的比率，是河北主产区中较低的地区（图 7.6），为 65.42%（图 7.7），然而该区农业开采量占农业总用水量的比率高达 83.33%，而且，深层地下水开采量占当地总开采量的比率为 46.24%（表 7.3），2012 年曾达 51.89%。

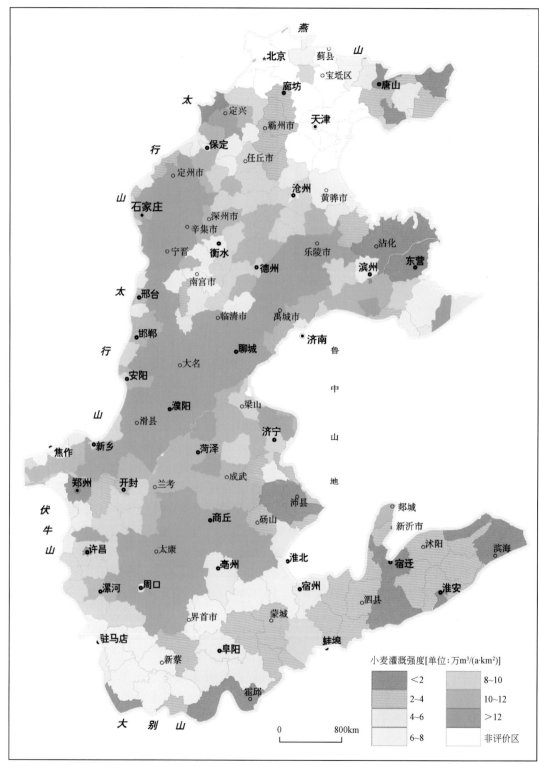

(a)小麦

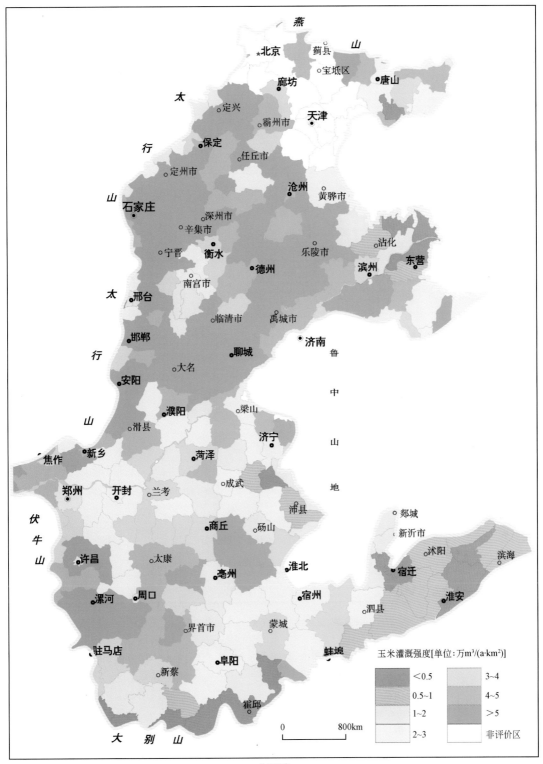

燕山

太行山

太行山

伏牛山

大别山

鲁中山地

北京

蓟县

宝坻区

唐山

廊坊

天津

定兴

霸州市

保定

定州市

任丘市

沧州

黄骅市

石家庄

深州市

辛集市

沾化

东营

宁晋

衡水

乐陵市

滨州

南宫市

德州

邢台

临清市

禹城市

邯郸

聊城

济南

大名

安阳

濮阳

梁山

济宁

滑县

焦作

新乡

菏泽

郑州

开封

兰考

成武

许昌

太康

商丘

砀山

沛县

郯城

新沂市

沭阳

滨海

亳州

淮北

宿迁

漯河

周口

宿州

泗县

淮安

驻马店

界首市

蒙城

阜阳

蚌埠

新蔡

霍邱

玉米灌溉强度[单位:万m³/(a·km²)]

	<0.5		3~4
	0.5~1		4~5
	1~2		>5
	2~3		非评价区

0　　　800km

(b)玉米

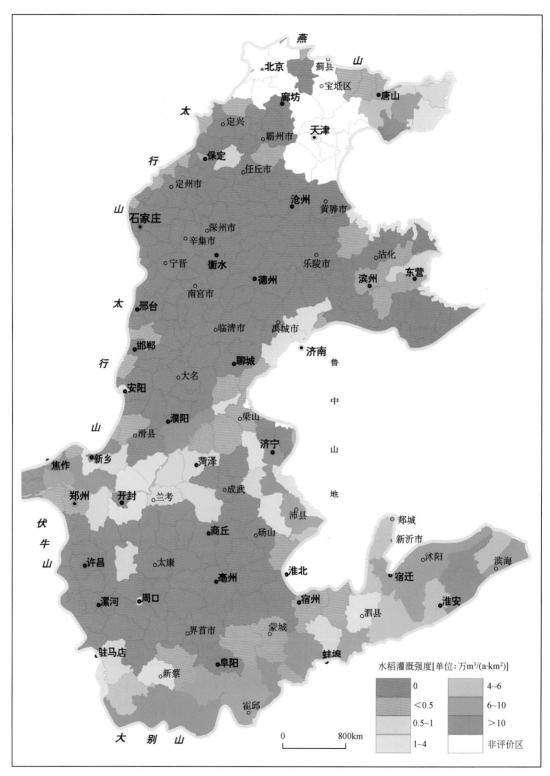

(c)水稻

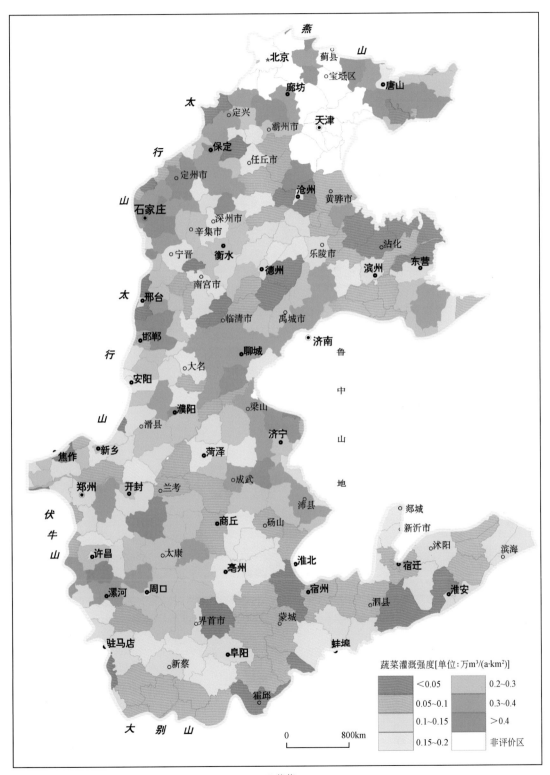

(d)蔬菜

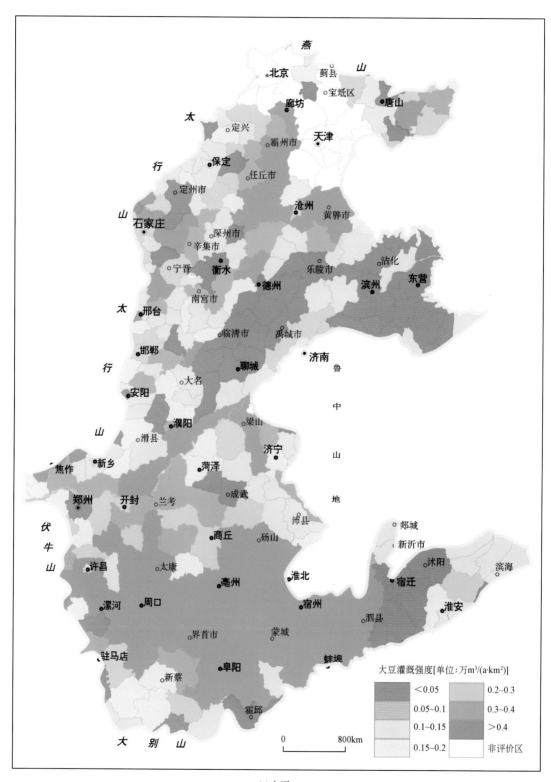

(e)大豆

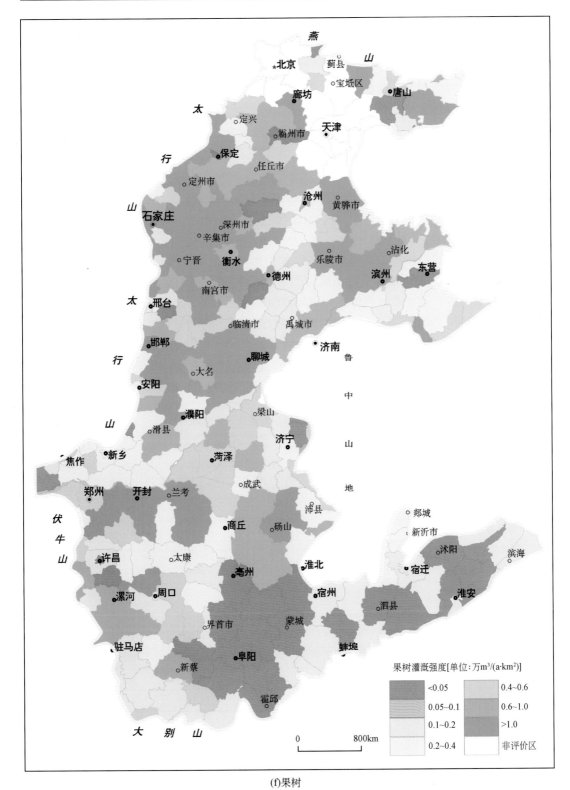

(f)果树

图 7.8　黄淮海区主要粮食基地各类作物灌溉用水强度分布特征

河北平原东北部的秦皇岛地区，是河北主产区地下水开采量较小的地区，仅占河北主产区地下水总开采量的3.92%，也是地下水开采量占当地总供水量比率最小的地区，为60.07%，2013年为56.85%（表7.3）。该区农业开采量占当地总开采量的比率较大，为75.19%（图7.7），农业开采量占农业总用水量之比率达69.18%。秦皇岛地区农业用水量占当地总用水量的比率是河北主产区较低地区，为67.45%（图7.7）。

总之，河北粮食主产区是黄淮海区主要粮食基地中，甚至是我国13个粮食主产区中，对地下水依赖程度最高的地区，尤其保定、石家庄和衡水等地区的依赖程度已达80%以上，需引起高度重视的地区。

7.2.3　河北主产区地下水开采面临主要问题

在黄淮海平原，浅层地下水超采区主要分布在黄河以北的河北主产区，其中保定-石家庄-邢台-邯郸浅层地下水超采区是最为严重的农业主导超采区，也是黄淮海平原小麦、玉米的高产区之一。该主产区内分布的常年性浅层地下水位下降漏斗有：石家庄漏斗、宁晋-柏乡-隆尧漏斗、保定漏斗、高阳-蠡县-肃宁漏斗、霸州漏斗、邯郸漏斗和肥乡漏斗等（表7.4），它们集中分布在太行山前的河北主产区，主要是小麦等粮食作物高产区，地下水超采已有30多年历史，许多地区第Ⅰ层含水层已被疏干，甚至部分地区的第Ⅱ含水层也被疏干，农业开采井的取水深度已延至地面以下的350~480m。

表7.4　黄河以北的黄淮海平原浅层地下水漏斗状况

漏斗名称	影响范围	漏斗影响面积/km²	漏斗边界等水位线/m	漏斗中心水位/m	漏斗中心水位埋深/m
天竺-通州漏斗	朝阳、通州、顺义、昌平等	962.6	6.00	-10.23	45.02
高阳-蠡县-肃宁漏斗	高阳、蠡县、肃宁、任丘等	1796.3	-10.00	-21.32	30.57
保定漏斗	保定、清苑等	405.5	-10.00	-15.18	60.18
石家庄漏斗	石家庄等	501.7	24.00	17.55	52.44
宁晋-柏乡-隆尧漏斗	宁晋、柏乡、隆尧、辛集等	2252.2	0	-30.26	65.20
肥乡漏斗	肥乡、成安等	588.8	20.00	-0.95	53.70
冠县-莘县漏斗	冠县、莘县等	283.6	18.00	11.99	23.14
霸州漏斗	霸州、雄县、高碑店等	1141.0	-6.00	-35.23	42.56
新乡漏斗	新乡等	110.3	62.00	55.59	16.51
濮阳漏斗	濮阳、南乐等	1511.0	30.00	26.99	22.51
安阳漏斗	安阳、水冶等	107.5	54.00	29.70	43.80

在河北主产区的保定、石家庄、衡水、邢台、邯郸和沧州地区，农业灌溉用水对地下水依赖程度过高，普遍在70%以上，保定、衡水地区高达81.88%~84.82%，这不利于粮食安全保障和当地经济健康可持续发展。

河北主产区地下水位降落漏斗的形成，与地下水开采规模和强度密切相关。在20世纪 70 年代以前，该区地下水开采量远小于地下水有效补给量，河北平原的区域地下水系统基本呈现均衡动态，自然水循环特征为主导。自 1972 年黄淮海平原发生极端干旱之后，河北平原农田区地下水开采井数量和开采量急剧增加，尤其 1978 年以来随着社会生产力的解放和科技进步，工农生产用水和城市生活用水对地下水的开采强度和规模都持续增大，加之，区内大部分河流长期干涸和干旱气候频发，所以，河北主产区地下水漏斗不断增多，规模不断扩大，而且，彼此镶嵌、耦合或融合程度越来越复杂，彼此影响程度越来越大，区域性复合型地下水水位降落漏斗群影响范围不断扩大。目前，该区浅层地下水位降落漏斗面积超过 9700km²，主要分布在山前平原和中东部平原交接带的农业开采区，包括保定漏斗、石家庄漏斗、宁晋-柏乡-隆尧漏斗、高阳-蠡县-清苑漏斗、邯郸漏斗和肥乡漏斗等。进入 21 世纪，一些漏斗区地下水位出现回升或缓解迹象。

在河北主产区的中东部地区，农业灌溉用水取自深层承压地下水，例如沧州、衡水和廊坊地区，深层地下水开采量占总开采量的比率分别达 71.72%、71.69% 和 46.24%，这些地区农业开采量分别占当地总开采量的 74.14%、84.82% 和 63.83%。如此依赖深层地下水供给农业灌溉用水，是难以可持续的。

7.3　河南粮食主产区农业灌溉用水对地下水依赖程度

7.3.1　河南主产区灌溉农业需用水底量

1. 灌溉农田的基底指标

河南粮食主产（省）区，包括郑州、开封、洛阳、平顶山、安阳、鹤壁、新乡、焦作、濮阳、许昌、漯河、三门峡、南阳、商丘、信阳、周口、驻马店和济源等地市，耕地保有量的面积 789.9 万 hm²，基本农田保护面积 689.5 万 hm²。河南主产区的农作物总播种面积 1424.5 万 hm²，占该区基本农田面积的 206.6%。粮食播种面积 988.8 万 hm²，占该区农作物总播种面积的 69.42%，占基本农田面积的 143.41%。小麦播种面积 530.2 万 hm²，占该区粮食作物播种面积的 53.62%；玉米播种面积 458.6 万 hm²，占该区粮食作物播种面积的 46.38%。蔬菜播种面积 167.9 万 hm²，占该区农作物总播种面积的 11.78%。

2. 灌溉农田概算需用水底量

根据上述河南主产区灌溉农业要素，包括各种作物播种面积和单位面积的实际灌溉用水量，该主产区农作物灌溉总用水量 126.5 亿 m³/a，其中粮食作物灌溉总用水量 89.5 亿 m³/a，占该区农作物灌溉总用水量的 70.46%；小麦作物灌溉用水量 48.0 亿 m³/a，占该区粮食作物灌溉总用水量的 53.81%；玉米作物灌溉用水量 21.1 亿 m³/a，占该区粮食作物灌溉总用水量的 23.60%；稻谷作物灌溉用水量 20.14 亿 m³/a，占该区粮食作物灌溉总用水量的 22.59%；蔬菜作物灌溉用水量 15.4 亿 m³/a，占该区农作物灌溉总用水量的 12.15%；鲜果树灌溉用水量 4.8 亿 m³/a，占该区农作物灌溉总用水量的 3.76%。

　　在河南主产区的新乡、南阳、周口、安阳、信阳和濮阳地区，农作物灌溉用水量较大，介于10.9亿~12.9亿 m³/a，分别占河南主产区灌溉总用水量的8.62%~10.22%。在三门峡、济源和漯河地区，农作物灌溉用水量较小，介于1.32亿~1.83亿 m³/a（表7.5），分别占河南主产区灌溉总用水量的1.04%~1.45%。平顶山、许昌和郑州地区的农作物灌溉用水量也较小，分别为2.49亿 m³/a、2.54亿 m³/a 和4.16亿 m³/a，分别占河南主产区灌溉总用水量的1.98%、2.01%和3.29%。

　　从农作物灌溉用水强度来看，河南主产区的濮阳、焦作、开封、新乡和安阳地区农作物灌溉用水量较大，灌溉用水强度介于14.97万~25.57万 m³/(a·km²)，这些地区小麦、玉米、稻谷和蔬菜播种强度较大（图7.2~图7.5），与河北主产区明显不同特点是稻谷、大豆播种面积显著增加（表7.5，图7.9~图7.11）。在三门峡、洛阳和平顶山地区，农作物灌溉用水强度较小，分别为1.26万 m³/(a·km²)、2.96万 m³/(a·km²) 和3.17万 m³/(a·km²)，这些地区蔬菜播种强度较小。

表7.5　河南粮食主产区各地市分区主要农作物播种面积与灌溉用水底量

地市	农作物总播种面积/万 hm²	总灌溉用水量/亿(m³/a)	小麦种植面积/万 hm²	小麦灌溉用水量/亿(m³/a)	玉米种植面积/万 hm²	玉米灌溉用水量/亿(m³/a)	稻谷种植面积/万 hm²	稻谷灌溉用水量/亿(m³/a)	蔬菜种植面积/万 hm²	蔬菜灌溉用水量/亿(m³/a)	灌溉用水强度/万[m³/(a·km²)]
郑州	50.98	4.16	17.60	1.44	18.74	0.62	15.70	0.91	7.72	0.63	5.58
开封	79.90	10.38	29.53	3.84	16.80	1.23	12.69	0.96	13.84	1.80	16.11
洛阳	69.78	4.50	25.21	1.63	27.42	0.84	19.17	0.93	5.61	0.36	2.96
平顶山	54.77	2.50	20.58	0.94	20.88	0.38	16.67	0.58	4.97	0.23	3.17
安阳	74.72	11.09	30.46	4.52	24.09	1.20	21.97	2.38	11.38	1.69	14.97
鹤壁	19.18	3.28	8.71	1.49	8.00	0.24	7.55	1.13	1.02	0.18	15.05
新乡	79.46	12.93	33.59	5.46	27.86	1.96	20.45	2.57	6.26	1.02	15.82
焦作	35.28	7.44	14.00	2.95	13.03	0.86	11.70	1.89	4.27	0.90	18.28
濮阳	49.79	10.91	21.71	4.76	16.63	1.93	10.19	1.72	6.35	1.39	25.57
许昌	60.15	2.54	21.55	0.91	21.68	0.39	17.32	0.53	5.10	0.22	5.08
漯河	36.87	1.83	14.12	0.70	12.29	0.23	10.60	0.38	5.58	0.22	7.00
三门峡	24.69	1.32	8.03	0.43	8.36	0.27	4.98	0.18	3.04	0.16	1.26
南阳	186.26	12.16	66.64	4.35	47.80	1.97	28.60	1.15	25.09	1.64	4.60
商丘	138.88	10.75	56.27	4.36	37.55	1.43	28.19	1.47	21.59	1.67	10.04
信阳	122.29	11.00	29.72	2.67	53.38	4.61	3.20	0.20	10.26	0.92	5.63
周口	171.09	12.06	64.44	4.54	50.59	1.89	35.39	1.68	23.46	1.65	10.09
驻马店	164.62	6.18	66.13	2.48	51.28	0.79	42.30	1.13	11.51	0.43	4.09
济源	5.75	1.51	1.95	0.51	2.22	0.22	1.93	0.37	0.83	0.22	7.95
合计	1424.46	126.54	530.21	47.98	458.61	21.04	308.59	20.14	167.86	15.38	7.59

从农作物播种强度来看，在河南主产区的豫东北部和豫东地区农作物播种强度较大，尤其小麦、玉米和蔬菜播种强度明显高于豫西地区（图7.2～图7.11）。在豫东北部的安阳、濮阳和新乡地区，小麦播种强度分别为 40.04hm²/(a·km²)、46.45hm²/(a·km²) 和 38.38hm²/(a·km²)，较高地区小麦播种强度达 59.95hm²/(a·km²)；玉米播种强度分别为 29.54hm²/(a·km²)、22.07hm²/(a·km²) 和 24.38hm²/(a·km²)，较高地区玉米播种强度达 46.04hm²/(a·km²)；蔬菜播种强度分别为 15.86hm²/(a·km²)、11.66hm²/(a·km²) 和 9.73hm²/(a·km²)，较高地区蔬菜播种强度达 31.64hm²/(a·km²)。这些地区农作物种植强度比全省平均种植强度高30%以上，较高地区农作物种植强度比全省平均种植强度高50%以上（表7.6）。

在豫东平原的开封、商丘、周口、驻马店、许昌和漯河地区，小麦播种强度介于 43.43～56.31hm²/(a·km²)，玉米播种强度介于 18.12～44.80hm²/(a·km²) 和蔬菜播种强度介于 13.09～24.73 hm²/(a·km²)。这些地区农作物种植强度，比全省平均种植强度高50%以上，较高地区农作物种植强度比全省平均种植强度高70%以上（表7.6）。

在豫西地区，多为丘陵山地，农作物播种强度较小，包括小麦、玉米和蔬菜（图7.2～图7.11）。在豫西的郑州、洛阳、平顶山、三门峡和南阳地区，小麦播种强度介于 8.89～27.23hm²/(a·km²)，玉米播种强度介于 4.94～15.38hm²/(a·km²) 和蔬菜播种强度介于 4.01～12.05hm²/(a·km²)。这些地区农作物种植强度比全省平均种植强度小30%以上，较低地区农作物种植强度比全省平均种植强度小70%以上（表7.6）。

表 7.6　河南粮食主产区主要农作物播种强度分布区位特征

区位		县区	农作物播种强度/[hm²/(a·km²)]						播种强度相对全省均值变化率*/%					
			总播	粮食	小麦	玉米	水稻	蔬菜	总播	粮食	小麦	玉米	水稻	蔬菜
豫东北地区	安阳	文峰	122.62	91.07	44.70	46.04		22.01	34.86	49.03	36.27	142.44		80.88
		汤阴	127.72	85.73	47.38	32.72		20.51	40.48	40.28	44.46	72.32		68.54
		滑县	137.05	92.99	59.95	28.5	0.18	15.42	50.73	52.16	82.78	50.05	-93.06	26.74
		内黄	118.66	62.85	46.71	14.4		31.64	30.51	2.85	42.41	-24.16		159.95
	濮阳	清丰	125.48	83.21	53.25	26.12		26.14	38.01	36.17	62.34	37.53		114.78
		南乐	127.13	90.32	49.82	34.44		16.91	39.83	47.80	51.9	81.38		38.93
		濮阳	111.10	88.2	49.63	12.81	14.42	8.30	22.2	44.33	51.32	-32.55	450.20	-31.76
	新乡	新乡	106.67	83.55	45.79	33.92	2.21	8.64	17.32	36.72	39.59	78.62	-15.52	-29.01
		获嘉	108.33	94.36	37.97	35.14	16.15	13.93	19.15	54.40	15.76	85.03	516.50	14.48
		延津	106.04	69.46	48.03	17.44	0.91	7.29	16.63	13.66	46.42	-8.16	-65.15	-40.06
		长垣	111.37	85.04	47.67	19.06	2.85	7.72	22.49	39.16	45.33	0.36	8.95	-36.59

区位		县区	农作物播种强度/[hm²/(a·km²)]						播种强度相对全省均值变化率*/%					
			总播	粮食	小麦	玉米	水稻	蔬菜	总播	粮食	小麦	玉米	水稻	蔬菜
豫东地区	开封	杞县	159.09	79.74	49.51	20.91		42.95	74.97	30.49	50.95	10.09		252.91
		通许	160.63	67.12	45.02	18.55		50.81	76.67	9.83	37.25	-2.30		317.49
		尉氏	122.63	68.04	47.16	14.53		13.03	34.87	11.35	43.78	-23.46		7.07
		开封	117.43	69.91	45.54	16.82	2.82	9.67	29.16	14.41	38.84	-11.45	7.62	-20.57
		兰考	109.41	77.98	49.53	20.29	1.83	7.21	20.33	27.61	51.02	6.86	-30.22	-40.74
	商丘	睢阳	148.86	77.14	46.76	21.19		30.27	63.73	26.24	42.56	11.59		148.72
		睢县	183.22	92.37	56.31	25.70	0.09	39.38	101.52	51.15	71.67	35.34	-96.68	223.59
		柘城	136.73	87.96	57.58	26.32		36.68	50.38	43.93	75.55	38.62		201.39
		于城	142.12	88.03	48.74	27.40		16.23	56.32	44.06	48.60	44.27		33.36
	周口	商水	153.23	107.85	55.93	30.61		16.61	68.53	76.49	70.52	61.19		36.49
		沈丘	136.15	103.44	52.30	39.20		18.88	49.75	69.27	59.46	106.40		55.14
		鹿邑	140.34	89.49	52.59	24.77		15.90	54.35	46.45	60.35	30.44		30.61
		项城	144.02	93.13	55.45	19.47		17.96	58.40	52.4	69.05	2.55		47.57
	驻马店	西平	150.07	116.50	57.39	55.38		15.05	65.06	90.64	74.96	191.64		23.63
		上蔡	130.51	103.09	55.75	31.66		7.19	43.54	68.70	69.96	66.73		-40.96
		平舆	128.87	85.87	51.50	24.90		13.95	41.74	40.51	57.02	31.14		14.59
		新蔡	132.40	89.67	53.74	26.33	2.86	9.67	45.62	46.74	63.83	38.66	9.05	-20.51
	许昌	许昌	137.23	98.96	49.57	31.98		10.55	50.94	61.93	51.13	68.43		-13.30
		襄城	138.57	94.07	43.35	19.42		26.39	52.41	53.93	32.16	2.28		116.85
		长葛	137.69	103.33	54.40	41.15		14.95	51.44	69.09	65.86	116.68		22.87
	漯河	源汇	143.51	105.79	52.57	44.8		15.2	57.85	73.12	60.29	135.92		24.88
		舞阳	128.07	96.69	48.27	37.59		13.34	40.86	58.22	47.17	97.95		9.59
		临颖	166.00	84.84	46.65	27.61		49.09	82.58	38.82	42.23	45.41		303.34
豫西地区	郑州	巩义	51.46	45.40	22.28	18.33		1.06	-43.4	-25.71	-32.08	-3.48		-91.32
		新密	67.88	58.21	28.10	24.40		4.67	-25.34	-4.74	-14.33	28.47		-61.60
		登封	46.88	38.69	18.26	13.99		1.77	-48.44	-36.69	-44.33	-26.35		-85.44
	洛阳	吉利	35.63	31.38	15.50	15.38		2.88	-60.82	-48.66	-52.74	-19.04		-76.38
		栾川	9.68	5.47	2.11	2.68		0.93	-89.35	-91.05	-93.55	-85.89		-92.38
		汝阳	44.86	30.08	13.89	10.03	0.08	0.85	-50.66	-50.77	-57.66	-47.18	-97.12	-92.99
		洛宁	33.15	23.98	12.52	5.48	0.01	1.29	-63.54	-60.76	-61.83	-71.12	-99.67	-89.41
	平顶山	新华	46.18	37.77	17.64	12.48		5.54	-49.21	-38.19	-46.21	-34.26		-54.47
		卫东	35.91	22.28	11.18	7.56		12.05	-60.51	-63.54	-65.91	-60.19		-1.01
		鲁山	28.16	22.70	9.81	10.26	0.35	2.01	-69.03	-62.86	-70.10	-45.99	-86.72	-83.47
	三门峡	渑池	54.24	31.33	15.74	5.89		5.9	-40.34	-48.73	-52.00	-68.98		-51.48
		陕县	23.85	15.47	7.08	5.78		2.39	-73.77	-74.68	-78.40	-69.56		-80.38
		义马	24.11	12.95	7.14	3.57		5.27	-73.49	-78.81	-78.22	-81.19		-56.71
		灵宝	28.07	18.17	8.99	6.53		3.48	-69.13	-70.26	-72.60	-65.60		-71.43
	南阳	南召	23.26	13.36	5.50	2.81	2.56	2.90	-74.42	-78.13	-83.23	-85.22	-2.27	-76.19
		西峡	13.39	7.36	3.11	2.13	0.91	1.40	-85.27	-87.95	-90.53	-88.79	-65.34	-88.46
		内乡	36.93	21.02	10.79	6.23	0.31	6.55	-59.38	-65.61	-67.11	-67.21	-88.22	-46.18
		桐柏	37.86	23.24	10.46	1.38	8.43	2.53	-58.35	-61.97	-68.11	-92.74	221.69	-79.19

* 相对全区强度的变化率，正值为高于全省的相应均值，负值为小于全省的相应均值。

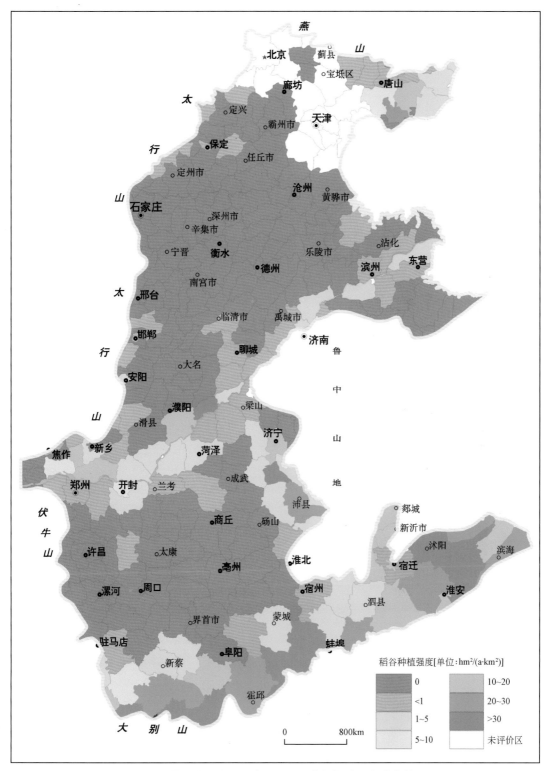

稻谷种植强度[单位：hm²/(a·km²)]

0	10~20
<1	20~30
1~5	>30
5~10	未评价区

0　　　　800km

图7.9　黄淮海区主要粮食基地稻谷作物播种强度分布特征

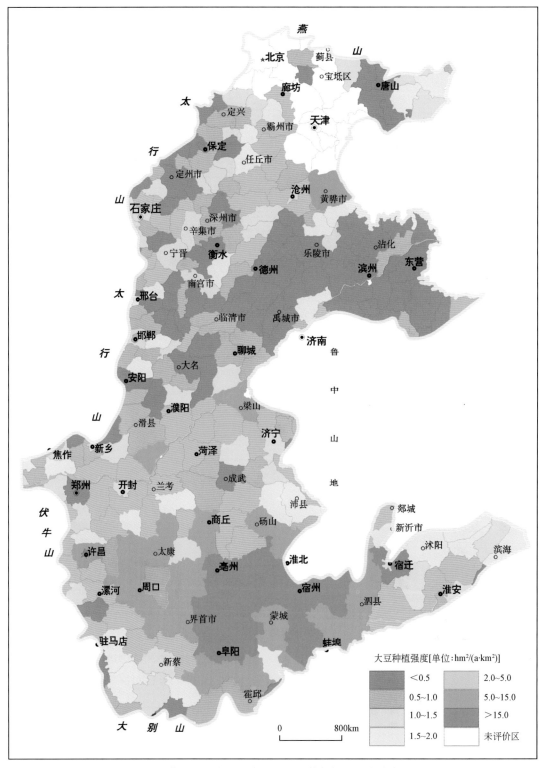

图 7.10　黄淮海区主要粮食基地大豆作物播种强度分布特征

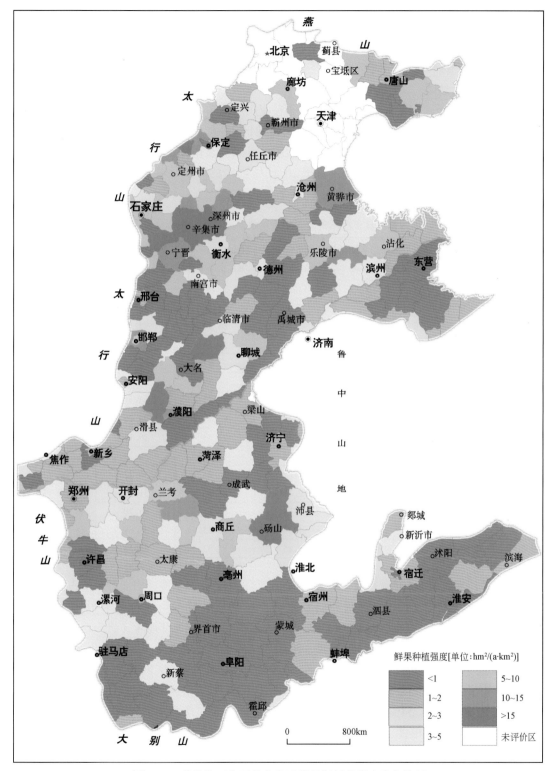

图 7.11　黄淮海区主要粮食基地鲜果树播种强度分布特征

7.3.2　河南主产区对地下水依赖程度

在河南主产区,商丘、周口、漯河、焦作和鹤壁等地区地下水开采量占总供水量比率较大,其中商丘地区占96.20%、周口地区占94.06%、漯河地区占85.10%、焦作地区占82.11%和鹤壁地区占77.56%。这些地区的农业用水量占当地总用水量的比率也较高,新乡地区占97.87%、濮阳地区占94.20%、周口地区占88.57%、漯河地区占87.65%和鹤壁地区占84.10%(表7.7,图7.12)。在信阳、驻马店、南阳、洛阳和许昌地区,地下水开采量占当地总用水量的比率较小,介于26.16%~38.89%,这些地区农业用水量占当地总用水量的比率介于27.88%~58.59%(表7.7,图7.12)。

表7.7　河南粮食主产区各分区地下水供水量及农业用水量所占比率

分区	总用水量 /亿(m³/a)	农业用水量 /亿(m³/a)	地下水供水量 /亿(m³/a)	农业用水量占总 用水量比率/%	地下水开采量占 总用水比率/%	农业开采量占 总开采量比率/%
安阳	17.57	13.76	11.39	78.30	64.82	82.24
濮阳	12.87	12.12	5.60	94.20	43.51	80.60
鹤壁	4.38	3.68	3.40	84.10	77.56	75.16
开封	7.46	5.77	4.81	77.38	64.48	75.03
新乡	15.54	15.21	8.99	97.87	57.86	73.50
商丘	8.62	5.98	8.29	69.39	96.20	67.71
焦作	7.68	6.31	6.30	82.22	82.11	63.09
周口	8.06	7.14	7.58	88.57	94.06	45.27
驻马店	18.61	5.19	4.87	27.88	26.16	39.21
南阳	12.76	7.48	3.85	58.59	30.20	38.54
信阳	12.28	6.91	1.25	56.23	10.22	38.23
洛阳	7.07	3.68	2.26	51.96	31.89	38.11
漯河	1.44	1.26	1.23	87.65	85.10	36.67
许昌	4.08	1.97	1.59	48.35	38.89	34.94
郑州	9.57	6.98	8.15	72.93	85.13	25.49

从农业用水对地下水依赖程度来看,河南主产区的安阳地区最高,农业开采量占总开采量80.60%。其次是濮阳、鹤壁、开封和新乡地区,农业开采量占当地总开采量比率分别为75.16%、75.03%和73.50%,这些地区主要分布在河南主产区的北部地区(表7.7,图7.12)。

在河南主产区的郑州、许昌、漯河、洛阳和信阳地区,农业开采量占总开采量比率较小,郑州地区占25.49%、许昌地区占34.94%、漯河地区占36.67%、洛阳地区占38.11%和信阳地区占38.23%。在南阳、驻马店、周口、焦作和商丘地区,农业开采量占总开采量比率介于38.54%~67.71%。这些地区主要分布在豫西地区(表7.7,图7.6)。

由此可见,河南粮食主产区北部、中部及东南地区的农业用水对地下水依赖程度较高,豫西地区对地下水依赖程度较低。

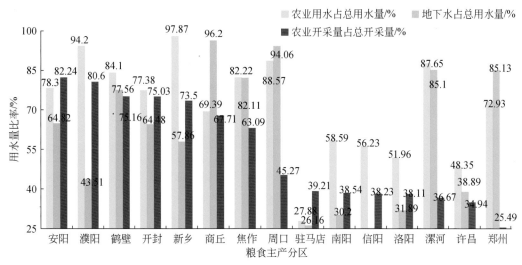

图 7.12　河南粮食主产（省）区各分区地下水供水量及农业用水量所占比率

基于河南省水资源公报资料

7.3.3　河南主产区地下水开采面临主要问题

河南主产区的北部和中东部地区农业用水对地下水依赖程度偏高，如安阳地区农业开采量占当总开采量比率达 82.24%、濮阳地区占 80.60%、鹤壁地区占 75.16% 和新乡地区占 73.50%。开封地区农业开采量占总开采量比率达 75.03%。新乡、濮阳、周口和鹤壁地区农业用水量占当地总用水量比率过高，分别达 97.87%、94.20%、88.57% 和 84.10%。这些地区，应充分利用黄河等地表水灌溉，有利于当地地下水可持续利用。

7.4　山东粮食主产区农业灌溉用水对地下水依赖程度

7.4.1　山东主产区灌溉农业需用水底量

1. 灌溉农田的基底指标

山东粮食主产（省）区，包括济南、青岛、淄博、枣庄、东营、烟台、潍坊、济宁、泰安、威海、日照、莱芜、临沂、德州、聊城、滨州和菏泽等地市，耕地保有量的面积 747.9 万 hm²，基本农田保护面积 665.4 万 hm²。山东主产区的农作物总播种面积 667.9 万 hm²，占该区基本农田面积的 100.38%。粮食播种面积 565.3 万 hm²，占该区农作物总播种面积的 71.61%，占基本农田面积的 71.88%。小麦播种面积 247.3 万 hm²，占该区粮食作物播种面积的 51.71%；玉米播种面积 205.9 万 hm²，占该区粮食作物播种面积的 40.26%。蔬菜播种面积 75.99 万 hm²，占该区农作物总播种面积的 11.38%。该区稻谷播种面积达

53.66 万 hm²，占粮食作物播种面积的 8.03%。

2. 灌溉农田概算需用水底量

根据上述山东主产区灌溉农业要素，包括各种作物播种面积及单位面积的实际灌溉用水量，该主产区农作物灌溉总用水量 147.1 亿 m³/a，其中粮食作物灌溉总用水量 103.7 亿 m³/a，占该区农作物灌溉总用水量的 70.50%；小麦作物灌溉用水量 52.1 亿 m³/a，占该区粮食作物灌溉总用水量的 50.18%；玉米作物灌溉用水量 42.2 亿 m³/a，占该区粮食作物灌溉总用水量的 40.68%；稻谷作物灌溉用水量 9.5 亿 m³/a，占该区粮食作物灌溉总用水量的 9.14%。蔬菜作物灌溉用水量 18.9 亿 m³/a，占该区农作物灌溉总用水量的 12.89%；鲜果树灌溉用水量 7.3 亿 m³/a，占该区农作物灌溉总用水量的 4.95%。

在山东粮食主产区的济宁、德州、菏泽、聊城和滨州地区，农作物灌溉用水量较大（图 7.8），介于 11.97 亿~19.26 亿 m³/a，分别占山东主产区灌溉总用水量的 13.09%、11.96%、10.48%、10.38% 和 8.13%。其次是临沂、潍坊、济南和泰安地区，农作物灌溉用水量介于 8.0 亿~11.13 亿 m³/a，分别占山东主产区灌溉总用水量的 7.56%、6.72%、6.38% 和 5.44%。在青岛、日照、枣庄、莱芜和威海地区，农作物灌溉用水量较小，介于 1.21 亿~3.73 亿 m³/a（表 7.8），占山东主产区灌溉总用水量的 0.82%~2.54%。

从农作物灌溉用水强度来看，济宁、德州、菏泽、聊城和滨州地区的农作物灌溉用水量较大（表 7.8），灌溉用水强度介于 12.59 万~17.01 万 m³/(a·km²)，这些地区小麦、玉米和蔬菜播种面积强度较大（图 7.2~图 7.5），济宁稻谷播种强度较大（表 7.9）。济南和泰安地区的农作物灌溉用水强度也较大（图 7.8），介于 10.31 万~11.46 万 m³/(a·km²)。在威海、青岛和烟台地区，农作物灌溉用水强度较小，分别为 2.09 万 m³/(a·km²)、3.37 万 m³/(a·km²) 和 3.79 万 m³/(a·km²)，这些地区小麦和蔬菜播种强度较小。

表 7.8　山东粮食主产区各地市分区主要农作物播种面积与灌溉用水底量

地市	农作物总播种面积/万 hm²	总灌溉用水量/万（m³/a）	粮食灌溉用水量/万（m³/a）	小麦种植面积/万 hm²	小麦灌溉用水量/万（m³/a）	玉米种植面积/万 hm²	玉米灌溉用水量/万（m³/a）	稻谷灌溉用水量/万（m³/a）	蔬菜灌溉用水量/万（m³/a）	灌溉用水强度/万[m³/(a·km²)]
济宁	106.70	19.26	12.40	35.28	6.37	25.42	1.53	4.50	3.76	17.01
德州	111.76	17.59	14.48	45.61	7.18	45.92	7.28	0.03	1.33	16.93
菏泽	149.31	15.42	10.59	62.08	6.41	36.89	3.84	0.34	1.63	12.59
聊城	106.09	15.17	11.23	39.89	5.70	37.65	5.51	0.02	2.21	16.89
滨州	62.75	11.97	8.53	22.60	4.31	21.59	4.13	0.09	0.64	12.66
临沂	111.69	11.13	7.57	36.54	3.64	26.11	1.19	2.74	1.29	6.47
潍坊	114.08	9.88	6.96	38.82	3.36	39.50	3.59	0	1.63	6.41
济南	62.23	9.38	7.06	21.57	3.25	21.12	3.09	0.72	1.48	11.46
泰安	63.68	8.00	5.46	21.82	2.74	19.43	2.70	0.02	1.69	10.31
东营	27.83	6.03	2.56	5.51	1.19	5.65	1.12	0.25	0.48	7.22
烟台	56.43	5.21	3.74	17.22	1.59	20.56	2.15	0.01	0.37	3.79
淄博	30.80	5.18	4.29	12.30	2.07	12.51	2.16	0.06	0.47	8.68

续表

地市	农作物总播种面积/万 hm²	总灌溉用水量/万（m³/a）	粮食灌溉用水量/万（m³/a）	小麦种植面积/万 hm²	小麦灌溉用水量/万（m³/a）	玉米种植面积/万 hm²	玉米灌溉用水量/万（m³/a）	稻谷灌溉用水量/万（m³/a）	蔬菜灌溉用水量/万（m³/a）	灌溉用水强度/万[m³/(a·km²)]
青岛	75.70	3.73	2.69	27.03	1.33	25.83	1.36	0	0.51	3.37
日照	27.13	3.35	2.28	9.16	1.13	7.10	0.54	0.60	0.21	6.26
枣庄	40.91	2.90	2.04	14.75	1.05	11.92	0.90	0.10	0.63	6.35
莱芜	9.10	1.71	0.98	1.77	0.33	2.98	0.65		0.56	7.62
威海	26.45	1.21	0.80	7.85	0.36	8.20	0.44	0	0.09	2.09
合计	667.95	147.13	103.67	247.32	52.02	205.86	42.17	9.47	18.97	9.18

从农作物播种强度来看，山东主产区的鲁北和鲁西地区农作物播种强度较大，尤其小麦、玉米和蔬菜播种强度明显高于鲁中地区和滨海地区（图 7.2 ～图 7.11）。在鲁北的德州、聊城、济南和滨州地区，小麦播种强度分别为 43.06hm²/(a·km²)、45.38hm²/(a·km²)、28.03hm²/(a·km²) 和 38.38hm²/(a·km²)，较高地区小麦播种强度达 23.27hm²/(a·km²)；玉米播种强度分别为 42.45hm²/(a·km²)、42.33hm²/(a·km²)、25.81hm²/(a·km²) 和 22.68hm²/(a·km²)，蔬菜播种强度介于 3.53 ～ 18.33hm²/(a·km²)。这些地区农作物种植强度比全省平均种植强度高 20% 以上，小麦播种强度比全省平均种植强度高 50% 以上（表 7.9）。

表 7.9　山东粮食主产区主要农作物播种强度分布区位特征

区位		县区	农作物播种强度/[hm²/(a·km²)]					播种强度相对全省均值变化率*/%				
			总播	粮食	小麦	玉米	蔬菜	总播	粮食	小麦	玉米	蔬菜
鲁北地区	德州	临邑	113.14	98.56	50.93	47.34	11.64	47.46	79.49	81.71	83.56	15.58
		齐河	115.74	99.44	49.47	49.48	9.06	50.84	81.09	76.48	91.84	-9.99
		平原	114.72	90.79	42.86	47.92	19.47	49.51	65.34	52.92	85.80	93.39
		禹城	117.98	96.13	49.45	46.42	12.27	53.75	75.07	76.42	79.98	21.83
	聊城	阳谷	130.62	97.33	46.49	48.81	26.25	70.23	77.26	64.99	89.26	160.63
		茌平	131.33	93.79	47.54	44.41	22.07	71.16	70.81	69.61	72.19	119.13
		冠县	130.04	85.93	47.75	36.27	19.59	69.48	56.49	70.36	40.62	94.50
		高唐	121.44	78.38	43.42	34.56	14.00	58.27	42.75	54.90	33.99	39.01
	济南	平阴	67.27	47.17	20.02	15.98	9.30	-12.33	-14.09	-28.59	-38.03	-7.66
		济阳	105.05	71.66	34.39	30.96	19.79	36.91	30.51	22.69	20.04	96.53
		商河	116.41	91.83	51.00	48.90	16.10	51.72	67.23	81.96	89.61	59.92
		章丘	84.64	63.82	29.86	28.54	13.43	10.31	16.23	6.51	10.66	33.41
	滨州	惠民	93.78	59.29	30.08	28.53	9.81	22.22	7.97	7.30	10.63	-2.59
		阳信	96.38	86.19	43.56	42.54	3.51	25.60	56.96	55.41	64.96	-65.11
		博兴	88.42	72.16	36.10	35.59	4.06	15.24	31.41	28.77	37.99	-59.73
		邹平	96.50	84.26	41.42	41.91	4.75	25.77	53.46	47.75	62.52	-52.84

续表

区位		县区	农作物播种强度/〔hm²/(a·km²)〕					播种强度相对全省均值变化率*/%				
			总播	粮食	小麦	玉米	蔬菜	总播	粮食	小麦	玉米	蔬菜
鲁西地区	济宁	鱼台	115.79	68.59	34.52	0.70	25.30	50.91	24.92	23.16	-97.27	151.25
		嘉祥	123.06	75.60	46.43	21.53	23.02	60.37	37.67	65.64	-16.53	128.61
		汶上	128.96	79.37	44.45	31.32	28.71	68.06	44.54	58.60	21.45	185.10
		兖州	118.45	92.15	49.72	41.84	28.60	54.37	67.81	77.39	62.23	184.00
	菏泽	单县	113.05	71.62	45.75	22.55	19.21	47.34	30.44	63.22	-12.56	90.80
		成武	136.02	80.39	51.54	28.49	23.85	77.27	46.40	83.86	10.45	136.86
		郓城	133.83	95.59	53.16	38.28	15.26	74.42	74.08	89.67	48.42	51.56
		定陶	129.91	101.87	54.57	46.03	14.27	69.31	85.51	94.67	78.47	41.73
	枣庄	薛城	95.10	75.87	39.98	31.88	10.97	23.94	38.17	42.63	23.60	8.90
		峄城	99.88	67.07	36.02	25.74	23.42	30.17	22.14	28.52	-0.19	132.61
		台儿庄	115.05	89.50	47.16	32.15	20.44	49.94	62.99	68.24	24.65	102.93
		滕州	114.77	74.96	37.35	34.85	33.44	49.58	36.51	33.24	35.11	232.12
鲁中地区	泰安	宁阳	113.32	79.07	45.27	32.43	17.34	47.69	44.00	61.49	25.76	72.15
		东平	92.51	77.28	40.34	28.80	8.52	20.57	40.74	43.93	11.66	-15.38
		新泰	58.71	35.93	17.65	16.24	10.62	-23.48	-34.56	-37.01	-37.03	5.47
		肥城	95.20	65.90	31.58	32.73	25.85	24.07	20.02	12.65	26.90	156.70
	淄博	淄川	33.25	29.55	13.34	14.97	1.15	-56.67	-46.19	-52.41	-41.95	-88.55
		桓台	102.76	98.68	48.94	49.70	3.34	33.92	79.71	74.61	92.72	-66.81
		高青	99.68	82.97	41.30	40.64	5.43	29.91	51.10	47.34	57.58	-46.11
		沂源	16.77	8.42	2.23	4.39	3.48	-78.14	-84.67	-92.04	-82.97	-65.41
	莱芜	莱城	44.05	25.76	8.58	15.12	14.82	-42.59	-53.09	-69.40	-41.38	47.14
		钢城	29.03	15.86	6.29	6.79	7.10	-62.16	-71.12	-77.54	-73.68	-29.48
	临沂	郯城	97.36	83.41	41.49	22.20	8.33	26.89	51.90	48.03	-13.93	-17.24
		苍山	96.71	61.05	28.25	24.49	25.58	26.03	11.18	0.80	-5.05	154.07
		莒南	63.57	42.61	21.14	14.97	2.87	-17.16	-22.40	-24.57	-41.94	-71.48
		临沭	87.38	52.57	31.96	9.37	3.78	13.88	-4.27	14.03	-63.68	-62.49
滨海地区	青岛	胶州	55.46	39.60	21.42	17.09	11.31	-27.72	-27.89	-23.58	-33.73	12.35
		胶南	27.53	17.89	8.70	6.47	3.30	-64.12	-67.42	-68.97	-74.90	-67.19
		莱西	86.18	41.90	31.09	29.39	11.86	12.32	-23.69	10.92	13.96	17.79
	东营	东营	26.99	10.67	4.62	5.41	5.08	-64.82	-80.56	-83.51	-79.02	-49.55
		河口	10.65	1.32	0.60	0.63	0.06	-86.12	-97.59	-97.86	-97.54	-99.36
		垦利	22.59	6.34	2.19	2.22	0.54	-70.56	-88.45	-92.19	-91.38	-94.63
		利津	51.72	14.81	6.58	6.88	4.53	-32.59	-73.02	-76.52	-73.31	-55.06

续表

区位		县区	农作物播种强度/〔hm²/(a·km²)〕					播种强度相对全省均值变化率*/%				
			总播	粮食	小麦	玉米	蔬菜	总播	粮食	小麦	玉米	蔬菜
滨海地区	烟台	龙口	28.26	20.42	8.54	10.74	4.53	-63.18	-62.81	-69.53	-58.34	-54.99
		蓬莱	31.73	18.76	3.30	8.99	3.08	-58.65	-65.84	-88.22	-65.14	-69.46
		招远	42.47	31.00	14.63	15.96	0.83	-44.65	-43.55	-47.82	-38.11	-91.78
		栖霞	29.87	19.40	6.36	9.36	2.27	-61.08	-64.67	-77.30	-63.69	-77.44
	潍坊	昌乐	73.67	41.72	17.30	21.11	13.19	-3.98	-24.03	-38.28	-18.16	30.94
		诸城	77.42	56.08	27.08	273.69	10.62	0.90	2.13	-3.38	961.22	5.45
		寿光	77.70	43.02	21.44	21.57	23.77	1.26	-21.66	-23.52	-16.36	136.09
		高密	92.50	73.35	36.53	36.07	9.71	20.55	33.58	30.32	39.85	-3.58
	威海	环翠	26.36	17.55	6.99	9.31	2.25	-65.65	-68.04	-75.06	-63.91	-77.68
		荣成	53.90	34.52	15.35	16.42	4.09	-29.76	-37.14	-45.22	-36.35	-59.38
		乳山	46.35	30.27	12.03	14.22	4.34	-39.59	-44.87	-57.08	-44.86	-56.93
	日照	东港	45.79	33.13	16.56	12.26	1.72	-40.33	-39.67	-40.92	-52.47	-82.89
		五莲	42.12	27.97	14.56	10.51	2.08	-45.10	-49.06	-48.05	-59.24	-79.31
		莒县	63.18	42.84	20.61	16.49	5.17	-17.65	-21.98	-26.49	-36.06	-48.69

* 相对全区强度的变化率，正值为高于全省的相应均值，负值为小于全省的相应均值。

在山东主产区的济宁、菏泽和枣庄地区，小麦播种强度介于 29.91 ~ 50.47hm²/(a·km²)，玉米播种强度介于 19.24 ~ 29.41hm²/(a·km²) 和蔬菜播种强度介于 12.81 ~ 19.60hm²/(a·km²)。这些地区小麦和蔬菜种植强度明显比全省平均种植强度高（表 7.9）。在滨海地区，包括青岛、东营、烟台、潍坊、威海和日照地区，农作物播种强度较小（图 7.2 ~ 图 7.11，表 7.9）。

7.4.2　山东主产区对地下水依赖程度

山东粮食主产区的淄博地区地下水开采量占当地总供水量的 74.97%、枣庄地区占 68.40%、济宁地区占 60.51%、泰安地区占 58.52% 和潍坊地区占 52.84%。这些地区农业用水量占当地总用水量的比率，济宁地区占 81.17%、泰安地区占 72.35%、潍坊地区占 65.58%、淄博地区占 59.33% 和枣庄地区占 55.38%，农业灌溉用水对地下水依赖程度都较高（图 7.6）。

从表 7.10 和图 7.13 来看，山东主产区农业用水量占当地总用水量比率较大的地区，地下水开采量所占比率并不高，例如德州、滨州、聊城和菏泽地区的农业用水量所占比率都在 80% 以上，最高达 89.91%，而这些地区农业用水量占当地总用水量比率普遍较低，分别为德州地区占 35.02%、滨州地区占 16.17%、聊城地区占 37.61% 和菏泽地区占 49.46%。在东营、滨州、日照、威海和德州地区，地下水开采量当地总用水量比率较低，介于 11.42% ~ 35.02%，农业用水量占当地总用水量的比率介于 47.67% ~ 89.91%。在临沂、济南、青岛和烟台地区，地下水开采量占当地总用水量比率为山东主产区较高地区，介于 36.34% ~ 48.83%，农业用水量占当地总用水量的比率介于 41.58% ~ 66.98%。

表 7.10　山东粮食主产区各分区地下水供水量及农业用水量所占比率

分区	总用水量 /亿(m³/a)	农业用水量 /亿(m³/a)	地下水供水量 /亿(m³/a)	农业用水量占总用水量比率/%	地下水开采量占总用水比率/%	农业开采量占总开采量比率/%
泰安	12.15	8.79	7.11	72.35	58.52	87.07
烟台	8.54	5.72	4.17	66.98	48.83	78.13
潍坊	16.56	10.86	8.75	65.58	52.84	75.17
聊城	19.97	16.67	7.51	83.48	37.61	74.51
德州	21.5	19.33	7.53	89.91	35.02	71.85
济南	16.59	10.31	6.56	62.15	39.54	71.53
滨州	15.3	13.15	2.55	85.95	16.67	70.06
临沂	16.84	12.23	6.12	72.62	36.34	61.06
东营	9.37	6.63	1.07	70.76	11.42	60.43
济宁	26.08	21.17	15.78	81.17	60.51	60.15
菏泽	20.56	16.95	10.17	82.44	49.46	58.64
青岛	9.86	4.1	3.92	41.58	39.76	57.93
淄博	9.59	5.69	7.19	59.33	74.97	49.57
枣庄	5.76	3.19	3.94	55.38	68.40	44.88
日照	5.27	3.68	1.68	69.83	31.88	43.17
莱芜	3.29	1.88	2.13	57.14	64.74	38.03
威海	2.79	1.33	0.89	47.67	31.90	9.82

从农业用水对地下水依赖程度来看，山东主产区的泰安地区最高，达 87.07%。其次是聊城、德州、济南、滨州、烟台和潍坊地区，农业开采量占总开采量比率分别为聊城地区占 74.51%、德州地区占 71.85%、济南地区占 71.53%、滨州地区占 70.06%、烟台地区占 78.13% 和潍坊地区占 75.17%（表 7.10，图 7.13），这些地区主要分布在山东主产区的西北部地区（图 7.6）。在威海、莱芜、日照、枣庄和淄博地区，农业开采量占总开采量的比率较小，分别为威海地区占 9.82%、莱芜地区占 38.03%、日照地区占 43.17%、枣庄地区占 44.88% 和淄博地区占 49.57%（表 7.10，图 7.13），这些地区主要分布在鲁东南地区。临沂、东营、济宁、菏泽和青岛地区的农业开采量占总开采量比率介于 57.93% ~ 61.06%。

总之，山东粮食主产区的西北部和东南地区农业用水对地下水依赖程度较高，其他地区农业用水对地下水依赖程度较低，但呈现逐年增高趋势。

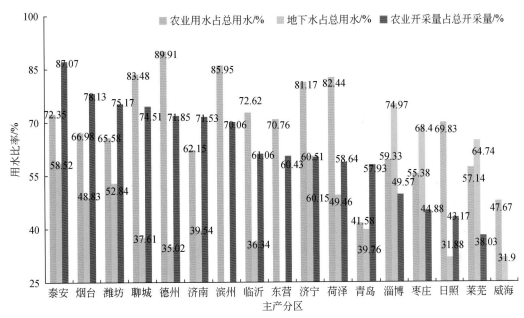

图 7.13　山东粮食主产区各分区地下水供水量及农业用水量所占比率
基于山东省水资源公报资料

7.4.3　山东主产区地下水开采面临主要问题

　　山东粮食主产区的西北部和东南地区农业用水对地下水依赖程度偏高，如泰安地区农业开采量占当总开采量比率达 87.07%、聊城地区占 74.51%、德州地区占 71.85%、济南地区占 71.53% 和滨州地区占 70.06%。烟台和潍坊地区农业开采量占总开采量比率也较高，分别为 78.13% 和 75.17%。这些地区农业开采量规模较大，不利山东主产区经济可持续发展。

　　另外，在沿黄等地下水位浅埋区，应开展合理开发利用地下水，促进地下水循环，科学减控地下水对农田土地质量不利影响研究，进一步提高防治土地盐渍化或盐碱化加剧问题。

7.5　安徽粮食主产区农业灌溉用水对地下水依赖程度

7.5.1　安徽主产区灌溉农业需用水底量

1. 灌溉农田的基底指标

　　安徽粮食主产（省）区，包括淮北、亳州、宿州、蚌埠、阜阳、淮南、滁州和六安等地市，耕地保有量的面积 569.3 万 hm²，基本农田保护面积 490.7 万 hm²。安徽粮食主产区的农作物总播种面积 416.4 万 hm²，占该区基本农田面积的 84.85%。粮食播种面积

565.3 万 hm², 占该区农作物总播种面积的 67.39%, 占基本农田面积的 57.18%。稻谷播种面积 186.6 万 hm², 占该区粮食作物播种面积的 66.48%；小麦播种面积 68.9 万 hm², 占该区粮食作物播种面积的 24.55%；玉米播种面积 8.98 万 hm², 占该区粮食作物播种面积的 3.20%。蔬菜播种面积 9.77 万 hm², 占该区农作物总播种面积的 2.35%。相对河南、山东粮食主产区, 安徽主产区玉米和蔬菜播种面积大幅减少, 稻谷播种面积大幅增加, 小麦播种面积仍然占较大比率, 主要分布在淮北地区。

2. 灌溉农田概算需用水底量

根据上述安徽主产区灌溉农业要素, 包括各种作物播种面积及单位面积的实际灌溉用水量, 该主产区农作物灌溉总用水量 156.7 亿 m³/a, 其中粮食作物灌溉总用水量 109.2 亿 m³/a, 占该区农作物灌溉总用水量的 69.72%；稻谷作物灌溉用水量 66.9 亿 m³/a, 占该区粮食作物灌溉总用水量的 61.22%；小麦作物灌溉用水量 34.5 亿 m³/a, 占该区粮食作物灌溉总用水量的 31.60%；玉米作物灌溉用水量 7.85 亿 m³/a, 占该区粮食作物灌溉总用水量的 7.19%。蔬菜作物灌溉用水量 13.6 亿 m³/a, 占该区农作物灌溉总用水量的 8.69%。

在安徽主产区的六安、合肥、安庆、滁州和蚌埠地区, 农作物灌溉用水量较大 (图 7.8), 介于 10.65 亿~24.72 亿 m³/a, 其中六安地区占安徽主产区灌溉总用水量的 16.80%、合肥地区占 13.19%、安庆地区占 12.55%、滁州地区占 11.22% 和蚌埠地区占 7.24%。其次是芜湖、阜阳、宣城和马鞍山地区, 农作物灌溉用水量介于 8.1 亿~10.40 亿 m³/a, 其中芜湖地区占安徽主产区灌溉总用水量的 7.07%、阜阳地区占 6.91%、宣城地区占 6.79% 和马鞍山地区占 5.48%。在宿州、池州、黄山、淮北和铜陵地区, 农作物灌溉用水量较小, 介于 1.32 亿~5.08 亿 m³/a (表 7.8), 占安徽主产区灌溉总用水量的 0.90%~3.54%。

从农作物灌溉用水强度来看, 安徽主产区的芜湖、马鞍山和淮南地区农作物灌溉用水强度是该主产区最高的地区 (表 7.11), 介于 28.67 万~47.81 万 m³/(a·km²), 六安、合肥、安庆、滁州和蚌埠地区农作物灌溉用水量较大 (表 7.11, 图 7.8), 灌溉用水强度介于 11.80 万~26.70 万 m³/(a·km²), 其中六安、滁州和蚌埠地区小麦播种强度较大, 六安、安庆和滁州地区稻谷播种强度较大, 六安、合肥和安庆蔬菜播种强度较大 (图 7.2~图 7.5, 表 7.11)。在亳州、池州、宿州和黄山地区, 农作物灌溉用水强度较小, 介于 3.63 万~6.50 万 m³/(a·km²), 这些地区稻谷或小麦和蔬菜播种强度较小。

表 7.11　安徽粮食主产区各地市分区主要农作物播种面积与灌溉用水底量

地市	农作物总播种面积/万 hm²	总灌溉用水量/万(m³/a)	粮食灌溉用水量/万(m³/a)	小麦种植面积/万 hm²	小麦灌溉用水量/万(m³/a)	稻谷种植面积/万 hm²	稻谷灌溉用水量/万(m³/a)	玉米灌溉用水量/万(m³/a)	蔬菜灌溉用水量/万(m³/a)	灌溉用水强度/万[m³/(a·km²)]
六安	89.43	24.72	19.04	22.45	6.21	41.49	12.19	0.65	1.81	13.75
合肥	49.70	19.40	11.03	6.04	2.36	19.67	8.21	0.46	1.97	26.70
安庆	78.33	18.46	10.70	3.63	0.86	38.53	9.68	0.17	1.62	12.04
滁州	86.07	16.51	13.23	27.10	5.20	34.42	7.42	0.61	0.84	11.80
蚌埠	64.59	10.65	7.81	24.42	4.03	10.75	2.75	1.04	1.05	18.00
芜湖	20.60	10.40	6.16	1.23	0.62	10.21	5.48	0.07	1.20	31.35

续表

地市	农作物总播种面积/万 hm^2	总灌溉用水量/万(m^3/a)	粮食灌溉用水量/万(m^3/a)	小麦种植面积/万 hm^2	小麦灌溉用水量/万(m^3/a)	稻谷种植面积/万 hm^2	稻谷灌溉用水量/万(m^3/a)	玉米灌溉用水量/万(m^3/a)	蔬菜灌溉用水量/万(m^3/a)	灌溉用水强度/万[m^3/(a·km^2)]
阜阳	122.19	10.17	8.34	50.30	4.19	6.79	2.35	1.81	1.06	10.40
宣城	35.44	9.99	6.39	4.76	1.34	15.68	4.94	0.11	0.98	8.10
马鞍山	9.67	8.06	5.56	2.15	1.79	4.33	3.71	0.06	0.55	47.81
淮南	24.84	6.08	5.19	10.31	2.52	9.33	2.61	0.06	0.60	28.67
亳州	103.52	5.54	4.57	41.84	2.24	0.44	1.36	0.98	0.46	6.50
宿州	98.66	5.08	4.05	38.18	1.97	0.83	0.98	1.10	0.33	5.19
池州	19.84	4.72	2.77	0.58	0.14	10.10	2.53	0.11	0.33	5.71
黄山	13.13	3.56	1.77	0.03	0.01	3.99	1.51	0.25	0.59	3.63
淮北	28.78	2.00	1.84	12.71	0.88	0.01	0.64	0.32	0.10	7.34
铜陵	4.73	1.32	0.74	0.61	0.17	1.70	0.52	0.05	0.12	11.86
合计	416.37	156.66	109.22	68.89	34.51	186.54	66.86	7.85	13.61	16.59

从农作物播种强度来看，安徽主产区的淮北地区播种强度较大，尤其小麦、玉米和大豆播种强度明显高于淮南地区（图 7.2 ~ 图 7.11）。在淮北地区的亳州、淮北、宿州和阜阳地区，小麦播种强度介于 19.98 ~ 57.28hm^2/(a · km^2)，玉米播种强度介于 10.47 ~ 42.23hm^2/(a · km^2)，大豆播种强度介于 11.33 ~ 45.55hm^2/(a · km^2) 和蔬菜播种强度介于 3.39 ~ 21.13hm^2/(a · km^2)。除了淮北地区之外，上述地区农作物种植强度比全省平均种植强度高 20% 以上，大豆播种强度比全省平均种植强度高 80% 以上（表 7.12）。

表 7.12　安徽粮食主产区主要农作物播种强度分布区位特征

区位		县区	农作物播种强度/[hm^2/(a · km^2)]						播种强度相对全省均值变化率*/%							
			总播	粮食	小麦	玉米	水稻	大豆	蔬菜	总播	粮食	小麦	玉米	水稻	大豆	蔬菜
淮北地区	亳州	谯城	126.01	78.71	40.09	13.27		24.45	17.71	34.85	7.94	16.88	22.74		126.22	80.67
		涡阳	127.20	114.51	55.99	18.98		34.12	8.28	36.13	57.04	63.25	75.59		215.59	-15.48
		利辛	123.71	112.51	53.76	21.94	0.95	25.67	7.99	32.39	54.30	56.74	102.99	-94.13	137.43	-18.44
	淮北	杜集	62.19	39.50	19.98	6.43	1.20	11.33	16.46	-33.44	-45.83	-41.74	-40.50	-92.52	4.76	67.98
		相山	76.56	57.13	27.76	10.47		18.34	16.25	-18.06	-21.65	-19.06	-3.18		69.67	65.84
		烈山	84.86	79.62	34.46	4.00	0.30	40.24	3.26	-9.18	9.19	0.46	-62.99	-98.11	272.26	-66.73
		濉溪	113.34	108.37	52.82	21.97		32.38	3.39	21.29	48.62	53.98	103.28		199.51	-65.46
	宿州	甬桥	97.36	82.92	39.67	21.80	0.16	19.83	7.42	4.19	13.72	15.66	101.63	-98.99	83.48	-24.27
		萧县	98.95	77.73	37.21	28.23	0.02	9.02	6.33	5.90	6.59	8.49	161.16	-99.86	-16.54	-35.40
		灵璧	112.19	92.37	46.68	27.85	1.01	16.31	6.86	20.07	26.68	36.10	157.68	-93.76	50.86	-30.00
		泗县	108.37	87.71	42.82	19.19	3.23	12.13	6.23	15.98	20.29	24.84	77.51	-79.98	12.18	-36.43
	阜阳	颍州	121.69	88.22	41.34	35.78		8.66	27.41	30.23	20.98	20.52	231.00		-19.87	179.72
		临泉	142.04	107.63	57.28	42.23	1.28	4.34	21.13	52.01	47.60	67.01	290.69	-92.04	-59.88	115.66
		太和	128.71	114.96	55.38	10.98		45.55	5.72	37.74	57.65	61.45	1.59		321.34	-41.66
		界首	129.07	102.63	50.80	33.16		15.16	16.99	38.14	40.74	48.11	206.76		40.22	73.38

区位		县区	农作物播种强度/［hm²/(a·km²)］						播种强度相对全省均值变化率*/%						
			总播	粮食	小麦	玉米	水稻	大豆	蔬菜	总播	粮食	小麦	玉米	水稻	大豆	蔬菜
淮南地区	蚌埠	龙子	74.61	43.69	17.84	1.96	18.01	4.35	25.19	-20.15	-40.08	-47.99	-81.90	11.70	-59.80	157.05
		蚌山	61.13	50.94	21.08	1.57	26.36	1.02	7.29	-34.58	-30.14	-38.53	-85.51	63.53	-90.53	-25.62
		禹会	61.73	55.71	26.74	0.46	22.95	5.20	4.30	-33.94	-23.60	-22.05	-95.78	42.38	-51.90	-56.16
		怀远	242.61	195.33	50.88	21.63	50.88	17.68	20.27	159.64	167.87	48.33	100.07	215.62	63.52	106.85
		五河	121.35	93.19	26.02	8.89	26.02	13.06	12.80	29.87	27.80	-24.13	-17.76	61.43	20.80	30.56
		固镇	163.51	94.27	2.51	29.36	2.51	6.00	14.36	74.99	29.28	-92.69	171.57	-84.45	-44.51	46.57
	淮南	大通	175.44	142.12	63.70	3.80	61.04	11.44	28.64	87.76	94.90	85.71	-64.89	278.68	5.82	192.27
		田家	86.65	66.67	31.07	1.07	28.93	3.50	13.68	-7.27	-8.58	-9.43	-90.09	79.46	-67.64	39.57
		潘集	108.63	88.14	42.21	0.33	39.87	4.42	17.18	16.26	20.87	23.05	-96.92	147.32	-59.16	75.32
		凤台	97.09	87.16	43.70	0.79	40.46	1.64	8.63	3.91	19.53	27.41	-92.73	150.98	-84.79	-11.91
		毛集	102.29	92.67	46.43	0.05	32.94	12.75	9.04	9.47	27.08	35.36	-99.49	104.31	17.96	-7.76
		霍邱	68.84	59.74	23.76	0.56	34.22	0.35	2.97	-26.32	-18.07	-30.72	-94.77	112.31	-96.75	-69.67
	六安	舒城	46.24	29.26	2.80	1.96	22.73	0.68	5.27	-50.51	-59.87	-91.83	-81.84	41.00	-93.74	-46.25
		金寨	11.25	8.06	1.20	0.39	5.50	0.44	1.36	-87.96	-88.94	-96.49	-96.38	-65.86	-95.90	-86.16
		霍山	13.98	9.41	0.47	0.93	7.00	0.36	2.00	-85.04	-87.10	-98.62	-91.34	-56.58	-96.64	-79.59
长江流域		合肥	103.38	65.40	13.91	1.96	46.53	1.65	9.84	10.64	-10.32	-59.44	-81.85	188.62	-84.71	0.43
		滁州	61.96	50.07	19.61	2.45	24.96	2.14	3.13	-33.69	-31.34	-42.82	-77.30	54.87	-80.19	-68.08
		马鞍山	141.25	86.65	24.95	0.65	57.80	1.98	14.13	51.16	18.83	-27.26	-94.00	258.59	-81.72	44.22
		芜湖	116.70	59.94	7.70	1.28	47.42	2.10	14.76	24.89	-17.80	-77.56	-88.12	194.18	-80.53	50.62
		宣城	28.93	18.65	3.90	0.38	12.85	0.83	2.88	-69.04	-74.42	-88.63	-96.52	-20.31	-92.28	-70.63
		铜陵	42.64	24.26	5.90	1.72	15.33	0.94	3.83	-54.37	-66.72	-82.80	-84.07	-4.92	-91.26	-60.92
		池州	24.18	13.80	0.71	0.61	11.85	0.44	1.77	-74.13	-81.08	-97.92	-94.32	-26.47	-95.90	-81.98
		安庆	50.42	29.40	2.44	0.86	24.76	0.86	4.61	-46.04	-59.68	-92.90	-95.23	53.58	-92.03	-53.00
		黄山	13.31	6.63	0.03	0.98	3.96	0.78	2.25	-85.76	-90.91	-99.92	-90.93	-75.42	-92.81	-77.05

*相对全区强度的变化率，正值为高于全省的相应均值，负值为小于全省的相应均值。

　　在淮南地区的蚌埠、淮南和六安地区，稻谷播种强度介于22.84～61.04hm²/(a·km²)、小麦播种强度介于17.84～46.43hm²/(a·km²)、玉米播种强度介于0.79～8.89hm²/(a·km²)、大豆播种强度介于1.64～12.75hm²/(a·km²)、蔬菜播种强度介于7.29～28.64hm²/(a·km²)。这些地区稻谷、大豆和蔬菜种植强度比全省平均种植强度高（表7.12）。

　　在安徽主产区长江流域的合肥、滁州和芜湖地区，农作物播种强度较高，稻谷播种强度介于24.96～47.42hm²/(a·km²)、小麦播种强度介于7.70～19.61hm²/(a·km²)、玉米播种强度介于1.28～2.45hm²/(a·km²)、大豆播种强度介于1.65～2.14hm²/(a·km²)、蔬菜播种强度介于3.13～14.76hm²/(a·km²)，这些地区稻谷和蔬菜种植强度普遍比全省平均种植强度高（表7.12）。

在长江流域的马鞍山、宣城、铜陵、池州和安庆地区，农作物播种强度较小（图7.2～图7.11，表7.9），但是稻谷播种强度高，是安徽主产区稻谷播种主要区域，稻谷播种强度介于11.85～57.80hm²/(a·km²)。该区小麦播种强度介于2.44～5.90hm²/(a·km²)、玉米播种强度介于0.38～1.72hm²/(a·km²)、大豆播种强度介于0.44～1.98hm²/(a·km²)、蔬菜播种强度介于2.88～4.61hm²/(a·km²)，小麦、玉米、大豆、和蔬菜播种强度都明显低于全省平均种植强度（表7.12）。

7.5.2　安徽主产区对地下水依赖程度

安徽粮食主产区地下水开采量占全省总用水量比率不足12%，农业用水量占57.16%，也是以灌溉农业用水为主导的地区。但是，无论是地下水开采总量，还是农业用水量所占比率，都远低于河北、河南和山东主产区（图7.6），这与当地雨水和地表水较充沛密切相关。

在安徽主产区的淮北地区，农业用水对地下水开采具有一定的依赖性。例如，宿州、蚌埠、阜阳、淮北和亳州地区，农业开采量占当地地下水总开采量的比率都较高，其中宿州地区占33.56%、蚌埠地区占25.54%、阜阳地区占22.44%、淮北地区占17.15%和亳州地区占10.75%，农业用水量占当地总用水量的比率介于42.02%～69.34%，地下水开采量占当地总用水量的比率介于51.85%～78.43%（表7.13，图7.14）。

在安徽主产区的淮南、六安、滁州和合肥地区，农业用水对当地地下水依赖程度明显低于淮北地区，但高于沿江流域。例如，淮南地区农业开采量占当地地下水总开采量比率为4.71%，地下水开采量占当地总用水量的7.93%，农业用水量占当地总用水量的33.50%（表7.13，图7.14）。六安、滁州和合肥地区的地下水开采量占当地总用水量的1.27%～7.93%，农业用水量占当地总用水量的33.50%～79.10%。

表7.13　安徽粮食主产区各分区地下水供水量及农业用水量所占比率

分区	总用水量/亿(m³/a)	农业用水量/亿(m³/a)	地下水供水量/亿(m³/a)	农业用水量占总用水量比率/%	地下水开采量占总用水比率/%	农业开采量占总开采量比率/%
宿州	10.97	5.08	7.41	46.31	67.55	33.56
蚌埠	15.36	10.65	2.92	69.34	19.01	25.54
阜阳	16.18	10.17	8.39	62.86	51.85	22.44
淮北	4.76	2.00	3.45	42.02	72.48	17.15
亳州	9.27	5.54	7.27	59.76	78.43	10.75
淮南	18.15	6.08	1.44	33.50	7.93	4.71
宣城	14.07	9.99	0.31	71.00	2.20	3.97
黄山	4.33	3.56	0.15	82.22	3.46	1.58
安庆	26.59	18.46	0.45	69.42	1.69	0
池州	9.71	4.72	0.11	48.61	1.13	0

分区	总用水量 /亿(m³/a)	农业用水量 /亿(m³/a)	地下水供水量 /亿(m³/a)	农业用水量占总用水量比率/%	地下水开采量占总用水比率/%	农业开采量占总开采量比率/%
滁州	24.94	16.51	0.67	66.20	2.69	0
合肥	31.62	19.40	0.4	61.35	1.27	0
六安	31.25	24.72	0.65	79.10	2.08	0
马鞍山	30.11	8.06	0.17	26.77	0.56	0
铜陵	10.94	1.32	0.08	12.07	0.73	0
芜湖	30.33	10.40	0.14	34.29	0.46	0

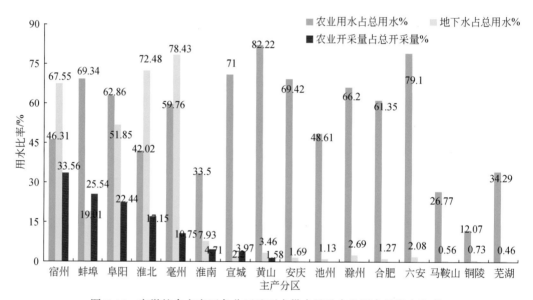

图7.14 安徽粮食主产区各分区地下水供水量及农业用水量所占比率

基于安徽省水资源公报资料

在安徽主产区的沿江地区，地下水总开采量不足0.50亿m³/a。例如宣城、黄山、安庆、池州、马鞍山、铜陵和芜湖地区的地下水开采量介于0.08亿~0.45亿m³/a，地下水开采量占当地总用水量的比率小于4.0%，农业用水量占当地总用水量的比率较高，介于12.07%~82.22%，大部分地区农业用水量占当地总用水量的比率小于50%（表7.13，图7.14），农业用水对地下水依赖程度趋近零（图7.6），只有在气候极度干旱年份农业偶用地下水灌溉。

从总体上来看，在安徽主产区的淮河以北地区，农业用水对地下水具有一定的依赖性；在淮河以南地区，由于当地地表水资源丰富，河渠水系发达，灌溉农业对地下水依赖程度弱。

7.5.3　安徽主产区地下水开采面临主要问题

安徽主产区的阜阳、宿州、亳州、淮北和蚌埠地区地下水开采量已分别达 8.39 亿 m³/a、7.41 亿 m³/a、7.27 亿 m³/a、3.45 亿 m³/a 和 2.92 亿 m³/a，宿州、蚌埠、阜阳、淮北和亳州地区农业开采量占当地地下水总开采量的比率已达 10.75%～33.56%，并呈现增大趋势。对于地表水资源丰富、地下水资源有限的安徽主产区，应进一步优化和合理联合利用地表水–地下水资源，不断提高地下水应急抗旱能力，同时，重视解决上游区矿山开采和疏干排水对下游农田区土地环境问题。

另外，在淮河以南的安徽主产区，应开展合理开发利用地下水，促进地下水循环，科学减控地下水水位过高对农田土地质量不利影响的研究工作。

7.6　江苏粮食主产区农业灌溉用水对地下水依赖程度

7.6.1　江苏主产区灌溉农业需用水底量

1. 灌溉农田的基底指标

江苏粮食主产（省）区，包括淮安、宿迁、徐州、常州、盐城等地市，耕地保有量的面积 475.1 万 hm²，基本农田保护面积 421.5 万 hm²。江苏主产区的农作物总播种面积 662.8 万 hm²，占该区基本农田面积的 147.76%。粮食播种面积 453.39 万 hm²，占该区农作物总播种面积的 72.80%，占基本农田面积的 107.57%。稻谷播种面积 190.38 万 hm²，占该区粮食作物播种面积的 41.99%；小麦播种面积 186.91 万 hm²，占该区粮食作物播种面积的 41.23%；玉米播种面积 29.11 万 hm²，占该区粮食作物播种面积的 6.42%。蔬菜播种面积 83.28 万 hm²，占该区农作物总播种面积的 1.26%。相对河南、山东粮食主产区，江苏主产区的玉米和蔬菜播种面积大幅减少，稻谷播种面积大幅增加，小麦播种面积仍然占较大比率，主要分布在苏北地区。

2. 灌溉农田概算需用水底量

根据上述江苏主产区的灌溉农业要素，包括各种作物播种面积及单位面积的实际灌溉用水量，该主产区农作物灌溉总用水量 202.9 亿 m³/a，其中粮食作物灌溉总用水量 141.7 亿 m³/a，占该区农作物灌溉总用水量的 69.80%；稻谷作物灌溉用水量 73.46 亿 m³/a，占该区粮食作物灌溉总用水量的 51.85%；小麦作物灌溉用水量 58.88 亿 m³/a，占该区粮食作物灌溉总用水量的 41.56%；玉米作物灌溉用水量 9.33 亿 m³/a，占该区粮食作物灌溉总用水量的 6.59%。蔬菜作物灌溉用水量 33.89 亿 m³/a，占该区农作物灌溉总用水量的 16.70%。

在江苏主产区的徐州、淮安、盐城、南通和宿迁地区，农作物灌溉用水量较大（图

7.8)，介于 19.65 亿~25.28 亿 m³/a，其中徐州地区农作物灌溉用水量占江苏主产区灌溉总用水量的 13.59%，淮安地区占 13.32%，盐城地区占 17.18%，南通地区占 14.83% 和宿迁地区占 10.07%。在常州、南京、无锡和镇江地区，农作物灌溉用水量较小（图 7.8），介于7.73 亿~11.40 亿 m³/a（表 7.14），占江苏主产区灌溉总用水量的 5.25%~7.75%。

表 7.14　江苏粮食主产区各地市分区主要农作物播种面积与灌溉用水底量

地市	农作物总播种面积/万 hm²	总灌溉用水量/万(m³/a)	粮食灌溉用水量/万(m³/a)	小麦种植面积/万 hm²	小麦灌溉用水量/万(m³/a)	稻谷种植面积/万 hm²	稻谷灌溉用水量/万(m³/a)	玉米灌溉用水量/万(m³/a)	蔬菜灌溉用水量/万(m³/a)	灌溉用水强度/万[m³/(a·km²)]
徐州	111.03	20.00	13.10	34.17	6.16	18.87	4.20	2.75	5.35	17.77
淮安	78.57	19.60	16.21	29.58	7.38	28.81	8.03	0.80	2.17	19.46
盐城	147.20	25.28	16.43	33.98	5.84	35.84	8.87	1.72	4.03	14.90
南通	85.06	21.82	13.49	16.83	4.32	17.64	7.98	1.19	2.91	27.27
苏州	26.62	19.65	11.78	6.83	5.04	8.38	6.62	0.12	5.63	23.15
宿迁	70.68	14.81	11.94	27.22	5.71	21.25	5.09	1.14	1.67	17.32
扬州	50.36	14.99	12.34	18.20	5.42	20.75	6.87	0.06	1.39	22.74
泰州	57.70	14.44	10.91	18.39	4.60	20.34	6.10	0.10	1.93	24.96
连云港	60.14	11.94	9.68	22.47	4.46	19.91	4.44	0.78	1.30	15.68
常州	22.62	11.40	8.04	6.35	3.20	8.42	4.74	0.10	1.37	26.08
南京	33.20	11.00	5.33	4.55	1.51	9.58	3.53	0.29	2.96	16.70
无锡	17.85	10.31	6.76	5.14	2.97	5.82	3.76	0.03	2.36	22.28
镇江	23.87	7.73	5.66	7.06	2.28	9.05	3.22	0.16	0.82	20.08
合计	622.81	202.98	141.68	186.91	58.88	190.38	73.46	9.33	33.89	20.64

从农作物灌溉用水强度来看，江苏主产区的苏北地区农作物灌溉用水量较大（表 7.14），灌溉用水量介于 19.60 万~25.28 万 m³/(a·km²)，这些地区小麦、玉米和蔬菜播种强度较大（图 7.2~图 7.5），其中小麦播种强度介于 22.87~44.12hm²/(a·km²)，玉米播种强度介于 1.39~15.38hm²/(a·km²) 和蔬菜播种强度介于 9.71~41.70hm²/(a·km²)。淮安地区稻谷播种强度较大（图 7.8），徐州地区蔬菜播种强度较大（表 7.15）。在苏中、苏南的南通、常州、泰州和苏州地区，农作物灌溉用水强度较大（表 7.14），介于 23.15 万~27.27 万 m³/(a·km²)，其中南通和泰州地区稻谷、小麦、大豆和蔬菜播种强度较大（图7.2~图 7.5），常州地区稻谷播种强度较大，苏州地区蔬菜播种强度较大（表 7.15）。

从农作物播种强度来看，江苏主产区的苏南地区播种强度较小（表 7.15），农作物播种强度明显小于苏北地区（图 7.2~图 7.11）。在苏南的无锡、常州和苏州地区，小麦播种强度介于 8.53~15.56hm²/(a·km²)，玉米播种强度介于 0.13~0.96hm²/(a·km²)，稻谷播种强度介于 8.55~18.64hm²/(a·km²) 和蔬菜播种强度介于 5.46~11.13hm²/(a·km²)。苏中地区农作物播种强度高于苏南地区，其中南京和镇江地区小麦播种强度介于 3.46~19.85hm²/(a·km²)，玉米播种强度介于 0.45~3.83hm²/(a·km²)，稻谷播种强度介于

13.86～21.42hm²/(a·km²) 和蔬菜播种强度介于 5.68～11.35hm²/(a·km²)。

表 7.15　江苏粮食主产区主要农作物播种强度分布区位特征

区位		县区	农作物播种强度/[hm²/(a·km²)]							播种强度相对全省均值变化率*/%						
			总播	粮食	小麦	玉米	水稻	大豆	蔬菜	总播	粮食	小麦	玉米	水稻	大豆	蔬菜
苏北地区	徐州	沛县	106.92	64.79	29.16	8.01	25.52	1.81	36.07	54.66	32.03	42.60	132.27	23.72	-13.87	225.55
		睢宁	106.86	84.52	42.11	15.38	18.42	7.74	16.80	54.58	72.25	105.92	345.86	-10.71	268.66	51.65
		新沂	95.00	62.26	33.92	10.44	16.14	1.55	20.68	37.43	26.88	65.87	202.59	-21.75	-26.04	86.65
		邳州	109.05	58.85	23.71	11.07	18.77	4.82	41.70	57.75	19.93	15.93	220.81	-9.00	129.66	276.40
	淮安	楚州	100.54	91.63	44.12	1.71	43.43	1.44	6.32	45.43	86.73	115.75	-50.45	110.50	-31.50	-42.93
		淮阴	101.58	72.91	35.37	7.20	24.08	2.61	22.34	46.94	48.59	72.97	108.68	16.73	24.32	101.64
		涟水	98.68	78.67	35.82	5.38	30.84	3.77	11.83	42.74	60.32	75.15	56.00	49.47	79.57	6.78
		盱眙	66.18	55.45	23.22	3.98	25.70	1.34	3.88	-4.27	13.01	13.54	15.50	24.59	-36.11	-65.01
	宿迁	宿豫	64.27	52.36	22.87	1.39	26.12	1.48	9.71	-7.02	6.71	11.84	-59.78	26.63	-29.37	-12.34
		沭阳	107.85	79.82	39.37	7.04	31.43	1.57	14.73	56.02	62.67	92.53	103.96	52.34	-25.19	32.98
		泗阳	78.99	62.33	31.49	5.66	22.56	1.44	12.99	14.27	27.03	53.98	63.94	9.36	-31.49	17.24
		泗洪	68.68	59.50	27.61	6.88	19.06	3.78	3.29	-0.65	21.25	34.99	99.43	-7.63	79.94	-70.29
	盐城	盐都	100.18	80.46	34.68	0.35	39.38	2.27	11.46	44.92	63.97	69.58	-89.76	90.88	8.25	3.44
		阜宁	113.22	87.08	37.47	3.11	39.79	2.12	19.08	63.77	77.46	83.23	-9.96	92.88	0.93	72.16
		建湖	100.50	85.48	35.13	0.92	43.03	2.90	6.18	45.38	74.21	71.78	-73.26	108.60	37.93	-44.21
苏中地区	南京	江宁	43.35	19.49	3.46	0.45	13.86	0.72	11.35	-37.29	-60.27	-83.07	-86.83	-32.80	-65.57	2.44
		溧水	55.02	31.33	9.45	0.70	19.03	0.78	11.01	-20.41	-36.14	-53.81	-79.84	-7.75	-62.85	-0.67
		高淳	64.87	32.95	10.24	0.92	20.52	0.62	7.65	-6.16	-32.85	-49.92	-73.22	-0.54	-70.46	-31.00
	南通	通州	121.15	67.56	20.91	5.33	26.73	7.24	18.43	75.25	37.67	2.24	54.62	29.58	244.69	66.34
		海安	92.84	71.47	32.79	2.14	33.38	2.29	14.50	34.30	45.65	60.34	-38.00	61.82	9.16	30.90
		如东	99.23	76.09	27.65	2.97	31.35	3.52	5.64	43.54	55.07	35.22	-14.03	51.96	67.61	-49.12
		如皋	100.92	74.08	30.76	3.04	32.43	4.35	10.05	45.89	50.97	50.40	-11.99	57.18	107.14	-9.26
	扬州	江都	82.15	64.69	26.67	0.31	34.20	2.59	10.14	18.83	31.84	30.41	-91.06	66.01	23.17	-8.53
		宝应	91.79	80.25	37.73	0.06	38.84	2.81	7.00	32.77	63.55	84.49	-98.22	88.29	33.87	-36.85
		高邮	72.58	59.64	27.75	0.07	28.58	2.22	5.68	4.99	21.54	35.68	-98.04	38.56	5.54	-48.77
	镇江	丹徒	59.90	46.45	19.30	3.83	21.15	1.57	5.50	-13.35	-5.34	-5.64	11.01	2.50	-25.18	-50.37
		扬中	56.86	42.87	19.85		20.24	1.42	9.52	-17.75	-12.63	-2.94		-1.88	-32.38	-14.11
		句容	57.54	35.80	10.99	1.41	21.42	0.94	4.42	-16.76	-27.04	-46.23	-59.25	3.83	-55.02	-60.11
	泰州	靖江	83.37	70.29	33.26	0.14	33.23	2.23	9.92	20.60	43.24	62.65	-96.02	61.08	5.98	-10.44
		泰兴	115.07	81.26	33.78	2.50	35.32	4.20	19.31	66.45	65.59	65.17	-27.66	71.19	99.84	74.26
		姜堰	114.96	79.02	33.55	2.80	35.74	4.30	22.39	66.29	61.03	64.04	-18.79	73.26	104.74	102.10

区位		县区	农作物播种强度/[hm²/(a·km²)]							播种强度相对全省均值变化率*/%					
			总播	粮食	小麦	玉米	水稻	大豆	蔬菜	总播	粮食	小麦	玉米	水稻	大豆	蔬菜
苏南地区	无锡	锡山	49.00	29.72	13.88		14.76	1.08	10.35	-29.12	-39.42	-32.10		-28.44	-48.68	-6.58
		江阴	44.88	29.02	11.16		15.81	0.90	11.13	-35.07	-40.87	-45.45		-23.39	-57.06	0.49
		宜兴	47.59	34.46	15.56	0.23	16.51	0.94	7.96	-31.16	-29.77	-23.92	-93.47	-19.97	-55.41	-28.14
	常州	武进	37.48	20.83	8.79	0.02	10.76	0.67	7.51	-45.78	-57.54	-57.03	-99.30	-47.83	-68.28	-32.20
		溧阳	62.22	46.78	17.17	0.88	26.33	0.85	5.46	-9.99	-4.68	-16.03	-74.51	27.64	-59.36	-50.73
		金坛	58.29	41.28	16.39	0.51	20.98	1.47	5.81	-15.68	-15.87	-19.84	-85.15	1.71	-30.23	-47.57
	苏州	常熟	58.63	34.19	14.95	0.42	17.51	0.42	19.98	-15.19	-30.32	-26.88	-87.73	-15.13	-80.22	80.36
		昆山	26.67	17.81	8.53	0.13	8.55	0.28	5.82	-61.41	-63.70	-58.29	-96.27	-58.55	-86.72	-47.51
		太仓	60.77	36.01	13.97	0.96	18.64	1.00	18.47	-12.10	-26.61	-31.67	-72.18	-9.65	-52.55	66.69
	连云港	赣榆	70.18	50.94	23.49	4.92	18.18	1.15	8.23	1.52	3.82	14.89	42.63	-11.86	-45.27	-25.72
		东海	96.94	76.22	35.86	5.56	31.11	1.95	10.26	40.23	55.34	75.34	61.22	50.80	-6.96	-7.40
		灌南	97.49	84.97	42.93	4.54	34.64	1.61	10.30	41.03	73.15	109.91	31.50	67.93	-23.34	-7.02

* 相对全区强度的变化率,正值为高于全省的相应均值,负值为小于全省的相应均值。

7.6.2　江苏主产区对地下水依赖程度

江苏主产区地下水开采量占全省总用水量比率不足 2.0%,农业用水量也仅占 48.51%。无论是从地下水开采总量,还是农业用水量所占比率来看,江苏主产区农业用水对地下水依赖程度是黄淮海区主要粮食基地的最低主产区(图 7.6),当地雨水和地表水资源充沛丰富,河网渠系发达。2010~2015 年期间江苏主产区地下水开采量年均不足 10 亿 m³/a,主要分布在江苏主产区的淮河流域。

淮河流域的江苏主产区总用水量 247.2 亿 m³/a,地下水开采量仅 8.98 亿 m³/a,地下水开采量占省总开采量的 89.44%。该区农业用水量 178.2 亿 m³/a,占全省总用水量的 72.07%。在江苏主产区的徐州地区,地下水开采程度较高,年开采量占该流域总开采量的 79.40%,为 7.13 亿 m³/a;该区农业用水量 29.6 亿 m³/a,仅占该流域农业总用水量的 16.61%。徐州地区农业用水对地下水依赖程度是江苏主产区最高地区(图 7.6),农业开采量占当地地下水总开采量比率为 36.61%,而其他地区不足 1.0%(表 7.16)。

表 7.16　江苏粮食主产区各分区地下水供水量及农业用水量所占比率

分区	总用水量/亿(m³/a)	农业用水量/亿(m³/a)	地下水供水量/亿(m³/a)	农业用水量占总用水量比率/%	地下水开采量占总用水比率/%	农业开采量占总开采量比率/%
徐州	39.27	29.59	7.13	75.35	18.16	36.61
连云港	27.15	20.37	0.18	75.03	0.66	<0.10
淮安	35.13	25.60	1.18	72.87	3.36	<0.50

续表

分区	总用水量 /亿（m³/a）	农业用水量 /亿（m³/a）	地下水供水量 /亿（m³/a）	农业用水量占总 用水量比率/%	地下水开采量占 总用水比率/%	农业开采量占总 开采量比率/%
盐城	56.89	40.04	1.06	70.37	1.86	<1.00
宿迁	28.17	18.84	0.71	66.88	2.52	<0.10
淮河流域	247.20	178.16	8.98	72.07	3.63	29.06
长江流域	120.60	40.84	0.98	33.86	0.81	<0.10
太湖流域	184.40	48.80	0.08	26.46	0.04	0

在江苏主产区的长江流域，地下水开采量仅 0.98 亿 m³/a，占江苏省总开采量的 9.76%；该区农业用水量 40.84 亿 m³/a（表 7.16），占全省农业总用水量的 15.25%。在江苏主产区的太湖流域，地下水开采量 0.08 亿 m³/a；该区农业用水量 48.80 亿 m³/a（表 7.16），占全省农业总用水量的 18.22%。

总之，江苏粮食主产区的淮河以北地区，尤其徐州地区农业用水对地下水具有依赖性，其他地区农业用水对地下水尚无依赖性。

7.6.3　江苏主产区地下水开采面临主要问题

江苏主产区地下水开采量占全省总用水量的比率不足 2.0%，农业用水量也仅占 48.51%。无论是从地下水开采量，还是农业用水量所占比率来看，江苏主产区农业用水对地下水依赖程度是黄淮海区主要粮食基地最低的主产区，且当地雨水和地表水资源较充沛丰富。该区比较突出的问题，是北部农业区地下水污染防治，尤其是防止毒性金属废水污染地下水。

另外，在陆面蒸发强烈、地下水位埋藏较浅地区，应开展合理开发利用地下水，促进地下水循环，科学减控地下水对农田土地质量不利影响的研究工作。

7.7　小　　结

（1）在黄淮海区主要粮食基地，自南至北，即从淮河流域的江苏、安徽地区，经淮河流域的山东、河南地区，然后再经黄河以北的鲁西北平原区和豫北平原区，至河北平原，农业灌溉用水对地下水依赖程度不断增高，河北主产区的保定-石家庄-邢台-衡水一带是农业灌溉用水对地下水依赖程度最高的地区，该区农业开采量占当地总开采量的 80% 以上。

（2）黄淮海平原的浅层地下水超采区主要分布在河北粮食主产区，其中保定-石家庄-邢台-邯郸农业区所在的太行山前平原区是严重超采区，也是小麦和玉米的高产区，与当地灌溉农业长期超采地下水密切相关。

（3）在河北粮食主产区，灌溉用水对当地地下水依赖程度普遍在 70% 以上，包括保定、石家庄、衡水、邢台、邯郸和沧州地区，其中保定和衡水地区分别达 81.88%~

84.82%，这不利于该主产区粮食生产可持续发展。在河北主产区的中东部地区，农业灌溉用水取自深层承压地下水，如沧州、衡水和廊坊地区的深层地下水开采量占总开采量的比率分别达 71.72%、71.69% 和 46.24%，这些地区农业开采量分别占当地总开采量的 74.14%、84.82% 和 63.83%。灌溉农业用水此依赖深层地下水，是难以可持续的。

（4）在河南粮食主产区的北部和中东部地区，农业用水对地下水依赖程度偏高，如安阳地区农业开采量占当总开采量比率达 82.24%、濮阳地区占 80.60%、鹤壁地区占 75.16% 和新乡地区占 73.50%，开封地区农业开采量占总开采量比率达 75.03%，新乡、濮阳、周口和鹤壁地区的农业用水量占当地总用水量比率高达 84.10%~97.87%。这些地区应充分利用黄河等地表水灌溉，有利于当地地下水可持续利用。

（5）在山东粮食主产区的西北地区，农业用水对地下水开发利用程度偏高，如泰安地区农业开采量占当总开采量比率达 87.07%、聊城地区占 74.51%、德州地区占 71.85%、济南地区占 71.53% 和滨州地区占 70.06%。烟台和潍坊地区农业开采量占总开采量比率也较高，分别为 78.13% 和 75.17%。这些地区农业开采量规模较大，不利当地经济健康发展。

（6）在安徽粮食主产区的宿州、蚌埠、阜阳、淮北和亳州地区，农业开采量占当地地下水总开采量的比率已达 10.75%~33.56%，并呈现增大趋势，是应关注的地区。江苏粮食主产区地下水开采量占全省总用水量比率不足 2.0%，农业用水量也仅占 48.51%，无论是从地下水开采量，还是农业用水量所占比率来看，江苏主产区农业用水对地下水依赖程度是黄淮海区主要粮食基地最低的主产区，当地雨水和地表水资源较充沛丰富，灌溉农业发展条件良好。

第8章　黄淮海区主要粮食基地地下水资源特征

本章以黄河以北的海河流域平原区和黄河以南的淮河流域平原区作为重点评价区，以第四系孔隙地下水资源为主要评价对象，阐述黄淮海区主要粮食基地各粮食主产区地下水的天然资源量、可开采资源量和可用于农业灌溉的地下水可开采资源量状况，为各粮食主产区地下水资源保障能力研究提供科学依据。

8.1　资料来源及评价方法

8.1.1　资料来源及评价方法

本书中地下水资源评价，以 2004 年 9 月出版《中国地下水资源》（各省卷）基础数据和 2009 年 5 月完成的《华北平原地下水可持续利用调查评价》一书资料作为基础，充分结合 2010 ~ 2015 年期间研究区内各省及地市水资源公报、农村统计年鉴和地质环境监测技术报告中最新成果与各县市气象资料以及 1991 ~ 2015 年地下水位动态监测资料，补充、更新和完善地下水资源评价结果。

采用 2010 ~ 2015 年平均值作为现状农田用水和地下水开采量的现状值，资料基础单元为县域。以流域的地下水系统及其水文地质单元作为地下水资源评价的分区，然后，将评价结果分解至行政分区单元，进行地下水资源综合评价和开发利用状况研究。

评价方法为区域水量均衡法，在前期评价结果基础上，根据各流域分区和水文地质单元的降水量和地下水位埋深变化情况，参考近 5 年来各省市地质环境监测技术报告和水资源公报等基础数据，拟核、修正和确定。

8.1.2　农业地下水可开采资源理念与评价方法

农业地下水可开采资源量是指可专用于灌溉农业的地下水可开采资源数量，它是在综合考虑各地区的降水量、干旱指数、人口聚集密度、现状农业开采量、地下水可开采资源状况和生态地质环境约束条件，以及各地区工农业和生活用水现状所占比率实际情况等因素而确定的，理性考虑和合理分配生活、工业等非农业用水需求的地下水可开采资源数量。

本书的农业地下水可开采资源量是在各县分区地下水可开采资源量的基础上，根据当地降水量、干旱指数和农作物种植状况以及现状农业开采量占当地总用水量、地下水开采量和农业总用水量比率而确定。在 1956 ~ 2015 年多年平均降水量小于 600mm 的地区，采用当地地下水可开采资源的 70% 作为农业地下水可开采资源量，其中地市直辖区采用 60%，主要包括黄河以北的海河流域平原（即河北平原、豫北平原和鲁西北平原）。在年均降水量大于600mm、小于800mm的地区，采用当地地下水可开采资源的60%作为农业地下水可开采资源量，其中地市直辖区采用50%，主要包括淮河流域的北部（即山东、河南和安徽省的淮北地区）。在年均降水量大于800mm的地区，采用当地地下水可开采资源的50%作为农业地下水可开采资源量，主要包括安徽省的东南地区和江苏省东部、南部地区。

8.2　黄淮海地区地下水资源特征

8.2.1　地下水天然资源特征

1. 黄淮海地区

地下水天然资源是指在天然条件下，地下水在循环交替过程中，可以得到恢复的那部分水量，即除井灌回渗补给量外的所有补给量之和。

在黄淮海地区，包括上游山区，地下水天然资源量810.79亿 m^3/a。其中海河流域369.13亿 m^3/a，占该地区总天然资源量的45.53%；淮河流域390.47亿 m^3/a，占该地区总天然资源量的48.16%；黄河流域51.19亿 m^3/a，占该地区总天然资源量的6.31%（表8.1）。

表8.1　黄淮海区主要粮食基地各流域地下水天然资源量状况

分区	面积/万 km²	黄淮海地区（包括上游山区）								模数/万[m³/(a·km²)]
		孔隙水		岩溶水		裂隙水		小计		
		数量/亿(m³/a)	占流域/%	数量/亿(m³/a)	占流域/%	数量/亿(m³/a)	占流域/%	数量/亿(m³/a)	占流域/%	
海河流域	37.23	275.89	43.70	42.31	50.60	50.93	53.14	369.13	45.53	9.91
淮河流域	25.94	322.74	51.12	32.55	38.93	35.18	36.71	390.47	48.16	15.05
黄河流域	3.39	32.71	5.18	8.75	10.47	9.73	10.15	51.19	6.31	15.10
合计	66.56	631.34	100.00	83.61	100.00	95.84	100.00	810.79	100.00	12.18
分区	黄淮海平原区									
海河流域	14.09	227.58	39.17	0.51	100.00	0	0	228.09	39.22	16.19
淮河流域	19.50	322.74	55.54	0	0	0	0	322.74	55.49	16.55
黄河流域	2.06	30.76	5.29	0	0	0	0	30.76	5.29	14.93
合计	35.65	581.08	100.00	0.51	100.00	0	0	581.59	100.00	16.31

从地下水资源类型来看，黄淮海地区孔隙地下水天然资源量631.34亿 m^3/a，占该地区总天然资源量的77.87%；岩溶地下水天然资源量83.61亿 m^3/a，占该地区总天然资源量的10.31%；裂隙地下水天然资源量95.84亿 m^3/a，占该地区总天然资源量的11.82%（表8.1）。

在孔隙地下水资源中，海河流域占 43.70%，为 275.89 亿 m³/a；淮河流域占 51.12%，为 322.74 亿 m³/a；黄河流域占 5.18%，为 32.71 亿 m³/a。在岩溶地下水资源中，海河流域占 50.60%，为 42.31 亿 m³/a；淮河流域占 38.93%，为 32.55 亿 m³/a；黄河流域占 10.47%，为 8.75 亿 m³/a。在裂隙地下水资源中，海河流域占 53.14%，为 50.93 亿 m³/a；淮河流域占 36.71%，为 35.18 亿 m³/a；黄河流域占 10.15%，为 9.73 亿 m³/a（表 8.1）。

从地下水天然资源模数来看，海河流域较小，为 9.91 万 m³/(a·km²)，是全区平均地下水天然资源模数的 81.40%，相对黄河、淮河流域，天然补给不足。淮河流域较大，地下水天然资源模数为 15.05 万 m³/(a·km²)，是全区平均地下水天然资源模数的 123.59%；黄河流域也较大，为 15.10 万 m³/(a·km²)，是全区平均地下水天然资源模数的 123.98%（表 8.1）。相对海河流域，黄河、淮河流域的地下水系统获取天然补给比较充沛，补给条件优于海河流域平原区，包括上游出山径流进入平原区的地表水径流量、河道渗漏入渗与渠系渗漏补给和当地降水条件等。

2. 黄淮海平原

在黄淮海平原区，地下水天然资源量 581.59 亿 m³/a。其中海河流域平原区 228.09 亿 m³/a，占该地区总天然资源量的 39.22%；淮河流域平原区 322.74 亿 m³/a，占该地区总天然资源量的 55.49%；黄河流域平原区 30.76 亿 m³/a，占该地区总天然资源量的 5.29%（表 8.1）。

从地下水资源类型来看，黄淮海平原孔隙地下水天然资源量 581.08 亿 m³/a，占该地区总天然资源量的 99.91%（表 8.1）；岩溶地下水天然资源量 0.51 亿 m³/a，占该地区总天然资源量的 0.09%。

在孔隙地下水资源中，海河流域平原区占 39.17%，为 227.58 亿 m³/a；淮河流域平原区占 55.54%，为 322.74 亿 m³/a；黄河流域平原区占 5.29%，为 30.76 亿 m³/a。在岩溶地下水资源中，海河流域平原区占 100.0%，为 0.51 亿 m³/a（表 8.1）。

从地下水天然资源模数来看，黄河流域平原区较小，为 14.93 万 m³/(a·km²)，占全区平均地下水天然资源模数的 91.55%。淮河流域平原区较大，为 16.55 万 m³/(a·km²)，是全区平均地下水天然资源模数的 101.48%；海河流域平原区也较大，为 16.19 万 m³/(a·km²)，是全区平均地下水天然资源模数的 99.25%（表 8.1）。

8.2.2　地下水可开采资源特征

1. 黄淮海地区

地下水可开采资源是考虑各现状开采量、开采技术条件、水位埋深状况和地质环境约束条件综合确定的。地下水可开采资源采用多年降水系列条件下的地下水总补给量减去不可夺取的排泄量来确定。浅层地下水不可夺取的排泄项主要是蒸发量。

在黄淮海地区，包括上游山区，地下水可开采资源量 512.10 亿 m³/a。其中海河流域

213.55 亿 m³/a，占该地区总可开采资源量的 41.70%；淮河流域 258.02 亿 m³/a，占该地区总可开采资源量的 50.38%；黄河流域 40.53 亿 m³/a，占该地区总可开采资源量的 7.91%（表 8.2）。

从地下水资源类型来看，黄淮海地区孔隙地下水可开采资源量 403.55 亿 m³/a，占该地区总可开采资源量的 78.80%；岩溶地下水可开采资源量 71.35 亿 m³/a，占该地区总可开采资源量的 13.93%；裂隙地下水可开采资源量 37.20 亿 m³/a，占该地区总可开采资源量的 7.26%（表 8.2）。

表 8.2 黄淮海区主要粮食基地各流域地下水可开采资源量（<3.0g/L）状况

分区	面积 /万 km²	黄淮海地区(包括上游山区)								模数/万 [m³/(a·km²)]
		孔隙水		岩溶水		裂隙水		小计		
		数量 /亿(m³/a)	占流域 /%	数量 /亿(m³/a)	占流域 /%	数量 /亿(m³/a)	占流域 /%	数量 /亿(m³/a)	占流域 /%	
海河流域	25.49	166.55	41.27	34.02	47.68	12.98	34.89	213.55	41.70	8.38
淮河流域	22.32	213.91	53.01	29.02	40.67	15.09	40.56	258.02	50.38	11.56
黄河流域	2.50	23.09	5.72	8.31	11.65	9.13	24.54	40.53	7.91	16.21
合计	50.31	403.55	78.80	71.35	13.93	37.20	7.26	512.10	100.00	10.18
分区		黄淮海平原区								
海河流域	7.08	138.20	37.01	0	0	0	0	138.20	37.01	19.52
淮河流域	15.88	213.91	57.29	0	0	0	0	213.91	57.29	13.47
黄河流域	1.17	21.26	5.69	0	0	0	0	21.26	5.69	18.17
合计	24.13	373.37	100.00	0	0	0	0	373.37	100.00	15.47

在孔隙地下水可开采资源中，海河流域占 41.27%，为 166.55 亿 m³/a；淮河流域占 53.01%，为 213.91 亿 m³/a；黄河流域占 5.72%，为 23.09 亿 m³/a。在岩溶地下水可开采资源中，海河流域占 47.68%，为 34.02 亿 m³/a；淮河流域占 40.67%，为 29.02 亿 m³/a；黄河流域占 11.65%，为 8.31 亿 m³/a。在裂隙地下水可开采资源中，海河流域占 34.89%，为 12.98 亿 m³/a；淮河流域占 40.56%，为 15.09 亿 m³/a；黄河流域占 24.54%，为 9.13 亿 m³/a（表 8.2）。

从地下水可开采资源模数来看，海河流域较小，为 8.38 万 m³/(a·km²)，是全区平均地下水可开采资源模数的 82.30%，相对黄河、淮河流域，可开采能力不足。黄河流域较大，为 16.21 万 m³/(a·km²)，是全区平均地下水可开采资源模数的 159.25%；淮河流域也较大，为 11.56 万 m³/(a·km²)，是全区平均地下水可开采资源模数的 113.56%（表 8.2）。相对海河流域，黄河、淮河流域的地下水可开采能力较强。

2. 黄淮海平原

在黄淮海平原区，地下水可开采资源量 373.37 亿 m³/a。其中海河流域平原区 138.20 亿 m³/a，占全区总可开采资源量的 37.01%；淮河流域平原区 213.91 亿 m³/a，占全区总可开采资源量的 57.29%；黄河流域平原区 21.26 亿 m^3/a，占全区总可开采资源量的 5.69%。

从地下水可开采资源模数来看，淮河流域平原区的西部较小（图 8.1），为 13.47 万 $m^3/(a \cdot km^2)$，是全区平均地下水可开采资源模数的 87.07%。海河流域平原区的西部地下水可开采资源模数较大（图 8.1），为 19.52 万 $m^3/(a \cdot km^2)$，是全区平均地下水可开采资源模

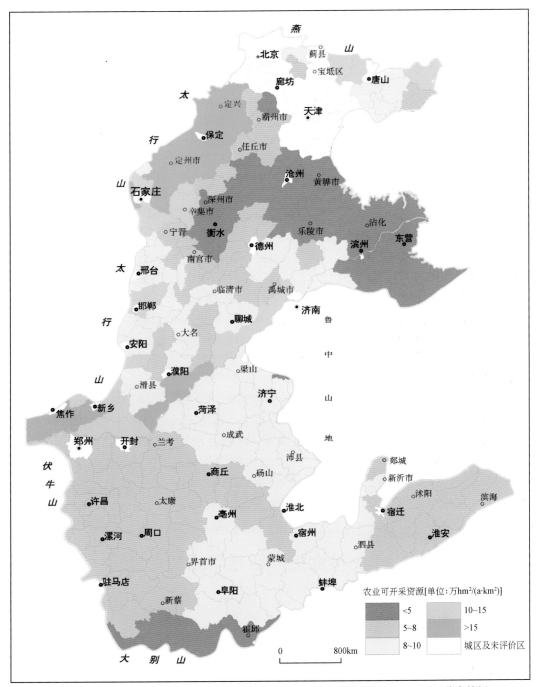

图 8.1　黄淮海区主要粮食基地可用于灌溉农业的地下水可开采资源（<3.0g/L）分布特征

数的 126.18%；黄河流域平原区地下水可开采资源模数也较大，为 18.17 万 $m^3/(a \cdot km^2)$，是全区平均地下水可开采资源模数的 117.46%（表 8.2）。

8.1.3　农业地下水可开采资源特征

在黄淮海地区，包括上游山区，矿化度小于 3g/L 的农业地下水可开采资源量 277.02 亿 m^3/a，其中海河流域 102.39 亿 m^3/a，占该地区总可开采资源量的 36.96%；淮河流域 174.63 亿 m^3/a，占该地区总可开采资源量的 63.04%（表 8.3）。

表 8.3　黄淮海区主要粮食基地农业地下水可开采资源量（<3.0g/L）状况

分区	可开采资源量/亿(m^3/a)、模数/万[m^3/(a·km^2)]				
	<1g/L	1~3g/L	小计	资源模数	占总量比率/%
海河流域	59.77	42.62	102.39	8.59	36.96
淮河流域	127.39	43.83	174.63	6.37	63.04
合计	187.16	86.45	277.02	7.48	100.00

在海河流域，河北粮食主产区的农业地下水可开采资源量占该流域农业总可开采资源量的 62.35%，为 63.83 亿 m^3/a；河南粮食主产区的农业地下水可开采资源量占该流域农业总可开采资源量的 17.85%，为 18.27 亿 m^3/a；山东粮食主产区的农业地下水可开采资源量占该流域农业总可开采资源量的 19.81%，为 20.28 亿 m^3/a。

在淮河流域，河南粮食主产区的农业地下水可开采资源量占该流域农业总可开采资源量的 29.35%，为 51.25 亿 m^3/a；山东粮食主产区的农业地下水可开采资源量占该流域农业总可开采资源量的 20.22%，为 35.30 亿 m^3/a；安徽粮食主产区的农业地下水可开采资源量占该流域农业总可开采资源量的 27.48%，为 47.99 亿 m^3/a；江苏粮食主产区的农业地下水可开采资源量占该流域农业总可开采资源量的 22.95%，为 40.08 亿 m^3/a。

从农业地下水可开采资源模数（图 8.1）来看，海河流域的河南、河北地区较大，分别为 10.46 万 $m^3/(a \cdot km^2)$ 和 8.77 万 $m^3/(a \cdot km^2)$；淮河流域的河南、安徽地区较小，分别为 5.33 万 $m^3/(a \cdot km^2)$ 和 6.06 万 $m^3/(a \cdot km^2)$。海河流域的山东粮食主产区农业地下水可开采资源模数为 6.37 万 $m^3/(a \cdot km^2)$，淮河流域的山东和江苏地区农业地下水可开采资源模数，分别为 7.23 万 $m^3/(a \cdot km^2)$ 和 6.85 万 $m^3/(a \cdot km^2)$，相对海河流域的河南、河北地区农业地下水可开采资源模数较小。

8.3　河北粮食主产区地下水资源特征

8.3.1　地下水天然资源特征

1. 地下水均衡概念模型

河北粮食主产（省）区地下水均衡区的上边界为包气带底界，概化为垂向渗透边界，接受大气降水、河流、渠道、地表水灌溉和井灌回归补给,以人工开采和潜水蒸发的形式排泄;下边界为浅层地下水含水层系统底板,在淡水区埋深介于80~120m,在咸水区为60~80m,概化为垂向弱渗透边界,与下伏的深层地下水含水系统之间以越流形式交换水量。西部以太行山前100m等高线、北部以燕山山前60m等高线为界,概化为侧向流入补给边界;其余地段概化为隔水边界。在河北省与北京市、天津市和河南省之间交界有少量侧向流入补给边界,在与山东省交界为侧向流出排泄边界。

2. 地下水天然资源特征

在河北粮食主产区,矿化度小于3g/L的大气降水渗入补给量78.54亿m^3/a,河道渗入补给量4.41亿m^3/a,渠系渗漏与渠灌回渗补给量6.51亿m^3/a,井灌回渗补给量12.15亿m^3/a,侧向流入补给量11.56亿m^3/a,其中北京边界侧向流入补给量0.91亿m^3/a,天津边界侧向流入补给量为0.02亿m^3/a和河南边界侧向流入补给量为0.12亿m^3/a。河北平原深层地下水顶托对浅层地下水越流补给量主要发生在保定、徐水、蠡县、顺平、定州、安国、石家庄、辛集、新乐、柏乡、隆尧、永年和鸡泽地区,越流补给范围面积6093.4km^2,越流补给量0.69亿m^3/a。

河北主产区地下水系统的排泄量,主要为开采量、越流排泄量、潜水蒸发量和测向流出排泄量。2011年以来该区地下水开采量介于101.62亿~122.59亿m^3/a,多年平均115.13亿m^3/a。浅层地下水对深层地下水的越流排泄量为13.09亿m^3/a,其中,全淡水区1.59亿m^3/a,有咸水区11.50亿m^3/a。侧向流出排泄量0.21亿m^3/a。

在河北主产区,潜水蒸发量主要发生在地下水埋藏较浅(小于4m)的地区,面积7541km^2,包括昌黎、滦南、唐海西南部、丰南南部、香河东南部、廊坊-永清-霸州东部、青县、沧州、黄骅、海兴、孟村-盐山东北部、南皮中部、东光中东部、衡水、冀州-新河中部、故城东部、景县东南部以及零星分布于任丘、河间、武强、武邑、巨鹿、永年、邯郸和磁县,潜水蒸发量9.79亿m^3/a。

根据上述评价结果,河北主产区浅层地下水总补给量(矿化度小于3g/L)为113.17亿m^3/a,总排泄量为138.22亿m^3/a,排泄总量大于补给总量,差值为-25.05亿m^3/a。河北主产区矿化度小于3g/L的地下水天然资源为101.02亿m^3/a。

从地市分区地下水天然资源量来看,河北主产区的保定地区地下水天然资源量最多,为23.95亿m^3/a。其次是唐山地区,地下水天然资源量12.01亿m^3/a。石家庄地区为第三,地下水天然资源量11.33亿m^3/a。河北主产区地下水天然资源量倒数三位的地市分区,是秦皇岛、廊坊和衡水地区,地下水天然资源量分别为4.68亿m^3/a、6.08亿m^3/a和9.31亿m^3/a(表8.4)。

表8.4　河北粮食主产区地下水天然资源量状况

区位	县区	面积/km^2	可开采资源量/亿(m^3/a)、模数/万[m^3/(a·km^2)]				
			<1g/L	1~2g/L	2~3g/L	小计	模数
石家庄地区	行唐	149.30	0.43			0.43	28.86
	赞皇	46.70	0.06			0.06	13.38

区位	县区	面积/km²	可开采资源量/亿(m³/a)、模数/万[m³/(a·km²)]				
			<1g/L	1~2g/L	2~3g/L	小计	模数
石家庄地区	无极	500.00	1.19			1.19	23.88
	元氏	334.00	0.45			0.45	13.38
	辛集	951.00	0.56	0.34	0.19	1.09	11.49
	新乐	525.00	1.52			1.52	28.86
	全区	6673.00	10.69	0.45	0.19	11.33	16.98
唐山地区	丰润	810.00	1.22			1.22	15.06
	滦县	479.90	1.21			1.21	25.29
	滦南	1439.00	2.09	0.32	0.27	2.68	18.63
	乐亭	1308.00	0.13	1.09	0.36	1.58	12.05
	玉田	1030.00	1.47	0.07	0.01	1.54	14.96
	唐海	672.00		0.14	0.49	0.63	9.35
	全区	7944.90	8.43	2.01	1.58	12.01	15.12
秦皇岛地区	昌黎	1144.00	1.22	0.60	0.90	2.72	23.81
	抚宁	504.50	1.01	0.22	0.04	1.27	25.19
	卢龙	66.00	0.17			0.17	25.36
	全区	1919.50	2.91	0.83	0.94	4.68	24.39
邯郸地区	临漳	744.00	1.19	0.02		1.21	16.24
	成安	485.0	0.74			0.74	15.34
	大名	1056.0	0.48	0.69		1.17	11.04
	磁县	384.1	0.55			0.55	14.29
	邱县	448.0	0.09	0.29	0.08	0.46	10.17
	馆陶	456.0		0.42	0.10	0.52	11.49
	全区	7514.6	5.22	3.81	0.85	9.88	13.15
邢台地区	临城	107.5	0.14			0.14	13.38
	内丘	205.9	0.28			0.28	13.38
	平乡	406.0		0.20	0.35	0.55	13.58
	威县	994.0		0.79	0.30	1.10	11.04
	清河	501.0	0.06	0.15	0.19	0.40	7.97
	全区	8813.4	3.05	4.09	3.18	10.32	11.71
保定地区	定兴	707.0	2.00			2.00	28.35
	高阳	487.0	0.61	0.12	0.01	0.74	15.11
	安新	726.0	1.19			1.19	16.44
	易县	271.5	0.78			0.78	28.84
	雄县	524.0	0.87			0.87	16.63

续表

区位	县区	面积/km²	可开采资源量/亿(m³/a)、模数/万[m³/(a·km²)]				
			<1g/L	1~2g/L	2~3g/L	小计	模数
保定地区	涿州	742.0	2.04	0.04		2.08	28.01
	全区	10994.6	23.52	0.42	0.01	23.95	21.78
沧州地区	海兴	866.0			0.11	0.11	1.25
	南皮	836.0		0.70	0.22	0.92	11.00
	吴桥	579.0		0.58	0.04	0.63	10.83
	献县	1174.0		0.64	0.13	0.77	6.52
	泊头	964.0		0.21	0.38	0.60	6.18
	任丘	1023.0	0.34	0.62	0.16	1.13	11.07
	全区	14056.00	0.71	5.16	3.57	9.44	6.72
廊坊地区	固安	714.0	0.12	0.45		0.57	7.98
	永清	764.0		0.40	0.10	0.50	6.58
	香河	437.0	0.65	0.18		0.83	19.00
	大城	890.0		0.61	0.09	0.70	7.88
	大厂	170.0	0.33			0.33	19.12
	三河	612.0	1.17			1.17	19.13
	全区	6398.0	2.74	3.83	0.23	6.80	10.63
衡水地区	枣强	894.0	0.03	0.84	0.28	1.15	12.85
	饶阳	573.0	0.12	0.26	0.18	0.56	9.69
	安平	493.0	0.63	0.03		0.67	13.56
	景县	1183.0	0.07	0.97	0.33	1.36	11.53
	阜城	697.0		0.48	0.33	0.81	11.66
	深州	1244.0	0.15	0.28	0.75	1.18	9.46
	全区	8815.0	1.15	3.98	4.18	9.31	10.56

从地市分区地下水天然资源模数来看，河北主产区的保定、秦皇岛和石家庄地区排在前三位（表8.4），分别为24.39万 m³/(a·km²)、21.78万 m³/(a·km²) 和16.98万 m³/(a·km²)。沧州、衡水和廊坊地区地下水天然资源模数排在倒数三位，分别为6.72万 m³/(a·km²)、10.56万 m³/(a·km²) 和10.63万 m³/(a·km²)。从县分区地下水天然资源模数来看，行唐、无极、新乐、滦县、昌黎、抚宁、卢龙、定兴和涿州市分区地下水天然资源较丰富，都于23.0万 m³/(a·km²)。河北主产区地下水天然资源模数较小的县区，主要分布在沧州、衡水和廊坊地区（表8.4），多小于12.0万 m³/(a·km²)。

8.3.2 地下水可开采资源特征

在河北主产区，矿化度小于3g/L的地下水可开采资源量为84.35亿 m³/a，可开采资源模数 11.59 万 $m^3/(a \cdot km^2)$，如表 8.5 所示。

表 8.5　河北粮食主产区地下水可开采资源量状况

区位	县区	可开采资源量/亿(m^3/a)、模数/万[$m^3/(a \cdot km^2)$]				
		<1g/L	1~2g/L	2~3g/L	小计	模数
石家庄地区	正定	1.07			1.17	16.47
	栾城	0.63			0.63	15.87
	灵寿	0.22			0.22	17.15
	高邑	0.37			0.35	16.28
	深泽	0.59			0.59	11.60
	无极	1.15			1.15	13.95
	元氏	0.59			0.53	12.53
	赵县	0.86	0.22		1.08	16.00
	辛集	0.61	0.67	0.32	1.60	16.82
	藁城	1.44			1.44	17.71
	晋州	0.80	0.20		1.00	11.16
	新乐	1.44			1.32	21.14
	全区	9.04	1.06	0.32	10.42	15.27
唐山地区	丰润	1.41			1.41	17.41
	滦县	0.99			0.99	12.66
	滦南	1.21	0.26	0.36	1.83	12.72
	乐亭	0.07	0.80	0.15	1.02	7.80
	玉田	1.68	0.12	0.28	1.87	16.05
	丰南	0.64	0.40	0.48	1.52	11.72
	小计	6.97	1.65	1.46	9.87	11.78
秦皇岛地区	昌黎	0.59	0.42	0.63	1.64	15.33
	抚宁	1.19	0.38	0.20	1.77	35.08
	卢龙	0.18			0.18	27.27
	全区	2.70	0.80	0.83	4.33	23.46
邯郸地区	临漳	0.89	0.17		1.06	14.25
	成安	0.24	0.40		0.64	13.20
	大名	0.43	0.82		1.25	11.84
	磁县	0.49	0		0.49	12.76
	肥乡	0.07	0.61		0.68	13.66
	永年	0.95	0.63		1.42	17.86
	丘县	0.06	0.29	0.03	0.49	10.94
	鸡泽	0.36	0.13		0.49	14.54

区位	县区	可开采资源量/亿(m³/a)、模数/万[m³/(a·km²)]				
		<1g/L	1~2g/L	2~3g/L	小计	模数
邯郸地区	广平	0.03	0.22	0.20	0.45	14.14
	馆陶		0.57	0.01	0.58	12.72
	魏县	0.22	0.81	0	0.97	11.40
	曲周	0	0.67	0.11	0.78	11.52
	全区	4.18	5.77	0.38	10.21	13.57
邢台地区	内丘	0.46			0.46	13.33
	柏乡	0.31	0.10		0.37	13.81
	隆尧	0.42	0.30	0.16	0.88	11.75
	任县	0.14	0.32	0.08	0.54	12.53
	南和	0.23	0.32		0.55	13.32
	宁晋	0.24	0.58	0.32	1.14	10.30
	巨鹿		0.02	0.70	0.72	11.41
	新河		0.02	0.23	0.32	8.74
	广宗		0.47	0.23	0.70	13.65
	平乡		0.24	0.28	0.52	12.81
	威县		0.83	0.13	0.96	9.66
	清河	0.07	0.37	0.07	0.51	10.18
	南宫		0.70	0.15	0.85	9.95
	沙河	0.48			0.48	14.04
	全区	3.04	5.01	2.35	10.36	11.55
保定地区	满城	1.42			1.42	24.06
	清苑	2.33			2.33	14.42
	涞水	1.16			1.16	27.10
	徐水	1.43			1.43	12.60
	定兴	2.01			2.01	28.43
	唐县	0.61			0.61	12.00
	高阳	0.75	0.24	0.09	1.08	22.18
	容城	0.87			0.87	15.53
	望都	0.92			0.92	14.60
	安新	1.66			1.66	12.87
	易县	0.78			0.78	14.73
	曲阳	0.64			0.64	13.70
	蠡县	1.53			1.53	20.76
	顺平	0.65			0.65	11.76

区位	县区	可开采资源量/亿(m³/a)、模数/万[m³/(a·km²)]				
		<1g/L	1~2g/L	2~3g/L	小计	模数
保定地区	博野	0.52	0.29		0.81	14.82
	雄县	1.24			1.24	20.66
	涿州	1.75	0.35		2.10	23.30
	定州	3.46			3.46	22.16
	安国	1.21	0.10		1.31	13.95
	高碑店	1.38	0.32		1.70	21.30
	全区	21.62	1.30	0.09	23.01	20.87
沧州地区	沧县		0.63	0.40	1.03	6.75
	东光			0.01	0.01	1.41
	盐山		0.30	0.14	0.44	5.53
	肃宁	0.24	0.26		0.50	9.52
	南皮		0.03		0.30	3.80
	吴桥		0.61		0.51	8.81
	献县		0.01		0.01	0.09
	泊头		0.22	0.28	0.50	5.19
	任丘	0.20	0.58	0.05	0.83	8.11
	黄骅			0.02	0.20	1.11
	河间		0.14	0.07	0.21	1.58
	全区	0.45	2.85	1.01	4.63	3.56
廊坊地区	固安	0.12	0.52		0.64	8.96
	永清		0.47		0.47	6.15
	香河	0.28	0.14		0.42	9.61
	大城		0.54		0.66	7.30
	文安	0.09	0.84		0.93	9.06
	大厂	0.24			0.17	9.66
	霸州	0.09	0.38		0.67	8.55
	三河	0.86	0		0.86	13.37
	全区	1.76	3.23		5.24	8.24
衡水地区	枣强	0.02	0.98	0.13	0.83	9.19
	武邑		0.23	0.28	0.51	6.20
	武强		0	0.01	0.27	5.99
	饶阳	0.08	0.24	0.11	0.43	7.50
	安平	0.47	0.12		0.47	9.53
	故城	0.09	0.62		0.71	7.54

续表

区位	县区	可开采资源量/亿（m^3/a）、模数/万[$m^3/(a \cdot km^2)$]				
		<1g/L	1~2g/L	2~3g/L	小计	模数
衡水地区	景县	0.05	0.98	0.07	0.98	8.28
	阜城		0.56	0.24	0.62	8.90
	冀州		0.02	0.20	0.52	5.68
	深州	0.10	0.24	0.50	0.84	6.75
	全区	0.82	3.99	1.54	6.28	7.13
合计		50.68	25.69	7.98	84.35	11.59

从地市分区地下水可开采资源量分布来看，河北主产区的保定地区地下水可开采资源量最为丰富，为 23.01 亿 m^3/a，地下水可开采资源模数较大（图 8.1）。其次是石家庄地区，地下水可开采资源量为 10.42 亿 m^3/a。邢台地区为第三，地下水可开采资源量为 10.36 亿 m^3/a。河北主产区地下水可开采资源量倒数三位的地市分区，是秦皇岛、沧州和廊坊地区，地下水可开采资源量分别为 4.33 亿 m^3/a、4.63 亿 m^3/a 和 5.24 亿 m^3/a（表 8.5）。

从地市分区地下水可开采资源模数来看，河北主产区的秦皇岛、保定和石家庄地区排在前三位（表 8.5），分别为 23.46 万 $m^3/(a \cdot km^2)$、20.87 万 $m^3/(a \cdot km^2)$ 和 15.27 万 $m^3/(a \cdot km^2)$。沧州、衡水和廊坊地区地下水可开采资源模数排在倒数三位，分别为 3.56 万 $m^3/(a \cdot km^2)$、7.13 万 $m^3/(a \cdot km^2)$ 和 8.24 万 $m^3/(a \cdot km^2)$。从县区分区地下水可开采资源模数来看，正定、赵县、新乐、丰润、玉田、抚宁、永年、卢龙、永年、满城、涞水、定兴、高阳、蠡县、雄县、涿州和定州等县分区地下水可开采资源较丰富（图 8.1），地下水可开采资源模数都大于 15.0 万 $m^3/(a \cdot km^2)$。河北主产区地下水可开采资源模数较小的县区，主要分布在沧州、衡水和廊坊地区（表 8.4），小于 10.0 万 $m^3/(a \cdot km^2)$。

8.3.3　农业地下水可开采资源特征

在河北主产区，矿化度小于 3g/L 的农业地下水可开采资源量为 63.83 亿 m^3/a，可开采资源模数 8.77 万 $m^3/(a \cdot km^2)$，如表 8.6 所示。

从地市分区农业地下水可开采资源量分布来看，河北主产区的保定地区最多，为 19.61 亿 m^3/a，农业地下水可开采资源模数较大（图 8.1）。其次是石家庄地区，农业地下水可开采资源量为 8.70 亿 m^3/a。邢台地区为第三，农业地下水可开采资源量为 7.28 亿 m^3/a。河北主产区农业地下水可开采资源量倒数三位的地市分区是沧州、秦皇岛和廊坊地区，农业地下水可开采资源量分别为 3.00 亿 m^3/a、3.03 亿 m^3/a 和 3.49 亿 m^3/a（表 8.6）。

从地市分区农业地下水可开采资源模数来看，河北主产区的保定、秦皇岛和石家庄地区排在前三位（表 8.6），分别为 17.79 万 $m^3/(a \cdot km^2)$、16.42 万 $m^3/(a \cdot km^2)$ 和 12.75 万 $m^3/(a \cdot km^2)$。沧州、衡水和廊坊地区农业地下水可开采资源模数排在倒数三位，分别为 2.30 万 $m^3/(a \cdot km^2)$、5.04 万 $m^3/(a \cdot km^2)$ 和 5.50 万 $m^3/(a \cdot km^2)$。

表8.6 河北粮食主产区农业地下水可开采资源量状况

区位	县区	农业可开采资源量/亿(m³/a)、模数/万[m³/(a·km²)]				
		<1g/L	1~2g/L	2~3g/L	小计	模数
石家庄地区	正定	0.75			0.75	12.46
	栾城	0.44			0.44	11.11
	灵寿	0.15			0.15	12.00
	高邑	0.26			0.26	12.05
	深泽	0.41			0.41	10.72
	无极	0.81			0.81	12.36
	元氏	0.41			0.41	11.44
	赵县	0.60	0.15		0.76	11.20
	辛集	0.43	0.47	0.22	1.12	11.78
	藁城	1.01			1.01	12.40
	晋州	0.56	0.14		0.70	10.31
	新乐	1.01			1.01	19.20
	全区	7.71	0.76	0.22	8.70	12.75
唐山地区	丰润	0.99			0.99	12.19
	滦县	0.69			0.69	8.86
	滦南	0.85	0.18	0.25	1.28	8.90
	乐亭	0.05	0.56	0.11	0.71	5.46
	玉田	1.18	0.08	0.20	1.46	12.50
	丰南	0.45	0.28	0.34	1.06	8.20
	全区	4.89	1.15	1.02	7.06	8.42
秦皇岛地区	昌黎	0.41	0.29	0.44	1.15	10.73
	抚宁	0.83	0.27	0.14	1.24	24.56
	卢龙	0.13			0.13	19.09
	全区	1.89	0.56	0.58	3.03	16.42
邯郸地区	邯郸	0.23	0.32		0.55	14.76
	临漳	0.62	0.12		0.74	9.97
	成安	0.17	0.28		0.45	9.24
	大名	0.30	0.57		0.88	8.29
	磁县	0.34			0.34	8.93
	肥乡	0.05	0.43		0.48	9.56
	永年	0.67	0.44		1.11	13.91
	邱县	0.04	0.20	0.02	0.27	5.94
	鸡泽	0.25	0.09		0.34	10.18
	广平	0.02	0.15	0.14	0.32	9.90

续表

区位	县区	农业可开采资源量/亿(m³/a)、模数/万[m³/(a·km²)]				
		<1g/L	1~2g/L	2~3g/L	小计	模数
邯郸地区	馆陶		0.40	0.01	0.41	8.90
	魏县	0.15	0.57		0.72	8.47
	曲周		0.47	0.08	0.55	8.06
	全区	2.93	4.04	0.26	7.22	9.60
邢台地区	临城	0.12			0.12	11.07
	内丘	0.32			0.32	9.33
	柏乡	0.22	0.07		0.29	10.71
	隆尧	0.29	0.21	0.11	0.62	8.22
	任县	0.10	0.22	0.06	0.38	8.77
	南和	0.16	0.22		0.39	9.32
	宁晋	0.17	0.41	0.22	0.80	7.21
	巨鹿		0.01	0.49	0.50	7.99
	广宗		0.33	0.16	0.49	9.55
	平乡		0.17	0.20	0.36	8.97
	威县		0.58	0.09	0.67	6.76
	清河	0.05	0.26	0.05	0.36	7.13
	临西		0.50		0.50	9.16
	南宫		0.49	0.11	0.60	6.97
	沙河	0.34			0.34	9.83
	全区	2.14	3.50	1.65	7.28	8.12
保定地区	满城	0.99			0.99	16.84
	清苑	1.63			1.63	13.10
	涞水	0.81			0.81	18.97
	徐水	1.00			1.00	11.82
	定兴	1.41			1.41	19.90
	唐县	0.43			0.43	11.50
	高阳	0.53	0.17	0.06	0.76	15.52
	容城	0.61			0.61	14.27
	望都	0.64			0.64	13.22
	安新	1.16			1.16	11.01
	易县	0.55			0.55	13.11
	曲阳	0.45			0.45	12.09
	蠡县	1.07			1.07	16.63
	顺平	0.46			0.46	11.33

区位	县区	农业可开采资源量/亿(m³/a)、模数/万[m³/(a·km²)]				
		<1g/L	1~2g/L	2~3g/L	小计	模数
保定地区	博野	0.36	0.20		0.57	13.68
	雄县	0.87			0.87	16.56
	涿州	1.23	0.25		1.47	19.81
	定州	2.42			2.42	19.01
	安国	0.85	0.07		0.92	12.87
	高碑店	0.97	0.22		1.19	17.71
	全区	18.63	0.91	0.06	19.61	17.79
沧州地区	沧县		0.44	0.28	0.72	4.72
	盐山		0.21	0.10	0.31	3.87
	肃宁	0.17	0.18		0.35	6.67
	南皮		0.02		0.02	0.27
	吴桥		0.43		0.43	7.37
	泊头		0.15	0.20	0.35	3.63
	任丘	0.14	0.41	0.04	0.58	5.68
	河间		0.10	0.05	0.15	1.10
	全区	0.31	1.99	0.70	3.00	2.30
廊坊地区	固安	0.08	0.36		0.45	6.27
	永清		0.33		0.33	4.31
	香河	0.20	0.10		0.29	6.73
	大城		0.38		0.38	4.18
	文安	0.06	0.59		0.65	6.35
	霸州	0.06	0.27		0.33	4.20
	三河	0.60			0.60	9.36
	全区	1.24	2.25		3.49	5.50
衡水地区	枣强	0.01	0.69	0.09	0.79	8.76
	武邑		0.16	0.20	0.36	4.34
	饶阳	0.06	0.17	0.08	0.30	5.25
	安平	0.33	0.08		0.41	8.38
	故城	0.06	0.43		0.50	5.28
	景县	0.04	0.69	0.05	0.77	6.51
	阜城		0.39	0.17	0.56	8.03
	冀州		0.01	0.14	0.15	1.68
	深州	0.07	0.17	0.35	0.59	4.73
	全区	0.57	2.79	1.09	4.45	5.04
合计		40.30	17.96	5.58	63.83	8.77

8.4　河南粮食主产区地下水资源特征

8.4.1　地下水天然资源特征

1. 地下水均衡概念模型

河南粮食主产（省）区地下水均衡区的上边界为包气带底界，概化为垂向渗透边界，接受大气降水、河流、渠道、地表水灌溉和井灌回归补给，以人工开采和潜水蒸发的形式排泄；下边界为浅层地下水含水层系统底板，概化为垂向弱渗透边界，与下伏的深层地下水含水系统之间以越流形式交换水量。西部边界以山区与平原分线为界，为定流量（透水补给）边界，部分为隔水（不透水）边界。南部及东南部淮河为定流量定水头（补给）边界。在与山东、安徽省交界为侧向流出排泄边界。

2. 海河流域的河南主产区

在河南主产区的海河流域平原区，矿化度小于 3g/L 的地下水天然资源量为 35.87 亿 m^3/a，天然资源模数 20.53 万 $m^3/(a \cdot km^2)$，如表 8.7 所示。

从地市分区地下水天然资源量分布来看，河南主产区的新乡地区最多，为 16.69 亿 m^3/a。其次是濮阳地区，地下水天然资源量 8.62 亿 m^3/a。安阳地区为第三，地下水天然资源量为 6.10 亿 m^3/a。地下水天然资源量倒数两位的地市分区是鹤壁和焦作地区，地下水天然资源量分别为 1.65 亿 m^3/a 和 2.81 亿 m^3/a（表 8.7）。

从地市分区地下水天然资源模数来看，河南主产区的新乡、焦作和濮阳地区排在前三位，分别为 24.80 万 $m^3/(a \cdot km^2)$、24.07 万 $m^3/(a \cdot km^2)$ 和 20.45 万 $m^3/(a \cdot km^2)$。安阳和鹤壁地区地下水天然资源模数排在倒数两位（表 8.7），分别为 14.25 万 $m^3/(a \cdot km^2)$ 和 15.34 万 $m^3/(a \cdot km^2)$。从县区分区地下水天然资源模数来看，获嘉、原阳、新乡、长垣、台前、濮阳、范县、武陟和修武分区地下水天然资源较丰富，地下水天然资源模数都大于 24.0 万 $m^3/(a \cdot km^2)$。海河流域的河南主产区地下水天然资源模数较小的县区，主要分布在安阳和鹤壁地区（表 8.7），小于 15.0 万 $m^3/(a \cdot km^2)$。

表 8.7　河南粮食主产区海河流域平原区地下水天然资源量状况

区位	县区	面积/km²	天然资源量/亿（m³/a）、模数/万[m³/(a·km²)]				
			<1g/L	1~2g/L	2~3g/L	小计	模数
安阳地区	市区	173.39	0.83	0.05	0	0.88	
	安阳	724.75	0.84	0.06	0	0.90	12.42
	滑县	1782.71	1.90	0.29	0.01	2.20	12.34
	内黄	1152.59	0.88	0.41	0.04	1.33	11.52

区位	县区	面积/km²	天然资源量/亿（m³/a）、模数/万[m³/(a·km²)]				
			<1g/L	1~2g/L	2~3g/L	小计	模数
安阳地区	汤阴	446.17	0.79	0	0	0.79	17.71
	全区	4279.61	5.25	0.81	0.05	6.10	14.25
焦作地区	市区	46.92	0.14	0	0	0.14	
	武陟	777.77	1.68	0.12	0.02	1.82	23.40
	修武	341.40	0.32	0.37	0.15	0.85	24.82
	全区	1166.09	2.14	0.49	0.17	2.81	24.07
鹤壁地区	浚县	833.44	0.95	0.15	0	1.10	13.20
	淇县	242.29	0.55	0	0	0.55	22.70
	全区	1075.73	1.50	0.15	0	1.65	15.34
濮阳地区	市区	301.81	0.26	0.06	0	0.32	
	濮阳	1404.29	2.19	1.35	0.11	3.65	25.96
	范县	594.11	1.29	0.41	0.02	1.72	28.95
	南乐	618.78	0.77	0	0	0.77	12.44
	清丰	880	0.51	0.37	0.06	0.94	10.68
	台前	416.52	0.70	0.46	0.06	1.22	29.39
	全区	4215.51	5.72	2.65	0.25	8.62	20.45
新乡地区	市区	170.61	0.57	0.15	0.03	0.75	
	新乡	524.65	0.91	0.42	0.08	1.40	26.70
	长垣	1014.43	2.17	0.39	0.02	2.58	25.41
	封丘	1190.42	2.32	0.18	0.04	2.54	21.32
	辉县	539.79	1.05	0.13	0.01	1.19	22.05
	获嘉	470.87	0.50	0.84	0.21	1.54	32.78
	卫辉	520.95	0.60	0.27	0.03	0.90	17.28
	延津	955.18	1.32	0.40	0.05	1.78	18.59
	原阳	1345.78	3.81	0.21	0	4.02	29.87
	全区	6732.68	13.25	2.97	0.47	16.69	24.80
流域合计		17469.62	27.86	7.07	0.94	35.87	20.53

3. 淮河流域的河南主产区

在河南主产区的淮河流域平原区，矿化度小于 3g/L 的地下水天然资源量为 107.37 亿 m³/a，天然资源模数 11.16 万 m³/(a·km²)，如表 8.8 所示。该区地下水天然资源量大于河南主产区的海河流域平原区，但是，地下水天然资源模数明显小于海河平原区[20.53 万 m³/(a·km²)]，表明河南主产区的淮河流域平原区地下水获取自然水源补给能力弱于海河流域平原区。

从地市分区地下水天然资源量分布来看,淮河流域河南主产区的驻马店地区最多,为18.55 亿 m³/a。其次是周口地区,地下水天然资源量为 18.25 亿 m³/a。商丘地区为第三,地下水天然资源量为 14.94 亿 m³/a。在淮河流域的河南主产区,地下水天然资源量倒数三位的地市分区是洛阳、南阳和漯河地区,地下水天然资源量分别为 1.52 亿 m³/a、1.65亿 m³/a 和 4.11 亿 m³/a(表 8.8)。

表 8.8　河南粮食主产区淮河流域平原区地下水天然资源量状况

分区	面积/km²	天然资源量/亿(m³/a)、模数/万[m³/(a·km²)]			
		<1g/L	1~3g/L	小计	资源模数
三门峡	9515	2.08		2.08	2.19
洛阳	2075	1.52		1.52	7.33
郑州	5890	5.97	0.14	6.11	10.37
开封	5955	6.52	2.30	8.82	14.81
商丘	10757	10.08	4.86	14.94	13.89
许昌	4918	5.38	1.05	6.43	13.07
平顶山	7890	7.10	0.10	7.20	9.13
漯河	2718	3.41	0.70	4.11	15.12
周口	12049	14.59	3.66	18.25	15.15
驻马店	13354	18.06	0.49	18.55	13.89
信阳	18336	17.71		17.71	9.66
南阳	2725	1.65		1.65	6.06
合计	96182	94.07	13.30	107.37	11.16

从地市分区地下水天然资源模数来看,淮河流域河南主产区的周口、漯河和开封地区排在前三位,分别为 15.15 万 m³/(a·km²)、15.12 万 m³/(a·km²) 和 14.81 万 m³/(a·km²)。南阳、洛阳和平顶山地区地下水天然资源模数排在倒数三位(表 8.8),分别为 6.06万 m³/(a·km²)、7.33 万 m³/(a·km²) 和 9.13 万 m³/(a·km²)。

8.4.2　地下水可开采资源特征

1. 海河流域的河南主产区

在河南主产区的海河流域平原区,矿化度小于 3g/L 的地下水可开采资源量为 33.76亿 m³/a,可开采资源模数 19.33 万 m³/(a·km²),如表 8.9 所示。

表 8.9　河南粮食主产区海河流域平原区地下水可开采资源量状况

区位	县区	面积/km²	可开采资源量/亿(m³/a)、模数/万[m³/(a·km²)]				
			<1g/L	1~2g/L	2~3g/L	小计	模数
安阳地区	市区	173.39	0.83	0.05		0.88	
	安阳	724.75	0.85	0.06		0.90	12.47

续表

区位	县区	面积/km²	可开采资源量/亿（m³/a）、模数/万[m³/(a·km²)]				
			<1g/L	1~2g/L	2~3g/L	小计	模数
安阳地区	滑县	1782.71	1.90	0.28	0.01	2.19	12.3
	内黄	1152.59	0.88	0.41	0.04	1.33	11.54
	汤阴	446.17	0.75			0.76	16.94
	全区	4279.61	5.22	0.80	0.05	6.06	14.17
焦作地区	市区	46.92	0.12			0.12	
	武陟	777.77	1.64	0.12	0.02	1.78	22.89
	修武	341.4	0.39	0.31	0.15	0.85	24.76
	全区	1166.09	2.15	0.44	0.16	2.75	23.58
鹤壁地区	浚县	833.44	0.93	0.15		1.08	12.98
	淇县	242.29	0.52			0.52	21.38
	全区	1075.73	1.45	0.15		1.60	14.88
濮阳地区	市区	301.81	0.26	0.06		0.32	
	濮阳	1404.29	1.97	1.18	0.09	3.24	23.08
	范县	594.11	1.14	0.37	0.02	1.53	25.76
	南乐	618.78	0.77			0.77	12.47
	清丰	880	0.51	0.37	0.06	0.94	10.64
	台前	416.52	0.61	0.39	0.05	1.05	25.11
	全区	4215.51	5.26	2.36	0.23	7.85	18.62
新乡地区	市区	170.61	0.57	0.15	0.03	0.75	
	新乡	524.65	0.86	0.40	0.09	1.35	25.78
	长垣	1014.43	1.94	0.39	0.02	2.34	23.09
	封丘	1190.42	2.22	0.14	0.03	2.39	20.06
	辉县	539.79	0.98	0.12	0.01	1.11	20.49
	获嘉	470.87	0.44	0.74	0.19	1.38	29.26
	卫辉	520.95	0.62	0.23	0.02	0.86	16.59
	延津	955.18	1.20	0.38	0.06	1.64	17.16
	原阳	1345.78	3.53	0.15		3.68	27.37
	全区	6732.68	12.36	2.70	0.45	15.50	23.03
合计		17469.62	26.43	6.44	0.89	33.76	19.33

从地市分区地下水可开采资源量来看，河南主产区的新乡地区最为丰富（图8.1），为15.50亿 m³/a。其次是濮阳地区，地下水可开采资源量为7.85亿 m³/a。安阳地区为第三，地下水可开采资源量为6.06亿 m³/a。地下水可开采资源量倒数两位的地市分区是鹤壁和焦作地区，地下水可开采资源量分别为1.60亿 m³/a 和2.75亿 m³/a（表8.9）。

从地市分区地下水可开采资源模数来看，河南主产区的焦作、新乡和濮阳地区排在前三位，分别为 23.58 万 m³/(a·km²)、23.03 万 m³/(a·km²) 和 18.62 万 m³/(a·km²)。安阳和鹤壁地区地下水可开采资源模数排在倒数两位（表 8.9），分别为 14.17 万 m³/(a·km²) 和 14.88 万 m³/(a·km²)。在县区分区中，武陟、修武、濮阳、范县、台前、新乡、长垣、获嘉和原阳等县分区地下水可开采资源较丰富（图 8.1），地下水可开采资源模数都大于 20.0 万 m³/(a·km²)。海河流域的河南主产区地下水可开采资源模数较小的县区，主要分布在安阳和鹤壁地区（表 8.9），多小于 15.0 万 m³/(a·km²)。

2. 淮河流域的河南主产区

在河南主产区的淮河流域平原区，矿化度小于 3g/L 的地下水可开采资源量为 85.42 亿 m³/a，地下水可开采资源模数 8.88 万 m³/(a·km²)，如表 8.10 所示。该区地下水可开采资源量大于河南主产区的海河流域平原区，但是，资源模数明显小于海河流域平原区 [19.33 万 m³/(a·km²)]。

从地市分区地下水可开采资源量来看，淮河流域河南主产区的驻马店地区最多，为 14.99 亿 m³/a。其次是周口地区，地下水可开采资源量为 14.76 亿 m³/a。信阳地区为第三，地下水可开采资源量为 13.48 亿 m³/a。在淮河流域的河南主产区，地下水可开采资源量倒数三位的地市分区是洛阳、南阳和漯河地区，地下水可开采资源量分别为 0.85 亿 m³/a、1.18 亿 m³/a 和 3.41 亿 m³/a（表 8.10）。

从地市分区地下水可开采资源模数来看，淮河流域河南主产区的漯河、周口和开封地区排在前三位，分别为 12.55 万 m³/(a·km²)、12.25 万 m³/(a·km²) 和 11.50 万 m³/(a·km²)。洛阳、南阳和平顶山地区地下水可开采资源模数排在倒数三位（表 8.10），分别为 4.10 万 m³/(a·km²)、4.33 万 m³/(a·km²) 和 7.21 万 m³/(a·km²)。

表 8.10　河南粮食主产区淮河流域平原区地下水可开采资源量状况

分区	面积/km²	可开采资源量/亿(m³/a)、模数/万[m³/(a·km²)]			
		<1g/L	1~3g/L	小计	资源模数
三门峡	9515	2.68		2.68	2.82
洛阳	2075	0.85		0.85	4.10
郑州	5890	5.10	0.12	5.22	8.86
开封	5955	5.05	1.80	6.85	11.50
商丘	10757	7.34	3.57	10.91	10.14
许昌	4918	4.51	0.89	5.40	10.98
平顶山	7890	5.61	0.08	5.69	7.21
漯河	2718	2.83	0.58	3.41	12.55
周口	12049	11.79	2.97	14.76	12.25
驻马店	13354	14.59	0.40	14.99	11.23
信阳	18336	13.48		13.48	7.35
南阳	2725	1.18		1.18	4.33
合计	96182	75.01	10.41	85.42	8.88

8.4.3　农业地下水可开采资源特征

1. 海河流域的河南主产区

在河南粮食主产区的海河流域平原区，矿化度小于 3g/L 的农业地下水可开采资源量为 18.27 亿 m^3/a，可开采资源模数 10.46 万 $m^3/(a \cdot km^2)$，如表 8.11 所示。

从地市分区农业地下水可开采资源量来看，河南主产区的濮阳地区最多，为 5.49 亿 m^3/a。其次是新乡地区，农业地下水可开采资源量为 5.49 亿 m^3/a。安阳地区为第三，农业地下水可开采资源量为 4.24 亿 m^3/a（表 8.11，图 8.1）。农业地下水可开采资源量倒数两位的地市分区是鹤壁和焦作地区，农业地下水可开采资源量分别为 1.12 亿 m^3/a 和 1.92 亿 m^3/a（表 8.11）。

从地市分区农业地下水可开采资源模数来看，河南主产区的焦作、濮阳和鹤壁地区排在前三位，分别为 16.51 万 $m^3/(a \cdot km^2)$、13.03 万 $m^3/(a \cdot km^2)$ 和 10.41 万 $m^3/(a \cdot km^2)$。新乡和安阳地区农业地下水可开采资源模数排在倒数两位（表 8.11），分别为 8.16 万 $m^3/(a \cdot km^2)$ 和 9.91 万 $m^3/(a \cdot km^2)$。

表 8.11　河南粮食主产区海河流域平原区农业地下水可开采资源量状况

区位	县区	面积/km²	可开采资源量/亿(m³/a)、模数/万[m³/(a·km²)]				
			<1g/L	1~2g/L	2~3g/L	小计	模数
安阳	市区	173.39	0.58	0.03	0	0.62	35.56
	安阳	724.75	0.59	0.04	0	0.63	8.73
	滑县	1782.71	1.33	0.20	0	1.53	8.61
	内黄	1152.59	0.62	0.29	0.03	0.93	8.08
	汤阴	446.17	0.53	0	0	0.53	11.83
	全区	4279.61	3.65	0.56	0.03	4.24	9.91
焦作	市区	46.92	0.09	0	0	0.09	18.51
	武陟	777.77	1.15	0.08	0.01	1.25	16.02
	修武	341.4	0.27	0.22	0.10	0.59	17.33
	全区	1166.09	1.51	0.30	0.11	1.92	16.51
鹤壁	浚县	833.44	0.65	0.10	0	0.76	9.08
	淇县	242.29	0.36	0	0	0.36	14.97
	全区	1075.73	1.02	0.10	0	1.12	10.41
濮阳	市区	301.81	0.18	0.04	0	0.23	7.48
	濮阳	1404.29	1.38	0.82	0.07	2.27	16.16
	范县	594.11	0.80	0.26	0.01	1.07	18.03
	南乐	618.78	0.54	0	0	0.54	8.73

续表

区位	县区	面积/km²	可开采资源量/亿(m³/a)、模数/万[m³/(a·km²)]				
			<1g/L	1~2g/L	2~3g/L	小计	模数
濮阳	清丰	880	0.36	0.26	0.04	0.66	7.45
	台前	416.52	0.42	0.27	0.04	0.73	17.58
	全区	4215.51	3.68	1.65	0.16	5.49	13.03
新乡	市区	170.61	0.40	0.10	0.02	0.53	30.79
	新乡	524.65	0.60	0.28	0.06	0.95	18.04
	长垣	1014.43	1.36	0.27	0.01	1.64	16.16
	封丘	1190.42	1.56	0.10	0.02	1.67	14.04
	辉县	539.79	0.69	0.08	0	0.77	14.34
	获嘉	470.87	0.31	0.52	0.13	0.96	20.48
	卫辉	520.95	0.43	0.16	0.02	0.60	11.61
	延津	955.18	0.84	0.27	0.04	1.15	12.01
	原阳	1345.78	2.47	0.11	0	2.58	19.15
	全区	6732.68	3.68	1.65	0.16	5.49	8.16
合计		17469.62	13.53	4.28	0.46	18.27	10.46

2. 淮河流域的河南主产区

在河南主产区的淮河流域平原区，矿化度小于3g/L的农业地下水可开采资源量为51.25亿 m³/a，可开采资源模数5.33万 m³/(a·km²)，如表8.12所示。该区农业地下水可开采资源量大于河南粮食主产（省）区的海河流域平原区，但是，农业地下水可开采资源模数明显小于海河流域平原区 [10.46万 m³/(a·km²)]。

表8.12 河南粮食主产区淮河流域农业地下水可开采资源量状况

分区	面积/km²	可开采资源量/亿(m³/a)、模数/万[m³/(a·km²)]			
		<1g/L	1~3g/L	小计	资源模数
三门峡	9515	1.61		1.61	1.69
洛阳	2075	0.51		0.51	2.46
郑州	5890	3.06	0.07	3.13	5.32
开封	5955	3.03	1.08	4.11	6.90
商丘	10757	4.40	2.14	6.55	6.09
许昌	4918	2.71	0.53	3.24	6.59
平顶山	7890	3.37	0.05	3.41	4.33
漯河	2718	1.70	0.35	2.05	7.53
周口	12049	7.07	1.78	8.86	7.35
驻马店	13354	8.75	0.24	8.99	6.74

分区	面积/km²	可开采资源量/亿(m³/a)、模数/万[m³/(a·km²)]			
		<1g/L	1~3g/L	小计	资源模数
信阳	18336	8.09		8.09	4.41
南阳	2725	0.71		0.71	2.60
合计	96182	45.01	6.25	51.26	5.33

从地市分区农业地下水可开采资源量来看，淮河流域河南主产区的驻马店地区最多，为8.99亿 m³/a。其次是周口地区，农业地下水可开采资源量为8.86亿 m³/a。信阳地区为第三，农业地下水可开采资源量为8.09亿 m³/a。农业地下水可开采资源量倒数三位的地市分区是洛阳、南阳和漯河地区，农业地下水可开采资源量分别为0.51、0.71亿 m³/a和2.05亿 m³/a（表8.12）。

从地市分区农业地下水可开采资源模数来看，淮河流域河南主产区的漯河、周口和开封地区排在前三位，分别为7.53万 m³/(a·km²)、7.35万 m³/(a·km²)和6.90万 m³/(a·km²)。洛阳、南阳和平顶山地区农业地下水可开采资源模数排在倒数三位（表8.12），分别为2.46万 m³/(a·km²)、2.60万 m³/(a·km²)和4.33万 m³/(a·km²)。

8.5　山东粮食主产区地下水资源特征

8.5.1　地下水天然资源特征

1. 地下水均衡概念模型

山东粮食主产（省）区地下水均衡区的上边界为包气带底界，概化为垂向渗透边界，接受大气降水、河流、渠道、地表水灌溉和井灌回归补给，以人工开采和潜水蒸发的形式排泄；下边界为浅层地下水含水层系统底板，概化为垂向弱渗透边界，与下伏的深层地下水含水系统之间以越流形式交换水量。西北部与河北省交界、西部与河南省交界，东南部边界以山区与平原分线为界，都为定流量（透水补给）边界，东北部及东部为侧向流出排泄边界。

2. 海河流域的山东主产区

在山东粮食主产区的海河流域平原区，矿化度小于3g/L的地下水天然资源量为38.31亿 m³/a，地下水天然资源模数12.03万 m³/(a·km²)，如表8.13所示。

从地市分区地下水天然资源量来看，山东主产区的德州地区最多，为15.15亿 m³/a。其次是聊城地区，地下水天然资源量为13.01亿 m³/a；滨州地区为第三，地下水天然资源量为4.84亿 m³/a；地下水天然资源量倒数两位的地市分区是东营和济南地区，地下水天然资源量分别为1.26亿 m³/a和4.05亿 m³/a（表8.13）。

从地市分区地下水天然资源模数来看，山东主产区的济南、聊城和德州地区排在前三位，分别为 18.01 万 m³/(a·km²)、14.92 万 m³/(a·km²) 和 14.63 万 m³/(a·km²)。东营和宾州地区地下水天然资源模数排在倒数两位（表 8.7），分别为 3.69 万 m³/(a·km²) 和 6.82 万 m³/(a·km²)。在山东主产区的县分区中，商河、济阳、惠民、临邑、齐河、平原、东阿、阳谷和茌平县分区地下水天然资源较丰富，地下水天然资源模数都大于 18.0 万 m³/(a·km²)。海河流域的山东主产区地下水天然资源模数较小的县区，主要分布在东营和宾州地区（表 8.13），小于 10.0 万 m³/(a·km²)。

表 8.13　山东粮食主产区海河流域平原区地下水天然资源量状况

区位	县区	面积/km²	天然资源量/亿(m³/a)、模数/万[m³/(a·km²)]				
			<1g/L	1~2g/L	2~3g/L	小计	模数
聊城	临清	950.0	0.21	0.42	0.11	0.74	7.77
	高唐	949.0	0.23	1.01	0.21	1.45	15.30
	茌平	1120.0	0.61	1.43	0.06	2.09	18.70
	东昌府	1254.0	1.03	0.82	0.17	2.02	16.11
	冠县	1161.0	0.33	0.51	0.14	0.97	8.36
	莘县	1416.0	0.92	0.62		1.53	10.84
	东阿	799.0	1.55	0.63		2.18	27.31
	阳谷	1065.0	0.93	0.67	0.41	2.01	18.90
	全区	8714.0	5.80	6.11	1.09	13.01	14.92
德州	德城	539.0		0.51	0.25	0.75	14.00
	陵县	1213.0	0.11	1.67	0.21	2.00	16.47
	宁津	833.0		0.25	0.28	0.53	6.42
	乐陵	1172.0		0.64	0.42	1.07	9.12
	庆云	502.0		0.03	0.58	0.61	12.14
	临邑	1016.0	0.38	1.35	0.23	1.96	19.32
	禹城	990.0	0.42	0.87	0.17	1.46	14.76
	齐河	1411.0	1.61	1.27		2.89	20.45
	平原	1047.0	0.78	0.98	0.20	1.96	18.73
	武城	751.0	0.09	0.78	0.13	1.00	13.32
	夏津	882.0	0.28	0.63		0.91	10.33
	全区	10356.0	3.67	9.01	2.47	15.15	14.63
滨州	无棣	1979.0			0.54	0.54	2.72
	阳信	793.0		0.49	0.26	0.75	9.51
	惠民	1364.0	0.10	2.25	0.24	2.58	18.93
	沾化	2114.0			0.14	0.14	0.68
	滨城	849.5	0.14	0.35	0.35	0.83	9.73
	全区	7099.5	0.23	3.09	1.52	4.84	6.82

区位	县区	面积/km²	天然资源量/亿(m³/a)、模数/万[m³/(a·km²)]				
			<1g/L	1~2g/L	2~3g/L	小计	模数
东营	河口	2139.0				0	0
	利津	1287.0		0.13	1.14	1.26	9.82
	全区	3426.0		0.13	1.14	1.26	3.69
济南	商河	1163.0	0.50	0.79	0.61	1.90	16.33
	济阳	1076.0	0.39	1.64	0.08	2.11	19.57
	天桥	10.8		0.05		0.05	
	全区	2249.8	0.89	2.47	0.69	4.05	18.01
合计		31845.3	10.59	20.80	6.92	38.31	12.03

3. 淮河流域的山东主产区

在山东主产区的淮河流域平原区，矿化度小于3g/L的地下水天然资源量为78.62亿 m³/a，天然资源模数16.10万 m³/(a·km²)，如表8.14所示。该区地下水天然资源量和模数都大于山东主产区的淮河流域平原区，表明河南主产区的淮河流域平原区地下水获取自然水源补给能力强于海河流域平原区。

从地市分区地下水天然资源量分布来看，淮河流域山东主产区的菏泽地区最多，为24.40亿 m³/a。其次是临沂地区，地下水天然资源量为20.84亿 m³/a。济宁地区为第三，地下水天然资源量为19.21亿 m³/a。地下水天然资源量倒数三位的地市分区是淄博、日照和泰安地区（表8.14），地下水天然资源量分别为1.41亿 m³/a、1.70亿 m³/a 和2.21亿 m³/a。

从地市分区地下水天然资源模数来看，淮河流域山东主产区的菏泽、济宁和枣庄地区排在前三位，分别为20.01万 m³/(a·km²)、19.64万 m³/(a·km²) 和19.37万 m³/(a·km²)。日照、泰安和淄博地区地下水天然资源模数排在倒数三位（表8.14），分别为6.94万 m³/(a·km²)、9.37万 m³/(a·km²) 和10.02万 m³/(a·km²)。

表8.14　山东粮食主产区淮河流域平原区地下水天然资源量状况

分区	面积/km²	天然资源量/亿(m³/a)、模数/万[m³/(a·km²)]			
		<1g/L	1~3g/L	小计	资源模数
淄博	1406.6	1.41	0	1.41	10.02
泰安	2357.8	1.48	0.73	2.21	9.37
菏泽	12192.3	1.68	22.72	24.40	20.01
济宁	9780.3	9.94	9.27	19.21	19.64
枣庄	4568.5	7.08	1.77	8.85	19.37
临沂	16084.2	18.68	2.16	20.84	12.96
日照	2448.5	1.70	0	1.70	6.94
合计	48838.2	41.97	36.65	78.62	16.10

8.5.2　地下水可开采资源特征

1. 海河流域的山东主产区

在山东主产区的海河流域平原区，矿化度小于 3g/L 的地下水可开采资源量为 28.97 亿 m³/a，可开采资源模数 9.10 万 m³/(a·km²)，如表 8.15 所示。

从地市分区地下水可开采资源量来看，山东主产区的聊城地区最为丰富，为 11.25 亿 m³/a。其次是德州地区，地下水可开采资源量为 10.97 亿 m³/a。滨州地区为第三，地下水可开采资源量为 3.22 亿 m³/a。地下水可开采资源量倒数两位的地市分区是东营和济南地区，地下水可开采资源量分别为 1.32 亿 m³/a 和 2.71 亿 m³/a（表 8.15）。

表 8.15　山东粮食主产区海河流域平原区地下水可开采资源量状况

区位	县区	面积/km²	可开采资源量/亿（m³/a）、模数/万[m³/(a·km²)]				
			<1g/L	1~2g/L	2~3g/L	小计	模数
聊城	临清	950	0.21	0.43	0.11	0.75	7.92
	高唐	949	0.17	0.75	0.16	1.07	11.29
	茌平	1120	0.52	1.27	0.05	1.84	16.43
	东昌府	1254	0.83	0.67	0.14	1.64	13.08
	冠县	1161	0.31	0.51	0.12	0.94	8.10
	莘县	1416	0.95	0.65		1.60	11.26
	东阿	799	1.30	0.49		1.79	22.36
	阳谷	1065	0.74	0.55	0.33	1.62	15.19
	全区	8714	5.04	5.32	0.90	11.25	12.91
德州	德城	539		0.41	0.19	0.60	11.20
	陵县	1213	0.08	1.14	0.18	1.40	11.52
	宁津	833		0.25	0.27	0.52	6.28
	乐陵	1172		0.45	0.32	0.77	6.56
	庆云	502		0.02	0.32	0.34	6.85
	临邑	1016	0.23	0.92	0.16	1.31	12.94
	禹城	990	0.29	0.61	0.12	1.02	10.28
	齐河	1411	1.23	0.96		2.19	15.54
	平原	1047	0.52	0.66	0.14	1.32	12.61
	武城	751	0.09	0.55	0.08	0.72	9.54
	夏津	882	0.25	0.53		0.77	8.76
	全区	10356	2.68	6.50	1.79	10.97	10.60

区位	县区	面积/km²	可开采资源量/亿（m³/a）、模数/万[m³/(a·km²)]				
			<1g/L	1~2g/L	2~3g/L	小计	模数
滨州	无棣	1979			0.28	0.28	1.42
	阳信	793		0.37	0.19	0.56	7.12
	惠民	1364	0.06	1.53	0.15	1.75	12.80
	沾化	2114			0.07	0.07	0.32
	滨城	849.5	0.10	0.25	0.21	0.56	6.64
	全区	7099.5	0.16	2.15	0.91	3.22	4.54
东营	河口	2139	0			0	0
	利津	1287			0.08	0.73	0.82	6.36
	全区	3426		0.08	0.73	0.82	2.39
济南	商河	1163	0.33	0.56	0.43	1.32	11.36
	济阳	1076	0.27	1.03	0.05	1.34	12.50
	天桥	10.8		0.04		0.04	
	全区	2249.8	0.60	1.63	0.48	2.71	12.03
合计		31845.30	8.48	15.68	4.81	28.97	9.10

从地市分区地下水可开采资源模数来看，山东主产区的济南、聊城和德州地区排在前三位，分别为18.01万 m³/(a·km²)、14.92万 m³/(a·km²) 和14.63万 m³/(a·km²)。东营和滨州地区地下水可开采资源模数排在倒数两位（表8.15），分别为3.69万 m³/(a·km²)和6.82万 m³/(a·km²)。在山东主产区的县分区中，东阿、茌平、阳谷、临邑、齐河、平原、惠民、商河和济阳县分区地下水可开采资源较丰富（图8.1），地下水可开采资源模数都大于12.0万 m³/(a·km²)。海河流域的山东主产区地下水可开采资源模数较小的县区，主要分布在东营和滨州地区（表8.15），小于8.0万 m³/(a·km²)。

2. 淮河流域的山东主产区

在山东主产区的淮河流域平原区，矿化度小于3g/L的地下水可开采资源量为58.84亿 m³/a，可开采资源模数12.05万 m³/(a·km²)，如表8.16所示。该区地下水可开采资源量和模数都大于山东主产区的淮河流域平原区，表明山东主产区的淮河流域平原区地下水获取自然水源补给能力强于海河流域平原区。

从地市分区地下水可开采资源量分布来看，淮河流域山东主产区的菏泽地区较丰富，为19.73亿 m³/a。其次是济宁地区，地下水可开采资源量为15.80亿 m³/a。临沂地区为第三，地下水可开采资源量为14.15亿 m³/a。地下水可开采资源量倒数三位的地市分区是淄博、日照和泰安地区（表8.16），地下水可开采资源量分别为0.76亿 m³/a、0.97亿 m³/a 和1.55亿 m³/a。

表 8.16　山东粮食主产区淮河流域平原区地下水可开采资源量状况

分区	面积/km²	可开采资源量/亿(m³/a)、模数/万[m³/(a·km²)]			
		<1g/L	1~3g/L	小计	资源模数
淄博	1406.6	0.76		0.76	5.40
泰安	2357.8	1.04	0.51	1.55	6.57
菏泽	12192.3	1.33	18.40	19.73	16.18
济宁	9780.3	8.10	7.70	15.80	16.15
枣庄	4568.5	4.76	1.12	5.88	12.87
临沂	16084.2	12.51	1.64	14.15	8.80
日照	2448.5	0.97		0.97	3.96
合计	48838.2	29.47	29.37	58.84	12.05

从地市分区地下水可开采资源模数来看，淮河流域的山东主产区的菏泽、济宁和枣庄地区排在前三位，分别为 16.18 万 m³/(a·km²)、16.15 万 m³/(a·km²) 和 12.87 万 m³/(a·km²)。日照、泰安和淄博地区地下水可开采资源模数排在倒数三位（表 8.16），分别为 3.96 万 m³/(a·km²)、5.40 万 m³/(a·km²) 和 6.57 万 m³/(a·km²)。

8.5.3　农业地下水可开采资源特征

1. 海河流域的山东主产区

在山东粮食主产（省）区的海河流域平原区，矿化度小于 3g/L 的农业地下水可开采资源量为 20.28 亿 m³/a，可开采资源模数 6.37 万 m³/(a·km²)，如表 8.17 所示。

从地市分区农业地下水可开采资源量来看，山东主产区的聊城地区最多，为 7.88 亿 m³/a。其次是德州地区，农业地下水可开采资源量为 7.68 亿 m³/a。滨州地区为第三，农业地下水可开采资源量为 2.26 亿 m³/a。农业地下水可开采资源量倒数两位的地市分区是东营和济南地区，农业地下水可开采资源量分别为 0.57 亿 m³/a 和 1.89 亿 m³/a（表 8.17）。

从地市分区农业地下水可开采资源模数来看，山东主产区的聊城、济南和德州地区排在前三位，分别为 9.04 万 m³/(a·km²)、8.42 万 m³/(a·km²) 和 7.42 万 m³/(a·km²)。东营和滨州地区农业地下水可开采资源模数排在倒数两位（表 8.17），分别为 1.67 万 m³/(a·km²) 和 3.18 万 m³/(a·km²)。

2. 淮河流域的山东主产区

在山东主产区的淮河流域平原区，矿化度小于 3g/L 的农业地下水可开采资源量为 35.30 亿 m³/a，可开采资源模数 7.23 万 m³/(a·km²)，如表 8.18 所示。该区农业地下水可开采资源量和模数都大于山东主产区的淮河流域平原区。

从地市分区农业地下水可开采资源量来看，淮河流域山东主产区的菏泽地区较多（图 8.1），为 11.84 亿 m³/a。其次是济宁地区，农业地下水可开采资源量为 9.48 亿 m³/a。

临沂地区为第三，农业地下水可开采资源量为 8.49 亿 m³/a。农业地下水可开采资源量倒数三位的地市分区是淄博、日照和泰安地区，农业地下水可开采资源量分别为 0.46 亿 m³/a、0.58 亿 m³/a 和 0.93 亿 m³/a（表 8.18）。

表 8.17 山东粮食主产区海河流域平原区农亿 m³/a 业地下水可开采资源量状况

区位	县区	面积/km²	可开采资源量/亿(m³/a)、模数/万[m³/(a·km²)]				
			<1g/L	1~2g/L	2~3g/L	小计	模数
聊城	临清	950	0.15	0.30	0.08	0.53	5.54
	高唐	949	0.12	0.52	0.11	0.75	7.90
	茌平	1120	0.36	0.89	0.03	1.29	11.50
	东昌府	1254	0.58	0.47	0.10	1.15	9.15
	冠县	1161	0.22	0.36	0.08	0.66	5.67
	莘县	1416	0.66	0.45		1.12	7.89
	东阿	799	0.91	0.34		1.25	15.65
	阳谷	1065	0.52	0.39	0.23	1.13	10.64
	全区	8714	3.53	3.72	0.63	7.88	9.04
德州	陵县	1213	0.06	0.80	0.13	0.98	8.06
	宁津	833		0.18	0.19	0.37	4.40
	乐陵	1172		0.32	0.22	0.54	4.59
	庆云	502		0.01	0.23	0.24	4.80
	临邑	1016	0.16	0.65	0.11	0.92	9.06
	禹城	990	0.20	0.43	0.08	0.71	7.19
	齐河	1411	0.86	0.67		1.54	10.88
	平原	1047	0.36	0.46	0.10	0.92	8.83
	武城	751	0.06	0.38	0.06	0.50	6.68
	夏津	882	0.17	0.37		0.54	6.13
	全区	10356	1.88	4.55	1.25	7.68	7.42
滨州	无棣	1979	0	0	0.20	0.20	0.99
	阳信	793	0	0.26	0.13	0.40	4.98
	惠民	1364	0.04	1.07	0.11	1.22	8.96
	沾化	2114	0	0	0.05	0.05	0.23
	滨城	849.5	0.07	0.17	0.15	0.39	4.64
	全区	7099.5	0.11	1.50	0.64	2.26	3.18
东营	利津	1287	0	0.06	0.51	0.57	4.45
	全区	3426	0	0.06	0.51	0.57	1.67
济南	商河	1163	0.23	0.39	0.30	0.93	7.95
	济阳	1076	0.19	0.72	0.03	0.94	8.75
	天桥	10.8	0	0.03	0	0.03	25.47
	全区	2249.8	0.42	1.14	0.33	1.89	8.42
合计		31845.3	5.94	10.98	3.36	20.28	6.37

从地市分区农业地下水可开采资源模数来看，淮河流域的山东主产区的菏泽、济宁和枣庄地区排在前三位，分别为 9.71 万 $m^3/(a \cdot km^2)$、9.69 万 $m^3/(a \cdot km^2)$ 和 7.72 万 $m^3/(a \cdot km^2)$。日照、淄博和泰安地区农业地下水可开采资源模数排在倒数三位（表 8.18），分别为 2.38 万 $m^3/(a \cdot km^2)$、3.24 万 $m^3/(a \cdot km^2)$ 和 3.94 万 $m^3/(a \cdot km^2)$。

表 8.18　山东粮食主产区淮河流域平原区农业地下水可开采资源量状况

分区	面积/km^2	可开采资源量/亿（m^3/a）、模数/万[$m^3/(a \cdot km^2)$]			
		<1g/L	1~3g/L	小计	资源模数
淄博	1406.6	0.46	0	0.46	3.24
泰安	2357.8	0.62	0.31	0.93	3.94
菏泽	12192.3	0.80	11.04	11.84	9.71
济宁	9780.3	4.86	4.62	9.48	9.69
枣庄	4568.5	2.86	0.67	3.53	7.72
临沂	16084.2	7.51	0.98	8.49	5.28
日照	2448.5	0.58	0	0.58	2.38
合计	48838.2	17.68	17.62	35.30	7.23

8.6　安徽粮食主产区地下水资源特征

8.6.1　地下水天然资源特征

1. 地下水均衡概念模型

安徽粮食主产（省）区地下水均衡区的上边界为包气带底界，概化为垂向渗透边界，接受大气降水、河流、渠道、地表水灌溉和井灌回归补给，以人工开采和潜水蒸发的形式排泄；下边界为浅层地下水含水层系统底板，概化为垂向弱渗透边界，与下伏的深层地下水含水系统或基岩裂隙水或岩溶水系统之间以越流形式交换水量。西北部与河南省交、西部与湖北省交界，西南部与湖南省交界和东南部与浙江省交界都为定流量透水补给边界，山区与平原分线为边界；东北部与山东省、东部与江苏省交界为侧向流出排泄边界。

2. 淮河流域的安徽主产区

在安徽粮食主产区的淮河流域，矿化度小于 3g/L 的地下水天然资源量为 93.21 亿 m^3/a，天然资源模数 13.35 万 $m^3/(a \cdot km^2)$，如表 8.19 所示。

从地市分区地下水天然资源量分布来看，安徽主产区的阜阳地区最多，为 18.89 亿 m^3/a。其次是宿州地区，地下水天然资源量为 17.42 亿 m^3/a。亳州地区为第三，地下水天然资源量为 14.75 亿 m^3/a。地下水天然资源量倒数三位的地市分区是淮南、淮北和滁州地区，地下水天然资源量分别为 4.34 亿 m^3/a、4.43 亿 m^3/a 和 9.76 亿 m^3/a（表 8.19）。

表 8.19　安徽粮食主产区淮河流域地下水天然资源量状况

区位	县区	面积/km²	天然资源量/亿（m³/a）、模数/万[m³/(a·km²)]			
			<1g/L	1~3g/L	合计	模数
亳州地区	利辛	2047.8			3.65	17.82
	蒙城	2156.4			4.20	19.48
	涡阳	2117.4			3.43	16.20
	亳州	2277.1			3.47	15.24
	全区	8598.7	11.72	3.03	14.75	17.15
淮北地区	淮北	323.9			0.57	17.60
	濉溪	2434.5			3.86	15.86
	全区	2758.4	3.75	0.97	4.43	16.06
宿州地区	砀山	1229.3			2.47	20.09
	灵璧	2072.5			3.89	18.77
	泗县	1841.2			3.15	17.11
	宿州	2921.5			4.36	14.92
	萧县	1828.3			3.55	19.42
	全区	9892.8	14.77	3.81	17.42	17.61
蚌埠地区	蚌埠	376.5			0.47	12.48
	固镇	1395.7			2.69	19.27
	怀远	2329.0			4.65	19.97
	五河	1395.1			2.68	19.21
	全区	5496.3	8.45	2.18	10.49	19.09
淮南地区	凤台	1007.7			2.44	24.21
	淮南	1015.4			1.90	18.71
	全区	2023.1	3.65	0.94	4.34	21.45
阜阳地区	阜南	1972.1			3.91	19.83
	阜阳	1755.8			2.96	16.86
	界首	697.0			1.02	14.63
	临泉	1832.3			3.50	19.10
	太和	1828.6			2.73	14.93
	颍上	1939.8			4.77	24.59
	全区	10025.6	15.02	3.88	18.89	18.84
六安地区	霍邱	3591.1			4.02	11.19
	霍山	1994.1			0.18	0.90
	金寨	3758.4			0.16	0.43
	六安	3506.8			3.68	10.49
	寿县	2780.5			3.70	13.31
	舒城	2080.1			1.34	6.44
	全区	17711.0	16.66	4.30	13.08	7.39

区位	县区	面积/km²	天然资源量/亿（m³/a）、模数/万[m³/(a·km²)]			
			<1g/L	1～3g/L	合计	模数
滁州地区	滁州	1386.6			0.62	4.47
	定远	3049.9			2.2	7.21
	凤阳	1885.1			1.02	5.41
	来安	1515.2			1.49	9.83
	光明	2178.3			1.26	5.78
	全椒	1542.9			1.21	7.84
	天长	1740.9			1.96	11.26
	全区	13298.9	5.65	1.46	9.76	7.34
合计		69804.8	79.69	20.54	93.21	13.35

注：该表中仅为孔隙地下水天然资源量。

从地市分区地下水天然资源模数来看，淮河流域安徽主产区的淮南、蚌埠和阜阳地区排在前三位，分别为 21.45 万 m³/(a·km²)、19.09 万 m³/(a·km²) 和 18.84 万 m³/(a·km²)。滁州、六安和合肥地区地下水天然资源模数排在倒数三位（表 8.19），分别为 7.34 万 m³/(a·km²)、7.39 万 m³/(a·km²) 和 9.41 万 m³/(a·km²)。在县分区中，利辛、蒙城、涡阳、淮北、濉溪、砀山、灵璧、泗县、萧县、固镇、怀远、五河、凤台、淮南、阜南、临泉和颍上县分区地下水天然资源较丰富，地下水天然资源模数都大于 15.0 万 m³/(a·km²)。淮河流域的安徽主产区地下水天然资源模数较小的县区，主要分布在滁州、六安和合肥地区（表 8.19），小于 10.0 万 m³/(a·km²)。

3. 长江流域的安徽主产区

安徽主产区长江流域的矿化度小于 3g/L 的地下水天然资源量为 36.69 亿 m³/a，天然资源模数 6.26 万 m³/(a·km²)，如表 8.20 所示。该区地下水天然资源量和模数都小于安徽主产区的淮河流域平原区，表明安徽主产区长江流域地下水系统获取自然水源补给能力远弱于安徽主产区的淮河流域。

从地市分区地下水天然资源量分布来看，长江流域安徽主产区的安庆地区最为丰富（表 8.20），为 11.03 亿 m³/a。其次是合肥地区，地下水天然资源量为 8.80 亿 m³/a。地下水天然资源量倒数两位的地市分区是黄山和铜陵地区（表 8.20），地下水天然资源量分别为 0.63 亿 m³/a 和 0.71 亿 m³/a。

表 8.20 安徽粮食主产区长江流域地下水天然资源量状况

分区	面积/km²	地下水天然资源	
		数量/亿（m³/a）	模数/万[m³/(a·km²)]
合肥地区	9348.7	8.80	9.41
马鞍山地区	1537.1	2.33	15.16

分区	面积/km²	地下水天然资源	
		数量/亿（m³/a）	模数/万[m³/(a·km²)]
芜湖地区	3119.7	4.54	14.55
铜陵地区	824.4	0.71	8.61
安庆地区	13735.5	11.03	8.03
宣城地区	12322.2	5.45	4.42
池州地区	8145.6	3.21	3.94
黄山地区	9566.6	0.63	0.66
合计	58599.8	36.69	6.26

注：该表中仅为孔隙地下水天然资源量。

从地市分区地下水天然资源模数来看，长江流域安徽主产区的马鞍山、芜湖和铜陵地区排在前三位，分别为 15.16 万 m³/(a·km²)、14.55 万 m³/(a·km²) 和 8.61 万 m³/(a·km²)。黄山、池州和宣城地区地下水天然资源模数排在倒数三位（表 8.20），分别为 0.66 万 m³/(a·km²)、3.94 万 m³/(a·km²) 和 4.42 万 m³/(a·km²)。

8.6.2　地下水可开采资源特征

1. 淮河流域的安徽主产区

在安徽粮食主产（省）区的淮河流域，矿化度小于 3g/L 的地下水可开采资源量为 73.55 亿 m³/a，可开采资源模数 10.54 万 m³/(a·km²)，如表 8.21 所示。

从地市分区地下水可开采资源量来看，淮河流域安徽主产区的阜阳地区较多（图 8.1），为 15.58 亿 m³/a。其次是宿州地区，地下水可开采资源量为 14.27 亿 m³/a。亳州地区为第三，地下水可开采资源量为 11.90 亿 m³/a。地下水可开采资源量倒数三位的地市分区是淮南、淮北和滁州地区，地下水可开采资源量分别为 3.68 亿 m³/a、3.55 亿 m³/a 和 6.42 亿 m³/a（表 8.21）。

从地市分区地下水可开采资源模数来看，淮河流域安徽主产区的淮南、蚌埠和阜阳地区排在前三位，分别为 18.19 万 m³/(a·km²)、15.81 万 m³/(a·km²) 和 15.54 万 m³/(a·km²)。滁州和六安地区地下水可开采资源模数排在倒数两位（表 8.21），分别为 4.83 万 m³/(a·km²) 和 5.34 万 m³/(a·km²)。在淮河流域安徽主产区的县分区中，利辛、蒙城、涡阳、萧县、固镇、淮北、濉溪、怀远、五河、凤台、砀山、灵璧、泗县、淮南、阜南、临泉和颍上县分区地下水可开采资源较丰富（图 8.1），地下水可开采资源模数都大于 11.0 万 m³/(a·km²)。淮河流域的安徽主产区地下水可开采资源模数较小的县区，主要分布在滁州和六安地区（表 8.21），多小于 7.0 万 m³/(a·km²)。

表 8.21　安徽粮食主产区淮河流域地下水可开采资源量状况

区位	县区	面积/km²	可开采资源量/亿（m³/a）、模数/万[m³/(a·km²)]			
			<1g/L	1~3g/L	小计	模数
亳州地区	利辛	2047.8			2.97	14.50
	蒙城	2156.4			3.49	16.18
	涡阳	2117.4			2.73	12.89
	亳州	2277.1			2.71	11.90
	全区	8598.7	9.46	2.44	11.90	13.84
淮北地区	淮北	323.9			0.47	14.51
	濉溪	2434.5			3.08	12.65
	全区	2758.4	2.93	0.76	3.55	12.87
宿州地区	砀山	1229.3			2.06	16.76
	灵璧	2072.5			3.21	15.49
	泗县	1841.2			2.54	13.80
	宿州	2921.5			3.45	11.81
	萧县	1828.3			3.01	16.46
	全区	9892.8	11.76	3.04	14.27	14.42
蚌埠地区	蚌埠	376.5			0.34	9.03
	固镇	1395.7			2.23	15.98
	怀远	2329.0			3.89	16.70
	五河	1395.1			2.23	15.98
	全区	5496.3	6.95	1.79	8.69	15.81
淮南地区	凤台	1007.7			2.11	20.94
	淮南	1015.4			1.57	15.46
	全区	2023.1	3.02	0.78	3.68	18.19
阜阳地区	阜南	1972.1			3.26	16.53
	阜阳	1755.8			2.38	13.56
	界首	697.0			0.79	11.33
	临泉	1832.3			2.89	15.77
	太和	1828.6			2.13	11.65
	颍上	1939.8			4.13	21.29
	全区	10025.6	12.38	3.20	15.58	15.54
六安地区	霍邱	3591.1			2.63	7.32
	霍山	1994.1			0.16	0.80
	金寨	3758.4			0.15	0.40
	六安	3506.8			2.72	7.76
	寿县	2780.5			2.61	9.39

区位	县区	面积/km²	可开采资源量/亿（m³/a）、模数/万[m³/(a·km²)]			
			<1g/L	1~3g/L	小计	模数
六安地区	舒城	2080.1			1.19	5.72
	全区	17711	8.16	2.11	9.46	5.34
滁州地区	滁州	1386.6			0.51	3.68
	定远	3049.9			1.21	3.97
	凤阳	1885.1			0.43	2.28
	来安	1515.2			1.19	7.85
	光明	2178.3			0.82	3.76
	全椒	1542.9			0.98	6.35
	天长	1740.9			1.28	7.35
	全区	13298.9	3.44	0.89	6.42	4.83
合计		69804.8	58.1	15.01	73.55	10.54

注：该表中仅为孔隙地下水可开采资源量。

2. 长江流域的安徽主产区

在安徽主产区的长江流域，矿化度小于3g/L的地下水可开采资源量为29.27亿m³/a，可开采资源模数4.99万m³/(a·km²)，如表8.22所示。该区地下水可开采资源量和模数都小于安徽主产区的淮河流域平原区，表明安徽主产区长江流域地下水系统获取自然水源补给能力远弱于安徽主产区的淮河流域。

从地市分区地下水可开采资源量来看，长江流域安徽主产区的安庆地区最多（表8.22），为9.92亿m³/a。其次是宣城地区，地下水可开采资源量为4.07亿m³/a。地下水可开采资源量倒数两位的地市分区是黄山和铜陵地区（表8.22），地下水可开采资源量分别为0.33亿m³/a和0.55亿m³/a。

从地市分区地下水可开采资源模数来看，长江流域安徽主产区的马鞍山、芜湖和安庆地区排在前三位，分别为11.65万m³/(a·km²)、11.57万m³/(a·km²)和7.22万m³/(a·km²)。黄山、池州和宣城地区地下水可开采资源模数排在倒数三位（表8.22），分别为0.34万m³/(a·km²)、3.14万m³/(a·km²)和3.30万m³/(a·km²)。

表8.22　安徽粮食主产区长江流域地下水可开采资源量状况

分区	面积/km²	地下水可开采资源	
		数量/亿（m³/a）	模数/万[m³/(a·km²)]
合肥地区	9348.7	6.44	6.89
安庆地区	824.4	9.92	7.22
宣城地区	1537.1	4.07	3.30
芜湖地区	9566.6	3.61	11.57

续表

分区	面积/km²	地下水可开采资源	
		数量/亿（m³/a）	模数/万[m³/(a·km²)]
池州地区	13735.5	2.56	3.14
马鞍山地区	12322.2	1.79	11.65
铜陵地区	8145.6	0.55	6.67
黄山地区	3119.7	0.33	0.34
合计	58599.8	29.27	4.99

注：该表中仅为孔隙地下水可开采资源量。

8.6.3　农业地下水可开采资源特征

1. 淮河流域的安徽主产区

在安徽粮食主产（省）区的淮河流域，矿化度小于 3g/L 的农业地下水可开采资源量为 47.99 亿 m³/a，可开采资源模数 6.06 万 m³/(a·km²)，如表 8.23 所示。

表 8.23　安徽粮食主产区淮河流域农业地下水可开采资源量状况

区位	县区	面积/km²	可开采资源量/亿（m³/a）、模数/万[m³/(a·km²)]			
			<1g/L	1~3g/L	合计	模数
亳州地区	利辛	2047.8			1.78	8.70
	蒙城	2156.4			2.09	9.71
	涡阳	2117.4			1.64	7.74
	亳州	2277.1			1.63	7.14
	全区	8598.7	5.68	1.46	7.14	8.30
淮北地区	淮北	323.9			0.28	8.71
	濉溪	2434.5			1.85	7.59
	全区	2758.4	1.76	0.46	2.13	7.72
宿州地区	砀山	1229.3			1.24	10.05
	灵璧	2072.5			1.93	9.29
	泗县	1841.2			1.52	8.28
	宿州	2921.5			2.07	7.09
	萧县	1828.3			1.81	9.88
	全区	9892.8	7.06	1.82	8.56	8.65
蚌埠地区	蚌埠	376.5			0.20	5.42
	固镇	1395.7			1.34	9.59
	怀远	2329.0			2.33	10.02

区位	县区	面积/km²	可开采资源量/亿（m³/a）、模数/万[m³/(a·km²)]			
			<1g/L	1~3g/L	合计	模数
蚌埠地区	五河	1395.1			1.34	9.59
	全区	5496.3	4.17	1.07	5.21	9.49
淮南地区	凤台	1007.7			1.27	12.56
	淮南	1015.4			0.94	9.28
	全区	2023.1	1.81	0.47	2.21	10.91
阜阳地区	阜南	1972.1			1.96	9.92
	阜阳	1755.8			1.43	8.13
	界首	697.0			0.47	6.80
	临泉	1832.3			1.73	9.46
	太和	1828.6			1.28	6.99
	颍上	1939.8			2.48	12.77
	全区	10025.6	7.43	1.92	9.35	9.32
六安地区	霍邱	3591.1			1.58	4.39
	霍山	1994.1			0.10	0.48
	金寨	3758.4			0.09	0.24
	六安	3506.8			1.63	4.65
	寿县	2780.5			1.57	5.63
	舒城	2080.1			0.71	3.43
	全区	17711	4.90	1.27	5.68	3.20
滁州地区	滁州	1386.6			0.31	2.21
	定远	3049.9			0.73	2.38
	凤阳	1885.1			0.26	1.37
	来安	1515.2			0.71	4.71
	光明	2178.3			0.49	2.26
	全椒	1542.9			0.59	3.81
	天长	1740.9			0.77	4.41
	全区	13298.9	2.06	0.53	3.85	2.90
合计		69804.8	34.86	9.01	44.13	6.32

注：该表中仅为孔隙农业地下水可开采资源量。

从地市分区农业地下水可开采资源量来看，淮河流域安徽主产区的阜阳地区最多（表8.23，图8.1），为9.35亿 m³/a。其次是宿州地区，农业地下水可开采资源量为8.56亿 m³/a。亳州地区为第三，农业地下水可开采资源量为7.14亿 m³/a。农业地下水可开采资源量倒数三位的地市分区是淮北、淮南和滁州地区，农业地下水可开采资源量分别为2.13亿 m³/a、2.21亿 m³/a 和3.85亿 m³/a（表8.23）。

从地市分区农业地下水可开采资源模数来看，淮河流域安徽主产区的淮南、蚌埠和阜阳地区排在前三位，分别为 10.91 万 $m^3/(a \cdot km^2)$、9.49 万 $m^3/(a \cdot km^2)$ 和 9.32 万 $m^3/(a \cdot km^2)$。滁州和六安地区农业地下水可开采资源模数排在倒数两位（表 8.23），分别为 2.90 万 $m^3/(a \cdot km^2)$ 和 3.20 万 $m^3/(a \cdot km^2)$。

2. 长江流域的安徽主产区

在安徽主产区的长江流域，矿化度小于 3g/L 的农业地下水可开采资源量为 15.2 亿 m^3/a，可开采资源模数 2.61 万 $m^3/(a \cdot km^2)$，如表 8.24 所示。该区农业地下水可开采资源量和模数都小于安徽主产区的淮河流域平原区，表明安徽主产区长江流域地下水系统获取自然水源补给能力远弱于安徽主产区的淮河流域。

表 8.24 安徽粮食主产区长江流域农业地下水可开采资源量状况

分区	面积/km²	农业地下水可开采资源	
		数量/亿（m³/a）	模数/万[m³/(a·km²)]
合肥地区	9348.7	3.86	4.13
安庆地区	824.4	2.04	1.65
宣城地区	1537.1	0.17	0.17
芜湖地区	9566.6	4.96	3.61
池州地区	13735.5	1.28	1.57
马鞍山地区	12322.2	0.90	5.82
铜陵地区	8145.6	0.28	3.34
黄山地区	3119.7	1.81	5.79
合计	58599.8	15.29	2.61

注：该表中仅为孔隙农业地下水可开采资源量。

从地市分区农业地下水可开采资源量来看，长江流域安徽主产区的安庆地区最多（表 8.24），为 4.96 亿 m^3/a。其次是合肥地区，农业地下水可开采资源量为 3.86 亿 m^3/a。农业地下水可开采资源量倒数两位的地市分区是黄山和铜陵地区（表 8.24），农业地下水可开采资源量分别为 0.17 亿 m^3/a 和 0.28 亿 m^3/a。

从地市分区农业地下水可开采资源模数来看，长江流域安徽主产区的马鞍山、芜湖和合肥地区排在前三位，分别为 5.82 万 $m^3/(a \cdot km^2)$、5.79 万 $m^3/(a \cdot km^2)$ 和 4.13 万 $m^3/(a \cdot km^2)$。黄山、池州和宣城地区农业地下水可开采资源模数排在倒数三位（表 8.24），分别为 0.17 万 $m^3/(a \cdot km^2)$、1.57 万 $m^3/(a \cdot km^2)$ 和 1.65 万 $m^3/(a \cdot km^2)$。

8.7 江苏粮食主产区地下水资源特征

8.7.1 地下水天然资源特征

在江苏粮食主产（省）区的淮河流域，矿化度小于 3g/L 的地下水天然资源量为

107.61 亿 m^3/a，天然资源模数 18.40 万 m^3/(a·km^2)，如表 8.25 所示。该区地下水天然资源量和模数都大于安徽主产区的淮河流域，表明江苏主产区淮河流域地下水系统获取自然水源补给能力远强于安徽主产区的淮河流域。

从地市分区地下水天然资源量来看，淮河流域江苏主产区的盐城地区最多（表 8.25），为 26.93 亿 m^3/a。其次是徐州地区，地下水天然资源量为 25.72 亿 m^3/a。地下水天然资源量倒数两位的地市分区是南通和泰州地区（表 8.20），地下水天然资源量分别为 1.84 亿 m^3/a 和 5.47 亿 m^3/a。

从地市分区地下水天然资源模数来看，淮河流域江苏主产区的徐州、南通和盐城地区排在前三位，分别为 22.84 万 m^3/(a·km^2)、20.43 万 m^3/(a·km^2) 和 18.42 万 m^3/(a·km^2)。连云港、扬州和宿迁地区地下水天然资源模数排在倒数三位（表 8.25），分别为 12.81 万 m^3/(a·km^2)、17.22 万 m^3/(a·km^2) 和 17.66 万 m^3/(a·km^2)。

表 8.25　江苏粮食主产区淮河流域地下水天然资源量状况

分区	面积/km^2	天然资源量/亿（m^3/a）、模数/万［m^3/(a·km^2)］			
		<1g/L	1~3g/L	合计	模数
淮安地区	8646.8	15.83	0.08	15.91	18.40
宿迁地区	7973.8	13.02	1.06	14.08	17.66
盐城地区	14618.8	5.78	21.15	26.93	18.42
徐州地区	11260.1	25.11	0.61	25.72	22.84
连云港地区	7147.9	4.43	4.73	9.16	12.81
泰州地区	3176.3	4.45	1.02	5.47	17.22
扬州地区	4760.4	7.62	0.88	8.5	17.86
南通地区	900.6	1.16	0.68	1.84	20.43
合计	58484.7	77.40	30.21	107.61	18.40

8.7.2　地下水可开采资源特征

在江苏主产区的淮河流域，矿化度小于 3g/L 的地下水可开采资源量为 80.16 亿 m^3/a，可开采资源模数 13.71 万 m^3/(a·km^2)，如表 8.26 所示。该区地下水可开采资源量和模数都大于安徽主产区的淮河流域，表明江苏主产区淮河流域地下水系统获取自然水源补给能力远强于安徽主产区的淮河流域。

从地市分区地下水可开采资源量来看，淮河流域江苏主产区的徐州地区最多（表 8.26），为 19.08 亿 m^3/a。其次是盐城地区，地下水可开采资源量为 18.84 亿 m^3/a。地下水可开采资源量倒数两位的地市分区是南通和泰州地区（表 8.26），地下水可开采资源量分别为 1.26 亿 m^3/a 和 3.99 亿 m^3/a。

从地市分区地下水可开采资源模数来看，淮河流域江苏主产区的徐州、淮安和宿迁地区排在前三位，分别为 16.94 万 m^3/(a·km^2)、14.47 万 m^3/(a·km^2) 和 14.27 万 m^3/(a·km^2)。

连云港、扬州和泰州地区地下水可开采资源模数排在倒数三位（表 8.26），分别为 10.49 万 $m^3/(a \cdot km^2)$、12.52 万 $m^3/(a \cdot km^2)$ 和 12.56 万 $m^3/(a \cdot km^2)$。

表 8.26　江苏粮食主产区淮河流域地下水可开采资源量状况

分区	面积/km²	可开采资源量/亿（m³/a）、模数/万[m³/(a·km²)]			
		<1g/L	1~3g/L	小计	模数
淮安地区	8646.8	12.44	0.07	12.51	14.47
宿迁地区	7973.8	10.44	0.94	11.38	14.27
盐城地区	14618.8	3.97	14.51	18.48	12.64
徐州地区	11260.1	18.57	0.51	19.08	16.94
连云港地区	7147.9	3.61	3.89	7.50	10.49
泰州地区	3176.3	3.32	0.67	3.99	12.56
扬州地区	4760.4	5.40	0.56	5.96	12.52
南通地区	900.6	0.79	0.47	1.26	13.99
合计	58484.7	58.54	21.62	80.16	13.71

8.7.3　农业地下水可开采资源特征

在江苏主产区的淮河流域，矿化度小于 3g/L 的农业地下水可开采资源量为 40.08 亿 m^3/a，可开采资源模数 6.85 万 $m^3/(a \cdot km^2)$，如表 8.27 所示。该区农业地下水可开采资源量和模数都大于安徽主产区的淮河流域。

表 8.27　江苏粮食主产区淮河流域农业地下水可开采资源量状况

分区	面积/km²	可开采资源量/亿（m³/a）、模数/万[m³/(a·km²)]			
		<1g/L	1~3g/L	合计	模数
淮安地区	8646.8	6.22	0.04	6.26	7.23
宿迁地区	7973.8	5.22	0.47	5.69	7.14
盐城地区	14618.8	1.99	7.26	9.24	6.32
徐州地区	11260.1	9.29	0.26	9.54	8.47
连云港地区	7147.9	1.81	1.95	3.75	5.25
泰州地区	3176.3	1.66	0.34	1.99	6.28
扬州地区	4760.4	2.70	0.28	2.98	6.26
南通地区	900.6	0.40	0.24	0.63	7.01
合计	58484.7	29.27	10.81	40.08	6.85

从地市分区农业地下水可开采资源量来看，淮河流域江苏主产区的徐州地区最多（表 8.27，图 8.1），为 9.54 亿 m^3/a。其次是盐城地区，农业地下水可开采资源量为 9.24 亿 m^3/a。农业地下水可开采资源量倒数两位的地市分区是南通和泰州地区（表 8.27），农

业地下水可开采资源量分别为 0.63 亿 m³/a 和 1.99 亿 m³/a。

从地市分区农业地下水可开采资源模数来看，淮河流域江苏主产区的徐州、淮安和宿迁地区排在前三位，分别为 8.47 万 m³/(a·km²)、7.23 万 m³/(a·km²) 和 7.14 万 m³/(a·km²)。连云港、扬州和泰州地区农业地下水可开采资源模数排在倒数三位（表 8.26），分别为 5.25 万 m³/(a·km²)、6.26 万 m³/(a·km²) 和 6.28 万 m³/(a·km²)。

8.8 小 结

（1）在黄淮海主要粮食基地分布区，第四系孔隙地下水资源量占 99.91%，岩溶地下水资源量占 0.09%。在区域分布上，黄河以北的海河流域平原区占 39.22%，黄河以南的淮河流域占 55.49% 和黄河流域 5.29%。在第四系孔隙地下水资源中，海河流域占 39.17%，为 227.58 亿 m³/a；淮河流域占 55.54%，为 322.74 亿 m³/a；黄河流域占 5.29%，为 30.76 亿 m³/a。黄河流域地下水资源模数较小，为 14.93 万 m³/(a·km²)；海河、淮河流域平原区地下水资源模数都较大，分别为 16.19 万 m³/(a·km²) 和 16.55 万 m³/(a·km²)。

（2）在河北粮食主产（省）区，矿化度小于 3g/L 的地下水天然资源为 101.02 亿 m³/a，保定、唐山和石家庄地区较为丰富，地下水资源模数介于 16.98 万 ~ 21.78 万 m³/(a·km²)。沧州、廊坊和衡水地区的地下水天然资源量较少，地下水资源模数介于 6.72 万 ~ 10.63 万 m³/(a·km²)。

（3）在河南粮食主产区，海河流域地下水天然资源量为 35.87 亿 m³/a，地下水资源模数 20.53 万 m³/(a·km²)。新乡、濮阳和安阳地区地下水资源量较丰富，地下水资源模数介于 14.25 万 ~ 24.80 万 m³/(a·km²)。鹤壁和焦作地区地下水天然资源量较少，安阳和鹤壁地区地下水资源模数较小，介于 14.25 万 ~ 15.34 万 m³/(a·km²)。

在河南粮食主产区的淮河流域，地下水天然资源量为 107.37 亿 m³/a，地下水资源模数 11.16 万 m³/(a·km²)。驻马店、周口和商丘地区地下水天然资源量较丰富，地下水资源模数介于 13.89 万 ~ 15.15 万 m³/(a·km²)。洛阳、南阳和漯河地区，地下水天然资源量较少，南阳、洛阳和平顶山地区地下水资源模数较小，介于 6.06 万 ~ 9.13 万 m³/(a·km²)。

（4）在山东粮食主产（省）区，海河流域的地下水天然资源量为 38.31 亿 m³/a，资源模数 12.03 万 m³/(a·km²)。德州、聊城和滨州地区地下水天然资源量较丰富，地下水资源模数介于 6.82 万 ~ 14.92 万 m³/(a·km²)。东营和济南地区地下水天然资源量较少，东营和宾州地区地下水资源模数较小，介于 3.69 万 ~ 6.82 万 m³/(a·km²)。

在山东粮食主产区的淮河流域，地下水天然资源量为 78.62 亿 m³/a，地下水资源模数 16.10 万 m³/(a·km²)。菏泽、临沂和济宁地区地下水天然资源量较丰富，地下水资源模数介于 12.96 万 ~ 20.01 万 m³/(a·km²)。淄博、日照和泰安地区地下水天然资源量较少，日照、泰安和淄博地区地下水资源模数较小，介于 6.94 万 ~ 10.02 万 m³/(a·km²)。

（5）在安徽粮食主产（省）区的淮河流域，地下水天然资源量为 102.01 亿 m³/a，资源模数 12.88 万 m³/(a·km²)。阜阳、宿州和亳州地区地下水天然资源量较丰富，地下水资源模数介于 17.15 万 ~ 18.84 万 m³/(a·km²)。淮南、淮北和合肥地区，地下水天然资源量较少，滁州、六安和合肥地区地下水资源模数较小，介于 7.34 万~9.41 万 $m^3/(a \cdot km^2)$。

在江苏粮食主产（省）区的淮河流域，地下水天然资源量为 107.61 亿 m^3/a，地下水天然资源模数 18.40 万 $m^3/(a \cdot km^2)$。盐城和徐州地区地下水天然资源量较丰富，地下水天然资源模数介于 18.42 万~22.84 万 $m^3/(a \cdot km^2)$。南通和泰州地区地下水天然资源量较少，连云港、扬州和宿迁地区地下水天然资源模数较小，介于 12.81 万~17.66 万 $m^3/(a \cdot km^2)$。

（6）黄淮海区主要粮食基地的地下水可开采资源量 373.37 亿 m^3/a，其中海河流域占 37.01%、淮河流域占 57.29% 和黄河流域占 5.69%。从地下水可开采资源模数来看，淮河流域较小，为 13.47 万 $m^3/(a \cdot km^2)$。海河、黄河流域地下水可开采资源模数都较大，分别为 19.52 万 $m^3/(a \cdot km^2)$ 和 18.17 万 $m^3/(a \cdot km^2)$。可用于农业的地下水可开采资源分布特征，与上述规律近同，包括各粮食主产区的地下水可开采资源或可用于农业的地下水可开采资源分布特征，与当地地下水天然资源分布特征类同。

第9章　黄淮海区地下水超采与气候变化和农灌用水关系

本章以长期监测数据作为研究依据，侧重灌溉农业区地下水超采与降水量变化和农业灌溉用水量之间关系、不同降水年型组合下地下水位变化特征及特大暴雨对地下水补给减缓超采状况与机制研究，包括相应研究思路、技术方法和最新成果。

9.1　农业开采量变化动因及其对地下水影响特征

9.1.1　术语与基础理论

1. 重要术语

地下水位是指地下水面距海平面的距离，即地下水面高程，单位：m。

地下水位异常变化是指区域地下水位下降或上升的年变幅明显大于多年平均变化值的情景。

地下水位变化幅度简称"变幅"，是指研究期初始与末期的地下水位差值。其中，地下水位上升的变幅可称为"升幅"，地下水位下降的变幅可称为"降幅"，单位：m。

地下水可开采资源量是指中尺度（10~15年）均衡期内多年平均的可持续开发利用且不引起不良生态环境和地下水位持续下降或地面沉降等环境地质问题的地下水资源量。

地下水超采是指某一区域、某一时段地下水实际开采量超过当地多年平均地下水可开采资源量，导致地下水位持续下降的现象。

不同降水年型是指年降水量呈现丰、平或枯降水状况，本章侧重连年降水偏枯或连年降水偏丰水背景下地下水位响应变化特征或单位时间地下水位下降阈值研究。

农业开采量是指农业用水过程中取用（开采）地下水水量的简称，单位：万 m^3/a。

农业开采强度是指单位土地面积上单位时间的农业开采量，单位：万 $m^3/(a \cdot km^2)$。

农业均衡开采量是指某一地区对应（均衡）于研究期多年平均降水量的农业开采量，单位：万 m^3/a 或亿 m^3/a。

A_p 值是指某一研究时段地下水位累计降幅与相应时段降水减少量之比值，或累计升幅与降水增加量之比值，单位：cm/mm。该值反映地下水位对降水变化响应程度，A_p 值越大，表明研究区地下水位降水变化响应越强；A_p 值越小，表明研究区地下水位降水变化响应越弱。

灌溉用水量是指农田灌溉所用水量的简称，单位：万 m^3/a。

灌溉用水强度是指单位土地面积上单位时间的灌溉用水量，单位：万 $m^3/(a \cdot km^2)$。

作物需水量是指作物生长中植株蒸腾和棵间蒸发所需要的水分量，通常用蒸腾系数来表示，其大小主要取决气象条件、作物特性、土壤性质和农业技术措施等。就某一地区而言，具体条件下作物获得一定产量时实际所消耗的水量为作物田间耗水量。由此可见，作物需水量是一个理论值，又称为作物潜在蒸散量，而作物耗水量是一个实际值，称为作物实际蒸散量。

作物蒸腾系数是指作物蒸腾消耗的水分量与同期作物积累的干物质重量之比，常表示为作物积累1g干物质所蒸腾消耗水分的重量，无量纲。

经济灌溉定额是指合理产量目标下的灌溉最大用水量，即单位面积农田最经济的灌溉用水量，单位：m^3/hm^2。

2. 基础理论

农田作物需水量（W_{cp}）一般由地下水毛细供水量（U）、降水供给量（P，指作物生长消耗降水供给的水量）、人工供给量（Q，即灌溉用水量）和消耗土壤含水量（ΔW）组成，表达式

$$W_{cp} = U + P + Q \pm \Delta W$$
$$= U + P + + Q_表 + Q_开 \pm \Delta W \tag{9.1}$$

在农田作物需水量中，包括农田蒸散和灌溉渗漏两部分的水量消耗。后者部分储存在土壤中，另一部分入渗补给浅层地下水。

对于式（9.1）来讲，在典型井灌区地表水严重枯竭，$Q_表 \approx 0$。井灌区浅层地下水位埋深都较大，$U \approx 0$。另外，时间较长的均衡期内，$\Delta W \approx 0$（Taylor，1983）。于是，有

$$W_{cp} \approx P + Q \approx P + Q_开$$
$$Q_开 \approx W_{cp} - P$$
$$\Delta H = \frac{Q_开 - Q_补}{\mu F} \tag{9.2}$$

从式（9.2）可见，某一典型井灌区地下水位变化量（ΔH）与研究期内农业开采量和补给量大小密切相关。对于以浅层地下水为灌溉水源的地区，连续枯水期或枯水年份，降水供给量（P）大幅减少，作物需水量（W_{cp}）只能依赖灌溉用水量（$Q_开$），$Q_开$趋近 W_{cp}；同时，地下水获得的与降水密切相关补给量也因降水量急剧减少而显著下降，开采强度增大、补给强度减小，二者叠加影响驱动地下水位下降，其变幅（ΔH）往往呈现异常情势，在山前平原的扇间地区浅层地下水位月降幅可达 3~5m，有些地区甚至在 8m 以上。

水是确保农作物生长发育不可缺少的条件之一，作物吸收各种矿物营养元素通过水分传输实现，而且，作物的生理、生化反应都是在水的参与下才完成的。同时，水分有是作物体的主要组成物质，一般含有60%~80%的水分。当光、温等条件得到满足条件下，水分就是作物生长发育和产量的关键因子。作物需求的水分，包括地下部分的土壤水分和地上部分的空气湿度。自然降水或灌溉，通过贮存于土壤中被植物根系吸收，用于作物的生理生态所需的水分。植物一生中需要的大量水分主要依赖于自然降水或灌溉渗入土壤中水

分供给。目前，农作物较高水分利用效率的实验结果，每公斤小麦干物质的耗水量 0.55 ~ 0.60m³ 和玉米为 0.35 ~ 0.40m³。这些数据在一般条件下难以达到，但它为节约用水、合理用水和提高农作物水分利用效率展示了极限目标。降水量的大小、强度和时间分配等，都直接影响土壤水分状况，影响农田土壤墒情。在农田井灌区，适时、适量开采地下水，供给灌溉用水，是确保农作物高产、稳产的基础条件。

农业开采量的大小，不仅取决于作物需水量、耗水量、作物水分与产量的关系，还与当地气候条件、作物类型和农田土壤墒情密切相关。在高产、稳产的前提，农业开采量顺应气候变化及时满足作物需耗水需求，这与作物遗传生理生态特征、群体结构特征，即植物群体地上与地下部分、枝、根系的空间分配特征，以及土壤供水与贮存条件和降水与蒸散状况等有关。试验证明，农田棵间蒸发和植株蒸腾都受气象因素的影响，但蒸腾因植株的繁茂而增加，棵间蒸发因植株造成的地面覆盖率加大而减小。一般作物生育初期植株小，地面裸露大，以棵间蒸发为主；随着植株增大，叶面覆盖率增大，植株蒸腾逐渐大于棵间蒸发。到作物生育后期，作物生理活动减弱，蒸腾耗水又逐渐减小，棵间蒸发又相对增加。

作物植株蒸腾要消耗大量水分，作物根系吸入体内的水分有 99% 以上消耗于蒸腾，只有不足 1% 的水量留在植物体内，成为植物体的组成部分。植株蒸腾过程是由液态水变为气态水的过程，在此过程中需要消耗作物体内的大量热量，从而降低作物的体温，以免作物在炎热的夏季被太阳光所灼伤。气候越干旱、炎热，作物蒸腾需耗水量越多，农业开采量必然增大。在连续枯水年份或气候极端干旱条件下，空气湿度偏小，农田蒸散率大。在土壤墒情水分不足时，抑制作物根系吸收水分和养分功能。一般来说，相对湿度 70% ~ 80% 对作物生长有利；当空气相对湿度小于 60%，土壤墒情水分明显亏缺、又高温条件下，作物根系吸收水分不足，难以补偿蒸腾消耗，将损害作物体内水分平衡，阻碍植物正常的生理代谢，尤其在作物开花或灌浆期会影响开花授粉，降低结实率或引起落花落果，或导致籽粒不饱满，产量下降。

作物蒸腾系数越大，表示作物需水量越多，水分利用率越低；反之，蒸腾系数越小，表示需水量少，水分利用率高。不同的作物，蒸腾系数是不同的。在黄淮海地区，不仅南、北地区作物类型和作物蒸腾系数差异较大，而且，东、西部作物类型和作物蒸腾系数也差异较大。加之，降水和地表水丰富程度的差异，农业开采量呈现北多、南少，西多、东少的区域特征，尤其在黄河以北、太行山前平原的保定-石家庄-衡水-邢台一带，俗称冀中山前平原区，由于是黄淮海平原区年降水量最少、地表水资源最为匮乏的"旱庄"区域，又是小麦高产主产区，所以，不仅农用机井分布密度最大，而且，农业开采强度也是最大的区域，浅层地下水超采最为严重。

9.1.2　农业开采量与灌溉用水量和降水量互动特征

1. 山前平原区农业开采量与灌溉用水量和降水量互动特征

研究区位于黄河以北的太行山或燕山山前平原，面积 4.39 万 km²，包括保定、石家庄、邢台、邯郸和唐山等山前平原区，是黄淮海区主要粮食基地小麦和玉米的主产区。该区近5年来平均灌溉用水量90.96亿 m^3/a，农业灌溉用水强度20.74万 m^3/(a·km^2)，其中以小麦为主的夏粮作物灌溉用水量占主导，占该区灌溉总用水量的51.48%，达46.83亿 m^3/a。其次是玉米为主的秋粮作物灌溉用水量，占该区灌溉总用水量的27.54%，为25.05亿 m^3/a。

在山前平原，农业开采量与灌溉用水量和降水量三者密切相关。降水量变化驱动农作物灌溉用水量相应变化。以小麦为主的夏粮作物，因其发育生长期处于春旱季节，该季节降水量明显少于以玉米为主的秋粮作物所处的夏季降水量，以至每年小麦作物灌溉用水季节成为太行山前平原浅层地下水位下降的主降期（图9.1）。由此，以小麦为主的夏粮作物灌溉用水量和农业开采量都远大于同一区域的秋粮作物同年灌溉用水量及农业开采量。对于以玉米为主的夏粮作物来讲，极端干旱年份和连枯降水年份的灌溉用水量或农业开采量，明显大于偏丰水年份的灌溉用水量或农业开采量（图9.2）。

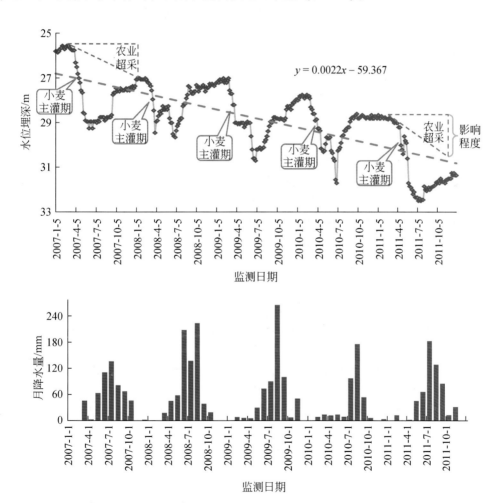

图9.1 太行山前平原区农业开采主导的地下水位下降特征及其与降水量关系

小麦主灌期农业超采引起的地下水位年降幅，随降水量减少而增大

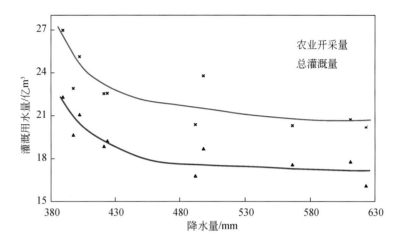

图 9.2　黄河以北的山前平原区农业开采量与灌溉总用水量和降水量之间关系

　　河北粮食主产区《水资源公报》数据表明，山前平原农业区地下水开采量占该区灌溉总用水量的 85.85%，其中水浇地的农业开采量占 81.69%，菜田占 12.77% 和果园占 5.54%。从图 9.3 可见，在极端干旱年份或连续枯水年份，农业开采量显著增大；在丰水年或连续偏丰水年份，农业开采量明显减小。灌溉用水量的极大（峰）值都出现在干旱年份，极小（谷）值都出现在丰水年份（图 9.3）。例如，1986 年降水量 362mm、1997 年 249.9mm 和 1998 年 347mm，相对区域多年平均降水量（538mm）减少 176~288mm，图 9.3 中对应年份都出现了灌溉用水量的极大值；又如 1990 年降水量 693.5mm、1995 年 585mm 和 1998 年 631.3mm，相对区域多年平均降水量增多 47~156mm，图 9.3 中对应年份都出现了灌溉用水量的极小值。

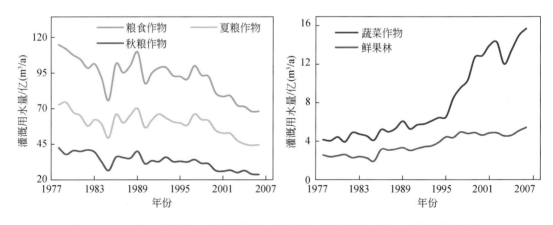

图 9.3　1978 年以来黄河以北的山前平原区粮食、蔬菜和果园灌溉用水量变化特征

　　近 20 年以来随着粮食作物灌溉用水量不断下降，蔬菜灌溉用水量呈现显著增大趋势（图 9.3）。1978 年，蔬菜灌溉用水量当时仅占灌溉总用水量的 3.45%，1995 年增至 6.32%，年均增幅 0.17%。目前，蔬菜灌溉用水量已占灌溉总用水量的 15.0% 以上，2014~2015 年蔬菜灌溉用水量占当地灌溉总用水量的比率达 16.82%，相对 1995 年的

6.32%，增幅为 166.14%（图9.4）。苹果、梨、葡萄和桃子等耗水型果园灌溉用水量也呈不断增加趋势，近5年平均灌溉用水量4.95亿m³/a，占该区灌溉总用水量的5.15%~6.11%。无疑，这些都加剧了冀中山前平原灌溉农业主导的地下水超采情势。

图9.4 1978年来黄河以北的山前平原区蔬菜和果园灌溉用水量占灌溉总用水量比率变化特征

2. 黑龙港平原区农业开采量与灌溉用水量和降水量互动特征

黑龙港平原区，面积1.92万km²，位于冀中平原的中部及东南部。该区近5年来平均灌溉用水量28.20亿m³/a，农业灌溉用水强度14.71万m³/(a·km²)，远小于山前平原的20.74万m³/(a·km²)。在该区农作物灌溉用水量中，以小麦为主夏粮作物的灌溉用水量占50.53%，为14.25亿m³/a，与山前平原夏粮作物的灌溉用水量所占比率相近。以玉米为主秋粮作物的灌溉用水量占该区灌溉总用水量的29.32%，为8.27亿m³/a，高于山前平原秋粮作物的灌溉用水量所占比率。蔬菜作物的灌溉用水量占灌溉总用水量的比率，最高年份达21.08%（图9.5），近五年平均15.92%，高于山前平原。耗水型果园灌溉用水量持续增加，近5年平均灌溉用水量1.20亿m³/a，占该区灌溉总用水量的4.05%~4.77%，低于山前平原。

图9.5 黑龙港平原区蔬菜作物和鲜果园灌溉用水量占灌溉总用水量比率变化特征

在黑龙港平原区，地下水开采量占农作物灌溉用水量的85.26%，为23.94亿 m^3/a。其中水浇地的农业开采量占82.05%，菜田地的农业开采量占10.74%和鲜果园的农业开采量占7.21%。从图9.6可见，该区灌溉总用水量和农业开采量与降水量之间也呈负相关关系，极端干旱年份或连续枯水年份的农业开采量显著增大，丰水年或连续偏丰水年份的农业开采量明显减小。例如2002年、2006年降水量分别为360mm和329mm，远小于区域多年平均降水量（538mm），对应年份农业开采量分别比10年来多年平均值增大5.14%和4.26%，灌溉总用水量分别比10年来多年平均值增大4.59%和3.34%；2003年、2009年降水量分别为749mm和654mm，对应年份农业开采量分别比10年来多年平均值减少3.58%和3.24%，灌溉总用水量分别比10年来多年平均值减少2.42%和4.25%。

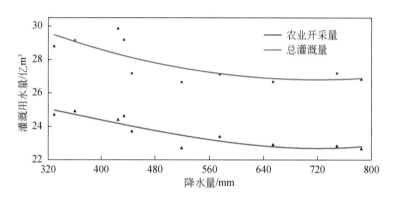

图9.6　黑龙港平原区农业开采量与灌溉总用水量和降水量之间关系

3. 滨海平原区农业开采量与灌溉用水量和降水量互动特征

黄河以北的滨海平原区，主要包括沧州、天津、东营和滨州平原区，面积3.59万 km^2。该区近5年来平均灌溉用水量28.66亿 m^3/a，农业灌溉用水强度7.97万 $m^3/(a \cdot km^2)$，不仅小于山前平原的20.74万 $m^3/(a \cdot km^2)$，也小于黑龙港平原区的14.71万 $m^3/(a \cdot km^2)$。在滨海平原区，以小麦为主夏粮作物的灌溉用水量占农作物灌溉用水量的52.43%，为15.03亿 m^3/a，高于山前平原和黑龙港平原区夏粮作物灌溉用水量所占比率。秋粮作物灌溉用水量占该区灌溉总用水量的24.29%，为6.96亿 m^3/a，低于山前平原和黑龙港平原区秋粮作物灌溉用水量所占比率。蔬菜作物灌溉用水量占灌溉总用水量的比率，近5年平均16.67%，高于山前平原和黑龙港平原区。耗水型果园灌溉用水量持续增加，近5年平均灌溉用水量占该区灌溉总用水量的5.73%~7.36%，为1.91亿 m^3/a，也高于山前平原和黑龙港平原区。

滨海平原区的农业开采量占农作物灌溉用水量的80.26%。近10年来农业开采量占灌溉总用水量的比率总体上呈下降趋势（图9.7），与黄河以北的山前平原和黑龙港平原区明显不同。山前平原和黑龙港平原区农业开采量占灌溉总用水量的比率总体上呈增加趋势。尽管如此，该平原区农业开采量仍是与灌溉总用水量和降水量之间呈密切的负相关关系。降水量大幅减少，农业开采量显著增大；降水量大幅增多，农业开采量明显减小。例如，2001年、2002年降水量分别为409mm和411mm，小于区域多年平均降水量

（538mm），对应年份农业开采量分别比 10 年来多年平均值增大 16.79% 和 19.53%，灌溉总用水量分别比 10 年来多年平均值增大 7.05% 和 9.47%；2003 年、2009 年降水量分别为 625mm 和 631mm，对应年份农业开采量分别比 10 年来多年平均值减少 1.87% 和 13.32%，灌溉总用水量分别比 10 年来多年平均值减少 3.58% 和 8.19%。

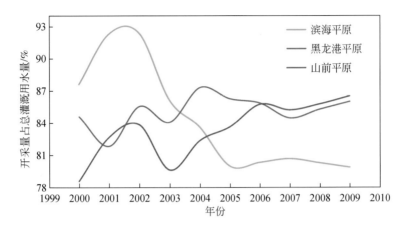

图 9.7　黄河以北的海河流域不同平原区农业开采量占灌溉总用水量比率变化特征

4. 不同分区间差异特征

在以地下水作为灌溉用水主要水源的农田区，农业开采强度不仅与作物种类、种植规模和田间管理方式有关，而且，还与气候（降水、气温、蒸发、空气湿度等）变化密切相关，尤其是降水量变化。这些因素对农业开采强度影响的程度，具有区位、地域差异性（表 9.1）。

表 9.1　不同分区在不同降水量条件下农业开采强度及其占灌溉总用水量比率

研究分区	偏枯水年份				偏丰水年份			
	年降水量 /mm	农业开采强度 /万[m³/(a·km²)]	总灌溉强度 /万[m³/(a·km²)]	农业开采量占灌溉总用水量比率/%	年降水量 /mm	农业开采强度 /万[m³/(a·km²)]	总灌溉强度 /万[m³/(a·km²)]	农业开采量占灌溉总用水量比率/%
山前平原	389~423	13.65~15.83	16.02~19.14	82.69~85.24	566~623	11.43~12.62	14.36~15.07	79.65~83.79
黑龙港平原	329~434	11.63~11.72	13.45~13.77	85.15~86.44	575~785	10.61~11.01	12.63~12.81	84.03~85.94
滨海平原	409~471	5.41~6.84	6.71~7.41	80.71~92.32	551~631	4.92~5.61	6.20~6.52	79.36~86.14

注：基于 2000~2010 年期间海河流域相关省、市水资源公报的基础数据。

在黄河以北的冀中山前平原，年降水量介于 389~423mm 时，农业开采强度介于 13.65 万~15.83 万 m³/(a·km²)，占该区灌溉总用水量的 82.69%~85.24%，大于该区偏丰水期的农业开采强度 18.42%，总灌溉强度大于偏丰水期的相应强度 16.30%。

在黑龙港平原区，年降水量介于 329~432mm 时，农业开采强度介于 11.63 万~11.72 万 m³/(a·km²)，占该区灌溉总用水量的 85.15%~86.44%，大于该区偏丰水期的农业开采强度 7.41%，总灌溉强度大于偏丰水期的相应强度 6.54%。相对冀中山前平原，无论是枯水年份或偏丰水年份，黑龙港平原的农业开采强度和总灌溉强度都较小，但是，农业开采量占灌溉总用水量的比率大于山前平原，在枯水期或丰水期分别大于 1.39% 和 2.49%。

在滨海平原，年降水量介于 409~471mm 时，农业开采强度介于 5.41 万~6.84 万 m³/(a·km²)，占该区灌溉总用水量的 80.71%~92.32%，大于该区偏丰水期的农业开采强度 14.04%，总灌溉强度大于偏丰水期的相应强度 9.92%。滨海平原的枯水年份或偏丰水年份，农业开采强度和总灌溉强度都远小于冀中山前平原和黑龙港平原，但是，农业开采量占灌溉总用水量比率的极大值，大于冀中山前平原和黑龙港平原，枯水期农业开采量占灌溉总用水量比率大 7.63%，丰水期农业开采量所占比率大 2.73%。

9.1.3 农业开采量与耗水作物种植规模之间关系

在黄河以北的海河流域平原，大部分地区的河流常年断流，地下水已成为当地农作物灌溉用水的主要水源。无论是以小麦为主的夏粮作物和以玉米为主的秋粮作物，还是蔬菜作物或鲜果园，它们的单产或总产量提高，都离不开充足灌溉水量作保障，满足这些农作物生长过程蒸腾耗水的需求。由此，在以地下水为主要供给水源的山前平原、黑龙港平原和滨海平原井灌农田区，农业开采量大小及其变化不仅与自然降水有关，而且，还与耗水作物种植规模和播种强度密切相关。

1. 冀中山前平原区农业开采量与不同作物种植规模关系

在冀中山前平原区，粮食、蔬菜和鲜果园平均总种植强度 113.24hm²/(a·km²)，其中粮食作物种植强度 83.14hm²/(a·km²)，蔬菜作物种植强度 17.47hm²/(a·km²) 和鲜果种植强度 12.36hm²/(a·km²)。粮食种植面积 367.89 万 hm²/a，粮食产量 2224.81 万 t/a，其中夏粮作物种植面积 160.44 万 hm²/a，粮食产量 1007.59 万 t/a，分别占该区相应总量的 43.37% 和 44.82%，平均每吨夏粮产量的灌溉用水量 521.42m³；秋粮作物种植面积 207.45 万 hm²/a，粮食产量 1217.22 万 t/a，分别占该区相应总量的 56.63% 和 56.11%，平均每吨秋粮产量的灌溉用水量 222.83m³。蔬菜作物种植面积 78.43 万 hm²/a，蔬菜产量 4823.51 万 t/a，平均每吨蔬菜产量的灌溉用水量 31.16m³。鲜果园种植面积 56.85 万 hm²/a，鲜果产量 628.67 万 t/a，平均每吨鲜果产量的灌溉用水量 87.04m³。

由图 9.8 可知，自 1978 年以来随着粮食、蔬菜和鲜果产量的不断增加，每吨农作物产量的灌溉用水量不断下降。但是，由于农作物总产量的大幅度增加，基本冲抵了单产灌溉节水量，以至农业灌溉总用水量减降幅度有限。冀中山前平原粮食作物单产灌溉用水量的节水空间已十分有限，尤其是夏粮作物，已达到每公斤粮食产量灌溉用水量为 0.52~0.59m³ 水平。自 1995 年以来冀中山前平原的蔬菜作物和鲜果园的单产灌溉用水量变化较小，但是，由于它们总产量大幅增加，导致粮食作物节水灌溉和灌溉农田被建设用地占据而减少的灌溉用水量，被蔬菜作物和鲜果园增产和扩大种植规模必需的灌溉用水所占用，而且，灌溉用水增量以开采地下水为主，这是由于节水灌溉器具所制约的。例如，石家庄山前平原区 2000～2002 年平均蔬菜作物的农业开采量占该地区农业总开采量的 20.98%，近 3 年来平均蔬菜作物的农业开采量占该地区农业总开采量 22.34%，最高年份（2006 年）达 31.21%。

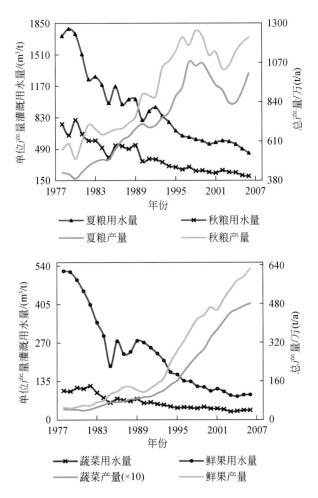

图 9.8　冀中山前平原农作物单位产量灌溉用水量与总产量之间动态变化关系

2. 黑龙港平原区农业开采量与不同作物种植规模关系

在黑龙港平原区，粮食、蔬菜和鲜果园平均总种植强度 80.22hm²/(a·km²)，其中粮食作物种植强度 60.07hm²/(a·km²)，蔬菜作物种植强度 13.32hm²/(a·km²) 和耗水型鲜果园种植强度 7.03hm²/(a·km²)，都低于冀中山前平原相应种植强度。该区粮食种植面积 133.92 万 hm²/a，粮食产量 845.29 万 t/a，其中夏粮作物种植面积 68.23 万 km²，粮食产量 418.82 万 t/a，分别占该区相应总量的 48.32% 和 48.52%，高于冀中山前平原的相应比率，平均每吨夏粮产量的灌溉用水量 431.99m³，低于冀中山前平原的相应比率；秋粮作物种植面积 65.69 万 hm²/a，粮食产量 426.47 万 t/a，分别占该区相应总量的 51.34% 和 52.31%，低于冀中山前平原的相应比率，平均每吨秋粮产量的灌溉用水量 232.52m³，高于冀中山前平原的相应比率。蔬菜作物种植面积 23.14 万 hm²/a，蔬菜产量 1136.43 万 t/a，平均每吨蔬菜产量的灌溉用水量 39.97m³，高于冀中山前平原的用水比率。鲜果园种植面积 14.54 万 hm²/a，鲜果产量 144.91 万 t/a，平均每吨鲜果产量的灌溉用水量 90.27m³，高于冀中山前平原的用水比率。

同冀中山前平原灌溉用水量变化趋势类似，自 1978 年以来黑龙港平原区随着粮食、蔬菜和鲜果产量的不断增加，每吨农作物产量的灌溉用水量不断下降（图 9.9）。同样，也是由于农作物总产量的大幅度增加，冲抵了单位产量的灌溉节水量，粮食作物灌溉节水量和灌溉农田因建设用地被占据而减少的灌溉用水量，被蔬菜作物和鲜果增产和种植规模扩大所必需的灌溉用水所占用。从粮食单产的灌溉用水量来看，黑龙港平原的粮食作物单产灌溉用水量的节水空间已临近极限，每公斤粮食产量灌溉用水量为 0.43～0.57m³ 水平。

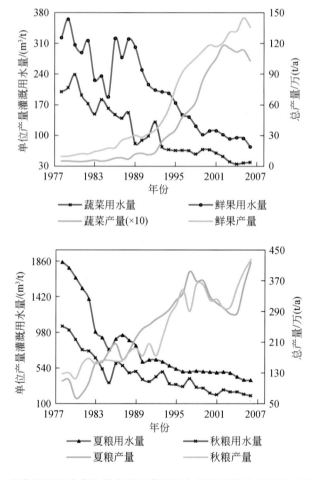

图 9.9　黑龙港平原农作物单位产量灌溉用水量与总产量之间动态变化关系

在农业开采量相对稳定条件下，黑龙港平原区蔬菜作物和鲜果园的农业开采量占该地区农业开采量的比率不断增大（图9.10）。2000～2002年平均蔬菜作物的农业开采量占该区农业总开采量的6.19%，近3年来平均蔬菜作物的农业开采量占该区农业总开采量的10.91%，最高年份（2006年）达到13.32%。

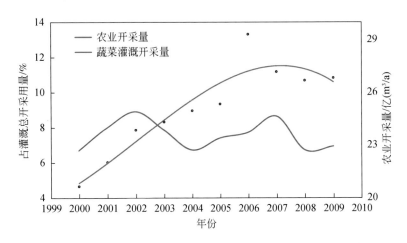

图9.10　黑龙港平原蔬菜作物农业开采量占该区农业开采量比率的动态变化特征

3. 滨海平原区农业开采量与不同作物种植规模关系

在滨海平原，粮食、蔬菜和鲜果园平均总种植强度58.32hm²/(a·km²)，其中粮食作物种植强度42.74hm²/(a·km²)，蔬菜作物种植强度8.79hm²/(a·km²)和鲜果种植强度7.89hm²/(a·km²)，粮食作物和蔬菜作物的种植强度都低于冀中山前平原和黑龙港平原区相应种植强度，鲜果园种植强度高于黑龙港平原相应种植强度。该区粮食种植面积162.97万hm²/a，粮食产量861.02万t/a，其中夏粮作物种植面积75.91万hm²/a，粮食产量373.05万t/a，分别占该区相应总量的43.29%和43.53%，低于冀中山前平原和黑龙港平原区的相应比率，平均每吨夏粮产量的灌溉用水量475.86m³，低于冀中山前平原和高于黑龙港平原区的相应比率；秋粮作物种植面积87.06万hm²/a，粮食产量487.97万t/a，分别占该区相应总量的54.13%和55.42%，低于冀中山前平原和高于黑龙港平原区的相应比率，平均每吨秋粮产量的灌溉用水量173.14m³，低于冀中山前平原和黑龙港平原区的相应比率。蔬菜作物种植面积31.97万hm²/a，蔬菜产量1535.16万t/a，平均每吨蔬菜产量的灌溉用水量32.83m³，高于冀中山前平原和低于黑龙港平原区的相应比率。鲜果园种植面积29.01万hm²/a，鲜果产量247.75万t/a，平均每吨鲜果产量的灌溉用水量93.85m³，高于冀中山前平原和黑龙港平原区的用水比率。

由图9.11可知，同黄河以北的冀中山前平原和黑龙港平原区的灌溉用水量变化特征类似，自1978年以来滨海平原随着粮食、蔬菜和鲜果产量不断增加，每吨农作物产量的灌溉用水量呈下降趋势。但是，由于农作物总产量大幅度增加、蔬菜作物和鲜果灌溉用水量显著增大，加之，粮食作物的单产灌溉用水节水空间十分有限，所以，滨海平原农业开采量和灌溉总用水量仍处于高位水平。

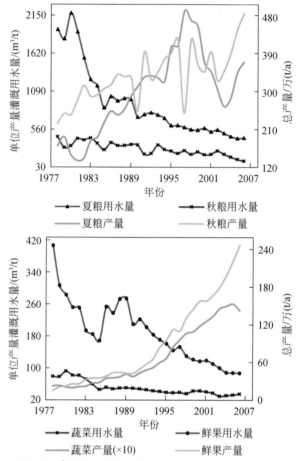

图 9.11　滨海平原农作物单位产量灌溉用水量与总产量之间动态变化关系

　　随着该区农业总开采量逐渐下降，滨海平原区蔬菜作物的农业开采量占该区农业开采量的比率呈现先增后降趋势（图 9.12）。2000~2002 年平均蔬菜作物农业开采量占该区农业总开采量的 8.79%，2003~2005 年平均 15.51%，最高年份（2003 年）达到 16.28%。近 3 年来平均蔬菜作物的农业开采量占该地区农业总开采量的 13.74%。

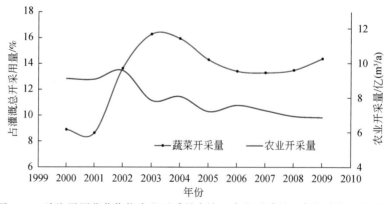

图 9.12　滨海平原蔬菜作物农业开采量占该区农业开采量比率的动态变化特征

9.1.4　不同分区粮食作物灌溉用水对地下水位影响特征

1. 太行山前平原区粮食作物灌溉用水对地下水位影响特征

在太行山前平原区，粮食高产、稳产是当地经济社会发展中首要任务，包括地下水开采供水保障灌溉用水，确保适时满足作物生产对水分的需求。在农作物总种植强度中，以小麦、玉米为主的粮食作物种植强度占 73.42%，达 83.14hm²/(a·km²)。该区粮食作物的灌溉用水强度已超过当地地下水可开采资源量（表 9.2）。从全区来看，太行山前平原地下水平均超用程度 40.23%，其中石家庄山前平原区超用程度最为严重，达 101.42%，仅该平原区夏粮作物的灌溉用水强度就已超过当地地下水可开采资源模数的 45.73%。邢台山前平原区粮食作物的灌溉用水强度超用 57.01%、安阳山前平原为 56.86% 和邯郸山前平原为 30.17%。

表 9.2　太行山前平原小麦主产区相对地下水可开采资源量的灌溉用水强度状况

分区		地下水资源模数 /万[m³/(a·km²)]	灌溉用水强度/万[m³/(a·km²)]			相对地下水可开采资源量的灌溉用水状况/%		
			夏粮作物	秋粮作物	灌溉总用水	夏粮作物	粮食作物	灌溉总用水
山前平原	石家庄地区	12.79	18.64	7.12	34.92	−45.73	−101.42	−173.05
	邢台地区	8.09	8.35	4.36	13.65	−3.16	−57.01	−68.71
	邯郸地区	9.59	9.27	3.22	17.07	+3.38	−30.17	−78.00
	安阳地区	12.08	15.09	3.86	32.01	−24.91	−56.86	−164.99
	全区	11.54	10.84	5.33	21.63	+5.99	−40.23	−87.48

注：指可用于农业灌溉的地下水资源模数，占地下水资源可利用总量的 70%；表中"−"表示灌溉用水量超过地下水可开采资源量的程度，"+"表示灌溉用水量尚未超过地下水可开采资源量。

在太行山前平原的粮食主产区，以小麦为主的夏粮作物需耗水时间主要发生在每年的春旱季节（3~5 月），这期间降水较少，导致夏粮作物生长所需的灌溉用水量较大，由此，地下水开采强度处于全年中最大时期，表现为区域性普遍加剧超采，农田区地下水位急剧下降，而该期间区域地下水获得的补给量十分有限，以至造成每年夏粮作物主要灌溉期地下水位处于全年最低状态（图 9.13）。

以玉米为主的秋粮作物需耗水时间多处于雨季，由于降水较多，作物生长所需的灌溉用水量较小，秋粮作物的灌溉用水强度不足全年农作物灌溉用水强度的 30%，远低于当地地下水可开采资源量。相对夏粮作物的灌溉用水对地下水影响程度，秋粮作物灌溉用水不仅开采强度较小，而且，秋粮需耗时期正处于区域地下水主要补给期，所以，秋粮作物灌溉用水对太行山前平原的粮食主产区地下水位下降影响程度较弱。

从年际变化来看，无论是夏粮作物还是秋粮作物，每逢枯水期时，灌溉用水对地下水开采强度影响明显增大。旱情越严重，持续时间越长，超采地下水的程度越严重，导致地下水位下降幅度越大，尤其连续枯水年份；每逢偏丰水期，灌溉用水对地下水开采强度影响明显减弱，雨情越充沛，持续时间越长，地下水开采强度越弱，地下水位下降幅度越

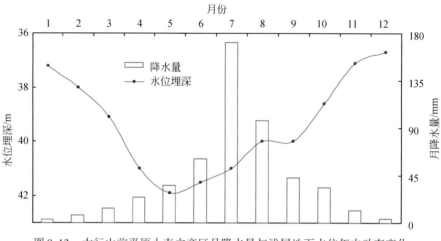

图 9.13　太行山前平原小麦主产区月降水量与浅层地下水位年内动态变化

小，甚至上升，尤其是连续丰水年份（图 9.14）。例如，2001～2002 年石家庄山前平原区的平均年降水量 395.5mm，灌溉用水的地下水开采强度 15.41 万 m³/(a·km²)，全区平均浅层地下水位下降 1.56m/a。2008～2009 年平均年降水量 588.5mm，灌溉用水的地下水开采强度 12.55 万 m³/(a·km²)，相对 2001～2002 年平均开采强度减小 22.67%，全区平均浅层地下水位降幅 0.37m/a，远小于近 10 年来全区平均变幅 -1.04m/a 和最大年变幅 -1.87m。2003 年降水量 623mm，灌溉用水的地下水开采强度 11.43 万 m³/(a·km²)，相对 2001～2002 年平均开采强度减小 34.69%，全区平均浅层地下水位降幅 0.05m。

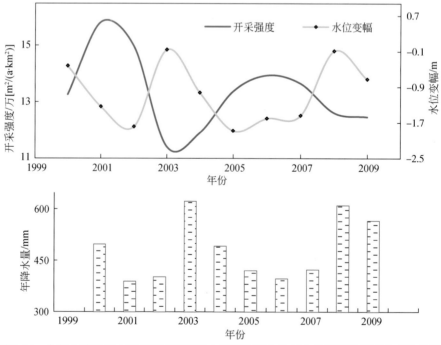

图 9.14　太行山前平原小麦主产区不同降水量下地下水位与农业开采强度互动变化特征
水位变幅为负值时，表征地下水位下降；水位变幅为正值时，表征地下水位上升

2. 黑龙港平原区粮食作物灌溉用水对地下水位影响特征

黑龙港平原区既是黄河以北平原的粮食主产区，又是水资源最为紧缺的地区。在农作物总种植强度中，以小麦、玉米为主的粮食作物种植强度占 74.88%，为 60.07hm²/(a·km²)，粮食作物的灌溉用水量占灌溉总用水量的 79.85%～92.39%，其中夏粮作物的灌溉用水量占粮食作物灌溉总用水量 63.27%，秋粮作物的灌溉用水量占粮食作物灌溉总用水量 36.72%。

在黑龙港平原区，粮食作物的灌溉用水强度已超过当地地下水可开采资源量（表9.3）。从全区来看，黑龙港平原农业区地下水平均超用程度已达 73.44%，大于黄河以北的太行山前平原，仅夏粮作物灌溉用水强度超用的程度就已超过当地地下水可开采资源模数，超用程度为 6.68%。若考虑蔬菜作物和鲜果园灌溉用水，则黑龙港平原农作物灌溉用水超用程度达 114.19%，其中在成安-广平-馆陶-威县一带灌溉用水超用程度为 88.29%，冀州-故城-献县-泊头一带在 160% 以上。

表 9.3　黄河以北的中东部平原不同农区相对地下水可开采资源量的灌溉用水强度状况

分区	地下水资源模数/万[m³/(a·km²)]	灌溉用水强度/万[m³/(a·km²)]			相对地下水可开采资源量的灌溉用水状况/%		
		夏粮作物	秋粮作物	灌溉总用水	夏粮作物	粮食作物	灌溉总用水
黑龙港平原	7.03	7.51	4.69	15.06	-6.68	-73.44	-114.19
滨海平原	4.63	4.87	2.22	9.04	-5.21	-53.22	-95.25

注：指可用于农业灌溉的地下水资源模数，占地下水资源可利用总量的 70%；表中"-"表示灌溉用水量超过地下水可开采资源量的程度，"+"表示灌溉用水量尚未超过地下水可开采资源量。

黑龙港平原区以小麦作物灌溉用水为主导，每年春旱灌溉季节，地下水开采强度急剧增大，是全年地下水超采最为严重时期，该平原区地下水位普遍大幅下降，形成全年区域地下水的最低水位期。以玉米为主的秋粮作物，主要需水期正处于雨季，降水较多，灌溉用水量较少，灌溉用水量仅占粮食作物灌溉总用水量的 36.72%，相对夏粮作物，秋粮作物的灌溉用水对当地区域地下水位下降影响程度较弱。

从年际变化来看，同黄河以北的太行山前平原一样，无论是夏粮作物还是秋粮作物，在枯水年份灌溉用水对地下水的开采强度影响明显增大，地下水位大幅下降；在偏丰水年份灌溉用水对地下水的开采强度影响明显减弱，地下水位甚至出现回升，尤其是连续丰水年份（图9.15）。例如，2001～2002 年该区的平均年降水量 392.5mm，灌溉用水的地下水开采强度 11.61 万 m³/(a·km²)，全区平均浅层地下水位下降 0.39m/a。2008～2009 年平均年降水量 586.5mm，灌溉用水的地下水开采强度 10.74 万 m³/(a·km²)，相对 2001～2002 年平均开采强度减小 8.05%，全区平均浅层地下水位上升 0.15m/a，近 10 年全区平均变幅 -0.05m/a，最大年变幅 -0.52m。2003 年降水量 749mm，灌溉用水的地下水开采强度 10.75 万 m³/(a·km²)，相对 2001～2002 年平均开采强度减小 7.95%，全区平均浅层地下水位上升 0.47m。

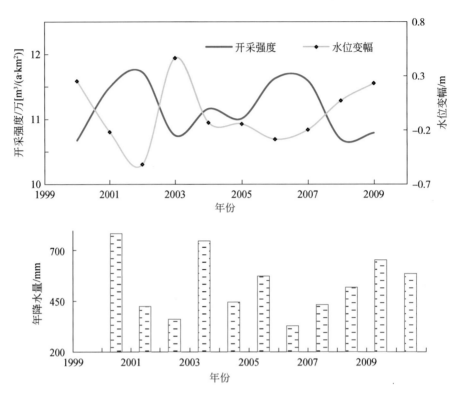

图9.15　黑龙港平原粮食主产区不同降水量下地下水位与灌溉开采强度互动变化特征
水位变幅为负值时，表征地下水位下降；水位变幅为正值时，表征地下水位上升

3. 滨海平原区粮食作物灌溉用水对地下水位影响特征

在黄河以北的滨海平原区，虽然不是小麦、玉米等粮食作物主要种植区，但是夏粮和秋粮作物的种植强度仍占该区农作物总种植强度的73.28%，达58.32hm²/(a·km²)，粮食作物的灌溉用水量占该区灌溉总用水量的76.72%，其中夏粮作物的灌溉用水量占该区粮食作物灌溉总用水量68.35%，秋粮作物的灌溉用水量占该区粮食作物灌溉总用水量31.65%。

相对太行山前平原和黑龙港平原区，虽然滨海平原区粮食作物的灌溉用水强度较小，仅是山前平原或黑龙港平原区的粮食作物灌溉用水强度的38.43%或54.18%，但是，由于滨海平原区地下水可开采资源模数远小于山前平原或黑龙港平原区，所以，滨海平原区粮食作物的灌溉用水强度也超过了当地地下水可开采资源模数（表9.3）。从全区来看，滨海平原区灌溉用水强度平均超用程度53.22%，小于黑龙港平原，大于太行山前平原，仅夏粮作物的灌溉用水强度就超过了当地地下水可开采资源模数，达5.21%。若考虑蔬菜作物和鲜果园的灌溉用水，滨海平原区灌溉用水强度超用程度达95.25%，其中天津的滨海平原灌溉用水超用程度58.89%，黄骅-东营-滨州一带的灌溉用水超用程度135%。需要指出，在滨海平原，浅层地下淡水资源十分匮乏，主要开采深层地下水，地表水灌溉占一定比重。

在黄河以北的滨海平原，降水量的丰、枯变化对灌溉用水量和粮食作物灌溉用水的地下水开采强度具有制约性影响，地下水位变化与其有密切关系。在枯水年份，灌溉用水的地下水开采强度明显增大，地下水位急剧下降；在偏丰水年份，灌溉用水的地下水开采强度明显减弱，地下水位下降幅度减缓，甚至回升，尤其连续丰水年份（图9.16）。例如，2001~2002年该平原区的平均年降水量410.1mm，灌溉用水的地下水开采强度6.76万 m³/(a·km²)，全区平均地下水位下降0.51m/a。2008~2009年平均年降水量591.5mm，灌溉用水的地下水开采强度4.94万 m³/(a·km²)，相对2001~2002年平均开采强度减小36.84%，全区平均地下水位上升0.22m/a，近10年全区平均变幅-0.22m/a，最大年变幅-0.69m。2003年降水量625mm，灌溉用水的地下水开采强度5.61万 m³/(a·km²)，全区平均地下水位上升0.32m，相对2001~2002年平均开采强度减小20.49%。

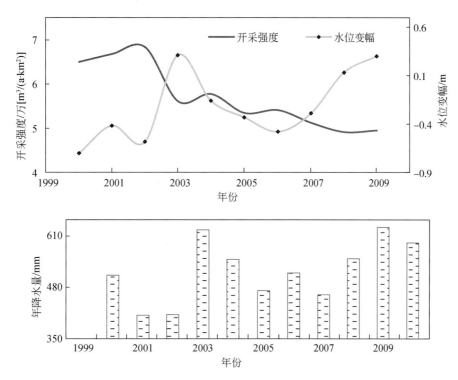

图9.16　滨海平原农田井灌区不同降水量下地下水位与灌溉开采强度互动变化特征

水位变幅为负值时，表征地下水位下降；水位变幅为正值时，表征地下水位上升

9.1.5　农业开采量变化对区域地下水影响特征

1. 农业开采量变化对地下水影响特征

在黄河以北的海河南系平原区，每逢极端干旱年份或连续偏枯年份，农业开采量都急剧增大，同时，区域地下水补给量急剧减少，二者叠加影响导致区域地下水位大幅下降。该平原区地下水位不断下降，根本原因是灌溉用水的农业开采量远超过了当地地下水资源

承载力，大部分地区的耗水作物种植规模及其灌溉总用水量都远大于当地农业可利用的地下水资源承载能力，尤其近10年来蔬菜作物的种植规模和产量持续大幅增加，导致农业灌溉用水开采地下水的强度不断增大，进一步加剧了已处于超采状态的灌溉农田区地下水超采情势。

在黄河以北的海河南系平原区，为半干旱、以地下水作为灌溉水源的农田区，1956～2015年多年平均降水量542mm，水面蒸发量大于1200mm。近10年来气候干旱事件频发，干旱范围不断扩大，农业旱情越来越严峻。近10年平均降水量距平-56.5mm，自然降水难以满足粮食作物和蔬菜作物生长耗水的需求，鲜果园灌溉用水量也不断增大。山东禹城实验结果，自然降水仅能满足冬小麦生育期作物耗水量的33.8%、春玉米58.8%和冬小麦-夏大豆55.1%，设施蔬菜生长全年依赖灌溉供水满足高产耗水的需求，地下水是主要水源。

在黄河以北的平原区，地表水可利用资源十分匮乏（表9.4），其河北主产区的大清河系淀西平原和子牙河系平原地表水资源模数仅为0.49万～0.97万 $m^3/(a \cdot km^2)$，不足当地农作物灌溉用水强度［20.74万 $m^3/(a \cdot km^2)$］的5.0%。黑龙港平原地表水资源模数1.51万 $m^3/(a \cdot km^2)$，仅占当地农作物灌溉用水强度的10.27%。滨海平原和近临黄河平原区地表水资源较多，地表水资源模数大于3.0万 $m^3/(a \cdot km^2)$，占当地农作物灌溉用水强度比率不小于40.0%，这对于该地区在地下淡水资源十分匮乏背景下充分利用当地比较丰富的地下咸水资源与地表水进行咸淡水混合灌溉提供有力保障条件，有利于滨海平原特色灌溉农业可持续发展。

表9.4　近20年来华北平原各分区地表水资源、农灌用水和缺水状况

分区	滦河及冀东沿海平原	海河北系平原	大清河系淀西平原	大清河系淀东平原	子牙河系平原	漳卫河系平原	黑龙港及运东平原	徒骇马颊河系平原	全区
面积/万 km^2	1.05	1.66	1.23	1.43	1.54	0.95	2.24	3.82	13.92
多年平均地表水资源量/亿 m^3	8.47	10.65	1.21	6.75	0.75	3.59	3.41	11.22	45.75
地表水资源模数/万［$m^3/(a \cdot km^2)$］	8.11	6.41	0.97	4.72	0.49	3.78	1.51	3.39	3.29
灌溉用水强度/万［$m^3/(a \cdot km^2)$］	18.21	10.42	20.29	9.17	24.33	19.51	13.45	13.13	15.89
单位面积缺水量/万［$m^3/(a \cdot km^2)$］	-10.10	-4.01	-19.32	-4.45	-23.84	-15.73	-11.94	-9.74	-12.60

地表水作为灌溉水源，最为紧缺的地区是河北主产区的子牙河系平原区，包括石家庄山前平原，每平方千米农田灌溉缺水23.84万 m^3/a。其次，大清河系淀西平原、漳卫平原和黑龙港及运东平原，包括保定、邢台、邯郸、安阳、衡水和沧州平原区，每平方千米农田灌溉缺水11.94万～19.23万 m^3/a。海河北系平原和大清河系淀东平原区，包括北京、天津和廊坊平原区，农田灌溉缺水量较小，为4.01万～4.45万 m^3/a（表9.4）。

在河北主产区的大清河系淀西平原、子牙河系平原和漳卫河系平原和黑龙港平原区，

夏粮、秋粮、蔬菜和鲜果的总产量分别占河北主产区相应作物总产量的 79.54%、78.64%、79.56% 和 77.54%。由于这些平原区的地表水资源严重短缺，无疑加重了当地农田灌溉用水对地下水开采的依赖程度（表 9.5），以至这些农田区地下水超采情势越趋严峻。

表 9.5　黄河以北不同平原区农业用水量中地下水所占比率状况

分区		农业用水量/亿（m³/a）						地下水开采量占农用水量比率/%
		水田	水浇地	菜田	林牧渔	合计	其中地下水	
山前平原	北京与廊坊地区	0	4.12	2.26	0.74	7.12	6.06	85.11
	保定地区	0.14	19.37	3.71	0.87	24.09	22.35	92.78
	石家庄地区	0.03	16.78	3.48	1.88	22.17	19.45	87.73
	邯郸与邢台地区	0.25	9.32	2.12	0.7	12.39	10.62	85.71
黑龙港平原（包括衡水等地区）		0	11.61	2.11	0.63	14.35	12.08	84.18
滨海平原	唐山与秦皇岛滨海区	6.24	5.81	3.06	0.62	15.73	9.87	62.75
	沧州、东营与滨州地区	0	7.89	0.99	0.65	9.53	7.56	79.35

从自然降水特征来看，年降水量总体上呈东南向西北逐渐减少，邢台–石家庄–定州–安国–深州–衡水–南宫一带，是黄河以北的平原区多年平均降水量最少的区域，俗称为"华北旱庄"，水资源紧缺和地下水超采都最为严重。滦河及冀东沿海平原区和河南焦作与新乡地区，多年平均年降水量介于 600～800mm，地表水资源比较丰富。

黄河以北的平原区自然降水，以夏季（6～9 月）为主，占全年 69.12%，其中 7 月占 30% 以上。1980 年以来总体处于枯水期，夏季降水量比多年平均值小 13.8～69.7mm，年降水量少 10.4～56.5mm（表 9.6）。

在黄河以北的平原区，降水高度集中，与小麦等夏粮作物主要需耗水期之间存在较大的时差，相差 3～5 个月时间。在小麦作物主要生育期（3～5 月），降水量不足全年的 20%，而小麦等夏粮作物的灌溉用水量占当地农作物灌溉总用水量的 46.9%～57.6%。越往南或向西，其占比率越大。每年 3～5 月，小麦等夏粮作物需水量与降水供水量之间缺口较大，加之，近 10 年以来夏季降水量大幅减少，秋粮作物的灌溉用水量随之增加，二者都驱动农业开采量和开采强度增大，特别是在春季极端干旱年份或连续偏枯水年份。例如，在 1986 年、1989 年、1992 年、1997 年、1999 年、2001～2002 年和 2005～2007 年这些降水偏枯年份，农业开采量和灌溉总用水量都呈现峰值，而在 1987～1988 年、1990 年、1994～1996 年、1998 年、2003～2004 年和 2008～2010 年这些降水偏丰年份，农业开采量和灌溉总用水量都明显低于多年均值。

在耗水作物种植规模相对稳定条件下，降水量的年际和年内变化是区域农业开采量与强度急剧变化的主导因素。连续枯水年份，或秋、冬、春连续干旱，都加剧农业开采量急剧增大；反之，连续偏丰水年份，或秋、冬、春连续偏多雨，土壤墒情有利于夏粮作物充分利用自然降水，则农业开采量会明显减小。区域地下水位对上述农业开采量的变化，呈顺势响应变化规律（图 9.14～图 9.16）。随降水量减少，驱动农业开采量大幅增加，导致区域地下水位急剧下降；随降水量增多，驱动农业开采量大幅减小，区域地下水位下降幅度变缓或回升。

表9.6　华北平原各年代不同季节降水距平特征

时段	降水距平/mm				
	春季	夏季	秋季	冬季	全年
1961～1970 年	6.0	27.9	8.0	-1.6	40.0
1971～1980 年	-11.3	30.2	3.3	4.0	26.1
1981～1990 年	10.1	-16.4	-3.7	-0.1	-10.4
1991～2000 年	1.2	-13.8	0.4	-3.3	-15.7
2001～2012 年	4.4	-69.7	10.1	-1.3	-56.5

2. 农业开采量对降水量变化响应特征

在太行山前平原，灌溉用水量或农业开采量与降水量之间呈负相关关系，降水量每减少100mm，灌溉用水量和农业开采量分别增加17.4mm和19.1mm；降水量每增加100mm，灌溉用水量和农业开采量分别减少17.1mm和18.7mm。从区域尺度来看，上述增减对应均衡点的降水量518.2mm，灌溉用水量473.8mm/a和农业开采量391.4mm/a。

在石家庄山前平原农业区，农业开采量与降水量之间互动变化率为-0.354mm/mm，增减对应均衡点的降水量479.2mm/a和农业开采量354.4mm/a。在邢台山前平原农业区，农业开采量与降水量之间互动变化率为-0.336mm/mm，增减对应均衡点的降水量487.3mm/a和农业开采量302.3mm/a。在邯郸山前平原农业区，农业开采量与降水量之间互动变化率为-0.331mm/mm，增减对应均衡点的降水量511.1mm/a和农业开采量281.7mm/a（表9.7）。

表9.7　黄河以北平原不同分区均衡点开采量、变化率与降水量及灌溉面积

研究分区		均衡点降水量/(mm/a)	均衡点开采量/(mm/a)	变化率/(mm/mm)	均衡农业开采模数/万 [m³/(a·km²)]
山前平原	保定地区	455.7	365.7	0.357	0.359
	石家庄地区	479.2	354.4	0.354	0.354
	邢台地区	487.3	302.3	0.336	0.303
	邯郸地区	511.2	281.7	0.331	0.283
黑龙港平原		524.3	250.8	0.323	0.255
滨海平原		510.6	277.6	0.331	0.281
黄河以北的平原农田区		518.2	391.4	0.191	0.267

换言之，在灌溉面积和节水灌溉水平相对稳定前提下，降水量每增加（或减少）100mm，则引起太行山前平原的石家庄、邢台和邯郸农田区农业开采量减小（或增大）1.11亿～1.89亿 m³/a，黄河以北平原区农业开采量减少（或增大）11.59亿～11.71亿 m³/a。

在用水水平和种植结构基本稳定前提下，包括引水工程，一个地区农业开采量的大小取决于当地降水和蒸发等水热气候条件及灌溉面积。图9.17表明，由于黄河以北的不同农灌分区因气候条件不同，所以，它们的作物需耗水量也各不相同，是随着降水量增大而

减小（图9.17）；各农灌分区均衡点的农业开采量及其对应降水量，因不同作物需耗水量不同而变化。

从图9.17可见，各分区无论是农田作物极限耗水量（指经济灌溉定额），还是单位面积灌溉用水量都与当地降水量呈密切负相关关系。从邯郸、邢台、石家庄和保定分区来看，均衡点对应的降水量由511.2mm降至455.7mm，均衡点对应的农业开采强度从0.28万 $m^3/(a\cdot km^2)$ 增至0.36万 $m^3/(a\cdot km^2)$（图9.17中△点）。当然，不同作物的需耗水量各不相同，由懋正等（1998）研究表明，在石家庄山前平原冬小麦的需耗水量351.9～491.5mm和夏玉米386.6～521.0mm。吴凯等（1997）在山东禹城实验研究结果，冬小麦生育期作物需耗水量平均485.5mm，夏大豆生育期作物需耗水量平均362.5mm，春玉米生育期作物需耗水量平均413.8mm，夏玉米生育期作物需耗水量平均397.9mm。在邯郸、邢台、石家庄和保定平原，以种植小麦、玉米、棉花和豆类为主，若以冬小麦和夏玉米的作物需耗水量值作为基数，则邯郸、邢台、石家庄和保定农田区的农业开采量占相应作物的需耗水量的58.2%～88.9%。随着降水量的增大，作物消耗降水供给水量增多，其中偏丰水年份占62.6%～80.2%，而偏枯水年份降水供给作物需耗水量仅占15.2%～32.1%。因此，农业开采量随降水量增大而减小。

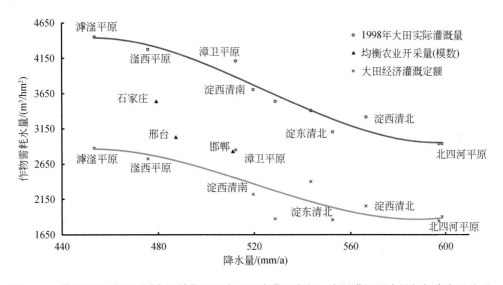

图9.17 黄河以北平原不同农区单位面积农田经济灌溉定额、实际灌溉用水量与年降水量关系

9.2 山前小麦主产区地下水位下降与灌溉农业关系

9.2.1 研究区概况

这里的山前小麦主产区地处滹沱河–滏阳新河冲洪积扇带，简称滹沱河山前冲洪积平原，面积8205km²，多年平均降水量536.9mm，最小年降水量232mm。1980年以来区内枯

水年份占52.9%，几乎所有河流长期干涸，地表水资源十分匮乏。该区降水主要集中在每年7~9月，在主要耗水作物小麦的生育期内降水量不足全年的20%，开采地下水灌溉成为当地农作物正常生长的必需。区内粮食作物播种面积占当地耕地面积的128.33%，占当地农作物总播种面积的81.27%，其中以小麦为主夏粮作物面积占68.23%，蔬菜播种面积占29.58%，呈现依赖地下水灌溉的耗水农业种植结构特征。

滹沱河山前冲洪积平原多年平均地下水资源量（矿化度<3g/L）13.76亿 m³/a，多年平均地下水可开采资源量10.32亿 m³/a，多年平均地下水开采量21.72亿 m³/a，地下水开采程度210.47%，其中农业开采量占该区地下水总开采量的75.10%~80.56%，5年来平均地下水开采量占当地农业灌溉用水量的86.72%。在农业开采量中，小麦和玉米大田灌溉用水的地下水开采量占75.54%、蔬菜作物灌溉用水占15.85%和鲜果园林灌溉用水占8.61%。

9.2.2　区域地下水位演变特征

1. 地下水初始流场与现状特征

所谓的地下水初始流场是指以自然水循环特征为主导的地下水流场，它尚未被人类活动严重干扰而没有失去天然状态下地下水动力场自然特征。

在滹沱河山前冲洪积平原，天然状态下地下水流场的流向是自西北向东南运动，在20世纪60年代之前呈现以自然水循环特征为主导的地下水流场状态，地下水位埋深小于5m的分布区面积占96.8%，5~10m的埋深区面积仅占3.2%，自西部山前带到东部冲洪积扇前缘地下水位埋深逐渐变浅，低洼处泉水溢出，地下水补给河水。当时及其之前数百年甚至千年中，滹沱河北岸的石家庄市正定古城（古名常山郡、真定府）护城河的水源来自山前平原溢出带泉水排泄补给。

目前，区内地下水位埋深以30~40m分布区为主，分布面积占全区面积的45.9%，地下水位埋深小于25m的分布区基本消失，大于40m埋深的分布区面积已超过900km²，并出现了地下水位埋深大于50m的浅层地下水分布区。

2. 地下水流场演变特征

20世纪60年代初，滹沱河山前冲洪积平原地下水位埋深普遍小于5m，尚未出现大于10m的埋深分布区。至1975年，该平原地下水位埋深小于5m的分布区面积所占比率缩小至9.6%，5~10m的埋深分布区面积所占比率扩大至67.3%，埋深大于10m的分布区面积所占比率达23.1%。10年之后到1985年，在滹沱河山前冲洪积平原地下水位埋深小于10m的分布区，面积所占比率缩小至26.4%，10~20m的埋深分布区面积所占比率扩大为69.4%，出现地下水位埋深大于20m的分布区。

20世纪80年代降水偏枯年份较多，也是该区灌溉农业用水不断扩大地下水开采量的时期。至1995年，滹沱河山前冲洪积平原地下水位进一步普遍下降，地下水位埋深小于20m的分布区面积所占比率缩小为43.5%，20~30m的埋深分布区面积所占比率扩大为51.7%，地下水位埋深大于30m的分布区面积占全区面积达4.8%（表9.8），局部出现了大于40m的分布区。

进入21世纪，前10年气候干旱越发严重，抗旱打井不断，井深从过去的30~60m延深至120m，在山前丘陵农业区出现500~800m深的抗旱基岩水井。在2005年，该平原地下水位埋深10~30m的分布区面积缩小至3836km²，大于30m的埋深区面积达4093km²，占全区面积的50.4%（表9.8），其中地下水位埋深大于40m的分布区面积已超过400km²，局部出现了大于50m的分布区。目前，地下水位埋深大于40m的分布区面积900km²以上，且仍在不断扩大。

表9.8　不同时期研究区不同埋深的地下水分布面积占全区比率

年份	不同地下水位埋深的分布区面积占全区面积比率/%									
	埋深<5m	5~10m	10~15m	15~20m	20~25m	25~30m	30~35m	35~40m	40~45m	>45m
1963	96.83	3.17	0	0	0	0	0	0	0	0
1975	9.64	67.34	22.33	0.69	0	0	0	0	0	0
1985	2.91	23.55	46.17	23.21	3.07	1.09	0	0	0	0
1995	0.75	3.57	24.50	14.73	34.75	16.90	3.84	0.93	0.03	0
2005	0.22	3.13	9.24	15.57	10.89	11.06	24.67	21.24	3.61	0.37

9.2.3　粮蔬播种强度和有效灌溉面积变化特征

粮蔬播种强度是指单位耕地面积上粮食和蔬菜作物播种面积的数量，文中以农作物播种面积与当地耕地面积之比来表达，包括复种面积。该比值越大，表明农作物播种的强度越大；比值越小，表明农作物播种的强度越小。有效灌溉面积率是指农田有效灌溉面积与耕地面积之比。

在滹沱河山前冲洪积平原区，粮蔬作物是灌溉农业的主要用水对象，二者灌溉用水量占当地灌溉总水量的90%以上。在过去60多年中，该平原耕地面积不断减少，夏粮作物和蔬菜作物播种强度［图9.18（a）］和农田有效灌溉面积率［图9.18（b）］不断增大。1980年之前，耕地面积减少与粮食作物播种面积不断扩大，共同驱动农田有效灌溉面积率不断提高；1980年以来，耕地面积不断减少、小麦等夏粮作物和蔬菜作物播种面积不断扩大，使农田有效灌溉面积率在高位上仍不断提高［图9.18（b）］。

(a)耕地面积、夏粮与蔬菜作物播种强度变化

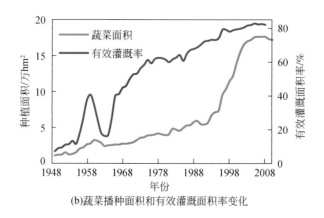

(b)蔬菜播种面积和有效灌溉面积率变化

图 9.18　近 50 年来滹沱河山前冲洪积平原区耕地面积、粮蔬播种强度和有效灌溉面积率演变特征

从各年代灌溉农业指标的平均结果来看，20 世纪 60、70 年代滹沱河山前冲洪积平原区的耕地面积相对各自的前一时代平均值分别减少 1.92% 和 2.88%，农田有效灌溉面积率分别增大 13.20% 和 26.75%。这期间，以小麦为主的夏粮作物播种面积分别扩大 3.31% 和 11.20%。进入 20 世纪 80 年代，耕地面积相对 70 年代又减少 3.16%，农田有效灌溉面积率增大 26.75%，蔬菜播种面积增加了 35.69%，夏粮蔬菜作物播种强度增大 7.81%，当地浅层地下水位下降 6.36m（表 9.9），成为该区地下水位加剧下降时期之一。

在 20 世纪 80 年代基础上，90 年代和 21 世纪以来，耕地面积分别减少 1.57% 和 4.45%，农田有效灌溉面积率分别增大 11.14% 和 6.28%，蔬菜播种面积分别增加 63.86% 和 105.99%，夏粮蔬菜作物播种强度分别增大 18.84% 和 20.73%，浅层地下水位分别下降 7.54m 和 9.66m，再呈现区域地下水位加剧下降趋势（表 9.9）。2012 年之后，由于该平原年降水量明显增大，加之，灌溉农田节水措施和地下水压采工程实施，浅层地下水位下降幅度明显减缓，在 2016 年的"7·19"大洪水期间区域地下水位普遍大幅上升，仅 2016 年 7 月 17 日至 8 月 6 日半个月时间，石家庄-衡水平原区浅层地下水位上升 0.58~1.09m，邯郸-邢台地区浅层地下水位上升 1.10~1.19m。

9.2.4　地下水位下降与粮蔬播种强度关系

在 1980 年之前，滹沱河山前冲洪积平原区农田灌溉用水以地表水为主，因此，随粮蔬播种面积占耕地面积的比率增大，地下水位下降的幅度较小［图 9.19（a）］。粮蔬播种面积占耕地面积的比率每增加 0.01，该区浅层地下水位全区平均降幅 0.36m。1980 年以来，由于区内所有河流全部干涸，地下水成为农田灌溉的主要水源，由此滹沱河山前冲洪积平原区地下水位下降的幅度随粮蔬播种强度增大而明显增大［图 9.19（a）］，粮蔬播种面积占耕地面积的比率每增加 0.01，地下水位降幅 0.69m，相对 1980 年之前地下水位降幅增大 91.67%，而同期夏粮蔬菜作物播种强度增大 15.79%，其中 20 世纪 90 年代和 21 世纪以来分别增大 18.84% 和 20.73%，蔬菜播种面积分别扩大 63.86% 和 105.99%（表 9.9）。

表9.9　近50年来滹沱河山前冲洪积平原区灌溉农田要素和地下水位变化特征

年代		耕地面积		粮蔬总播面积		粮食播种面积		夏粮播种面积		蔬菜播种面积		夏粮蔬菜播种强度		有效灌溉面积率		农业开采量/亿m³	平均地下水位	
		数值/万hm²	变化率/%	数值/万hm²	变化率/%	数值/万hm²	变化率/%	数值/万hm²	变化率/%	数值/万hm²	变化率/%	数值/万hm²	变化率/%	数值/万hm²	变化率/%		埋深/m	降幅/m
	50年代	65.52	0	87.59	0	85.86	0	31.73	0	1.74	0	0.51	0	17.81	0	0.61	2.51	0
20世纪	60年代	64.26	−1.92	87.56	−0.03	84.81	−1.22	32.78	3.31	2.76	58.62	0.55	7.84	31.01	13.20	1.63	4.32	1.81
	70年代	62.41	−2.88	91.66	4.68	88.02	3.78	36.45	11.20	3.67	32.97	0.64	16.36	57.76	26.75	9.63	7.91	3.59
	80年代	60.44	−3.16	83.64	−8.75	78.67	−10.62	36.67	0.60	4.98	35.69	0.69	7.81	63.92	6.16	15.25	14.27	6.36
	90年代	59.49	−1.57	85.03	1.66	76.88	−2.28	40.51	10.47	8.16	63.86	0.82	18.84	75.06	11.14	16.37	21.81	7.54
	21世纪以来	56.84	−4.45	89.75	5.55	72.94	−5.12	38.78	−4.27	16.81	105.99	0.99	20.73	81.34	6.28	16.59	31.47	9.66

注：播种强度＝播种面积/耕地面积；有效灌溉面积率＝农田有效灌溉面积/耕地面积＊100；变化率＝（现状值－前期值）＊100/前期值。

在滹沱河山前冲洪积平原区，小麦等粮食作物和蔬菜作物灌溉用水量占灌溉总用水量的90%以上，由此，该平原地下水位下降幅度与以小麦为主夏粮作物和蔬菜播种面积的扩大规模密切相关，其中1980年之前夏粮和蔬菜播种面积每增加1.0万hm²，该平原地下水位平均降幅0.43m［图9.19（b）］；1980年以来，夏粮食和蔬菜播种面积每增加1.0万hm²，该平原地下水位平均降幅1.15m，增大167.44%。

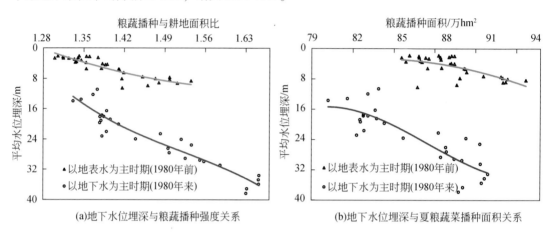

图9.19　地下水位埋深与粮蔬播种强度（播种面积与耕地面积比率）和粮蔬播种面积之间关系

农业区地下水位不断下降是由于地下水开采量大于当年补给量，原因有二：一是农业开采量不断增大，远超过当地地下水可开采资源量；二是当开采量达到一定数量且相对稳定，但地下水补给量因气候旱化而减少，也会导致地下水位下降（图9.20）。在滹沱河山前冲洪积平原区，农业开采量占当地地下水总开采量的80.56%，且它与当地降水量变化密切相关（图9.20），当降水量显著减少时，不仅农业开采量明显增大，而且，地下水补给量也随之减少，二者同时影响地下水位下降。气温升高，作物蒸腾量增大，农业开采量也相应增加。

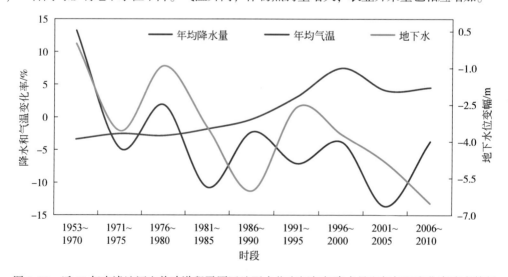

图9.20　近50年来滹沱河山前冲洪积平原区地下水位变幅与年降水量和年气温变化率演变特征

以1953～2010年系列年降水量均值536.9mm、年均气温均值13.3℃作为基值

利用近30年以来的滹沱河山前冲洪积平原区农业开采量与降水量相关分析，结果表明，在降水量483.2mm/a条件下农业开采量为357.6mm/a，降水量增加（或减少）100mm，对应农业开采量减少（或增加）35.7mm。在枯水年份，农业开采量占农作物需耗水量的67.9%～84.8%；在丰水年份，农业开采量占19.8%～37.4%。枯水年的农业开采量明显大于丰水年，换言之，枯水年地下水位下降幅度明显增大。

另一方面，滹沱河山前冲洪积平原区耕地面积从20世纪50年代的65.52万hm²，至2001～2010年期间减少为56.84万hm²，同时，以小麦为主的夏粮作物播种面积从31.73万hm²扩大至38.78万hm²，蔬菜播种面积从1.74万hm²扩大至16.81万hm²，农作物播种强度从0.51增大至0.99（表9.9），对应期间该区平均地下水位下降28.96m，其中近30年来全区平均地下水位降幅23.56m。

从农业开采井数和地下水开采量来看，佐证上述研究结果。在20世纪70年代初，滹沱河山前冲洪积平原农业区开采井数仅6.38万眼，至20世纪90年代开采井数增加至17.26万眼，21世纪以来达19.31万眼，分别增加了1.71倍和2.03倍。农业开采量从20世纪70年代初的9.63亿m³/a，增大为90年代的16.37亿m³/a和21世纪以来的16.59亿m³/a（表9.9），分别增加69.98%和72.27%。在枯水年份，农业开采量曾达17.48亿m³/a。对应多年平均可开采资源量10.32亿m³/a，近30年以来滹沱河山前冲洪积平原区累积超采地下水172.49亿m³，平均超采模数210.24万m³/(a·km²)。将该超采量除以0.09（即该区含水层给水度介于0.065～0.12），对应地下水位的降幅为23.36m，与近30年来该区地下水位的累计降幅基本一致。

由此可见，以地下水作为灌溉主要水源的滹沱河山前冲洪积平原区，地下水位下降的幅度与区内粮蔬播种强度、夏粮和蔬菜播种面积不断增大密切相关，1980年以来粮蔬播种强度每增加0.01，该区地下水位平均降幅0.69m；夏粮和蔬菜播种面积每增加1.0万hm²，地下水位降幅1.15m。1986～2010年期间年降水量减少100mm，对应农业开采量增加35.7mm。

9.3　农业区浅层地下水位对降水量变化响应特征

9.3.1　地下水位对连年降水偏枯响应特征

太行山前平原小麦主产区，包括保定、石家庄和邢台的山前平原农业区，地下水位变化的幅度与降水丰枯变化程度之间密切相关。降水连年偏枯水情势，不仅导致农业开采量显著增大，而且，还造成同期地下水补给量显著减少，二者叠加影响，加剧农业区地下水位大幅下降。年际间降水丰枯组合类型不同，农业区地下水位变化幅度响应变化特征明显不同。

1. 降水量连年偏枯水情势下地下水位变幅特征

1978～1981年期间，太行山前平原小麦主产区发生4年连续降水偏枯情势，该期间每年降水量介于 377～487mm，比该区 1956～2015 年系列的多年平均降水量（529.3mm，下同）减少 43～152mm/a，4 年累计降水量减少 369mm。

降水连年偏枯水，无疑造成农业区地下水开采量持续增加和地下水补给量减少，导致这 4 年期间区内浅层地下水位降幅呈增大趋势，如图 9.21 所示，地下水位变幅表现为"窜跌"特征。例如，相对多年平均降水量，1979 年、1980 年降水量分别减少 85.7mm 和 86.5mm，而 1979 年地下水位降幅为 192cm，1980 年地下水位降幅增大为 214cm。而 1978 年、1981 年地下水位降幅分别为 105cm 和 264cm，对应的各年降水量（相对多年均值）分别减少 41.8mm 和 151.1mm。这表明，降水连年偏枯水情势，具有明显加剧农业区地下水位下降幅度的作用，而且，年降水量减少越多，地下水位降幅越大。从研究时段的地下水位累计降幅与降水减少量之比值（记作 A_p）来看，1978～1981 年期间该区的 A_p 值达 2.12cm/mm，即降水量每减少 1.0mm，农业区地下水位响应下降 2.12cm。

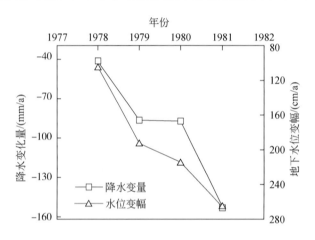

图 9.21　降水 4 年连枯水情势下地下水位降幅

2. 降水量连年偏枯后丰水情势下地下水位变幅特征

1992～1996 年期间，太行山前平原小麦主产区呈现年降水量"3 年连续偏枯后丰水"的情势，其中 1992～1994 年的各年降水量比该区多年平均年降水量减少 95.4～113.7mm，1995～1996 年的各年降水量比该区多年平均年降水量分别增加 132.5mm 和 567.8mm。

在 1992～1994 年降水连年偏枯水期间，区内各年的地下水位降幅介于 93～248cm。在随后的降水偏丰水期间（1995～1996 年），各年的地下水位分别上升 127cm 和 626cm。1992～1996 年期间地下水位变幅与年降水变化量之间互动特征，如图 9.22（a）所示，地下水位变幅表现为"跃升"特征。在 1995～1996 年降水连年偏丰期间，该区的 A_p 值为 1.03cm/mm，明显小于前期的 A_p 值（1.91cm/mm）。即 1995～1996 年降水连年偏丰期间降水量每增加 1.0mm，农业区地下水位响应上升 1.03cm；1992～1994 年连年偏枯水期间降水量每减少 1.0mm，农业区地下水位响应下降 1.91cm，降水量增加对农业区地下水位变幅影响程度弱于降水量减少的影响程度。

在 2005～2008 年期间，该区曾出现类似 1992～1996 年的降水情势，浅层地下水位变幅对同期年降水量变化的响应特征与上述规律近同，如图 9.22（b）所示。这表明，降水连年偏枯之后，即使遭遇特丰水的降水过程（如 1996 年，年降水量 1097.3mm），降水增量对地下水位影响的强度弱于相同数量降水减少量下影响强度。

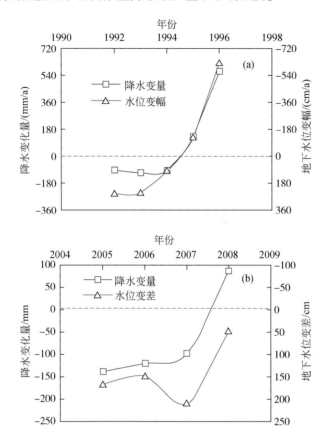

图 9.22　降水 3 年连枯后丰水情势下地下水位变幅对年降水变化量的响应特征

图中降水变化量的正值为降水增加，负值为降水减少；地下水位变幅的正值为水位下降，负值为水位上升，下同

3. 年降水量枯—平—枯情势下地下水位变幅特征

年降水量的枯—平—枯的年际变化情势，也是不利于缓解太行山前平原小麦主产区浅层地下水位不断下降的一种状况，地下水位变幅表现为"峰谷跌宕"特征（图 9.23）。1983～1987 年期间，太行山前平原小麦主产区曾出现年降水量"枯—平—枯"情势，其中 1983～1984 年的各年降水量介于 374～487mm，比该区多年平均年降水量减少 42.3～155.9mm。1985 年降水量 544mm（平水），随后的 1986～1987 年降水又呈现偏枯水情势，各年降水量介于 399～401mm，比多年平均年降水量减少 128.9～129.7mm。

在 1983～1984 年的降水偏枯水期间，太行山前平原小麦主产区各年浅层地下水位降幅分别为 145cm 和 313cm，呈现地下水位加剧下降特征（图 9.23）。当 1985 年降水量增加为 544mm 时，地下水位降幅由 1984 年的 313cm 减小为 156cm。进入 1986～1987 年的降水偏枯水期，各年的地下水位降幅分别为 228cm 和 216cm，A_p 值为 1.73cm/mm，小于降水 3

年连枯情势下的 A_p 值（1.91cm/mm）。

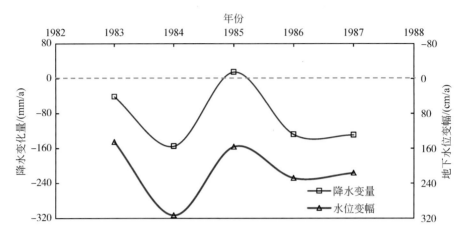

图 9.23　年降水量枯—平—枯情势下地下水位变幅对降水变化量响应的特征

9.3.2　地下水位对降水偏丰响应特征

降水偏丰水，不仅农业开采量随之减少，而且，浅层地下水系统获取的降水入渗补给量也随之增大。由此，农业区地下水位下降趋势将得到缓解，甚至改变方向（上升）。降水增加量越大，地下水位上升幅度越大。

1. 降水量连年偏丰后枯水情势下地下水位变幅特征

1995～1999 年期间，太行山前平原小麦主产区年降水量呈现"2 年连续偏丰后枯水"情势，地下水位变幅表现为"跃升反跌"特征。其中，1995～1996 年的各年降水量分别比该区多年平均年降水量增加 133.6～568.9mm，1997～1999 年的各年降水量分别减少204.4mm、159.4mm 和 16.4mm。

在 1995～1996 年的降水偏丰水期间，太行山前平原小麦主产区年均地下水位上升377cm。在 1997～1998 年的降水偏枯水期间，年均地下水位下降 212cm（图 9.24）。在降水偏枯水期间，A_p 值为 1.67cm/mm，小于降水 3 年连续偏枯水情势下的 A_p 值（1.91cm/mm或 2.12cm/mm，详见前节）。这表明，降水偏丰水情势有利于缓解太行山前平原小麦主产区因气候干旱加剧地下水位下降趋势。例如，1997 年降水量相对多年平均值减少204.4mm，当年地下水位上升 22cm，因为其前期的 1996 年降水量增加 568.9mm。而前期降水连枯的 1981 年、1993 年的降水量仅减少 151.1mm 和 112.9mm，不足 1997 年降水量减少数量的 75%，但是，它们对应年份的地下水位却下降 264cm 和 243cm，因为相对多年平均降水量，它们前期的 1980 年和 1992 年降水量分别减少 86.5mm 和 94.5mm。

2. 年降水量丰—枯—丰情势下地下水位变幅特征

1988～1990 年期间，太行山前平原小麦主产区年降水量发生"丰—枯—丰"降水情势，地下水位变幅表现为"V 型跃升"特征。其中 1988 年的降水量 636mm（偏丰水），1989 年的降水量 492mm（偏枯水）和 1990 年的降水量 696mm（偏丰水）。相对多年平均降水量，1988～1990 年期间降水量累计增加 238mm，其中 1989 年降水量减少 36.4mm。

在 1988～1990 年的降水偏丰情势下，太行山前平原小麦主产区地下水位从 1987 年的 35.16m 上升至 1990 年的 37.22m，年均升幅 68.7cm。剔除该期间地下水位趋势性下降影响，1990 年该区地下水位实际上升幅度达 116cm（图 9.25），A_p 值为 1.26cm/mm，小于降水"枯—平—枯"情势下的 A_p 值（1.73cm/mm）。这再次表明，降水偏丰水情势有利于缓解农业区因气候干旱引发的地下水位下降趋势，但是，影响程度弱于降水偏枯情势的影响。

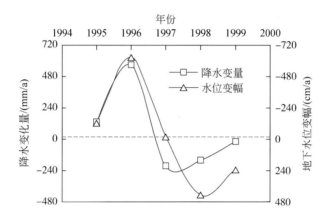

图 9.24　降水两年连丰后偏枯水情势下地下水变幅对年降水变化量响应的特征

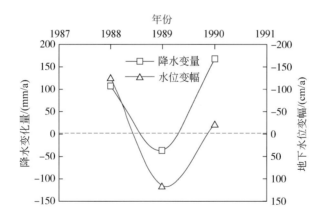

图 9.25　年降水量丰—平—丰水情势下地下水位变幅对降水变化量响应的特征

9.3.3　地下水位对降水丰枯转变响应特征

自 20 世纪 70 年代以来，太行山前平原小麦主产区浅层地下水位呈现不断下降趋势，惟有类似 1988～1990 年（年降水量 635.7～693.5mm）和 1995～1996 年（年降水量 754.2～

969.1mm）和2016年"7·19"流域性暴雨泛洪，上游水库大量泄洪，区内浅层地下水位才出现普遍的大幅度上升，地下水超采情势得以缓解［图9.26（a）］。图9.26（b）和图9.1表明，太行山前平原小麦主产区地下水位大幅下降，主要发生在每年的春季小麦等夏粮作物集中灌溉季节，期间地下水位降幅明显大于灌溉之后的每年8月至次年2月的地下水位升幅，进而，导致太行山前平原小麦主产区全年地下水位呈现显著下降特征。

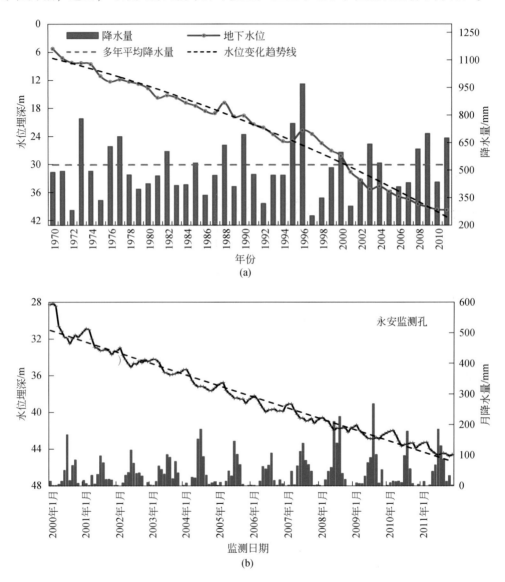

图9.26　近40年来太行山前平原小麦主产区浅层地下水位及降水量变化特征

（a）地下水位年际变化趋势及年降水量；（b）基于日监测资料的地下水位月际变化特征及月降水量

1. 地下水位对年内降水丰枯转变响应特征

从农业区的9眼井小时级地下水动态监测数据来看，在2012年秋季和2013年春季的两次主要粮食作物灌溉期间，所有监测孔的地下水位都呈显著下降过程，包括新乐、无极、藁城和正定农业区等监测孔的浅层地下水位，日均地下水位降幅都为"cm/d"级（表9.10），远大于1970~2011年期间的日均水位降幅（0.23cm/d，对应的年均水位降幅0.83m），其中在2013年春季以小麦为主粮食作物的主灌期，各农业区地下水位降幅介于1.64~2.52cm/d，全区平均降幅2.12cm/d；灌溉前的初始水位与灌溉后最低水位之差介于1.48~2.08m，全区平均地下水水位差1.86m，呈现出春灌加剧农业区地下水超采的特征。

表9.10　粮食作物灌溉期太行山前平原小麦主产区浅层地下水位变化特征

地下水位特征值		监测孔所在区域														
		新乐农业区			无极农业区			藁城农业区			正定农业区			研究区平均值		
		2012秋	2013春	平均	2012秋	2013春	平均	2012秋	2013春	平均	2012秋	2013春	平均	2012秋	2013春	平均
水位埋深/m	初值	25.09	24.22	24.66	25.70	24.65	25.18	32.35	31.68	32.02	47.47	47.23	47.35	32.65	31.95	32.30
	终值	25.40	25.70	25.55	26.02	26.73	26.38	32.93	33.74	33.34	47.76	49.06	48.41	33.03	33.81	33.42
时段水位差/m		0.31	1.48	0.90	0.32	2.08	1.20	0.58	2.06	1.32	0.29	1.83	1.06	0.38	1.86	1.12
时段日均水位降幅/(cm/d)		4.95	1.86	3.41	2.18	2.46	2.32	3.97	2.52	3.25	1.74	1.64	1.69	3.21	2.12	2.67

注：2012秋.2012年秋季粮食作物灌溉期；2013春.2013年春季粮食作物灌溉期。

2. 降水连枯春灌期地下水位响应特征

这里采用每年春灌之后地下水的最低水位与当年降水量资料编绘图9.27，它重点反映了春灌及前一年降水量对农业区浅层地下水位变化影响的标识特征。从图9.27可见，1991年以来曾出现过3期、至少连续3年的降水偏枯水期（指年降水量小于1956~2015年期间多年平均降水量，3个时期分别记作A、B和C时段）。A、B和C时段农业区地下水位年均下降速率，分别为1.66m/a、3.14m/a和1.23m/a（图9.28），都大于降水偏丰或平水期间（图9.27中D时段）同一监测孔的地下水位降幅（0.56m/a），相差1.20~4.61倍。

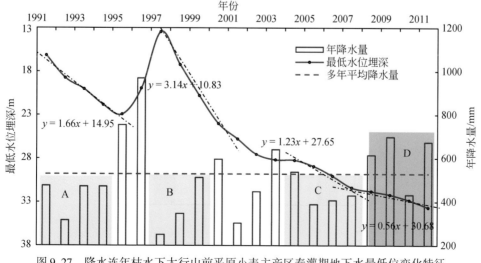

图9.27　降水连年枯水下太行山前平原小麦主产区春灌期地下水最低位变化特征

相对该区 1970～2011 年多年平均地下水位降幅 ［0.83m/a，图 9.26 （a）］，A、B 和 C 时段的小麦主灌期（春灌期）地下水位降幅增大 48.19%～278.31%，3 个时段春灌期平均的地下水位降幅分别为 2.62m、3.55m 和 1.28m（图 9.28），明显大于 D 时段春灌期的平均水位降幅（0.98m），再一次表明降水连年偏枯加剧了农业区地下水位下降和超采情势。

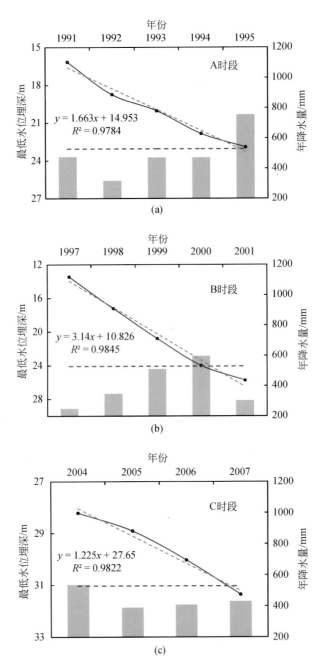

图 9.28　不同时段太行山前平原小麦主产区浅层地下水位下降与年降水量之间关系

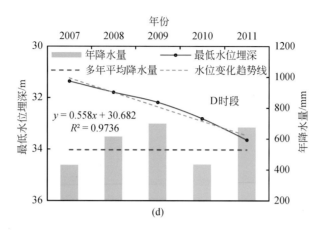

图 9.28　不同时段太行山前平原小麦主产区浅层地下水位下降与年降水量之间关系（续）

（a）图 9.27 中 A 时段；（b）图 9.27 中 B 时段；（c）图 9.27 中 C 时段；（d）图 9.27 中 D 时段

3. 农业区春灌期地下水位降幅与降水量之间相关关系

降水连年偏枯，尤其秋、冬、春三季持续干旱，以地下水为主要水源的农业区灌溉用水必然加大地下水开采量，由此，地下水位下降幅度必然随之显著增大。从图 9.27 中 A、B 和 C 三个时段的每年灌溉期之后地下水最低位变化特征来看，其水位下降幅度与前一年和当年降水量之间存在相关性。相对多年平均降水量，A 时段的平均年降水量减少95.4mm，该时段平均年水位降幅 2.62m；B 时段的平均年降水量减少 159.8mm，该时段平均年水位降幅 3.55m；C 时段的平均年降水量减少 89.2mm，该时段平均年水位降幅1.28m。而 D 时段的平均年降水量增加 75.7mm，该时段平均年水位降幅仅 0.98m（图 9.28）。由此可见，降水量减少越多，每年春灌期农业区地下水位下降幅度越大。

在连年降水偏枯时段，如 1997～1998 年降水量分别比该区多年平均降水量减少279.5mm 和 182.1mm，随后的 1998、1999 年春灌期地下水位降幅分别达 3.82m 和 3.78m。同样是降水连年偏枯的 2005～2006 年期间，年降水量分别比该区多年平均降水量减少139.8mm 和 121.7mm，其后的 2006、2007 年春灌期地下水位降幅分别为 1.16m 和 1.15m，明显小于 1998～1999 年春灌期水位降幅。而在降水偏丰时段，如 1995～1996 年降水量分别比该区多年平均降水量增加 224.7mm 和 439.6mm，随后的 1996 年、1997 年春灌期地下水的最低位分别比前一年春灌期最低水位高 2.98m 和 6.49m。

年降水量小于当地多年平均降水量时，随着降水量减小，不仅农业区灌溉期浅层地下水位降幅增大，而且，单位降水减少量对应的地下水位降幅（即水位降幅与降水量之间关系曲线的变化率）也相应增大（图 9.29）。年降水量大于当地多年平均降水量时，尤其大于 620mm 时，降水量变化对农业区灌溉期浅层地下水位降幅影响明显减小。这表明，降水越偏枯，农业区地下水开采强度越大，对应的灌溉期地下水位下降幅度越大，即连年少雨干旱具有加剧太行山前平原小麦主产区地下水超采程度的显著作用。当降水量显著增大条件下，春灌期间农业区地下水位下降幅度明显减小，甚至水位上升，具有缓解地下水超采的作用。

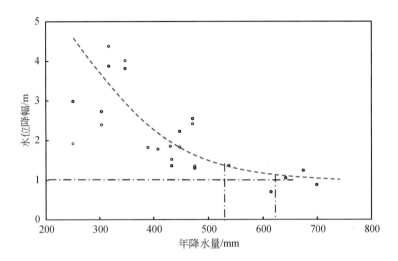

图 9.29　太行山前平原小麦主产区春灌期浅层地下水位降幅与年降水量之间关系

9.3.4　农业主导超采区地下水位变化标识特征

在太行山前平原小麦主产区，根据多年小时级和逐日的地下水动态监测数据研究结果表明：在小麦等夏粮作物主灌期，该区浅层地下水位变化呈现以"cm/d"级（大于1.0cm/d）下降、在非灌溉期以"mm/d"级（小于1.0cm/d）上升的特征（图9.30），且前期降水偏枯，灌溉期地下水位下降过程线和年内水位上升过程线的大部分位于多年水位变化趋势线之下；前期降水偏丰，灌溉期地下水位下降过程线和年内水位上升过程线的大部分位于多年水位变化趋势线之上（图9.31、图9.32）。灌溉用水季节大规模集中开采地下水，是农业超采区地下水位"cm/d"级下降特征的动因，厚大包气带（厚度不小于15m）是重要条件。

1. 地下水位强降弱升总体特征

每个研究分区布设2眼小时级的浅层地下水位动态监测点，监测数据表明2012年7月2日至2013年9月20日期间曾发生过2次大规模、集中开采地下水进行农业灌溉活动，第一次为2012年10月的上、中旬（图9.30中的B时段）秋季灌溉，第二次为2013年3月底至6月（图9.30中的D时段）的春季灌溉。在两个灌溉时段，所有监测孔地下水位都呈下降过程，包括新乐（XK_1和XK_2）、无极（WK_1和WK_2）、藁城（GK_1和GK_2）和正定（ZK_1和ZK_2）农业区等监测孔地下水位，下降幅度都为"cm/d"级（表9.11）。

其他3个时段，即2012年7月初至10月初、2012年10月下旬至2013年3月下旬、2013年7月初至9月中旬（图2.30中A、C、E时段），正逢降水较多或雨季之后又处于非主农灌时节，以至所有监测孔的地下水位都呈"mm/d"级的上升特征（表9.11、图9.30）。

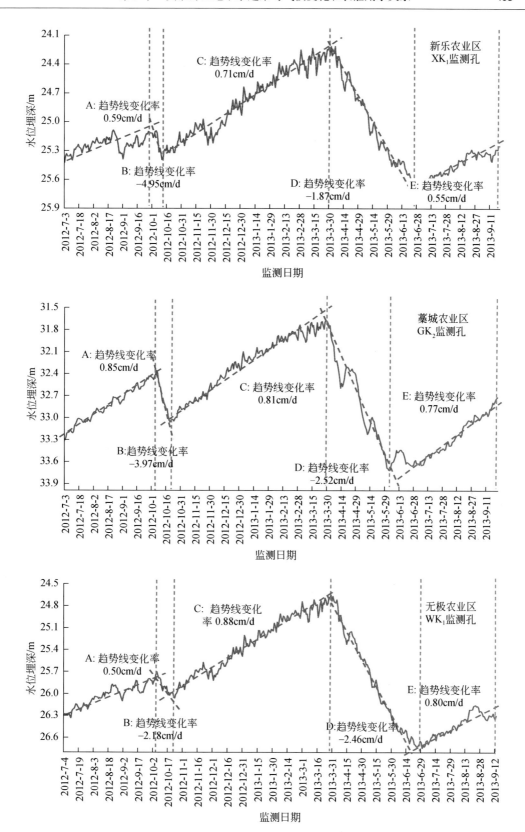

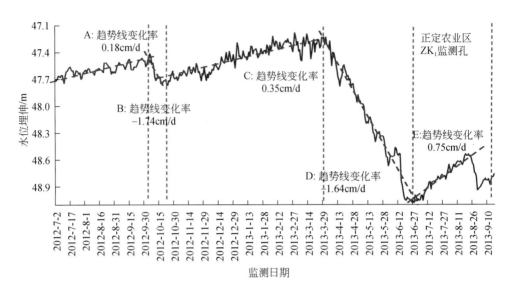

图 9.30　太行山前平原不同农业区年内浅层地下水位强降弱升特征

图中趋势线变化率由各时段的线性相关公式获得

表 9.11　不同季节太行山前平原小麦主产区浅层地下水位强降弱升特征

监测孔位置		时段内浅层地下水位埋深/m、变化率/(cm/d)													
		2012 年 7 月初至 10 月初（A 时段）			2012 年 10 月上、中旬（秋灌期，B 时段）			2012 年 10 月下旬至 2013 年 3 月下旬（C 时段）			2013 年 3 月底至 6 月（春灌期，D 时段）			2013 年 7 月初至 9 月中旬 *（E 时段）		
		水位埋深		时段平均水位变化率	水位埋深		时段平均水位变化率	水位埋深		时段平均水位变化率	水位埋深		时段平均水位变化率	水位埋深		时段平均水位变化率
		初值	终值		初值	终值		初值	终值		初值	终值		初值	终值	
山前平原	新乐农业区	25.41	25.09	0.59	25.09	25.40	−4.95	25.40	24.22	0.71	24.22	25.70	−1.86	25.70	25.25	0.55
	无极农业区	26.36	25.70	0.50	25.70	26.02	−2.18	26.02	24.65	0.88	24.65	26.73	−2.46	26.73	26.30	0.80
	藁城农业区	33.31	32.35	0.85	32.35	32.93	−3.97	32.93	31.68	0.81	31.68	33.74	−2.52	33.74	32.67	0.77
	正定农业区	47.71	47.47	0.18	47.47	47.76	−1.74	47.76	47.23	0.35	47.23	49.06	−1.64	49.06	48.76	0.75
平均		33.20	32.65	0.53	32.65	33.03	−3.21	33.03	31.95	0.69	31.95	33.81	−2.12	33.81	33.25	0.72

注：正值为单位时间地下水位上升幅度；负值为单位时间地下水位下降幅度；* 监测数据至 2013 年 9 月中旬。

2. 灌溉期地下水位强降特征

在太行山前平原小麦主产区，当遭遇降水枯水年份，尤其秋、冬、春三季持续干旱或连续枯水年份，农业开采引起的地下水位下降幅度明显增大，"cm/d" 级降幅的特征更加显著（图 9.31）。例如，1991～1995 年期间该区曾出现年降水量"3 年连续枯水"，其中 1992～1994 年的每年降水量比该区多年平均年降水量减少 96～115mm，该期间每年春灌期浅层地下水位都大幅下降，其中 1992 年春灌期地下水位下降 3.89m，平均降幅 2.55cm/d；1993 年春灌期地下水位下降 3.01m，平均降幅 3.26cm/d；1994 年春灌期地下水位下降 2.30m，平均降幅 3.77cm/d。

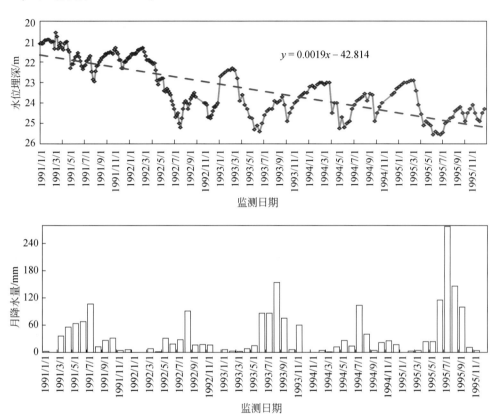

图 9.31　降水偏枯条件下太行山前平原小麦主产区浅层地下水位变化特征及其与月降水量之间关系

从图 9.31 可见，在太行山前平原小麦主产区，遭遇枯水年份的春灌期地下水位下降过程线的大部分位于 1991～1995 年期间地下水位变化趋势线之下，呈现典型的加剧地下水位下降特征，这与降水偏丰年份（1991 年的前期，1990 年降水量 693.8mm；研究时段末期，1995 年降水量 707.6mm）特征明显不同。

在降水平水及丰水年份，如受前期（1990 年）降水偏丰水影响的 1991 年，或降水偏丰的 1995 年，虽然它们的春灌溉期间地下水位仍然呈显著下降过程，但是，灌溉期地下水位下降过程线的大部分位于 1991～1995 年期间水位变化趋势线之上，呈现缓解地下水位下降的特征。又例如 2007～2011 年期间，该区降水多为偏丰水年份，其中 2007 年降水量 562.8mm、2008 年为 757.3mm、2009 年为 645.6mm 和 2011 年为 574.4mm，只有 2010 年降水偏枯（400.2mm）。另外，2007 年的前一年（2006 年）降水量仅为 345.9mm，显著偏枯。由此，除 2007 年和 2011 年受前期年份显著干旱的影响，造成该区地下水位下降过程线的大部分位于 2007~2011 年期间水位变化趋势线之下以外，其他年份地下水位下降过程线的大部分位于多年水位变化趋势线之上，也都呈现缓解地下水位下降的特征（图 9.32）。但是，2008~2010 年期间每年春灌期地下水位平均降幅介于 1.98~3.07cm/d，仍呈现"cm/d"级的下降特征。

从总体上看，降水偏丰水背景下春灌期地下水位平均降幅，小于降水偏枯背景下的日均降幅。例如，受降水偏枯影响的 2007 年、2011 年春灌期地下水位平均降幅介于 3.17~4.07cm/d，以及 1992~1995 年期间降水连枯背景下春灌期地下水位降幅介于 3.26~3.77cm/d，而降水偏丰的 2008~2010 年期间春灌期地下水位平均降幅介于 1.98~3.07cm/d，以及 2012~2013 年（降水量分别为 615.8mm 和 586.6mm，偏丰）春灌期地下水位平均降幅介于 1.64~2.52cm/d（表 9.11）。

3. 非主灌溉期地下水位弱升特征

在降水枯水年份的非主灌溉期，仍以 1991~1995 年期间的"3 年降水连续偏枯"为背景，在 1992~1994 年期间的每年春灌期之后，太行山前平原小麦主产区浅层地下水位都呈现上升过程，其中 1992 年 6~12 月地下水位上升 1.21m，平均水位升幅 0.78cm/d；1993 年地下水位上升 2.39m，平均水位升幅 0.97cm/d；1994 年地下水位上升 2.30m，平均水位升幅 0.84cm/d（图 9.31），都呈现"mm/d"级的上升特征。其中，表现为降水偏枯水年份地下水位弱升的一个标识特征，是地下水位上升过程线的大部分位于多年水位变化趋势线之下（图 9.31、图 9.32）。

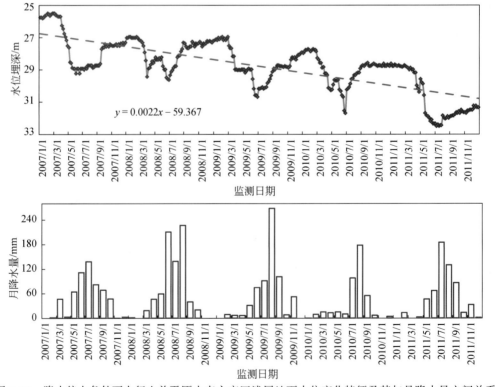

图 9.32　降水偏丰条件下太行山前平原小麦主产区浅层地下水位变化特征及其与月降水量之间关系

在降水平水及丰水年份非主灌期，太行山前平原小麦主产区地下水位上升过程线的大部分，是位于多年水位变化趋势线之上，且后期水位动态变化更加平缓。例如，2007年从低水位点至高水位点，地下水位上升1.91m，平均水位升幅0.76cm/d；2008年地下水位上升2.01m，平均水位升幅0.79cm/d；2009年地下水位上升2.45m，平均水位升幅0.96cm/d；2010年地下水位上升2.95m，平均水位升幅0.84cm/d；2011年地下水位上升1.71m，平均水位升幅0.72cm/d，总体上仍然呈现"mm/d"级上升特征，同表9.11反映的规律相同。

9.3.5　地下水位对降水枯丰变化响应机理与意义

1. 地下水位对降水枯丰变化响应机理

在太行山前平原区，浅层地下水为灌溉用水主要供水水源，小麦、玉米等粮食作物和蔬菜灌溉用水是地下水的主要开采用户，且该区浅层地下水已处于长期超采状态。现设在 F 面积的研究区内，有 m 眼开采井，第 i 眼井的年开采量为 $Q_{开}(i)$ 及开采层的地下水位为 $H(i)$，第 t 年的水位变差为 $\Delta H_i(t)$、年降水量为 $P(t)$ 和地下水补给量为 $Q_{补}(t)$。于是，有

该研究区第 t 年灌溉用水的总开采量 $[Q_m(t)]$，为

$$Q_m(t) = \sum_{i=1}^{m} Q_{开}(t, i) \tag{9.3}$$

（$i=1, 2, 3, \cdots, m$，为研究区农业开采井的数量）

第 t 年地下水总补给量 $[Q_补(t)]$，为

$$Q_补(t) = \alpha P(t) + \beta Q_m(t) + W_{河渗} + W_越 + W_侧 \tag{9.4}$$

第 t 年区内地下水蓄变量 $[W(t)]$，为

$$W(t) = Q_补(t) - Q_m(t) - Q_{其他} \tag{9.5}$$

式中，$Q_补(t)$ 以降水补给 $[\alpha P(t)]$ 为主，农田灌溉渗漏补给量 $[\beta Q_m(t)]$ 因包气带巨厚，加之节水灌溉影响，年际变化量较小，可忽略。河道渗漏补给量（$W_{河渗}$）因研究区内绝大部河流常年断流而趋近零。越流补给量（$W_越$）、侧向流入补给量（$W_侧$）以及侧向流出排泄量不仅总量有限，而且年际变化量小至可忽略。由于研究区浅层地下水位埋深大于10m，所以，地下水蒸发量为零。$Q_{其他}$ 为生活、工业等非农业的所有其他开采量之和，资料来自监测和当地水利部门。在有限年份内（不大于5年），$Q_{其他}$ 的变化量近似为零。

于是，基于式（9.5），相对多年平均值，第 t 年研究区浅层地下水系统的蓄变量 $[\pm\Delta W(t)]$ 为

$$\begin{aligned}\pm\Delta W(t) &= Q_补(t) - Q_m(t) - Q_{其他} \\ &= \alpha P(t) - Q_m(t) - Q_{其他}\end{aligned} \tag{9.6}$$

式中，α 为研究区降水入渗系数；其他符号意义同前。

由此，第 t 年研究区地下水位变幅 $[\Delta H(t)]$ 为

$$\Delta H(t, \ t-1) = \sum_{i=1}^{n} \Delta H_i(t, \ t-1)/n$$

$$= \sum_{i=1}^{n} \left[H_i(t) - H_i(t-1) \right]/n \qquad (9.7)$$

$$= \pm \Delta W(t)/(\mu F)$$

$$= \left[\alpha \Delta P(t) - \Delta Q_m(t) - \Delta Q_{其他} \right]/(\mu F)$$

（n 为研究区内水位监测井的数量）

式中，$\Delta P(t)$ 为相对 1956～2012 年系列多年平均值的第 t 年降水变化量；$\Delta Q_m(t)$ 和 $\Delta Q_{其他}$ 分别为相对研究时段多年平均值的第 t 年农业开采变化量及非农业开采变化量。在有限年份（时段）内 $\Delta Q_{其他}$ 近似等于零。μ 为开采含水层给水度。

式（9.7）可简化为

$$\Delta H(t,t-1) = \pm \left[\Delta Q_m(t) - \alpha \Delta P(t) \right]/(\mu F) \qquad (9.8)$$

式中，$\Delta H(t)$ 为正值，表明地下水位下降，$\Delta H(t)$ 为负值，表明地下水位上升；$\Delta Q_m(t)$ 增加为正值，$\Delta Q_m(t)$ 减少为负值；$\Delta P(t)$ 增加为正值，$\Delta P(t)$ 减少为负值。

从式（9.8）可见，相对多年平均降水量和各研究时段的多年平均开采量，当年降水量大幅减少时，$\Delta P(t)$ 为负值，农业灌溉所需的地下水开采量随之增加 $\left[\Delta Q_m(t) \right]$ 为正值，二者作用方向都为向下（驱动地下水位下降）；当年份降水量大幅增加时，$\Delta P(t)$ 为正值，农业灌溉所需的地下水开采量随之减少 $\left[\Delta Q_m(t) \right]$ 为负值，二者作用方向都为向上（驱动地下水位上升）。即降水减少量 $\left[\Delta P(t) \right]$ 越大，表明气候越干旱，农业灌溉所需用水量 $\left[\Delta Q_m(t) \right]$ 也越大，而地下水获得的降水入渗补给量 $\left[\alpha \Delta P(t) \right]$ 却因 $\Delta P(t)$ 大幅减少而消减，由此，二者叠加从源、汇项两个方面增大地下水位下降幅度 $\left[\Delta H(t) \right]$。反之，降水增加量 $\left[\Delta P(t) \right]$ 越大，包气带及农田商情水分亏缺越少，农业灌溉所需用水量 $\left[\Delta Q_m(t) \right]$ 也越小，而地下水获得的降水入渗补给量 $\left[\alpha \Delta P(t) \right]$ 却因 $\Delta P(t)$ 大幅增加而增大，二者叠加从源、汇项两个方面减缓地下水位下降趋势或增大上升幅度 $\left[\Delta H(t) \right]$。

当遭遇降水连年偏枯水情势，持续的干旱少雨必然造成农田土壤水分呈区域性严重亏缺状态，于是，第 t 年的 $\Delta Q_m(t)$ 必然大于第 $t-1$ 年的 $\Delta Q_m(t-1)$、第 $t+1$ 年的 $\Delta Q_m(t+1)$ 大于第 t 年的 $\Delta Q_m(t)$，由此造成相同降水减少量情势下第 $t+1$ 年的 $\Delta H(t+1)$ 大于第 t 年的 $\Delta H(t)$，第 t 年的 $\Delta H(t)$ 大于第 $t-1$ 年的 $\Delta H(t-1)$ 的后果，即 $\Delta H(t+1) > \Delta H(t) > \Delta H(t-1)$。当遭遇降水连年偏丰水情势，不仅第 t 年的 $\Delta Q_m(t)$ 明显小于第 $t-1$ 年的 $\Delta Q_m(t-1)$、第 $t+1$ 年的 $\Delta Q_m(t+1)$ 小于第 t 年的 $\Delta Q_m(t)$，而且，第 t 年的 $\alpha \Delta P(t)$ 大于第 $t-1$ 年的 $\alpha \Delta P(t-1)$、第 $t+1$ 年的 $\alpha \Delta P(t+1)$ 大于第 t 年的 $\alpha \Delta P(t)$ 情势，由此造成相同降水增加量情势下地下水位下降幅度 $\Delta H(t+1) < \Delta H(t) < \Delta H(t-1)$，或上升幅度 $\Delta H(t+1) > \Delta H(t) > \Delta H(t-1)$。因为第 $t-1$ 年的降水增加量会显著改善包气带水分亏缺状况，增大第 t 年的降水入渗对地下水补给的数量。当然，当降水增加量 $\left[\Delta P(t) \right]$ 大至超过包气带入渗能力（α）时，$\Delta P(t)$ 再增大也失去了对地下水补给作用，这正是降水偏丰情势下 A_p 值较小的重要原因。

当遭遇降水先偏枯后丰水情势，降水偏枯造成的包气带水分严重亏缺状况必然影响第 $t+1$ 年降水偏丰对地下水系统补给的应有效果，因为厚大包气带水分亏缺将耗用一定数量的降水入渗水分量。当遭遇降水先偏丰后枯水情势，前期降水偏丰水情势通过较充分地湿润包气带，在一定程度上增强了抵御后期降水偏枯水、气候干旱对地下水位下降影响的程度，地下水位下降幅度必然小于降水连年偏枯水情势下的水位降幅。

总之，在太行山前平原小麦主产区，降水连年偏枯水情势是加剧农业区地下水位下降幅度的动因，降水连年偏丰水情势是缓解农业区地下水位不断下降的重要条件。降水先丰后枯水情势，有利于减缓气候干旱导致的地下水位下降幅度；降水先枯后丰水情势，不利于降水增加对农业区浅层地下水位下降趋势减缓作用的应有程度。

2. 农业区浅层地下水位强降弱升机理

由图 9.31、图 9.32 已知，太行山前平原小麦主产区浅层地下水总体处于超采状态，地下水位呈不断下降趋势，且每年 3～6 月（春灌期）是以农业用水为主的地下水超采主要时段，这期间研究区降水量不足全年的 20%。

从全年平均角度来分析，春灌时期因降水少，单位面积上地下水获得的补给量（$W_{春补}$）是年内最小值，甚至无补给。但是，由于冬小麦等作物灌溉用水，必需大规模、集中开采地下水，由此单位面积上地下水排泄量（$W_{春开}$）是年内日均最大值，源汇两方面因素叠加，造成该时期浅层地下水位降幅（$\Delta H_{春变}$）最大，呈现"cm/d"级的降幅特征。年降水量越少，或秋、冬和春三季持续干旱，由于 $W_{春补}$ 更小，$W_{春开}$ 更大，导致 $\Delta H_{春变}$ 更大，所以，灌溉期农业区浅层地下水位下降的日均值越大，且该时段地下水位下降过程线的绝大部分处于多年水位变化趋势线之下。

每年春灌期之后，6～9 月的降水量占全年降水量的 80% 以上，同时，这期间农业开采量大幅减少，一般情况下不足全年地下水开采量的 10%（主要是设施蔬菜等灌溉用水）。这一期间的大量降水对区域浅层地下水逐渐形成有效补给，至来年 3 月中旬该区浅层地下水位呈现缓慢上升过程，该区降水入渗补给地下水滞后时间介于 30～50 天。包气带厚度（浅层地下水位埋深）越大，雨季降水补给地下水所用时间越长，日均水位上升幅度越小。另外，因枯水年份地下水位下降过程线的大部分位于多年水位变化趋势线之下，所以，其后期水位上升过程线的大部分也必然位于多年水位变化趋势线之下。

由于太行山前平原小麦主产区地下水位多年变化趋势是不断下降的（图 9.31、图 9.32），所以，年内地下水位下降的幅度必然大于当年水位上升的幅度，而地下水位下降过程所用的时间不足全年时间的 1/4，上升过程所用的时间却占全年时间的 3/4，由此形成"cm/d"级下降、"mm/d"上升的必要条件。

太行山前平原小麦主产区浅层地下水位埋深（包气带厚度）较大是形成"mm/d"上升的充分条件。由于太行山前平原小麦主产区地下水长期超采，造成浅层地下水位埋深（包气带厚度）多在 20m 以上，有些地区地下水位埋深超过 40m。降水通过厚大包气带入渗补给地下水系统，不仅存在 30～50 天的滞后期，而且，厚大包气带对降水入渗水分还起到了"减缓单位时间补给地下水的通量、延长补给时间和过程"的作用，由此，增强太行山前平原小麦主产区浅层地下水位"mm/d"级的上升特征。

3. 地下水位强降弱升规律对节水灌溉指导意义

如果采取高耗水粮食作物与低耗水经济作物在空间上优化结构布局，可以降低单位面积上地下水开采量（开采强度），会有利于缓解农业超采区浅层地下水位下降趋势。从上述分析可知，太行山前平原小麦主产区浅层地下水位大幅下降与其开采强度（单位时间单位面积开采量）紧密相关，$W_{春开}$ 越小、$\Delta H_{春变}$ 越小。在面积 F 的区域上，如果将全部种植小麦等高耗水作物，优化为至少 1/3 面积种植低耗水经济作物，且在空间上与小麦等高耗水作物合理布局，即使在同样气候条件下 F 区平均的 $W_{春开}$ 也会显著减小，$\Delta H_{春变}$ 必然响应变小。

同时，重视太行山前平原小麦主产区秋冬两季土壤墒情涵养，结合农业气象预报，适度延迟春季灌溉日期，尽可能充分利用每年 4～5 月的降水，更有利于缓解该区浅层地下水超采。在春灌时期，开采次数或时间越少，期间平均的 $W_{春开}$ 越小，$\Delta H_{春变}$ 也越小。从图 9.31、图 9.32 可见，太行山前平原小麦主产区多数年份的 4～5 月有一定数量的降水量，有的年份 4～5 月降水量还较大。由此，每减少一次开采地下水进行大田灌溉，期间平均的 $W_{春开}$ 减小 600～900m³/hm²，$\Delta H_{春变}$ 相应减小 0.50～0.75m（$\mu = 0.12$，太行山前平原小麦主产区潜水位变动带的 μ 值介于 0.06～0.16）。根据图 5 中 2007 年以来月降水分布状况，按每 5 年发生 2 次 4～5 月降水较多规律，采用上述做法，每五年该区地下水位降幅至少可以减小 1.0～1.5m，30 年可以减少 6.0～9.0m，对缓解太行山前平原小麦主产区浅层地下水超采趋势将会发挥显著。

总之，小时级（每 3 小时监测一次）地下水动态监测资料表明，太行山前平原小麦主产区浅层地下水位变化具有春灌溉期呈"cm/d"级的下降特征和春灌期之后"mm/d"级的上升特征。这些特征与降水量及年内分配状况密切相关，前期降水偏枯，尤其秋、冬和春三季持续干旱或连年枯水情势下，太行山前平原小麦主产区春灌溉期浅层地下水位下降过程线和春灌期之后水位上升过程线的大部分位于多年水位变化趋势线之下；降水偏丰，春灌溉期浅层地下水位下降过程线和年内水位上升过程线的大部分位于多年水位变化趋势线之上。灌溉期受农业大规模、集中开采的影响，加之，又是降水少、地下水补给最为匮乏时段，所以，太行山前平原小麦主产区浅层地下水位降幅大于 1.0cm/d。大规模、集中开采地下水是太行山前平原小麦主产区浅层地下水"cm/d"级下降特征的动因。厚大包气带（厚度不小于 15m）是太行山前平原小麦主产区年内浅层地下水位呈"mm/d"级上升特征形成的重要条件，与包气带岩性有一定关系。

9.3.6 农业超采区地下水位降幅可调控性

1. 地下水位降幅可调控性判据

上述研究结果表明，太行山前平原小麦主产区浅层地下水已处于超采状态，地下水位呈趋势性下降，每年 3～6 月（春灌溉期）是地下水超采、水位大幅下降的主要时段，1970 年以来平均水位降幅 0.83m/a。如果春灌期地下水位降幅明显大于 0.83m，表明春灌开采地下水加剧了其超采。

现从某一年的全年平均角度来分析，春灌时期太行山前平原小麦主产区降水量不足全年的 20%，加之，区内主要河道长期干涸，冬小麦等作物灌溉用水只能大规模、集中开采地下水，由此灌溉期间单位面积上地下水排泄量（$W_{春开}$）是年内日均最大值，远大于多年平均的日开采强度。同时，因干旱少雨，单位面积上地下水获得的补给量（$W_{春补}$）是年内最小值，甚至无补给，远小于多年平均的日补给量。

从地下水均衡可知，源、汇项（指补给与排泄）两方面因素都趋利于太行山前平原小麦主产区地下水系统水量负均衡，二者叠加影响无疑加剧了该时期浅层地下水位降幅 [$\Delta H_{春变}$，等于（$W_{春开}+W_{春补}$）$/(\mu F)$，μ 为潜水位变动带给水度，F 为研究区面积] 增大。另外，降水连年偏枯，土壤墒情或包气带水分亏缺状况越严峻，促使 $W_{春开}$ 增大和导致地下水获得的 $W_{春补}$ 更少，由此，$\Delta H_{春变}$ 更大。

2. 降水连年偏枯背景下地下水位降幅可调控性

既然已认识到连年少雨影响下太行山前平原小麦主产区地下水位加剧下降导致该区地下水加剧超采，不利于太行山前平原小麦主产区地下水资源可持续利用，因此，调降春灌时期该区地下水位下降幅度应势在必行。

从上述已知，连年少雨，太行山前平原小麦主产区地下水位降幅增大是由于单位面积上开采量显著增大所致，是可调控的主导因素。由此，如果根据气象预报，在预知农业区将发生连年少雨（降水偏枯水）情势时，及时调降农业区高耗水作物种植面积所占比率，提高低耗水作物种植面积所占比率，并在空间上优化布局，促使单位面积上春季灌溉所需地下水开采量（开采强度）尽可能地减小，可达到缓解农业超采区浅层地下水位下降趋势的目标。例如，在面积 F 的区域上，连年少雨期间将原来全部种植小麦等高耗水作物的区域，优化为 1/3 或 1/2 面积种植低耗水作物，与小麦等高耗水作物在空间上合理布局，这样可确保 F 区平均 $W_{春开}$ 至少减小 1/3 或 1/2 强度，$\Delta H_{春变}$ 必然相应变小。

另外，在降水偏丰年份，更加重视太行山前平原小麦主产区秋冬两季土壤墒情涵养和雨季雨洪地下水调蓄，尤其在每年春灌期间能结合农业气象预报适度延迟春灌，尽可能充分利用每年 4~5 月的降水，减少灌溉次数或地下水开采强度，将有利于提高太行山前平原小麦主产区浅层地下水抵御连年少雨能力。

9.4　暴雨泛洪补给是缓解地下水超采重要途径

黄河以北的海河流域平原区，曾于 1996 年 8 月发生特大洪水（简称"96·8"洪水），该暴雨洪水对地下水补给增量达每百平方千米 0.69 亿~1.07 亿 m³，该平原平均地下水位上升 2.70m，石家庄地区监测孔地下水位上升最高幅度达 11.26m。2016 年 7 月 17 日至 8 月 6 日再度发生区域性暴雨洪水，相对 7 月 16 日地下水位埋深，太行山前的邯郸-邢台平原区浅层地下水位上升 1.10~1.19m、石家庄-衡水平原区浅层地下水位上升 0.58~1.09m、廊坊-保定平原区浅层地下水位上升 1.03~1.05m、邢台-沧州深层地下水位上升 1.59~3.69m、衡水-保定深层地下水位上升 1.53~2.09m 和廊坊-唐山深层地下水位上升 1.45~4.82m。

由此可见，类似"96·8"的暴雨洪水对减缓地下水区域性超采趋势具有显著作用，暴雨洪水的充分补给是该平原区地下水均衡不可缺少的补给模式，近 30 年以来该区地下水位不断下降与地下水补给水来源和补给量不断减少有一定关系。

9.4.1 研究方法及资料来源

本研究以该平原农业区的国家、省级长观孔浅层地下水位监测资料为基础,同期逐月降水等资料来自省级气象部门提供、源自该区各县级气象台站监测。基于逐月监测资料,首先对 1991 年以来研究区内各监测孔的地下水位变化过程进行趋势及其阶段性识别,确定具有区域代表性的监测点。然后,采用时间序列异变特征、趋势分析和相关分析方法,研究地下水位变化趋势及不同时段变化率特征,计算不同时段在不同趋势背景下地下水位变幅之间的差值。在此基础上,进行暴雨洪水对地下水超采缓解特征分析和估算地下水资源的补给增量。

9.4.2 "96·8"暴雨洪水时空特征

海河流域南系平原区的"96·8"暴雨洪水主要发生在 1996 年 8 月 3 日 23 时至 5 日 23 时,集中在河北省中南部。暴雨期间京广铁路线以西地区的平均降水量 325mm,石家庄、邢台的西部山区降水量大于 300mm,其中石家庄地区的平山县南西焦监测站的降水量为 651mm,邢台地区的朱庄水库上游野沟门监测站的降水量为 639mm。3 天之内降水量超过 100mm 分布区的面积达 8 万 km^2,200mm 分布区的面积达 17800km^2,大于 300mm 分布区的面积 9280km^2。当年 8 月上旬,研究区内洪水总量 72.07 亿 m^3,8 月洪水总量达 101.69 亿 m^3,当年的雨洪资源利用量 129.6 亿 m^3。

在"96·8"暴雨洪水期间,海河南系水库、洼淀拦蓄当年 8 月产生的洪水量 17.35 亿 m^3,占洪水总量的 17.2%;河道带、蓄洪洼地蓄水量 48.31 亿 m^3,占总量的 48.1%;入海水量 34.88 亿 m^3,占 34.7%。马文奎等指出,"96·8"暴雨洪水是 20 世纪第 3 位特大暴雨、第 7 位大洪水。1924 年、1939 年、1956 年和 1963 年都曾发生过类似规模的暴雨洪水,雨季内(7 月或 8 月)月降水量 300mm 以上的分布面积分别为 3200km^2、7000km^2、36000km^2 和 75450km^2("96·8"为 9280km^2),400mm 以上的分布面积分别为 1380km^2、920km^2、14300km^2 和 59280km^2("96·8"为 4820km^2),洪水总量分别为 144.58 亿 m^3、170.00 亿 m^3、161.17 亿 m^3 和 332.60 亿 m^3("96·8"为 115.82 亿 m^3),只有 1956 年、1963 年的暴雨规模大于"96·8",但上述暴雨产生的洪水总量都大于"96·8"暴雨洪水,包括 1917 年、1954 年的洪水总量分别为 145 亿 m^3 以上和 158.77 亿 m^3。

9.4.3 暴雨泛洪背景下地下水位急剧变化特征

1. 地下水位剧变特征

这里以"96·8"暴雨洪水的主要区域——太行山前平原的正定、永安和无极农业区 3 眼监测孔浅层地下水位变化特征为例。由图 9.33(a)可知,1995 年石家庄地区年降水量 711.7mm，永安监测孔地下水位埋深从 1995 年 8 月的 30.63m 上升至 1996 年 2 月的 25.61m，升幅达 5.02m，月均升幅 83.67cm。受农业春灌开采地下水的影响，至 1996 年 6 月地下水位下降 1.75m。1996 年 6 ~ 10 月，研究区降水量达 968.9mm，其中 1996 年 8 月区内各站点监测的降水量介于 327.3 ~ 607.1mm，至 1997 年 2 月永安监测孔地下水位（埋深）又上升 8.79m，达到"96·8"暴雨洪水之后的最高水位，月均升幅 109.88cm。自 1995 年 8 月至 1997 年 2 月，永安监测孔的地下水位累计上升 13.81m，月均升幅 76.72cm。无极、正定监测孔的浅层地下水位具有相同剧变特征［图 9.33（b）、（c）］，呈现典型的暴雨洪水后浅层地下水位急剧变化的响应特征，包括后期（9 月至次年 2 月）巨厚包气带蓄水延长雨洪入渗水对地下水补给过程。

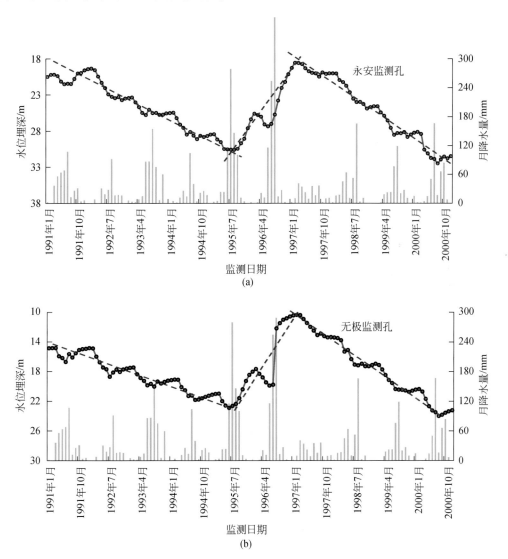

图 9.33　"96·8"暴雨洪水影响下石家庄平原区浅层地下水位剧变特征

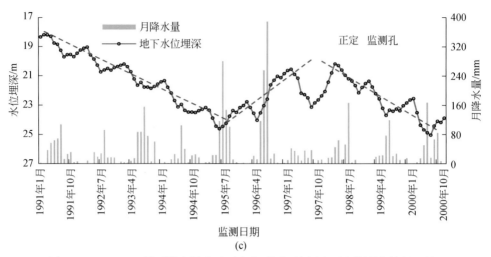

图 9.33 "96·8" 暴雨洪水影响下石家庄平原区浅层地下水位剧变特征（续）

2. 地下水位变化趋势特征

暴雨洪水不仅改变了浅层地下水位升降变化的幅度和方向，而且，对地下水位下降趋势也具有一定的减缓作用（图 9.34）。仍然以石家庄地区的永安农业区监测孔地下水位变化为例 [图 9.34（a）]，自 1991 年 1 月以来该孔地下水位为显著下降趋势，在 "96·8" 暴雨洪水之前地下水位以平均 0.69cm/d 速率下降，至 1995 年 8 月的最低水位，累计降幅达 10.45m。"96·8" 暴雨洪水之后，该孔的地下水位下降趋势变缓，下降速率减缓为 0.32cm/d，相对 "96·8" 暴雨洪水之前地下水位下降趋势，减缓 53.62%。在石家庄地区的无极县农业区监测的结果，与永安监测孔的地下水位变化特征相同 [图 9.34（b）]，"96·8" 暴雨洪水之前无极监测孔的地下水位以平均 0.48cm/d 速率下降，"96·8" 暴雨洪水之后该孔的地下水位下降趋势减缓为 0.21cm/d，相对 "96·8" 暴雨洪水之前该孔地下水位下降趋势，减缓 56.25%。

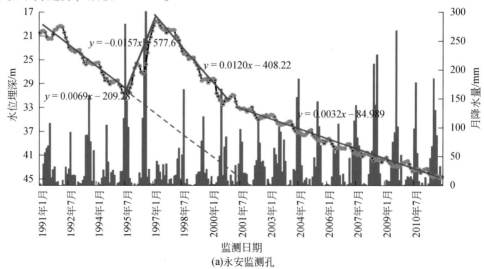

(a)永安监测孔

图 9.34 1991 年以来不同时段研究区浅层地下水位变化趋势特征

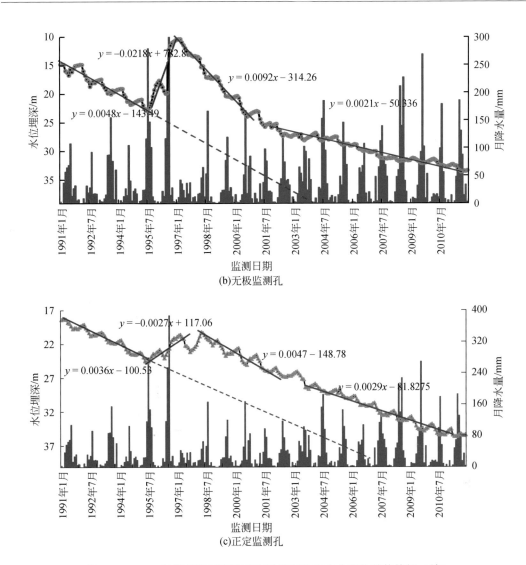

图 9.34　1991 年以来不同时段研究区浅层地下水位变化趋势特征（续）

由图 9.3 还可知，在"96·8"暴雨洪水之后，石家庄地区的永安、无极和正定监测的浅层地下水位都出现一个快速下降过程，然后，地下水位下降恢复为多年趋势状态。

9.4.4　暴雨泛洪补给缓解地下水位下降的资源增量

如果没有发生"96·8"暴雨洪水，海河南系平原区浅层地下水位仍呈原有趋势不断下降，现今地下水位埋深应达 D_t，远大于实测水位埋深（H_t），如图 9.35 所示。发生"96·8"暴雨洪水之后，由于雨洪积水充分入渗补给，该区地下水位实际下降至 H_t，它与据原趋势推算的水位埋深（D_t）之差值（ΔH），是"96·8"暴雨洪水使地下水位减缓下降的幅度，支撑 ΔH 存在的必要条件是暴雨洪水对地下水补给的增量（ΔQ）。

现以"96·8"暴雨洪水之前的最低地下水位（H_{min}）作为起始（基准）点，"96·8"暴雨洪水之后等同 H_{min} 深度的地下水位作为终止点（H_t）。然后，利用"96·8"暴雨洪水之前地下水位下降趋势，推算 H_t 对应日期的、假设没有发生"96·8"暴雨洪水条件下地下水位埋深（D_t），如图 9.35 所示。

于是，获得研究区各监测孔的 ΔH 值。在此基础上，利用式（9.1），依据 ΔH 值和当地潜水位变动带 μ 值，可以估算出研究区"96·8"暴雨洪水减缓当地浅层地下水不断下降趋势的补给增量（ΔQ）：

$$\Delta Q = 100\mu\Delta HF \tag{9.9}$$

式中，μ 为研究区潜水位变动带给水度；F 为研究区面积，km^2；ΔQ 为暴雨洪水减缓对浅层地下水的补给增量，万 m^3。

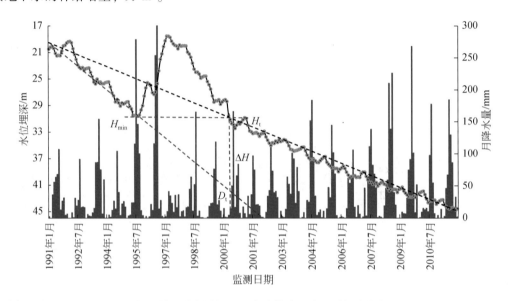

图 9.35　暴雨洪水缓解地下水位持续下降的关键点解析图

根据上述方法，估算海河南系平原区（河北省境内）"96·8"暴雨洪水对当地地下水位下降趋势的减缓幅度（ΔH）及补给水资源增量（ΔQ）结果，如表 9.12 所示。从无极、正定和永安 3 个监测孔来看，地下水位都经历了近 5 年时间才回落至"96·8"暴雨洪水之前的最低水位（图 9.34），相对原有水位下降趋势，分别减缓下降（ΔH）幅度9.33m、6.04m 和 11.26m。若以 100km² 面积进行估算，无极、正定和永安地区每百平方千米的区域地下水资源增量（ΔQ）分别为 8397 万 m^3、6946 万 m^3 和 10697 万 m^3。在上述地下水资源增量中，包括了 1995 年偏丰降水的影响和由于多雨而农业开采量减少的影响，同时也通过原有地下水位下降趋势已剔除正常情况下地下水补给资源量，即在正常情况下地下水补给资源量全部被人工开采、越流排泄等消耗，而且，还消耗（超采）部分地下水储存资源。

张石春等曾对"96·8"暴雨洪水对地下水补给效果进行研究，发现"96·8"暴雨洪水过后京津以南平原区地下水位普遍回升，范围达 62016km²，平均水位上升 2.19m。其中，地下水位升幅大于 5.0m 的区域面积 3780km²，升幅介于 1.0～5.0m 的区域面积 39336km² 和升幅小于 1.0m 的区域面积 18900km²。张石春等指出，在河北平原的西部（即太行山前平原）地下水位上升 2～5m，局部大于 5.0m，石家庄的高邑县地下水位上升 11.55m；中东部地下水位上升幅度小于 1.0m，局部大于 2m；"96·8" 暴雨洪水对京津以南平原区地下水补给量 75.5 亿 m³。这表明，暴雨洪水对超采区地下水资源补给和地下水位回升具有区域性修复作用。

表9.12　"96·8" 暴雨洪水对不同地区浅层地下水位持续下降的缓解作用程度及地下水资源增量

监测点位置	不同时刻地下水位埋深及差值				自 H_{min} 至 H_t 出现所用时间	潜水位* 变动带 μ 值	每百平方千米地下水资源增量**/万 m³
	H_{min}/m	H_t/m	D_t/m	ΔH/m			
无极	22.92	22.92	32.25	9.33	1995 年 6 月—2000 年 5 月底	0.08～0.13	8397
正定	24.63	24.63	30.67	6.04	1995 年 6 月—2000 年 5 月底	0.105～0.16	6946
永安	30.63	30.63	41.89	11.26	1995 年 8 月—2000 年 4 月中	0.09～0.14	10697

"96·8" 影响范围***	上升区总面积/km²	"96·8" 过后至当年 12 月地下水位上升幅度/m	不同升幅区面积		潜水位* 变动带 μ 值	各分区地下水资源增量****	
			面积/km²	占全区比率/%		增量/亿 m³	占总增量比率/%
海河流域南系平原区（河北境内）	62016	>5.0	3780	6.09	0.105～0.16	16.44	21.24
		1.0～5.0	39336	63.43	0.08～0.14	55.08	71.15
		<1.0	18900	30.48	0.04～0.105	5.89	7.61
		2.19	62016	100.00	0.04～0.16	77.41	100.00

＊引自文献 [19]；＊＊已考虑剔除 1995 年偏丰降水对资源增量的影响；＊＊＊地下水位升幅及其分布面积的资料引自文献 [2]，各分区地下水资源增量源自本项目组的研究成果；＊＊＊＊由于计算时间是截至 1996 年 12 月，所以，资源增量中缺少 1997 年 1～2 月地下水位升幅对应的补给增量。

本研究结果进一步表明，类似 "96·8" 暴雨洪水对超采区地下水资源增补具有明显作用。例如 "96·8" 暴雨洪水过后，在地下水位升幅 2.19m 的分布区（面积 62016km²）地下水资源增量至少 77.41 亿 m³，其中在地下水位上升 5.0m 以上的分布区地下水资源增量至少达 21.24 亿 m³，水位升幅介于 1.0～5.0m 分布区地下水资源增量至少达 55.08 亿 m³ 和水位升幅小于 1.0m 分布区地下水资源增量至少为 5.89 亿 m³。因为张石春等估算截止时间为 1996 年 12 月，而 "96·8" 暴雨洪水之后地下水位一直上升至 1997 年 2 月（图9.33）。

上述研究结果表明，"96·8" 暴雨洪水对地下水资源的补给增量至 2000 年 4–5 月才耗尽，地下水位回落至 1995 年 6 月的最低水位，历时近 5 年时间。若类似 "96·8" 的暴雨洪水每隔若干年发生一次，黄河以北的海河流域平原区地下水位应不会如图 9.26（a）所示那样，长期不断下降。图 9.26（a）和图 9.34 表明，类似 "96·8" 的暴雨洪水能显著减缓海河南系平原区浅层地下水位不断下降趋势，包括 1988 ~ 1990 年（年降水量分别为 635.7mm 和 693.5mm）和 1995 ~ 1996 年流域性暴雨洪水，区内浅层地下水位才出现普遍的较大幅度回升，由此减缓该平原区浅层地下水超采状态。当然，合理控制区域地下水开采量是重要方面之一。

从增量的资源模数来看，暴雨洪水对每百平方千米的强渗区地下水补给量介于 0.69 亿 ~ 1.07 亿 m^3，而水位升幅小于 1.0m 分布区的每百平方千米地下水补给量介于 0.03 亿 ~ 0.12 亿 m^3。另外，滹沱河河道区大型渗水实验（实验区面积 26.8km^2）表明，2009 年 8 月 19 日至 9 月 5 日历时 400 小时、渠首累计引水量 1820 万 m^3，河道渗漏对地下水补给量达 1382 万 m^3，石家庄市滹沱河地下水水源地的监测孔水位上升 6.82m，该水源地获得补给量 742.53 万 m^3，占河道带入渗补给地下水总量的 53.73%。

总之，类似"96·8"的暴雨洪水对缓解海河南系平原区浅层地下水的区域性超采趋势具有显著效果，行洪、淹没–积水滞洪区地下水位明显回升，尤其冲洪积平原的河道带、汇水洼地等强入渗区域的地下水储存资源得到较充分补给，明显缓解了当地地下水超采情势。

9.5 小 结

（1）降水量大小、强度和时间分配等都直接影响土壤水分状况，在农业主产区适时、适量开采地下水供给灌溉用水是确保农作物高产、稳产的基础条件。农业开采量的大小不仅取决于作物需水量、耗水量和作物水分与产量的关系，还与气候变化密切相关，越干旱、炎热，作物蒸腾需耗水量越大，农业开采量必然增加。

（2）在太行山前平原小麦主产区，农田灌溉用水量和农业开采量与降水量之间密切关联，在极端干旱年份或连续枯水年份农业开采量显著增大，在丰水年或连续偏丰水年份农业开采量明显减小。每逢极端干旱年份或连续偏枯年份，农业开采量都急剧增大，同时区域地下水补给量急剧减少，二者叠加影响导致区域地下水位大幅下降。无论是夏粮作物，还是秋粮作物，旱情越严重，持续时间越长，地下水超采程度越严重，导致地下水位下降幅度越大，尤其连续枯水年份；每逢偏丰水期，灌溉用水对地下水开采强度明显减弱，雨情越充沛，持续时间越长，地下水开采强度越弱，地下水位下降幅度越小，甚至上升，尤其是连续丰水年份。

（3）农业区地下水位不断下降是由于地下水开采量大于当年补给量，原因有二：一是农业开采量不断增大，远超过当地地下水可开采资源量；二是当开采量达到一定数量、且相对稳定，但地下水补给量因气候旱化而减少，也会导致地下水位下降。

（4）在太行山前平原农业区，浅层地下水位变化具有主灌溉期以"cm/d"级（大于 1.0cm/d）下降、非灌溉期以"mm/d"级（小于 1.0cm/d）上升的特征；前期降水偏枯，灌溉期地下水位下降过程线和年内水位上升过程线的大部分位于多年水位变化趋势线之下；降水偏丰，灌溉期地下水位下降过程线和年内水位上升过程线的大部分位于多年水位变化趋势线之上。农业大规模集中开采是农业区地下水位"cm/d"级下降特征的动因，厚大包气带（厚度不小于 15m）是该区浅层地下水位"cm/d"级上升特征形成的重要条件。

（5）农业区地下水位强降弱升规律对农业节水灌溉指导意义。如果采取高耗水粮食作物与低耗水经济作物在空间上优化结构布局，可以降低单位面积上地下水开采量（开采强度），会有利于缓解农业超采区浅层地下水位下降趋势。

（6）黄河以北的海河南系平原，类似"96·8"的暴雨洪水，泛洪入渗补给对减缓该区地下水区域性超采趋势具有显著作用，是当地地下水均衡不可缺少的补给模式。近30年以来该区地下水位不断下降，与地下水补给水来源和补给量不断减少有一定关系。"96·8"暴雨洪水对当地地下水补给增量达每百平方千米0.69亿~1.07亿 m^3，该平原区平均地下水位上升2.70m，石家庄地区监测孔地下水位最高上升幅度达11.26m。

（7）本章阐述表明，地下水形成与补给的自然模式，不宜长期大规模被破坏，否则，后果和代价是沉重的。若要实现人与自然和谐的可持续发展，进一步提高粮食主产区地下水保障能力，除了重视节水之外，合理恢复地下水形成与补给的自然模式是不可缺少的，例如自然条件下泛洪入渗补给模式等。

第 10 章 黄淮海区主要粮食基地地下水保障能力

本章基于灌溉农业用水对地下水依赖需求的现实与地下水资源的自然承载能力之间均衡关系角度，阐述灌溉农业区地下水保障能力的评价理念、方法和指标体系，以及在黄淮海区主要粮食基地的 5 个粮食主产区应用结果、地下水保障农业用水有利条件和存在主要问题。该理论方法试图客观展现各粮食主产区灌溉农业用水对地下水依赖状况和地下水保障能力之间均衡现状及未来潜力，同时，还便于全国各个粮食主产区灌溉农业的地下水保障能力状况对比，能够深入反映区域之间地下水保障能力状况差异的成因和性状。

10.1 研究理念与方法

10.1.1 基本研究理念

1. 粮食主产区地下水保障能力含义

主要粮食基地或主产区地下水保障能力的含义，是指可用于农田灌溉抽取的地下水可开采资源数量，剔除了当地生活和工业生产用水所必需的占有量，它的前提是农田灌溉用水对开采地下水供给保障存在切实的依赖性，没有其他水源可替代。一旦地下水"难以保障"或"无法保障"，后果或是地下水超采或灌溉作物产量明显减降。

2. 灌溉农业用水对地下水依赖程度 (A)

灌溉农业用水对地下水依赖程度是指评价区近 3 ~ 5 年平均农业灌溉所用的地下水开采量占当地相应时段年均农业灌溉用水量的比率，单位:%。它与气候、当地地表水可利用资源量多少和农作物布局结构之间密切相关。气候越干旱，地表水可利用资源越少，或小麦、蔬菜等耗水型作物播种面积占当地总播种面积比率越大（即农业开采量越大），则 A 值越大，表明该区农业灌溉用水对当地地下水依赖程度越高；反之，则 A 值越小，表明该区农业灌溉用水对当地地下水依赖程度越低。

3. 地下水对灌溉农业用水保障程度 (B)

地下水对灌溉农业用水保障程度，又称地下水可开采资源保障程度是指评价区能用于灌溉农业的地下水可开采资源量占当地近 3 ~ 5 年平均（与 A 值计算时段相同）农业灌溉用水量的比率，单位:%。它与气候变化、当地水文地质条件和农作物布局结构之间密切相关。气候越干旱，地下水可开采资源越少，或小麦、蔬菜等耗水型作物播种面积占当地总播种面积比率越大（即灌溉总用水量越大），则 B 值越小，表明该区地下水可开采资源对灌溉农业用水的保障程度越低；反之，则 B 值越大，表明该区地下水可开采资源对灌溉农业用水的保障程度越高。B 值只是表征某分区现状地下水保障状况，在统一标准下 B 值不能进行不同分区之间的地下水保障能力状况对比。因为相同的地下水可开采资源量会因农业灌溉用水量不同而造成 B 值不同。

4. 地下水保障能力（C）

地下水保障能力，全称为灌溉农业用水的地下水保障能力，是指在现状开采条件下可用于灌溉农业的地下水可开采资源能够确保当地灌溉农业用水需求的能力，它是地下水依赖程度（A 值）和地下水可开采资源保障程度（B 值）的函数、集合和现状的综合表征，无量纲。C 值是表征地下水对当地灌溉农业用水保障能力的综合指标，通过该值的区域分布特征分析，可以阐明不同分区灌溉农业抵御连年气候干旱的地下水保障能力。

5. 地下水保障能力与依赖程度和保障程度之间关系

地下水保障能力（C 值）的大小表征地下水保障能力状态。C 值为正值、越大，表明该区地下水对当地灌溉农业用水的保障能力越强；C 值为正值、越小，或为负值、越大，表明该区地下水对当地灌溉农业用水的保障能力越弱。利用 C 值能进行不同分区的地下水保障能力状况对比分析，不会因农业用水量不同而造成 C 值不同。它不仅与灌溉农业对地下水依赖程度（A）密切相关，而且，还与当地现状地下水保障程度（B）相关，其中气候和农作物布局结构变化是主导影响因素。

A、B 值和 C 值三者之间关系及其意义，如下：当 A 值小于 B 值，C 值大于 0.5 时，表明地下水保障能力大于灌溉农业对地下水依赖程度，处于"安全保障"状态；当 A 值大于 B 值，C 值小于 -0.5 时，表明地下水保障能力明显小于灌溉农业对地下水依赖程度，处于"难以保障"或"无法保障"状态。

灌溉农业对地下水依赖程度（A）越低，灌溉农业的地下水保障能力（C）越强。当 A 值→0.0 时，则 C 值→1.0。在灌溉农业对地下水依赖程度（A）越高的地区，尤其当 A 值$\gg B$ 值时，该区灌溉农业的地下水保障能力消失（C 为负值），且 C 的负值越大，该区因灌溉农业用水而地下水超采程度越严重。如果 A 值一定，则该区灌溉农业的地下水保障能力（C）随着 B 值的增大而提高，即地下水可开采资源量越大，或灌溉总用水量越小，该区灌溉农业的地下水保障能力越强。

10.1.2　评价指标体系及阈值确定

1. 评价指标体系

根据上述基本理念和地下水超采程度的评判指标，建立灌溉农业的地下水保障能力评价指标体系，如表 10.1 所示。评价结果划分为 5 级，即安全保障、较安全保障、基本保障、难以保障和无法保障。

表 10.1　灌溉农业区地下水保障能力的评价指标体系与评价结果等级划分标准

评价结果分级与代码		保障能力的评价指标（C）（无量纲）	参考指标		指示意义	备注
			灌溉用水对地下水依赖程度（A）/%	地下水可开采资源保障程度（B）/%		
地下水保障能力	安全保障 Ⅰ	>0.5	<10	>50	评价区可用于灌溉农业的地下水可开采资源量能完全满足当地正常水平年的灌溉用水需求。	地下水水质需满足《农田灌溉水质标准》（GB5084-2005）的要求。
			10~30	50~75		
			30~50	>75		
	较安全保障 Ⅱ	0.0~0.5	10~30	>30	评价区可用于灌溉农业的地下水可开采资源量能满足当地正常水平年的灌溉用水需求。	
			30~50	50~75		
			50~75	>75		
	基本保障 Ⅲ	-0.5~0.0	10~30	<30	评价区可用于灌溉农业的地下水可开采资源量能基本满足当地正常水平年的灌溉用水需求。	
			30~50	30~50		
			50~75	50~75		
	难以保障 Ⅳ	-1.0~-0.5	<30	<10	评价区可用于灌溉农业的地下水可开采资源量不能全额满足当地正常水平年的灌溉用水需求。	
			30~50	<30		
			50~75	<50		
	无法保障 Ⅴ	<-1.0	30~50	<10	评价区可用于灌溉农业的地下水可开采资源量不足当地正常水平年的灌溉用水需求量的50%。	
			50~75	<30		
			>75	<50		

"安全保障"状态：C 值大于 0.5，A 值明显小于 B 值，表明该区地下水可开采资源的保障能力大于灌溉农业对地下水依赖程度，具备较强的抵御连年干旱、安全保障灌溉农业用水的能力。

"较安全保障"状态：C 值介于 0.0~0.5，A 值小于 B 值，但在降水连年特枯年份，会出现暂时的 A 值大于 B 值状态，表明总体上该区地下水可开采资源保障能力大于灌溉农业对地下水依赖程度，具备抵御降水连年偏枯、安全保障灌溉农业用水的能力。

"基本保障"状态：C 值介于-0.5~0.0，A 值与 B 值近同，表明该区地下水可开采资源的保障能力与灌溉农业对地下水依赖程度之间处于基本平衡状态，具备基本保障能力，其中在降水偏丰年份 A 值可能小于 B 值，或在降水偏枯年份 A 值可能大于 B 值的状态。

"难以保障"状态：C 值介于-1.0~-0.5，A 值大于 B 值，但在遭遇降水特丰年份，会出现暂时的 A 值小于 B 值状态，表明总体上该区地下水可开采资源保障能力小于灌溉农业对地下水依赖程度，基本不具备抵御降水连年偏枯、保障灌溉农业用水的能力。

"无法保障"状态：C 值小于-1.0，A 值明显大于 B 值，表明该区地下水可开采资源保障能力小于灌溉农业对地下水依赖程度，不具备抵御降水连年偏枯、保障灌溉农业用水的能力。

造成灌溉农业的地下水保障能力处于"难以保障"或"无法保障"的原因，在不同地区，原因会不相同。有些地区可能是因为当地地下水可开采资源极度贫乏所致，有些地区是由于灌溉农业规模过大，农业开采量远超过当地地下水可开采资源承载力。连年干旱，不仅导致地表水资源枯竭，而且，地下水补给也大幅减少，同时，农业开采规模显著增大，由此，加剧 A 值与 B 值之差，即加剧农业主导的地下水超采情势。

地下水保障能力（C 值）的大小或是处于"安全保障"还是"无法保障"状态，不仅取决农业开采量的大小，还与当地可用于灌溉农业的地下水可开采资源量多少密切相关，是由灌溉农业用水对地下水依赖程度（A 值）与当地地下水可开采资源保障程度（B 值）之间均衡关系所决定，是随着区域降水量、灌溉农业布局结构和灌溉农业用水效率水平等变化而不断改变的函数，不是永续不变的常量，只适宜作为某一时期的规划或决策的重要科学依据。

2. B 值中地下水可开采资源的基值确定

根据黄淮海平原不同地区的城市化、工业化程度和非农业用水现状，以及确保区域经济合理、和谐发展及国家粮食安全的要求，采用分区识别和针对性确定的原则。即，根据不同类型区农业、工业、生活和生态环境等对地下水资源合理需求，充分考虑评价区现状生活、工业和农业用水状况的现实，确定不同分区地下水可开采资源的基值：

（1）在农业用水量占当地总用水量比率大于 70% 的地区，或生活和工业等非农业用水量占当地总用水量比率小于 30% 的地区，以当地地下水可开采资源量的 70% 作为 B 值的基值，主要为河北平原和河南部分农业区。

（2）在农业用水量占当地总用水量比率介于 50% ~ 70% 的地区，或生活和工业等非农业用水量占当地总用水量比率介于 30% ~ 50% 的地区，以当地开采资源量的 60% 作为基值，主要为河南、山东和安徽的淮河流域大部分农业区。

（3）在农业用水量占当地总用水量比率小于 50% 的地区，或生活和工业等非农业用水量占当地总用水量比率大于 50% 的地区，以当地开采资源量的 55% 作为基值，主要为江苏的淮河流域农业区和安徽的部分农业区。

在实际应用中，根据评价尺度和具体需求，可以细化 B 值中地下水可开采资源的基值分区，例如按地市级分区或水文三级或四级分区，切实从合理需求出发。当然，分区过多，会增加不必要的工作量。本书中研究区是国家主要粮食基地，所以，B 值中地下水可开采资源的基值分区采用粮食主产区（省）作为基础。

10.1.3　评价方法与关键技术

在灌溉农业的地下水保障能力评价中，以县域范围作为资料收集、数据整理和统计的基本单元，包括总用水量、地下水供水量、农业用水量、非农业用水量与地下水开采量、地下水可开采资源量和地表水可利用资源量等基础资料。

第一步，建立研究区的剖分单元体系（图 10.1），作为各要素特征分析和彼此空间耦合特征分析、评价与区划的技术支撑平台基础，剖分单元面积 0.49km²（矩形 0.70km × 0.70km）。本次黄淮海平原的评价区剖分单元，共计 53.8 万个单元。

MapGIS 是支撑技术，主要是用于大区域（数万平方千米以上）作物布局结构、灌溉用水强度、农业开采量、灌溉用水对地下水依赖程度及其所在区域地下水可开采资源承载

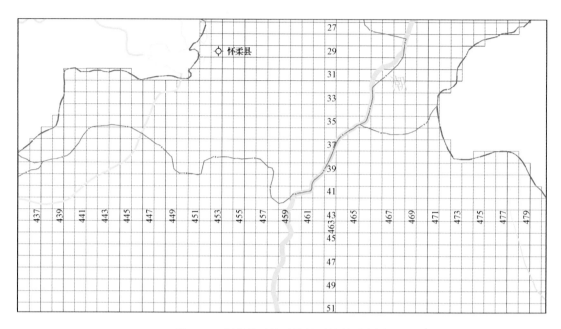

图 10.1　剖分单元体系及单元编码示意图

力之间状况、区划与分区特征识别。MapGIS 是由中地公司研发的、适用于地球科学进行系统科学研究的一种 GIS 技术平台，它采用分布式、跨平台的多层与多级体系结构，具有面向地理实体的空间数据模型，具有可描述任意复杂度的空间特征和非空间特征功能，表达空间、非空间和实体的空间共生性与多重性等关系。

（1）单元剖分与数据一致性耦合：本项研究以 1∶25 万全域地理地图为评价和综合研究底图，利用 MapGIS 输入编辑功能，以 0.7km × 0.7km 精度的网格剖分单元体系（图 10.1），通过剖分单元与各数据进行空间功能分析。将剖分单元的编码作为各评价要素数据的存储和输出的编码，实现不同尺度数据空间一致性问题。

（2）装入工作底图与网格化：按照评价工作的精度要求，在相应精度的地理信息底图上构建评价区空间基础数据库，植入 1∶25 万华北平原地理信息底图。然后，利用MapGIS 技术平台的"造平行线"或"阵列复制"功能，生成剖分网格。在 1∶25 万评价区底图的下边界线和左侧边界线外，构建网格化的基线，横向和纵向各给出一条直线，长度延伸到工作区范围外部。在此基础上，利用线编辑的阵列复制功能对底边界线和左侧边界线进行"列"阵列复制，直至横向网格线和纵向网格线覆盖整个工作区。根据底图比例尺和剖分网格精度，确定网格线间距，并及时换算成本研究技术平台显示的屏幕间距。

（3）生成剖分网格面元文件。在编辑系统中装入剖分网格线文件，点击其他→拓扑错误检查→线拓扑错误检查，检查是否有孤立线段等错误，点击错误信息栏提示的错误。然后，点击右键，按提示对错误相应的处理进行处理。在错误处理完毕后，点击区编辑→线工作区提取弧段，按住鼠标左键，拉一个矩形将整个工作区选中，点击其他→拓扑重建功能，生成网格剖分区文件，并保存。或点击其他→线转弧段，将所有断将转化为弧段，并保存（弧段为区文件）。装入弧段区文件，点击其他→拓扑重建功能，生成单元格的面元。

（4）剖分单元编码：采用类似纬度和经度的方式和排序习惯，用纬向行号和经向列号两组数据编码（图 10.1），以便于查找剖分单元的空间位置。

（5）生成 Lable 点：生成 Lable 点是为了方便属性赋值、数据提取和处理，同时减少运算量，预防死机。在输入编辑系统中，装入已有编码的剖分面元文件，点击其他→生成 Lable 点文件。在每个剖分中心会出现一个小圆点，由此面元生成 Lable 点文件，保存该点文件，即为剖分单元点文件。

第二步，将各要素的相关指标转化成为每年、每平方千米面积上的指标，即"模数"或"强度"［单位：万 $m^3/(a \cdot km^2)$、$hm^2/(a \cdot km^2)$ 等］，进而奠定分析它们之间相互耦合、影响关系的基础。

（1）数据矢量化输入及赋值：该项评价所需数据以非规律性数字数据为主，在空间上呈区块状分布或多点状分布，数据之间不存在渐变过程（源于行政辖区统计所致）。在数据数字化时，首先生成分区边界图，并赋值相应的属性。若是 MapGIS 格式的数据图，则直接属性赋值。若是纸质图，则先将资料图转化 TiF 格式图片；在输入编辑系统中，点击矢量化→装入光栅文件，选择图片保存路径，将栅格图片转入。然后，选择线编辑→输入线，并设置线参数，矢量数字化，形成数据分区线文件。

（2）生成数据分区区文件：该过程参照上述将网格线文件生成网格剖分区文件。点击区编辑→修改属性→编辑区属性结构，给每个数据分区文件设定属性字段，如小麦面积、小麦灌溉量等，属性字段一般不要超过 4 个汉字，否则在属性输出时会出现错误。点击区编辑→修改属性→修改区属性，点击数据分区的子区，弹出"区属性编辑"对话框，在前面设置的相应属性字段栏，输入小麦面积、小麦灌溉量等数据。重复这一步骤，直至所有子区赋给属性值。

（3）误差校正：为了消除数据采集和录入过程中产生的源误差、数据录入后处理过程中产生的误差和空间数据被使用过程中出现的应用误差，包括数据来源于不同部门，所用计算机主图软件也不相同，导致相同地理点在 MapGIS 平台显示时，不重合，制图过程中展绘控制点、编绘或清绘地图、制图综合、制印和套色等引入误差，以及数字化过程中因纸张变形、变换比例尺、数字化仪的精度（定点误差、重复误差和分辨率）、操作员的技能和采样点的密度等引起的误差。

（4）剖分单元赋值：首先属性赋值，在空间分析系统中打开剖分单元区文件和带属性的数据区文件，点击空间分析→区空间分析→区对区相交分析后，弹出选择要相交分析文件对话框。选择剖分单元区文件和相应的数据区文件，然后点击确定，经过一段时间运算，完成空间相交分析。然后，源数据赋值，将已经过核实、验证处理过的数字化数据形成 MapGIS 格式数字化图，在 CSWA 技术平台输入编辑功能赋予相应的属性。通过误差校正系统，使数字化图与 1:25 万评价区底图的相同地理点在屏幕上显示一致，并通过相交分析将各种作物的种植、产量、灌溉用水、气象与水文水资源信息等全部赋值给剖分单元点文件。

（5）数据与结果输出：在经过以上步骤后，剖分单元点文件具有了评价区的地下水可开采资源模数量、农业灌溉用水量与单位面积不同作物灌溉用水强度、农业开采量、降水状况和地表水资源等属性数据。在属性库管理系统中，打开空间相交分析后的剖分网格点文件，可将各要素属性值输出。

第三步，在上述工作基础上，计算各单元 A、B 值和 C 值，按单元序列分别建立相应基础数据库。

根据上述的基本理念，A、B 值和 C 值指标的计算方法如下：

A 等于（评价单元内近 3～5 年平均年农业开采量 * 100)/评价单元内多年平均年灌溉总用水量，单位为%；

B 等于（评价单元内可用于农业灌溉的地下水可开采资源量×100)/评价单元内多年平均年灌溉总用水量，单位为%；

C 等于 $(B-A)/B$，无量纲。

第四步，应用 MapGIS（地学空间数据分析及编图系统）进行空间耦合和分布特征分析，编绘 A、B 值和 C 值分布图及其状况等级区划图（图 10.2）。

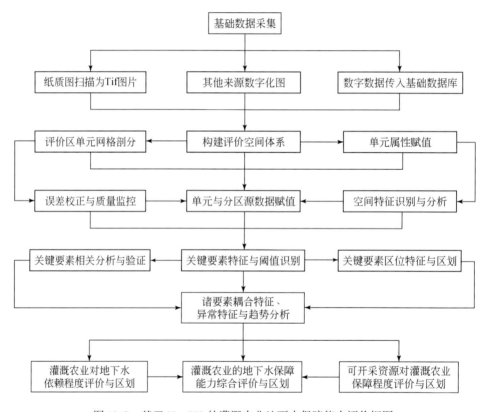

图 10.2 基于 MapGIS 的灌溉农业地下水保障能力评价框图

在通过相应数学评价模型或系统运算之后，评价结果通过属性库管理系统输入到剖分网格面文件中。按照评价分级与标准（表 10.1），在输入编辑系统中打开有评价结果的剖分网格面文件，应用区编辑的"属性赋参数"功能，将适应性同一等级设置为相同的图形参数，形成适宜性评价结果属性单元分布图。为了图形的美观和避免文件较大，利用"合并区"功能将属于一级别的相邻剖分单元的评价结果进行合并，形成完整的区域结果。

具体步骤如下：

（1）属性输出：在属性库管理子系统中，装入空间相交分析后的，带作物灌溉量和可用水量属性值的剖分网格点文件，点击属性→输出属性，弹出"输出属性对话框"，在"输出类型"功能下选择数据库表格（＊.dbf，＊.db，＊.xls，＊.mdb）。如果没有该数据类型，点击"数据源"右边的"+"，添加相应数据库源。在输出字段栏选择要输出的属性项，在"输出文件"功能下选择保存路径及文件名，然后点击"确定"。

（2）在 Excel 电子表格中，打开"输出文件"，即各单元的各项评价指标。然后，根据有关定义或公式，计算每个单元的 A、B 值和 C 值指标。

属性连接：将 Excel 电子表格中计算结果保存为 dbf 格式，相应的数据包含剖分网格的序号、评价结果。在属性库管理子系统中，点击"属性"→"属性连接"，弹出"属性连接"对话框，在"连接文件"功能下选择剖分网格面文件，在"被连接表格"功能下选择评价结果的 dbf 文件。选择按"关键字段"连接，该字段属性值必须唯一，选择要连接的"评价结果字段"（如"适应性"字段），点击"确定"。

数据成图：在"输入编辑"子系统中，装入带有评价结果属性值的剖分面文件，点击"区编辑"→"属性赋参数"，弹出"属性赋参数"对话框，选择"适应性"字段，输入相应评价等级区间最大值和最小值，点击"确定"，弹出"修改参数"对话框，输入既定的参数。重复以上步骤，形成最终评价结果。

第五步，依据地下水可开采资源模数与当地农业实际开采强度（单位时间单位面积农业开采量）之间均衡现状，检验 A、B 值和 C 值在区域分布上合理性、基础数据可靠性和异常区客观性，并选择控点进行实地核查和校验。

第六步，基于上述成果和表 10.1 的指标体系，获得评价区"灌溉农业对地下水依赖程度"和"灌溉农业的地下水保障能力状况"评价成果图（图 10.2）。

10.2　黄淮海区地下水保障能力总体特征

从黄淮海区主要粮食基地的地下水保障能力总体特征上来看，黄河以南地区较强，黄河以北地区较弱（图 10.3、图 10.4）。从图 10.3 可见，灌溉农业用水对地下水依赖程度较高，而且，地下水保障程度小于灌溉农业依赖程度的地市分区，即地下水保障能力处于"难以保障"和"无法保障"状态的地区（图 10.4 中浅红色和红色分布区），大部分地区分布在黄河以北的海河流域平原区。而在黄河以南的黄淮河流域及安徽省沿江平原区，灌溉农业用水对地下水依赖程度较低，而且，地下水保障程度远大于当地灌溉农业对地下水依赖程度（图 10.3），即地下水保障能力处于"安全保障"和"较安全保障"状态的地区（图 10.4 中浅绿色和绿色分布区），遍布黄河以南的黄淮河流域及安徽省沿江平原区。

10.2.1　黄河以北的海河流域平原区地下水保障能力特征

在黄河以北的粮食主产区，包括河北平原、豫北平原和鲁西北平原区，灌溉农业用水对地下水依赖程度普遍较高，尤其河北及天津平原区，由于地下水长期处于超采状态，该区地下水对灌溉农业用水的保障能力较低（图10.3、图10.4），大部分地市分区的 C 值（图10.3中绿色线）处于安全保障阈值线（图10.3中红线）之下，农业灌溉用水对地下水依赖程度（图10.3中橙色柱，A 值）明显大于当地地下水可开采资源保障程度（图10.3中蓝色柱，B 值），从图10.4可见，河北及天津平原区地下水保障能力的绝大部分非浅绿色（较安全保障）和绿色（安全保障）状态，而是呈红色（无法保障）、浅红色（难以保障）和橙色（基本保障）状态。

只有在黄河以北粮食主产区的鲁西北平原，即聊城、德州、滨州和东营地区因地表水资源较丰富，而在图10.4中呈浅绿色（较安全保障）、局部绿色（安全保障）状态，那里的地下水可开采资源保障程度（图10.3中蓝色柱，B 值）大于农业灌溉用水对地下水依赖程度（图10.3中橙色柱，A 值），地下水保障能力（图10.3中绿色线，C 值）分布在安全保障阈值线（图10.3中红色线）之上。

10.2.2　黄河以南的黄淮流域平原区地下水保障能力特征

在黄河以南的黄淮河流域平原区，地下水对灌溉农业用水的保障能力普遍较高（图10.3、图10.4），在图10.4中呈绿色（安全保障）、局部浅绿色（较安全保障）状态，那里的大部分粮食主产区地下水保障能力（图10.3中绿色线，C 值）位于安全保障阈值线（图10.3中红线）之上，农业灌溉用水对地下水依赖程度（图10.3中橙色柱，A 值）明显小于当地地下水可开采资源保障程度（图10.3中蓝色柱，B 值）。

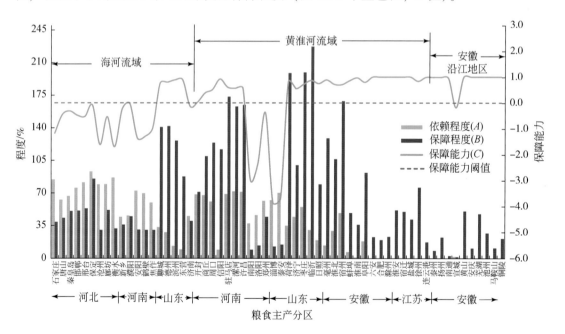

图10.3　黄淮海区主要粮食基地地下水保障能力变化特征及其与相关指标之间关系

图中橙色柱大于蓝色柱的差越大，保障能力越低；蓝色柱大于橙色柱的差越大，保障能力越高

只有黄河以南粮食主产区的南部部分地区，如南阳、洛阳、郑州、淄博和泰安地区地

下水可开采资源保障程度（图 10.3 中蓝色柱，B 值）小于当地农业灌溉用水对地下水依赖程度（图 10.3 中橙色柱，A 值），地下水保障能力（图 10.3 中绿色线，C 值）分布在安全保障阈值线（图 10.3 中红线）之下。

在安徽的沿江地区，除宣城地区之外，灌溉农业对地下水依赖程度（图 10.3 中橙色柱，A 值）普遍低，地下水可开采资源保障程度（图 10.3 中蓝色柱，B 值）也不高，但是，地下水保障能力（图 10.3 中绿色线，C 值）分布在安全保障阈值线（图 10.3 中红线）之上。

10.3　河北粮食主产区地下水保障能力

10.3.1　灌溉农业地下水保障能力特征

从总体上看，河北粮食主产（省）区地下水可开采资源对当地农业灌溉用水需求的保障能力处于“难以保障”状态（表 10.2，图 10.4、图 10.5），农业灌溉用水对地下水依赖程度（图 10.5 中橙色柱，A 值）普遍大于当地地下水可开采资源保障程度（图 10.5 中蓝色柱，B 值），各地市分区的 C 值（图 10.5 中绿色线）普遍处于安全保障阈值线（图 10.5 中红色线）之下，在图 10.4 中绝大部分地区的地下水保障能力呈红色（无法保障）、浅红色（难以保障）和橙色（基本保障）状态，难以可持续开发利用。只有保定、廊坊和秦皇岛的局部地区，地下水保障能力呈浅绿色（较安全保障）状态。

在河北主产区，9 个地市分区农业灌溉用水对地下水依赖程度（图 10.5 中橙色柱，A 值）普遍较高，其中 7 个地市分区的 A 值大于 75%，保定、衡水、石家庄和邢台地区的农业灌溉用水对地下水依赖程度（图 10.5 中橙色柱，A 值）较大，分别达 93.16%、86.58%、84.55% 和 81.59%（表 10.2）。如果这些地区农业开采强度持续下去，代价是地下水位继续不断下降，甚至随着包气带厚度增大而地下水位可能加剧下降。

表 10.2　河北粮食主产区各分区地下水保障能力及相关指标

指标		石家庄	衡水	沧州	邢台	廊坊	邯郸	唐山	秦皇岛	保定
农业开采量占农业总用水量	2011 年	86.35	88.93	81.14	84.23	83.33	75.42	65.07	69.18	93.05
	2012 年	85.29	87.50	81.07	79.48	82.06	74.37	62.43	68.01	94.16
	2013 年	82.03	83.31	76.36	81.04	73.94	77.62	61.84	63.67	92.29
	A 值/%	84.55	86.58	79.52	81.59	79.78	75.80	63.12	66.95	93.16
农业地下水可开采资源	数量/亿(m³/a)	8.70	4.45	3.00	7.28	3.49	7.22	7.06	3.03	19.61
	B 值/%	39.02	32.19	30.54	53.66	52.01	51.24	43.52	50.92	85.30
地下水保障能力	C 值	-1.17	-1.69	-1.60	-0.52	-0.53	-0.48	-0.45	-0.31	-0.09
	状态	无法保障			难以保障		基本保障			

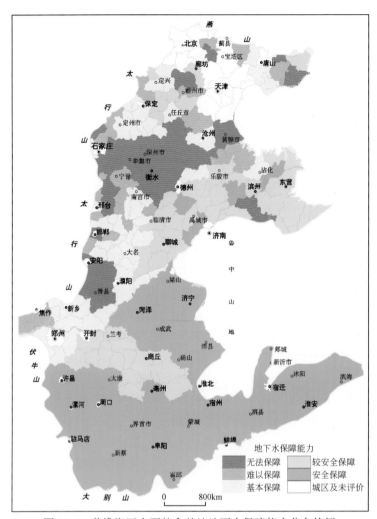

图 10.4　黄淮海区主要粮食基地地下水保障能力分布特征

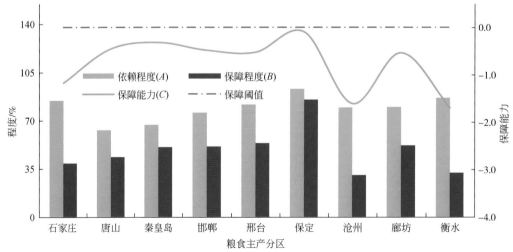

图 10.5　河北粮食主产区地下水保障能力及其与组成要素之间关系

图中橙色柱大于蓝色柱的差越大，保障能力越低；蓝色柱大于橙色柱的差越大，保障能力越高

河北主产区的保定地区地下水保障能力最强（图10.5中绿色线，C 值），为-0.09，呈"基本保障"状态，B 值（图10.5中蓝色柱）为85.30%，但 A 值（图10.5中橙色柱）也较大，为93.16%。其次，秦皇岛、唐山和邯郸地区，C 值（图10.5中绿色线）分别为-0.31，-0.45 和-0.48，也呈都"基本保障"状态，B 值（图10.5中蓝色柱）分别为50.92%、43.52%和51.24%，A 值（图10.5中橙色柱）介于63%～76%。衡水、沧州和石家庄地区农业地下水资源保障能力较差，C 值（图10.5中绿色线）分别为-1.69，-1.60 和-1.17，都处于"无法保障"状态，当地地下水可开采资源保障程度（图10.5中蓝色柱，B 值）较小，分别为32.19%、30.54%和39.02%，而该区农业灌溉用水对地下水依赖程度（图10.5中橙色柱，A 值）较大，介于79%～87%（表10.2）。

从表10.2和图10.5可见，衡水和沧州地区地下水保障能力（图10.5中绿色线，C 值）处于"无法保障"状态，不仅与地下水可开采资源较少有关，而且，农业开采量占当地农业总用水量的比率过大，即农业灌溉用水对地下水依赖程度过高，A 值（图10.5中橙色柱）分别达86.58%和79.52%。虽然石家庄地区地下水保障能力也处于"无法保障"状态，但是与衡水、沧州地区的成因明显不同。石家庄地区地下水可开采资源量比衡水和沧州地区赋存较多，也是地下水资源较富水地区，问题的根源在于石家庄地区农业灌溉用水对地下水依赖程度（图10.5中橙色柱，A 值）过高，地下水长期处于超采严重，A 值为84.55%，B 值为39.02%。保定和邯郸地区的 C 值（图10.5中绿色线）小于-0.50，与当地地下水可开采资源较丰富有关，B 值（图10.5中蓝色柱，）分别为85.30%和51.24%。秦皇岛和唐山地区的 C 值（图10.5中绿色线）小于-0.50，是因为当地农业灌溉用水对地下水依赖程度（图10.5中橙色柱，A 值）较低。

10.3.2　地下水保障农业用水有利条件与问题

地下水保障农业用水有利条件与问题的提出，是基于上述评价和综合研究结果，结合各粮食主产区地下水埋藏、人工调蓄、开采和农业开采井分布与监测等，以及灌溉农业对地下水依赖程度和可开采资源保障能力。

1. 地下水保障农业用水有利条件

（1）在河北主产区，农田区地下水开采与人工调蓄条件具有明显优势。农业开采井、监测井密布农田区，浅井（井深小于120m）、深井（井深大于120m）有序分布。浅层地下水含水层组具有较大调蓄空间，山前农业区包气带厚度介于25～60m，中东部地区介于5～25m，为外域调入该区存储提供了良好场所，尤其在山前冲洪积平原超采区，具备主要河道带良好入渗条件和超采形成地下储存库容。

（2）南水北调中线、东线工程和黄河入冀进津调水工程的输水支线，广布京津以南的河北粮食主产区，且与诸多地表、地下水调蓄场区有机相连，具备了较好人工调蓄地下水条件，包括20世纪80年代国际合作在邢台市南宫地区黄河古河道带分区建设的"南宫地下水库"以及南水北调中线调水工程干渠的下游、石家庄大型地下水水源地（滹沱河冲洪积扇上）人工地下调蓄场。

（3）河北主产区正在全面实施超采区地下水压采工程，包括国家投入数十亿资金，在黑龙港地区，通过优化调减小麦等耗水作物布局结构，降低灌溉用水超采地下水强度，压减深层地下水开采量近 10 亿 m³/a，同时，引黄河水 18 亿 m³/a。如此不仅可以大幅减少农业灌溉用水的地下水超采量，而且，还将增加引水灌溉渗漏对地下水补给量，增强该区地下水保障能力。

（4）河北省政府主导构建了"种植业高效用水技术路线图"，它充分考虑了现状北地下水超采的区域类型、供水边界、作物布局、节水目标、技术壁垒和资源配置等指标，瞄准未来 5 年和 10 年期不同类型灌溉农田减蒸控灌稳产节水，已成为该地区地下水超采综合治理的主推重大科技支撑技术，包括集成研发的"小麦调亏控蘖、玉米增密调冠'稳夏增秋'周年节水栽培技术模式"、蔬菜"覆盖减蒸–根层灌溉–智能调控的适位适量根层控漏"节水模式和苹果/梨"不同立地条件下沟灌覆草灌溉、分区交替灌溉和改良小管出流灌溉的'三适一降'节水栽培模式"，为确保灌溉农田规模化减蒸控灌节水缓解地下水超采情势创建了有利条件。

2. 地下水保障农业用水面临问题

（1）在河北粮食主产区，浅层地下水及深层地下水普遍超采，尤其是京津以南地区，包括石家庄、邯郸、邢台、保定、沧州、廊坊和衡水地区，农业对地下水依赖程度（A值）普遍大于 75%，其中沧州地区的 A 值达 79.52%、邢台 81.59%、石家庄 84.55%、衡水地区 86.58% 和保定 93.16%，灌溉农业规模以超过当地地下水可开采资源承载能力。黑龙港地区小麦等灌溉农业布局结构和用水强度调减，尚未转移出河北主产区，只是由河北主产区中部地区向滨海平原（环渤海粮仓工程）转移。滨海平原的地下水可开采资源承载能力不足山前平原的 1/5 或中部平原 1/3，同时，地下水的地质环境功能十分脆弱，一旦出现地下水持续超采，极易造成海水入侵和大规模不均匀地面沉降等环境地质灾害。

（2）在河北主产区，灌溉农业种植强度支撑的农业用水需求，远大于地下水可保障农业用水的承载能力，除保定地区之外，其他各分区 B 值都小于 60%，其中石家庄、沧州和衡水地区 B 值不足 40%，农业灌溉用水对当地地下水需求过大。根本举措，或大规模压减小麦、蔬菜等耗水作物播种规模，或扩大外域调水能力入冀供给农业区灌溉用水。

10.4　河南粮食主产区地下水保障能力

10.4.1　灌溉农业地下水保障能力特征

在河南粮食主产（省）区，分为黄河以北的海河流域和黄河以南的淮河流域两大区域，由图 10.4 可知，黄河以北的海河流域河南主产区地下水保障能力（图 10.6 中绿色线，C 值）不如黄河以南的淮河流域河南主产区，尤其是黄河以北的海河流域地下水可开采资源保障程度远弱于淮河流域河南主产区，而黄河以北的海河流域河南主产区灌溉农田用水对地下水依赖程度较高。

1. 海河流域的河南主产区

在河南主产区的海河流域，气候条件、农田类型及管理方式与河北南部地区类似，部分地区地下水可开采资源对当地农业灌溉用水需求的保障能力（图 10.6 中绿色线，C 值）处于"难以保障"或"无法保障"状态，如安阳、鹤壁地区 C 值（图 10.6 中绿色线）都小于 -0.50，地下水保障能力处于"无法保障"状态，A 值（图 10.6 中橙色柱）大于 68%，B 值小于 31%（图 10.6 中蓝色柱）。焦作地区 C 值（图 10.6 中绿色线）为 -0.97，地下水保障能力处于"难以保障"状态，A 值（图 10.6 中橙色柱）大于 50%，B 值为 30.43%（图 10.6 中蓝色柱）。安阳、鹤壁和焦作地区农业开采量占当地农业总用水量的比率（图 10.6 中橙色柱，A 值）较大，安阳为 72.73%、鹤壁为 69.84% 和焦作为 59.85%。

在河南主产区的濮阳和新乡地区，C 值（图 10.6 中绿色线）介于 -0.05 ~ 0，地下水保障能力处于"基本保障"状态，受益黄河地表水，农业开采量占当地农业总用水量的比率（图 10.6 中橙色柱，A 值）较小，分别为 46.11% 和 44.68%（表 10.3），而地下水可开采资源保障程度（图 10.6 中蓝色柱）较高。

表 10.3　河南粮食主产区各分区地下水保障能力及相关指标

分区	农业开采量占农业总用水量（A 值）/%	地下水可开采资源		地下水保障能力	
		数量/亿(m^3/a)	B 值/%	C 值	状态
海河流域					
新乡	44.68	5.49	36.09	-0.24	基本保障
濮阳	46.11	5.49	45.30	-0.02	
焦作	59.85	1.92	30.43	-0.97	难以保障
安阳	72.73	4.24	30.81	-1.36	无法保障
鹤壁	69.84	1.12	30.43	-1.29	
淮河流域					
开封	68.77	4.11	71.23	0.03	较安全保障
商丘	67.89	6.55	109.53	0.38	
周口	61.05	8.86	124.09	0.51	
信阳	9.44	8.09	117.08	0.92	
驻马店	69.09	8.99	173.22	0.60	安全保障
漯河	71.86	2.05	162.70	0.56	
许昌	71.55	3.24	164.47	0.56	
南阳	37.59	0.71	9.49	-2.96	无法保障
洛阳	46.53	0.51	13.86	-2.36	
郑州	61.75	3.13	44.84	-0.38	基本保障

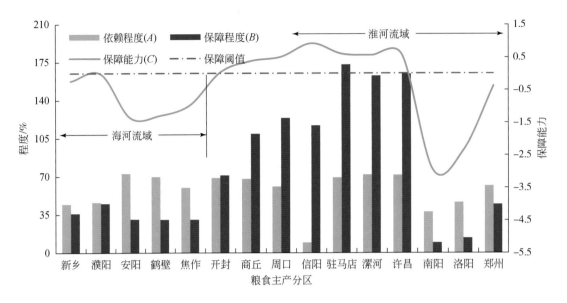

图 10.6　河南粮食主产区地下水保障能力及其与组成要素之间关系

图中橙色柱大于蓝色柱的差越大，保障能力越低；蓝色柱大于橙色柱的差越大，保障能力越高

2. 淮河流域的河南主产区

黄河以南的淮河流域河南主产区，地下水保障能力（图 10.6 中绿色线，C 值）总体上好于黄河以北的海河流域平地区，河南主产区的淮河流域大部分地市分区地下水保障能力（图 10.6 中绿色线，C 值）处于保障阈值（图 10.6 中红色线）之上，呈现"安全保障"或"较安全保障"状态，地下水可开采资源保障程度（图 10.6 中蓝色柱，B 值）显著高于黄河以北的粮食主产区（表 10.3），农业开采量占当地农业总用水量的比率（图 10.6 中橙色柱，A 值）也较大，介于 61.05% ~71.86%。在河南主产区的郑州、洛阳和南阳地区，地下水保障能力（图 10.6 中绿色线，C 值）较差，C 值处于安全保障阈值线（图 10.6 中红色线）之下。

在河南主产区的淮河流域，各地市分区地下水保障能力（图 10.6 中绿色线，C 值）处于"安全保障"或"较安全保障"状态，在图 10.4 中呈绿色或浅绿色分布区，主要原因是当地农业开采量占当地农业总用水量的比率（图 10.6 中橙色柱，A 值）较小，而地下水可开采资源量所占比率（图 10.6 中蓝色柱，B 值）较大，A 值多为小于 70%，而 B 值多为大于 100%。而黄河以北的河南主产区，各地市分区地下水保障能力处于"难以保障"或"无法保障"状态（表 10.3），与当地地下水可开采资源量占当地农业总用水量比率（图 10.6 中蓝色柱，B 值）较小有关，即可用于灌溉农业的地下水可开采资源较少，大部分地市分区 B 值小于 40%。

10.4.2　地下水保障农业用水有利条件与问题

1. 地下水保障农业用水有利条件

在河南主产区，地下水补给水源比较充沛，农田区地下水超采状况没有河北粮食主产区严峻，许多地市分区地下水保障能力处于"较安全保障"状态，B 值大于 100%，有较强的保障能力。

河南主产区的地市分区灌溉农业对地下水依赖程度适中，A 值小于 70%，明显小于当地的 B 值，尤其淮河流域地下水开发利用程度较低，尚有一定的合理开发利用潜力。该主产区还普遍具备良好的地表-地下水人工调蓄地下水条件，雨洪较充沛，地表水资源和河渠网系广布，二元水循环-水资源优化配置的地表水-地下水资源联合调蓄与互补潜力较大。

2. 地下水保障农业用水面临问题

河南主产区洪涝较多，地表水、地下水污染较严重，影响农田区浅层地下水水质安全及其可用性。在河南主产区，上游矿山开发，疏干排水对农业区用水影响越来越严峻。矿山疏干排水如何合理安全利用是值得重视的农业安全用水面临重要问题。

10.5　山东粮食主产区地下水保障能力

10.5.1　灌溉农业地下水保障能力特征

山东粮食主产（省）区也是由黄河为界，分为黄河以北的海河流域和黄河以南的淮河流域两大区域。由图 10.4 可知，黄河以北的海河流域山东主产区地下水保障能力（图 10.7 中绿色线，C 值）不如黄河以南的淮河流域山东主产区，尤其是黄河以北的海河流域地下水可开采资源保障程度弱于淮河流域山东主产区。

1. 海河流域的山东主产区

在山东主产区的海河流域，只有济南地区灌溉农业用水对地下水依赖程度（图 10.7 中橙色柱，A 值）较高，达 45.51%，地下水可开采资源保障程度（图 10.7 中蓝色柱，B 值）较低，为 40.30%。其他地区，灌溉农业用水对地下水依赖程度（图 10.7 中橙色柱，A 值）都小于 35%，其中滨州和东营地区的灌溉农业用水对地下水依赖程度介于 9.75% ~27.99%，地下水可开采资源保障程度（图 10.7 中蓝色柱，B 值）较高，介于 87.69% ~126.26%。

除济南地区地下水保障能力（图 10.7 中绿色线，C 值）处于"基本保障"状态之外，其他地区地下水保障能力都处于"安全状态"，C 值介于 0.76 ~0.89（表 10.4），C 值（图 10.7 中绿色线）处于安全保障阈值线（图 10.7 中红色线）之上，这与当地表水资源较丰富有关，其 A 值（图 10.7 中橙色柱）小于 35%，B 值（图 10.7 中蓝色柱）则大于 85%。只有济南地区 C 值（图 10.7 中绿色线）处于安全保障线（图 10.7 中红色线）之下，其 A 值（图 10.7 中橙色柱）大于 45%，B 值（图 10.7 中蓝色柱）为 40.30%。

表 10.4　山东粮食主产区各分区地下水保障能力及相关指标

分区	农业开采量占农业总用水量（A 值）/%	地下水可开采资源		地下水保障能力	
		数量/亿（m³/a）	B 值/%	C 值	状态
海河流域					
聊城	33.57	7.88	140.71	0.76	安全保障
德州	27.99	7.68	141.96	0.80	
滨州	13.59	2.26	126.26	0.89	
东营	9.75	0.57	87.69	0.89	
济南	45.51	1.89	40.30	-0.13	基本保障
淮河流域					
淄博	62.64	0.46	12.92	-3.85	无法保障
泰安	70.43	0.93	15.02	-3.69	
菏泽	35.18	11.84	198.66	0.82	安全保障
济宁	44.83	9.48	99.89	0.55	
枣庄	55.43	3.53	199.44	0.72	
临沂	30.55	8.49	227.01	0.87	
日照	19.71	0.58	79.45	0.75	

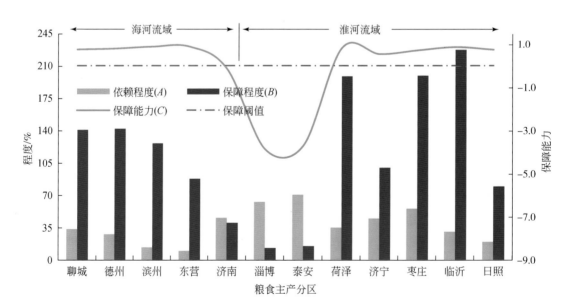

图 10.7　山东粮食主产区地下水保障能力及其与组成要素之间关系

图中橙色柱大于蓝色柱的差越大，保障能力越低；蓝色柱大于橙色柱的差越大，保障能力越高

2. 淮河流域的山东主产区

在山东主产区的淮河流域,除淄博和泰安地区地下水可开采资源对当地农业灌溉用水需求的保障能力(图 10.7 中绿色线,C 值)处于"无法保障"状态之外,其他地区地下水保障能力都处于"安全保障"状态(表 10.4),C 值(图 10.7 中绿色线)处于安全保障阈值线(图 10.7 中红色线)之上,C 值介于 0.55~0.87,A 值(图 10.7 中橙色柱)介于 19.71%~55.43% 和 B 值都大于 79%,这与当地表水资源较丰富有关。

在山东主产区的淄博和泰安地区,C 值(图 10.7 中绿色线)处于安全保障线(图 10.7 中红色线)之下,A 值(图 10.7 中橙色柱)大于 60% 和 B 值(图 10.7 中蓝色柱)都小于 16%,主要原因是地下水可开采资源量占当地农业总用水量比率(图 10.7 中蓝色柱,B 值)较小,即可用于农业的地下水可开采资源较少,而农业开采量占当地农业总用水量的比率(图 10.7 中橙色柱,A 值)较大。

10.5.2　地下水保障农业用水有利条件与问题

1. 地下水保障农业用水有利条件

在山东粮食主产区,地下水补给水源比较充沛,农田区地下水开采程度不高,大部分粮食主产分区地下水保障能力处于"较安全保障"状态,B 值大于 100%,有较强的保障能力。

山东主产区的大部分地市分区的灌溉农业对地下水依赖程度较低,A 值小于 50%,明显小于当地的 B 值,尚有较大的合理开发利用潜力。同时,该主产区普遍具备良好的地表-地下水人工调蓄地下水条件,多有地表水资源可以调蓄利用。

2. 地下水保障农业用水面临问题

山东主产区的沿黄地区及冲湖积地区,由于含水层主要由粉细砂组成,给水能力不强,制约了当地农业合理开发利用地下水,以至潜水位不断上升,导致土地盐渍化日趋严重。

在山东主产区,工业超采地下水和排放废水,影响地表水和浅层地下水水质状况,对农田区地下水保障能力影响日趋明显,甚至出现流域性地下水安全劣变问题。

10.6　安徽粮食主产区地下水保障能力

10.6.1　灌溉农业地下水保障能力特征

在安徽粮食主产(省)区,分为淮河流域和沿江地区的两大区域,其中沿江地区应属于长江中下游主要粮食基地,但作为安徽主产区的整体,在这里一并讨论。

1. 淮河流域的安徽主产区

在淮河以北的安徽主产区，农业灌溉用水对地下水有一定的需求，而淮河以南地区农业灌溉用水对地下水有一定的需求较少（图 10.8 中橙色柱，A 值）。从表 10.5 和图 10.8 可见，安徽主产区的淮河流域各地市分区，包括亳州、淮北、宿州、蚌埠、淮南和阜阳地区，地下水可开采资源对当地农业灌溉用水需求的保障能力（图 10.8 中绿色线，C 值）处于"较安全保障"状态，C 值处于安全保障阈值线（图 10.8 中红色线）之上。在六安、合肥和滁州地区，由于当地地表水资源丰富，农田灌溉尚未需要开发利用地下水，所以，当地的 C 值（图 10.8 中绿色线）→1.00，这是由于当地灌溉农业用水对地下水基本无需求所致。但是，这些地区的可用于农业灌溉的地下水可开采资源量远小于当地农业总用水量，所以，地下水保障能力不高，B 值（图 10.8 中蓝色柱）多为小于 30%，农业灌溉用水对地下水依赖程度（图 10.8 中橙色柱，A 值）→0.0，即当地灌溉农业用水对地下水尚无需求。亳州、淮北、宿州、蚌埠、淮南和阜阳地区的地下水保障能力（图 10.8 中绿色线，C 值）大于安徽粮食主产区的沿江地区，B 值（图 10.8 中蓝色柱）多大于 50%，其中亳州、淮北、宿州地区的地下水可开采资源量占当地农业总用水量比率（图 10.8 中蓝色柱，B 值）大于 100%，即农业总用水量大于当地可用于灌溉农业用水的地下水可开采资源量。

表 10.5 安徽粮食主产区各分区地下水保障能力及相关指标

分区	农业开采量占农业总用水量（A 值）/%	地下水可开采资源		地下水保障能力	
		数量/亿(m^3/a)	B 值/%	C 值	状态
淮河流域					
亳州	14.11	7.14	128.88	0.89	安全保障
淮北	29.58	2.13	106.50	0.72	
宿州	48.95	8.56	168.50	0.71	
蚌埠	7.01	5.21	48.92	0.86	
淮南	1.12	2.21	36.35	0.97	
阜阳	18.51	9.35	91.94	0.80	
六安	0	5.68	22.98	1.00	
合肥	0	3.86	19.90	1.00	
滁州	0	3.85	23.32	1.00	
沿江地区					
宣城	2.01	0.17	1.70	−0.18	基本保障
黄山	0.74	1.81	50.84	0.99	安全保障
安庆	0	2.04	11.05	1.00	
芜湖	4.96	4.96	47.69	1.00	
池州	0	1.28	27.12	1.00	
马鞍山	0	0.90	11.17	1.00	
铜陵	0	0.28	21.21	1.00	

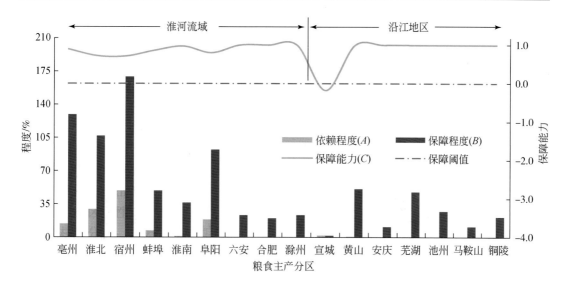

图 10.8　安徽粮食主产区地下水保障能力及其与组成要素之间关系

图中橙色柱的大小，反映灌溉农业对地下水依赖程度；蓝色柱的大小，反映地下水对灌溉农业用水可保障程度

2. 沿江地区的安徽主产区

在安徽主产区的沿江地区，包括宣城、黄山、安庆、芜湖、池州、马鞍山和铜陵地区，农业灌溉用水对地下水依赖程度（图 10.8 中橙色柱，A 值）都很低，A 值普遍小于 3.0%，地下水保障能力（图 10.8 中绿色线，C 值）不强，B 值（图 10.8 中蓝色柱）多为小于 30%（表 10.5），但是，除宣城地区之外，其他分区的地下水保障能力（图 10.8 中绿色线，C 值）都位于安全保障阈值线（图 10.8 中红色线）之上，呈现地下水保障能力具有较高的安全性。

10.6.2　地下水保障农业用水有利条件与问题

1. 地下水保障农业用水有利条件

在安徽粮食主产区，地下水保障问题主要局限在淮北地区，包括亳州、淮北、宿州和阜阳地区，灌溉农业对当地地下水具有一定程度的依赖性，A 值介于 14% ~ 49%，但是，灌溉农业对当地地下水依赖程度适中，A 值明显小于当地 B 值，地下水保障能力处于"较安全保障"状态，B 值大于 90%，有较强的保障能力。

安徽主产区普遍具备良好的地表–地下水人工调蓄地下水条件，多有地表水资源可以调蓄利用。

2. 地下水保障农业用水面临问题

在安徽主产区的沿河、沿江地区及冲湖积地区，由于含水层主要由粉细砂组成，给水能力不强，制约了当地农业合理开发利用地下水，以至潜水位不断上升，影响土地质量。

安徽主产区洪涝较多，加之，上游多有矿山开发，疏干排水对农业区用水影响和矿山疏干排水如何合理安全利用，尤其在重金属背景值高的地区，应引起高度重视，确保粮食生产绿色环保安全。

10.7　江苏粮食主产区地下水保障能力

10.7.1　灌溉农业地下水保障能力特征

这里仅阐述淮河流域的江苏粮食主产（省）区灌溉农业地下水保障能力特征。在淮河流域的江苏主产区，农业灌溉用水对地下水依赖程度普遍较低（图10.9中橙色柱，A值），A值小于1.0%，地下水保障能力（图10.9中绿色线，C值）不强，尽管C值（图10.9中绿色线）处于安全保障阈值线（图10.9中红色线）之上，但是当地可用于灌溉农业的地下水可开采资源量（图10.9中蓝色柱，B值）较低，B值多为小于50%（表10.6），是黄淮海区主要粮食基地的5个主产（省）区中可用于灌溉农业的地下水可开采资源量最为弱的主产区。

淮河流域的江苏主产区地下水保障能力处于"安全保障"状态，在图10.4中普遍呈现绿色（"安全保障"状态）分布区，是由于当地灌溉农业对地下水依赖程度（图10.9中橙色柱，A值）低，地表水资源丰富，农业开采量很少或没有所致，该区C值（图10.9中绿色线）介于0.95~1.00。只有徐州地区的农业灌溉用水对地下水有一定的需求（图10.9中橙色柱，A值），A值0.42%，当地可用于灌溉农业的地下水可开采资源量（图10.9中蓝色柱，B值）较高，B值为76.14%，地下水保障能力（图10.9中绿色线，C值）达0.84。

表10.6　江苏粮食主产（省）区淮河流域地下水保障能力及相关指标

分区	农业开采量占农业总用水量（A值）/%	地下水可开采资源		地下水保障能力	
		数量/亿（m³/a）	B值/%	C值	状态
淮安	0.12	6.26	51.78	1.00	
宿迁	0.14	5.69	50.22	1.00	
盐城	0.16	9.24	42.04	1.00	
徐州	0.42	9.54	76.14	0.84	安全保障
连云港	0.09	3.75	17.37	0.99	
泰州	0.12	1.99	8.30	0.99	
扬州	0.15	2.98	22.71	0.99	
南通	0.16	0.63	2.92	0.95	

* 单位：亿 m³/a。

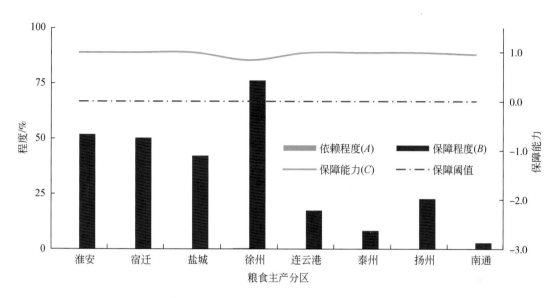

图 10.9　江苏粮食主产区淮河流域地下水保障能力及其与组成要素之间关系

图中橙色柱的大小，反映灌溉农业对地下水依赖程度；蓝色柱的大小，反映地下水对灌溉农业用水可保障程度

在江苏主产区的徐州、淮安、宿迁和盐城地区，可用于农业灌溉的地下水可开采资源量（图 10.9 中蓝色柱，B 值）也具有较高的保障能力，B 值分别为 76.14%、51.78%、50.22% 和 42.04%，当地灌溉农业用水对地下水依赖程度（图 10.9 中橙色柱，A 值）很低，A 值介于 0.12% ~ 0.42%，当地可用于灌溉农业的地下水可开采资源量（图 10.9 中蓝色柱，B 值）在江苏粮食主产区为较高地区，B 值介于 42.04% ~ 76.14%，地下水保障能力（图 10.9 中绿色线，C 值）介于 0.84 ~ 1.00。南通、泰州、连云港和扬州地区的地下水保障能力（图 10.9 中绿色线，C 值）偏低，B 值（图 10.9 中蓝色柱）分别为 2.92%、8.30%、17.37% 和 22.71%，相应 A 值（图 10.9 中橙色柱）介于 0.09% ~ 0.16%（表 10.6），当地灌溉农业用水对地下水依赖程度处于极低的状态。

10.7.2　地下水保障农业用水有利条件与问题

1. 地下水保障农业用水有利条件

江苏主产区的雨水和地表水资源十分丰富，除徐州地区灌溉农业少量开采地下水之外，其他分区基本没有规模化利用地下水进行农业灌溉，由此，A 值普遍小于 1.0%，地下水保障能力处于"安全保障"或"较安全保障"状态。

在江苏主产区的徐州、淮安、宿迁和盐城等地区，地下水对灌溉农业用水具有较强保障能力，B 值介于 42.04% ~ 76.14%，尚有开发利用潜力。

2. 地下水保障农业用水面临问题

总体来看，江苏主产区可用于农业的地下水资源有限，地下水可开采资源模数不足

9.0 万 $m^3/(a \cdot km^2)$，但该区灌溉用水强度介于 16 万 ~ 28 万 $m^3/(a \cdot km^2)$，且城市和工业开采深层地下水水量日益增加，地面沉降等环境地质问题比较突出。

在江苏主产区，浅层地下水未被合理开采利用，潜水位埋藏较浅，与地表水之间水力联系十分密切，防污差，易遭受工业排放废水影响，不利于农业灌溉用水安全。

10.8　小　　结

（1）地下水保障能力（C）是度量粮食主产区地下水支撑灌溉农业能力的重要指标，它与灌溉农业对地下水供给的依赖程度（A）和当地可用于农业的地下水可开采资源多少（B）之间密切相关，三者构成灌溉农业的地下水保障能力评价方法。地下水保障能力（C）是依赖程度（A）和保障程度（B）的函数，A、B 任一项发生变化，都会引起地下水保障能力（C）的响应变化。

（2）地下水保障程度（B）是自然属性，其基础是地下水天然资源及可开采资源数量的多少；同时，它还具有一定的经济社会属性。对于人口高度聚集、工业发达地区，可用于农业灌溉的地下水可开采资源量比率不应大于 60%；对于农业占当地经济主导的省、市和县区，现状条件下可用于农业灌溉的地下水可开采资源量比率不应小于 70%。未来 20 年或 30 年之后，黄淮海区主要粮食基地农业用水与生活和工业等用水的比率，应逐步调控为 5:5 或 6:4。黄河以北地区宜以 6:4 比率为主，黄河以南地区宜以 5:5 比率为主。类似北京、天津等特大城市群、人口高度聚集地区，宜采用 4:6 比率，如何不仅有利于地下水资源可持续利用，而且，更有利于不断提高黄淮海区主要粮食基地灌溉农业的地下水保障能力。

（3）应用上述评价理论方法，结果表明：黄河以北的海河流域粮食主产区地下水保障能力呈现危机情势，大部分地区的 C 值处于安全保障阈值线以下，农业灌溉用水对地下水依赖程度明显大于当地地下水可开采资源承载力；黄河以南的淮河流域粮食主产区地下水保障能力总体上处于"较安全保障"状态，大部分地区的 C 值位于安全保障阈值线之上，且农业灌溉用水对地下水依赖程度明显小于当地地下水可开采资源承载力。

（4）在黄淮海区主要粮食基地的 5 个粮食主产区中应用结果表明，地下水保障能力评价理论方法，能够客观阐明大区域的灌溉农业用水对地下水依赖状况、地下水保障能力分布特征及成因，且它与灌溉农业主导的地下水超采情势密切相关，还能够客观反映气候变化、地表水资源和农作物布局结构状况对粮食主产区地下水保障能力影响状况，反映评价区地下水可开采资源、非农业用水状况和耗水型农作物播种强度对地下水保障能力影响状况，方便于大规模的区域性应用和对比。

第 11 章 粮食主产区地下水合理开发理论 与精要——以黄淮海区主要粮食基地为例

国以民为本，民以食为天。国家领导人曾指出：在我们这样一个有 13 亿多人口的大国，保障粮食安全始终是国计民生的头等大事。要研究和完善粮食安全政策，把产能建设作为根本，实现藏粮于地、藏粮于技。粮食安全已上升为国家安全战略，同时，粮食安全保障也面临严峻挑战。一方面随着人口增加、城镇化推进，粮食需求量刚性增长，粮食供应压力仍然很大；另一方面，人多地少、水旱灾害频发和我国北方粮食主产区地下水超采日趋严重等国情，制约着我国粮食持续稳定生产。

灌溉农业的发展，是我国粮食稳产高产和保障国家粮食安全的重大需求。由于受降水和水资源时空分布格局所限，我国北方许多产区农业灌溉用水中地下水供给量占比率较大，数百万眼农田机井分布在我国北方粮食主产区，地下水作为灌溉水源的耕地面积占我国粮食主产区灌溉面积的 50% 以上。地下水已经成为我国北方粮食主产区灌溉农业生产的基本条件和高产稳产的保障条件，尤其在河北、河南、山东、安徽、黑龙江、吉林、辽宁和内蒙古等主产区，粮食安全生产已离不开地下水保障，农业开采量占灌溉用水量的比率不断提高，灌溉用水对地下水依赖程度逐年攀升，黄河以北的黄淮海区粮食主产区农业开采量已占当地农业总用水量的 70% 以上，河北平原的大部分地区农业开采量已占 80% 以上。但是，由于长期过量开发利用地下水，我国北方地区，包括黄淮海平原、松辽平原和西北地区等粮食产区的地下水超采问题日益突出，地下水位不断下降和含水层疏干程度加剧威胁着粮食主产区地下水保障能力。

粮食安全必需保障。但是，粮食主产区地下水如何开发利用，才能确保农业灌溉用水的地下水保障能力永续利用，这是本章的探讨重点。

11.1 地下水合理开发理念与理论基础

11.1.1 地下水合理开发理念

合理开发是指顺应自然规律和社会发展规律，合理开发、优化配置、全面节约和有效地保护水资源，从源头上扭转水生态环境恶化趋势，实现人水和谐的过程。

地下水合理开发利用是指根据水文地质条件和工农业建设各方面的需要，经济又合理地开发利用地下水资源。开发的规模必须与地下水资源分布、赋存特点及其承载能力相适应，规划期多年平均地下水开采量不应超过多年平均地下水可开采资源量，但是，允许在降水的丰、枯水年份之间适度"丰补枯歉"调节使用。地下水的具体开采方式需符合当地的水文地质条件和地下水赋存与分布特征，包括集水建筑物的类型和配置、单井开采能力与取水设计标准，以及开采井分布密度、最大允许取水量和取水时段等。地下水合理开发利用的实质，是人与自然和谐发展，以供定需，不是以牺牲生态地质环境或透支后代水资源储备作为当代发展的代价。

人与自然和谐发展是指人及其活动与自然资源和环境之间保持互不损害、协调共处的状态，是当今世界和未来经济社会发展中追求的目标。在中国，科学发展观深刻地表达了上述内涵。人与自然和谐发展，重在发展；同时，在发展中，需要努力实现人与自然和谐，这是地下水合理开发理念的内涵所在。

11.1.2　地下水合理开发理论基础

地下水是地球水圈中的重要组成部分，接受大气降水和地表水的补给，参与自然界的水分循环。因此，自然界中地下水资源属于可更新资源，但是，这些可更新性及其形成的地下水资源数量是有限的，而且，不同粮食主产区或同一主产区不同区带，由于水文地质条件的不同，它所赋存可开发利用的地下水资源数量的多少存在较大差异。我们唯有坚持科学的发展观，合理地开发和保护地下水资源，才能实现地下水资源可持续利用。要实现地下水资源可持续利用，既不能盲目乐观，认为地下水资源"取之不尽、用之不竭"，可以无节制地开采和索取；也不能悲观，当一些地区由于地下水开采超量，引发一些地质环境问题之后，于是，认为地下水不能动用，甚至全面禁止开采深层地下水。地下水合理开发利用的基本点，是人与自然和谐发展，以供定需，重在发展；同时，在发展中，需要努力实现人与自然和谐，不是以破坏生态地质环境或透支后代水资源作为当代发展的代价。

1. 人与自然和谐发展是提升地下水保障能力的要求

人与自然和谐发展，要求保持人口、资源、环境和社会经济发展彼此相协调，在一定的地域范围内，其人口的数量、需求、经济发展及资源利用与资源环境保护要相协调；经济发展需求、索取数量和干扰程度与资源承载力、环境容量需相协调；确保自然资源和生态环境的利用，既满足当代人的发展要求，又不对后代人满足其发展需要的能力构成危害。

以人为本，全面、协调、可持续的发展观，目的是促进经济社会和人的全面发展，促进人与自然和谐水平不断提高。在科学发展观中，发展是第一位的，不能怕出问题而禁锢发展，但这些问题必须在发展中解决，不能继续以牺牲资源和环境作为代价，不计代价地强化高速的经济发展。一个地区、一个国家，要长久实现经济社会可持续发展，必需及时地解决好发展中出现的"人与自然不和谐"问题，同时，也决不宜把发展放在次要的地位。

2. 发展中不断认识人与自然和谐关系是提高地下水保障能力的基石

根据我国的人口、资源、环境和经济之间关系现状，未来需要不断认识：

（1）经济发展与自然资源之间关系，包括水资源、土地资源、矿产资源、能源资源和海洋资源等，经济发展不能无节制地索取自然资源，需明确资源可利用的底线、环境成本与代价风险。

（2）经济发展与生态环境之间关系，过渡开发利用水资源，包括超采地下水，必然导致生态环境退化，影响人类生存和发展，经济发展过程中需要确定生态环境适宜指数和地下水可开采资源数量，明确经济发展速度与生态环境和水资源之间相适应度。

（3）人口与资源和环境之间关系，人口的数量不能超过资源和环境的承载力，人的需求和结构有利于优化经济发展与资源环境之间和谐关系，否则，人口增长超过经济增长，导致经济发展以牺牲生态环境和不断超用水资源（包括超采地下水）作为代价。

面对如此严峻的地下水超采问题，需要反思所谓的战胜自然、改造自然的非理性行为已经带给人类沉痛的苦果。人类的生存发展，依赖于自然，包括从自然界索取地下水等资源与地上或地下空间，享受生态系统提供的服务功能，向环境排放废弃物，而自然资源和环境以自然灾害、环境污染与生态退化等形式对人类不理性行为给予惩戒。每当人类行为违背自然规律、过度消耗自然资源、超过环境容量地排放污染物，自然界的报复就不期而至。必需认识到，人类社会是在认识、利用、干扰和适应自然的过程中不断发展的，每次自然界的报复之后都会唤醒人类再次觉悟，循环往复，教训—认识—在教训—再认识，不断加深领悟"人与自然和谐"的真谛，延续"和谐→失衡→新的和谐"的螺旋式上升发展过程，这是人类社会发展过程中所经历的必然。违背自然规律，非理性索取大规模自然资源和损害自然环境，代价必然是十分沉重的，地下水保障能力必然难以提高。

3. 人与自然之间和谐关系不是永恒的

人与自然的关系，是人类生存发展中要认识和处理的诸多关系中最重要、最基本的关系。人类对自然的影响与作用，包括从自然界索取水资源、矿产资源、石油与天然气资源等和地上及地下空间环境，享受生态系统提供的服务功能，以及人类向环境排放废弃物。人类在索取、利用自然界的同时，也在干扰自然，使自然界的局域呈现人化自然，伴随引发非正常的自然灾害、环境劣变等对人类影响和反作用，包括水资源枯竭、地下水超采引发地面沉降和上游过度拦蓄地表径流导致下游土地荒漠化等，对人类生存发展制约，甚至导致经济社会无法可持续发展。自然环境的变迁，包括各种自然灾害、地表水与土地农田污染、生态环境退化和无度矿山开发导致严重水土流失等，都会直接威胁到人类社会生存或发展。

人与自然之间的矛盾是永恒存在的，只是不同时期的矛盾性状或特征不断演变。在人类出现之初，完全或基本依赖于大自然的恩赐而生存，被动地适应自然，人与自然之间处于原始和谐状态。从原始社会末期开始，以耕种和驯养技术为主的农业生产方式，特别是铁器的应用，出现了过度开垦与砍伐以及为争夺水土资源，频繁发动的战争，使得人与自然的关系出现局部性和阶段性紧张，但总体上尚处于基本和谐状态。自工业化以来，随着人类社会生产力不断发展，开发利用自然的能力不断开拓，加上急剧膨胀的人口数量，以及先污染后治理的发展模式，资源消耗规模超过自然界承载能力，人类社会排放污染负荷超过自然环境容量，导致区域性人与自然关系的失衡，人与自然之间矛盾日益突出，出现水环境污染的饮用水安全问题、土地污染的粮食安全问题、地下矿产采空的城市居住安全问题和废气过度聚集排放的雾霾问题等。

4. 人与自然和谐发展需要前瞻科学统筹

人类文明的和谐社会是以人为本的社会，人类一切活动的根本目的都是为了自身的生存、享受和发展。人类生存和发展离不开大气圈、岩石圈、生物圈和水圈，人类赖以生存的大气、水、土和生态系统之间存在于这些圈层中，彼此依存和相互制约，包括地下水。水是其中最活跃、最重要的要素，同时，水又以其自身的丰枯规律、动力特性影响自然环境演进和变化。人类社会依水而存，对水的数量、质量及其分布变化十分敏感，而且，水资源已成为人类经济社会发展的重要基础资料，如果我国北方地区没有地下水可用，不仅粮食生产会出现重大问题，而且，数亿人的生存发展也将面临严峻的挑战。因此，坚持人与自然和谐，需要从传统的"以需定供"，转为"以供定需"，充分认识自然规律，前瞻规划、科学设计和统筹管控，在开发自然资源和利用环境过程中务必客观地反映资源与环境真实成本，切实让资源使用者和环境污染排放者承担相应代价。

只有人与自然之间关系和谐，才能真正地实现经济社会可持续发展。可持续发展的核心，是人类的经济、社会发展不能超越自然资源与环境承载能力，人与自然的和谐相处。随着人类社会的科技发展和文明进步，人与自然之间关系必然不断改善。社会生产力的不断提高，必然促进人类对自然规律的认识不断深入和保护自然环境的自觉性不断提高，同时，人与自然之间关系也不断面临新的挑战。在人类社会发展的不同历史时期，人与自然之间所面临问题的难度或复杂性不同，人与自然之间和谐的内涵也存在一定差异。如何实现人与自然之间和谐，取决于人类当时的认知程度和生产力水平。大规模非理性索取自然资源和损害自然环境，包括区域性长期严重超采地下水，后果必然是沉重的，甚至是难以预测，就像当代华北地区雾霾环境问题一样，治理的代价将是空前。

5. 正确理解区域地下水合理开发内涵与风险

区域地下水合理开发内涵或实质是地下水可持续利用，是一个动态理念和动态过程，需要不断深入认识和完善，随着经济和环境因素的变化而不停地调整。它既强调目前的需要，又考虑长期的需要。这一概念，会发生在不同的时空尺度、多重变化的四维环境之中，包括不同国家、不同地区或不同粮食主产区，或是经济发达或经济落后。随着社会文明进步和科技发展，区域地下水合理开发不仅面对生活水平提高和工业发展需水规模日益增长的供水需求压力，而且，还会面临流域内土地和生态环境保障的需求压力，不宜指望已严重超采区域的地下水系统能够在短时期内恢复它们的原始状态。对不同地区而言，地下水合理开发的含义是不同的，但是，都包含对未来的考虑。地下水合理开发关心的是今天开发利用地下水行动会对将来产生何种影响，怎样影响"地下水满足后代需求的能力"，不仅是地下水资源的数量，而且，还包括地下水的质量和生态地质环境功能的可持续利用性。"合理开发"将是今后一段时期内继续争论不休的问题，但地下水资源保护的努力会越来越受到重视，包括圈定水源保护区、合理规划、管控地下水开采量以及加强人工对地下水补给的调蓄和涵养。

区域地下水合理开发的风险，主要来自开发利用地下水过程中的消极、人类不希望出现的后果发生潜在可能性。由于区域地下水可利用资源量是有限的，尤其在滨海平原区更为有限，而且，经济社会发展过程中对地下水资源供给的依赖程度不断增大，就像黄河以北的冀中平原粮食主产区，甚至地下水供水量占当地灌溉农业总用水量的80%以上，地下水超采已呈现区域性状况，然而，该区经济社会发展对地下水需求求仍然呈现增加趋势，规划中的未来众多工业产业园（区）和粮食、蔬菜进一步增产都对当地地下水提供保障寄予众望。地下水储存资源是不具备更新能力的，长期大规模取用浅层地下水储存资源或深层地下水储存资源，风险随着超采程度增大而增加，一旦越过自然环境允许阈值，后果和代价可能类似华北地区大气雾霾问题，它们与未知的未来各种风险程度和不确定性密切相关，包括观念和认识上的不确定性，可能远超出现今可能的预测和认识结果，代价必然是十分沉重的。我们所能做的事情是尽可能地正确认识地下水形成与循环演化规律和人与自然的和谐关系，正确认识和把握地下水的价值、成本和风险的时代性。需要充分认识到无风险、无代价的资源利用和环境修复是不存在的，我们只有通过对自然界有限的正确认识，规范人类行为，力争把风险降到最低程度。

11.2　地下水合理开发依据与原则

11.2.1　地下水合理开发主要依据

我国北方主要粮食基地的地下水资源合理开发，主要依据有如下三个方面：

1. 灌溉农业用水对地下水依赖程度

粮食主产区灌溉农业用水对地下水依赖程度是研究和规划地下水合理开发对策的重要基础（第10章中提出的 A 值），它是研判任一粮食主产区有无必要开展地下水资源合理开发研究和规划、制定科学和全面控管措施的前提。如果该主产区灌溉农业用水对地下水依赖程度不足 1.0%，那么，这样的主产区地下水资源合理开发研究或规划制定确无必要性。如果该主产区灌溉农业用水对地下水依赖程度在 50% 以上，甚至达 70% 以上，那么，这样的主产区地下水必然已处于严重超采状态，地下水资源合理开发研究和规划势在必行，而且，应该深入到三级或四级水资源分区。

2. 地下水可开采资源保障程度

粮食主产区地下水可开采资源保障程度（第10章中提出的 B 值）是研究和规划地下水资源合理开发对策的重要支撑。如果某粮食主产区的地下水可开采资源都不清楚，那么，很难谈及地下水如何合理开发问题。对于地下水资源十分匮乏的地区，灌溉农田用水的保障条件必然是充沛的地表水资源或降水，否则，不会成为粮食主产区。对于地下水资源丰富的地区，灌溉农业的地下水保障程度与该区生活和工业等非农业用水之间存在如何合理配置的战略问题，是采用"农业：生活：工业 = 5：2.3：2.7"或"农业：生活：工业 = 6：2：2"，还是采用"农业：生活：工业 = 7：1.6：1.4"，事关该地区经济社会可持续发展的战略布局，一旦失误，其不良的影响长远。

3. 地下水可开采资源保障能力

粮食主产区地下水可开采资源保障能力（第 10 章中提出的 C 值）是研究和规划地下水资源合理开发对策的基石，它是地下水依赖程度（A 值）和可开采资源保障程度（B 值）的函数、集合和现状的综合表征。随着粮食主产区 A 值和 B 值变化而改变，无论 A、B 中任一指标发生重大变化，都会改变地下水保障能力。地下水保障能力是处于"安全保障"至"无法保障"之间哪一种状态，不仅取决农业开采量的大小，还与当地可用于灌溉农业的地下水可开采资源量多少密切相关，是由灌溉农业用水对地下水依赖程度（A 值）与当地地下水可开采资源保障程度（B 值）之间均衡关系所决定，是随着区域降水量、灌溉农业布局结构和灌溉农业用水效率水平等变化而不断改变的函数。该指标有利于确保地下水资源合理开发对策建立在以供定需，建立在提升粮食主产区地下水保障能力的可持续性基础上。

11.2.2　地下水合理开发主要原则

1. 水文周期采补均衡原则

粮食主产区地下水资源开发利用程度不应长期超越当地的地下水可开采资源量，需遵循"丰补枯歉"的水文周期规律。如果区域性地下水超采跨越了 30 年或 50 年时间尺度的水循环周期规律，为此付出的代价或许远超越透支取用地下水所带来的效益，粮食主产区地下水保障能力的可持续性必然面临严峻的挑战。如果采用不足 5 年的尺度进行区域地下水水量采补均衡，尺度或许偏小，无法与经济社会发展周期适度耦合。在人类经济社会发展最需要地下水资源支撑的时期，适宜采用大于 10 年、小于 20 年尺度进行区域地下水水量采补均衡，包括该期间可能遭遇 3～5 年流域性特大干旱情势。其他时期，适宜采用 10～15 年尺度进行地下水水量均衡规划和设计。因为经济社会发展具有周期性，虽然科技发展、产业更替和社会进步的周期性越来越短，由过去百年时间尺度发展到今天的 10～15 年尺度，未来或更快，但是，区域地下水水量均衡遵循的气候变化（降水）周期性，采用 10～15 年尺度能更有利于充分体现自然水循环和地下水更新规律与经济社会发展周期性的紧密耦合度。

2. 生活用水优先和工业用水保障原则

在粮食主产区地下水资源合理开发研究与规划中，首先应保障生活用水，然后工业用水。在生活和工业用水基本保障前提下，尊重现实用水状况，科学规划农业用水。优先保障饮用水需求是人类生存的必需，先于农业考虑工业用水是因为绝大部分生活必需品来自工业生产，而且，工业用水量不仅较小和用水量便于管控，当然，对于与生活必需品非紧密联系的高耗水产业不在优先考虑范围之内。在我国北方的黄河以北农业区，农业用水与生活、工业等用水的比率，暂控制为 7：3，未来 10～15 年应逐步促进为 6：4，大中城市群聚集或工业比较发达地区为 5.5：4.5。在我国北方黄河以南的农业区，农业用水与生活、工业等用水的比率，暂控制为 6：4，未来 10～15 年应逐步促进为 5.5：4.5，大中群聚集或工业比较发达地区为 5：5，应更加重视充分利用当地降水和地表水资源较充分的特点，灌溉农业适度"北粮南移"，加大该地区高标准基本农田建设规模和投入。

3. 地表水丰富地区地下水兼作补充水源原则

在我国三大主要粮食基地的 13 个主产区中，雨水资源、地表水资源和地下水资源分布十分不均匀，总体上地下水资源量不足地表水资源量的 1/5，但是，灌溉农业种植强度和年总产量与水资源时空分布特征之间相适应性存在较大可优化调整空间，为促进我国人与水资源之间和谐发展提供有利条件。因为确保国家粮食战略安全，面对灌溉农业用水量的巨大需求，目前黄河以北的粮食主产区地下水资源可保障程度的潜力已是十分有限。宜充分利用当地雨水和地表水资源，地下水只是在干旱、地表水资源不足年份作为补充性水源适度开发利用，或者地表水–地下水联合优化配置。

4. 以地下水为主地区量力而行原则

在地表水资源匮乏地区，除了优先保障生活和生产生活必需品工业刚性用水需求之外，灌溉农业用水还需要根据地下水资源可保障程度，量力而行，不宜长期、持续超采地下水。对于无法调整农业布局结构的粮食主产区，或"北粮南移"战略转变，或加大外域地表水调入工程建设。务必实施节水型经济产业、生活方式和水文明社会发展模式，努力为子孙后代留下能够可持续发展的资源环境空间。在黄河以北的地下水严重超采区，不宜在扩大发展任何耗水的产业，包括各类耗水产业园区、灌溉农业和耗水游乐园区等。有可能条件下人口适度外迁，疏解单位面积的人口数量和需用水量，将有利于从根本上缓解这些严重超采地区的地下水承受压力，或许是一种战略性思考。

5. 因地制宜建设高标准基本农田区原则

高标准基本农田是指在一定时期内通过农村土地整治建设形成的集中连片、设施配套、高产稳产、生态良好、抗灾能力强，与现代农业生产和经营方式相适应的基本农田。国土资源部编制的《高标准基本农田建设规范》（试行）明确提出，①大力加强旱涝保收、高产稳产高标准基本农田建设，保障国家粮食安全；②基础条件，包括水资源有保障，水质符合农田灌溉标准，土壤适合农作物生长，无潜在土壤污染和地质灾害；③通过高标准基本农田建设，增强抵御自然灾害能力，排涝标准应不低于 10 年一遇；灌溉保证率北方地区水浇地应不低于 50%，水田应不低于 70%；南方地区水浇地应不低于 70%，水田应不低于 75%；灌溉水利用系数应不低于 0.6。

因此，因地制宜地建立雨水资源、地表水资源和地下水资源在四维时空具有强力支持的优化调控和保障立体体系，是未来我国粮食主产区发展的重大方向。在地表水资源都匮乏，地下水已区域性严重超采粮食主产区，应以建设旱作为主的高标准基本农田区为宜，结合当地地下水保障能力，减控水稻、小麦和蔬菜等高耗水作物种植规模，努力实现"北粮南移"战略转变，以及农业用水与生活、工业等用水的比率由目前的 7：3 向 6：4 或 5.5：4.5 转变，如此，黄淮海主要粮食基地的北部主产区农业用水量可减少 56.32 亿～64.92 亿 m³/a，农业开采量可减少 37.55 亿～41.39 亿 m³/a。其中，黄河以北的农业主导地下水严重超采区可减少农业用水量 19.59 亿~29.46 亿 m³/a，农业开采量可减少 15.48 亿~23.24 亿 m³/a。或加大外域地表水廉价调入供给农业用水工程建设。

11.3　不同粮食主产区地下水合理开发对策

11.3.1　半干旱且地下水严重超采的粮食主产区

河北粮食主产（省）区，地处黄河以北的气候半干旱区，也是农业主导的地下水严重超采区，灌溉用水对地下水依赖程度较高，一些地区达到 85% 以上，其中保定农业区地下水供水量占当地总供水量的比率曾达 92.0%，农业开采量占总开采量的 83.21% 和占当地农业总用水量的 94.16%（表 11.1）。该地区应积极开源地表水，包括雨洪拦蓄利用和引黄入淀水的循环利用，逐步减降灌溉农业用水对地下水依赖程度。

其次，是衡水地区，农业开采量占当地农业总用水量的 88.93% 和占总开采量的 84.82%，而且，深层水开采量占当地地下水总开采量的 71.69%（表 11.1），已成为黄淮海区主要粮食基地的地下水超采最为严重地区之一。该地区地下淡水可开采资源十分有限，地下微咸水资源较为丰富，因此，该区在压采深层地下水的农业开采量同时，应结合外域调（引）水供给农业灌溉，适度增加地下微咸水资源利用规模，逐步控减地下水超采量。或通过规模化优化作物布局结构，有序减降小麦和蔬菜等高耗水作物种植强度及规模。

表 11.1　河北粮食主产区地下水资源合理开发对策及其依据

主要依据		石家庄	邯郸	秦皇岛	唐山	保定	邢台	廊坊	衡水	沧州
农业对地下水依赖程度（A 值）/%		84.55	75.80	66.95	63.12	93.16	81.59	79.78	86.58	79.52
地下水可开采资源保障程度（B 值）/%		39.02	51.24	50.92	43.52	85.30	53.66	52.01	32.19	30.54
地下水保障性状	C 值	-1.17	-0.48	-0.31	-0.45	-0.09	-0.52	-0.53	-1.69	-1.60
	状态	无法保障	难以保障				无法保障			
深层水开采量占总开采量的比率/%		12.69	29.99	2.93	24.23	4.83	41.37	46.24	71.69	71.72
面临主要问题		耗水农作物播种强度过大，浅层水严重超采，河流断流	浅层地下水超采，农业灌溉管理不够合理，水污染较严重				地下水天然资源量紧缺，耗水农作物播种强度过大，深层水严重超采，土地盐渍化较重			
地下水资源合理开发对策		优化农作物布局结构，提高节水灌溉水平，增强地下水调蓄能力	提高地表水灌溉力度和节水灌溉水平，综合治理水土污染状况				减降小麦等耗水农作物播种强度，增强规模化外域调水引灌力度，压减深层水开采量			

在河北主产区东部的沧州地区，深层地下水开采量占当地总开采量比率也较高，达

71.72%；农业开采量占当地农业总用水量的81.14%（表11.1）。该区最大的问题同衡水地区一样，是农业灌溉用水量中深层地下水占较大比率，急需控减农业主导的地下水超采量。另外，由于沧州许多农田区地下水位埋藏较浅，土地盐渍化较为严重，需要结合降水和地表水分布特征，积极开发利用浅层地下水，促进地下水与盐的积极循环更替，合理建设开采、引灌和排水的农田水利系统。

河北主产区南部的邢台地区，农业开采量占当地农业总用水量的84.23%和占总开采量的76.04%，深层地下水开采量占当地总开采量的41.37%（表11.1），主要分布在邢台东部的黑龙港平原区，调整当地耗水作物小麦播种强度、压采当地深层水开采量已成为国家投入百十亿资金的战略工程，包括沧州和衡水的黑龙港平原严重超采区。

河北主产区北部的唐山和秦皇岛地区，建立节水灌溉农业是该地区提高地下水保障能力的重要方面。同时，防治地表水污染，确保农业灌溉功能永续利用是该区需要高度重视的方面。开发地下矿产资源和发展非农业产业，决不应以牺牲灌溉农业用水安全和污染地表水环境作为代价。

总之，河北粮食主产区地下水合理开发利用的重点在京津以南的河北平原区，适度减降小麦和蔬菜等高耗水作物种植强度及规模，加大引黄灌溉范围和力度，是涵养该主产区地下水保障能力的重要举措。

11.3.2　半干旱–半湿润且地下水供给为主的粮食主产区

河南粮食主产（省）区，位于气候半干旱–半湿润地区，在农业灌溉用水中地下水供给占较大比率。该区主产区的商丘、周口、漯河、安阳、鹤壁和新乡地区地下水开采量所占比率较大，介于57.86%～96.20%，这些地区农业用水量占当地总用水量的比率介于69.39%～97.87%。信阳、驻马店、南阳、洛阳和许昌地区地下水开采量占当地总用水量的比率较小，介于10.22%～38.89%，农业用水量占27.88%～58.59%。其中，安阳地区农业用水对地下水依赖程度较高，为82.24%（表11.2）。河南主产区北部地区和中东部地区的濮阳、鹤壁、开封和新乡地区农业开采量占总开采量比率较高，介于73.50%～80.60%。但是，由于河南主产区地表水资源较丰富，总体上农业超采地下水情势不十分严峻（表11.2）。

表 11.2　河南粮食主产区地下水资源合理开发对策及其依据

分区	农业对地下水依赖程度（A 值）/%	地下水可开采资源保障程度（B 值）/%	地下水保障性状		面临主要问题	地下水资源合理开发对策
			C 值	状态		
海河流域						
新乡	44.68	36.09	-0.24	难以保障	耗水农作物播种强度过大，地下水天然资源不足，地表水利用不够充分	优化农作物布局结构，提高节水灌溉和地表水合理利用水平
濮阳	46.11	45.30	-0.02			
安阳	72.73	30.81	-1.36	无法保障		
鹤壁	69.84	30.43	-1.29			
焦作	59.85	30.43	-0.97			

续表

分区	农业对地下水依赖程度（A值)/%	地下水可开采资源保障程度（B值)/%	地下水保障性状		面临主要问题	地下水资源合理开发对策
			C值	状态		
淮河流域						
开封	68.77	71.23	0.03	基本保障	洪涝灾害频发，上游矿山开发对下游农区水土资源环境影响日趋明显；地表、地下的水土资源与环境防治污染压力大，洪涝灾害防控难度大	增强农业区洪涝和雨水资源化工程体系建设，提高灌溉农田防控污染、排涝和盐渍化能力。
商丘	67.89	109.53	0.38			
周口	61.05	124.09	0.51	较安全保障		
信阳	9.44	117.08	0.92			
驻马店	69.09	173.22	0.60			
漯河	71.86	162.70	0.56			
许昌	71.55	164.47	0.56			
南阳	37.59	9.49	-2.96	无法保障	地下水天然资源不足	合理利用地表水和雨水资源
洛阳	46.53	13.86	-2.36			
郑州	61.75	44.84	-0.38	难以保障		

在黄河以北的海河流域，包括新乡、濮阳、安阳、鹤壁和焦作地区，可用于农业的地下水开采资源状况不如河南的淮河流域平原区，而河南主产区的农业用水量和农业开采量所占比率都偏大，地下水保障能力普遍处于"难以保障"或"无法保障"状态，应通过提高地表水灌溉水平，控降农业开采地下水强度。在这些地区，应重视抗旱应急备用水源建设的重要意义。可用于溉农业的地下水资源，应作为干旱年份的灌溉农业用水的保障水源，常年应尽可能地开发利用地表水资源和当地雨水资源。

在黄河以南的淮河流域，开封和商丘地区农业对地下水依赖程度较高（表11.2），但是，地下水保障能力较低，而且，浅层地下水开采程度已达76.58%~87.46%，急需重视地下水涵养，不宜继续扩大农业开采规模和强度。在南阳、洛阳和郑州地区，可用于农业的地下水资源有限，不适宜以地下水作为灌溉用水的主导水源，应增大地表水灌溉用水规模。在周口、许昌，浅层地下水开采程度超过80%，漯河地区地下水开采程度超过75%，这些地区应充分利用雨洪资源科学涵养地下水，进一步增强地下水保障能力，同时还应加强地下水污染防治和矿山开发对地下水环境影响防控，严控重金属等有毒有害污染物通过水源进入农田区和食物链中。

11.3.3 半干旱-半湿润且地表水供给为主的粮食主产区

山东粮食主产（省）区，地处气候半干旱-半湿润地区，虽然受益于黄河、淮河及沂沭泗河等地表水干渠供水，但是，有些地区灌溉农业对当地地下水依赖程度较高。该区的济宁、泰安、淄博和枣庄地区地下水开采量占当地总供水量比率介于52.84%~74.97%，农业用水量占当地总用水量的比率介于55.38%~81.17%。德州、滨州、聊城和菏泽地区农业用水量占当地总用水量比率都在80%以上，聊城、德州、济南和滨州地区农业用水对地下水依赖程度较高，农业开采量占当地总开采量比率介于70.06%~78.13%，泰安地区达87.07%（表11.3）。其中，淄博和泰安地区由于当地地下水天然资源有限，以至出现地下水无法可持续保障农业用水情势，这些地区不适宜继续扩大农业开采规模和强度，需要提高地表水利用规模，充分利用雨洪资源增强地下水涵养能力和灌溉农业用水保障能力。同时，应加强地表水-地下水资源联合优化调度，充分开发利用地表水资源，合理开发地下水资源，科学调控浅层地下水位，提高综合防治土地盐渍化能力。

表11.3 山东粮食主产区黄淮海平原地下水资源合理开发对策及其依据

分区	农业对地下水依赖程度（A值）/%	地下水可开采资源保障程度（B值）/%	地下水保障性状		面临主要问题	地下水资源合理开发对策
			C值	状态		
海河流域						
聊城	33.57	140.71	0.76	较安全保障	地下水开发利用程度偏低，地下水位较浅，土地盐渍化防治需引起重视	增强浅层地下水合理开发力度，科学调控地下水位，综合防治土地盐渍化
德州	27.99	141.96	0.80			
滨州	13.59	126.26	0.89			
东营	9.75	87.69	0.89			
济南	45.51	40.30	-0.13	难以保障	耗水农作物播种强度过大，地下水天然资源不足	优化农作物布局结构，提高节水灌溉和地表水合理利用水平
淮河流域						
淄博	62.64	12.92	-3.85	无法保障	耗水农作物播种强度过大，地下水天然资源不足	优化农作物布局结构，提高节水灌溉和地表水合理利用水平
泰安	70.43	15.02	-3.69			
菏泽	35.18	198.66	0.82	较安全保障	地下水开发利用程度偏低，地下水位较浅，土地盐渍化防治需引起重视	优化农作物布局结构，提高节水灌溉和地表水合理利用水平
济宁	44.83	99.89	0.55			
枣庄	55.43	199.44	0.72			
临沂	30.55	227.01	0.87			
日照	19.71	79.45	0.75			

11.3.4 半湿润-湿润的粮食主产区

黄淮海区主要粮食基地的安徽和江苏粮食主产区，位于气候半湿润-湿润区，当地不仅降水充沛，河渠网系十分发达，只有在极端干旱年份，灌溉农田才少量开发利用地下水。

1. 安徽粮食主产区

虽然安徽粮食主产（省）区地下水开采量占全省总用水量比率不足12%，农业用水量仅占 57.16%，但是，安徽主产区淮河以北的宿州、蚌埠、阜阳、淮北和亳州地区农业用水对当地地下水具有一定的依赖性，地下水开采量占当地总用水量的 51.85% ~ 78.43%，农业开采量占地下水总开采量的 10.75% ~ 33.56%。在其他地区，农业用水对当地地下水依赖程度较低（表 11.4）。

安徽主产区的亳州、淮北、宿州和阜阳地区，地下淡水资源、微咸水资源都比较丰富，应适度合理开发利用地下水资源，有利增强土地盐渍化防治。同时，这些地区应将地下水资源作为抗旱应急备用水源，加强相应的工程体系建设，包括旱涝综合防治工程建设，重视上游矿山开发疏干排水对农区水土资源及其环境影响整治（表 11.4）。在蚌埠、淮南、六安、合肥和滁州地区，可用于农业灌溉的地下水开采资源有限，只适宜作为临时性抗旱备用水源，且不宜过度集中开采。同时，加强地下水污染防治和矿山开发对地下水环境影响防控，严控重金属等有毒有害污染物通过水源进入农田区粮蔬作物果实和饮用水源中，应是该主产区需要进一步重视的方面。

表 11.4　安徽粮食主产区淮河流域地下水资源合理开发对策及其依据

分区	农业对地下水依赖程度（A 值）/%	地下水可开采资源保障程度（B 值）/%	地下水保障性状		面临主要问题	地下水资源合理开发对策
			C 值	状态		
亳州	14.11	128.88	0.89	较安全保障	地下水开发利用程度偏低，地下水位较浅，土地盐渍化防治需引起重视	增强浅层地下水合理开发力度，科学调控地下水位，综合防治土地盐渍化
淮北	29.58	106.50	0.72			
宿州	48.95	168.50	0.71			
阜阳	18.51	91.94	0.80			
蚌埠	7.01	48.92	0.86		地下水天然资源不足，农业需求小，水土污染情势重	增强农区水循环，加强污染防治措施，重视矿水资源化安全利用
淮南	1.12	36.35	0.97			
六安	0	22.98	1.00	安全保障	地下水天然资源不足，地下水埋藏浅，易土地盐渍化	科学利用地下水，提高综合防治土地盐渍化能力
合肥	0	19.90	1.00			
滁州	0	23.32	1.00			

2. 江苏粮食主产区

江苏粮食主产（省）区地下水开采量占全省总用水量比率不足 2.0%，总开采量不足 10 亿 m³/a，农业用水量也仅占全省总用水量的 48.51%，是黄淮海区农业用水对地下水依赖程度最低的主产区。地下水开采量主要分布在江苏主产区的徐州地区，该区地下水开采量占江苏主产区总开采量的 79.40%，但是，农业用水量仅占 16.61%。

虽然徐州地区地下水可开采资源较丰富，但是，还应重视地下水涵养和水质保护，严控重金属等有毒有害污染物通过水源进入农田粮蔬作物果实和饮用水源中；重视与地表水资源联合优化配置，增强干旱年份应急开采的储备（表 11.5）。

表 11.5　江苏粮食主产区淮河流域地下水资源合理开发对策及其依据

分区	农业对地下水依赖程度（A 值）/%	地下水可开采资源保障程度（B 值）/%	地下水保障性状		面临主要问题	地下水资源合理开发对策
			C 值	状态		
淮安	0.12	51.78	1.00	安全保障	地下水开发利用程度偏低，地下水位较浅，土地盐渍化防治需引起重视	增强浅层地下水合理开发力度，科学调控地下水位，综合防治土地盐渍化
宿迁	0.14	50.22	1.00			
盐城	0.16	42.04	1.00			
徐州	0.42	76.14	0.84	较安全保障	地下水天然资源不足，农业需求小，水土污染情势重；地下水埋藏浅，易土地盐	增强农区水循环，加强污染防治措施，重视矿水资源化安全利用；科学利用地下水，提高综合防治土地盐渍化能力
连云港	0.09	17.37	0.99			
泰州	0.12	8.30	0.99			
扬州	0.15	22.71	0.99			
南通	0.16	2.92	0.95			

在江苏主产区的淮安、宿迁和盐城地区，地下水资源也具备一定的抗旱应急能力（表11.5），但是，重视抗旱应急地下水备用水源建设的需求日益提高，应实施战略规划和部署。还应完善旱涝综合防治工程建设，在地下水浅埋地区适度开发利用地下水，促进浅层地下水与盐循环，改善浅层地下水及环境质量，提高应急抗旱的灌溉农业地下水保障能力。

11.4　小　　结

（1）地下水资源合理开发是指顺应自然规律和社会发展规律，合理开发、优化配置、全面节约和有效保护地下水资源，以供定需，不是以牺牲生态地质环境或透支后代水资源储备作为当代发展的代价，充分体现人与自然和谐发展理念，呈“效益—教训—反省”螺旋式上升、改善和不断进步。

（2）人与自然之间和谐关系是指人及其活动与自然资源和环境之间保持互不损害、协调共处的状态。人与自然之间和谐关系不是永恒的，人类在索取、利用自然界的同时，也在干扰自然，使自然界的局域呈现人化自然，且不同时期的矛盾性状或特征不断演变。

（3）地下水合理开发需要前瞻科学统筹。人类社会依水而存，需要充分认识自然规律，“以供定需”，前瞻规划、科学设计和统筹管控，客观地反映地下水资源与环境真实成本，切实让资源使用者和环境污染排放者承担相应代价。

（4）区域地下水合理开发内涵或风险，在不同的时空尺度、多重变化的四维环境之中，不宜指望已严重超采区域的地下水系统能够在短时期内恢复它们的原始状态。区域地下水合理开发的风险主要来自开发利用地下水过程中的消极、人类不希望出现的后果发生潜在可能性，包括观念和认识上不确定性，可能远超出现今可能预测和认识的后果，唯有通过对自然界有限的正确认识，规范人类行为，把风险降到最低程度。

（5）灌溉农业对地下水依赖程度（A）、地下水可开采资源保障程度（B）和地下水保障能力（C），是我国北方地区粮食主产区地下水资源合理开发研究与规划的基础、支撑和基石，是随着区域降水量、灌溉农业布局结构和灌溉农业用水效率水平等变化而不断改变的函数。该理论有利于确保地下水资源合理开发对策建立在以供定需，建立在提升粮食主产区地下水保障能力的可持续性基础上。

（6）河北粮食主产区的大部分地区灌溉农业地下水保障能力处于"难以保障"或"无法保障"状态，应适度减降小麦和蔬菜等高耗水作物种植强度及规模，加大引黄灌溉范围和力度，以及重视人工调蓄涵养地下水保障能力的建设。加大外域调水，包括增大黄灌溉范围和力度，是提高河北粮食主产区地下水保障能力的重要条件。否则，一旦出现连年干旱气候，该主产区粮食生产将面临严峻挑战，或进一步加剧地下水超采程度。

（7）河南粮食主产区新乡、濮阳、安阳、鹤壁和焦作地区，以及开封和商丘地区，灌溉农业对当地地下水依赖程度较高，不宜继续扩大农业开采规模和强度，应通过提高地表水灌溉规模，控减农业开采地下水强度，提高地下水抗旱应急备用水源建设。在周口、许昌地区，应充分利用雨洪资源，科学涵养地下水，进一步增强地下水保障能力，同时，还应加强地下水污染防治和矿山开发对地下水环境影响防控，严控重金属等有毒有害污染物通过水源进入农田区和食物链中。

（8）在山东粮食主产区的枣庄、泰安、济宁和淄博地区，灌溉农业对地下水依赖程度较高，且淄博和泰安地区地下水天然资源不足，地下水保障能力处于"无法保障"状态，这些地区不适宜继续扩大农业开采规模和强度，需要提高地表水利用规模，充分利用雨洪资源，增强地下水涵养能力。在黄河以北的聊城、德州和滨州地区和黄河以南的菏泽、临沂地区，地下水尚具有一定的开发利用潜力，应与地表水资源联合优化调度，合理开发利用地下水资源，科学调控浅层地下水位，提高综合防治土地盐渍化能力。

（9）安徽粮食主产区的宿州、蚌埠、阜阳、淮北和亳州地区农业用水对地下水具有一定依赖程度，尤其在干旱年份，当地地下淡水资源和微咸水资源比较丰富，应适度开发地下水资源，有利增强土地盐渍化防治能力，同时，加强这些地区地下水资源作为抗旱应急备用水源的建设。在蚌埠、淮南、六安、合肥和滁州地区，可用于农业灌溉的地下水可开采资源有限，不宜过度集中开采，只适宜作为临时性抗旱备用水源。

（10）江苏粮食主产区的徐州地区，地下水可开采资源较丰富，但是，需要重视地下水涵养和水质保护，重视与地表水资源联合优化配置，增强干旱年份应急开采的储备。在淮安、宿迁和盐城地区，地下水资源也具备一定的抗旱应急能力，在重视抗旱应急地下水备用水源建设的同时，还应完善旱涝综合防治工程建设。

第 12 章　结论与建议

瞄准国家粮食安全战略需求，三大主要粮食基地及 13 个主产区为主研区，依托"国土资源科技领军人才开发与培养计划"（首批，2013～2017 年）支持和近十年来完成的国家 973 课题（2006～2010 年）、国家科技支撑项目（2007～2011 年）、国家自然科学基金项目（2005～2007 年及 2012～2015 年）创新研究成果以及"全国地下水资源及其环境问题战略研究——我国粮食主产区地下水资源保障程度论证"（2012～2013 年）和"中国主要粮食基地地下水资源综合评价与合理开发研究"（2014～2015 年）的地调成果，从多元视角阐明了粮食主产区分布范围、作物布局结构与井渠分布特征、地下水开发利用现状和地下水可开采资源状况，基于水文地学专业阐述了如何界定和量化我国粮食主产区灌溉农业用水对地下水依赖程度、如何评价地下水对灌溉农业保障能力及它们构建的科学基础，释解了区域地下水合理开发的内涵、风险和对策精要。

1. 三大主要粮食基地及 13 个主产区是国家粮食安全基础

《全国新增 1000 亿斤粮食生产能力规划》（2009～2020 年）指明：国家粮食生产核心区（主要粮食基地）是指能够为国家粮食供给提供重要和稳定的产量保障的独立经济区域，即区域粮食产量能够稳定的维持占全国粮食总产量一定比例以上的粮食主产省份）的核心区，分别为黄淮海区、东北区和长江流域中下游区。

（1）黄淮海区、东北区和长江流域主要粮食基地，分别分布在黄淮海平原、松辽平原和长江中下游平原区。黄淮海区主要粮食基地，包括河北、河南、山东、江苏和安徽 5 个粮食主产（省）区；东北区主要粮食基地，包括黑龙江、吉林、辽宁和内蒙古 4 个粮食主产（省）区；长江流域中下游区主要粮食基地，包括湖北、湖南、江西和四川 4 个粮食主产（省）区。

（2）黄淮海区主要粮食基地分布面积 28.32 万 km^2，农作物播种为一年两熟，以小麦、玉米和水稻为主。现有耕地 3.22 亿亩，粮食作物播种面积 4.88 亿亩，总产量 1867.82 亿千克，分别占全国总量的 28.69% 和 30.06%，其中小麦播种面积和产量，分别占全国总量的 39.71% 和 52.69%；玉米播种面积和产量，分别占全国总量的 28.29% 和 32.91%。在我国未来粮食增产规划中，承担 32.89% 的新增产能。

（3）东北区主要粮食基地主要分布在辽河平原、松嫩平原、三江平原和河套平原区，总面积 35 万 km^2，农作物播种为一年一熟，是我国最大的玉米、优质粳稻和大豆产区。现有耕地面积 3.90 亿亩，粮食播种面积 3.88 亿亩，总产量 1480.05 亿千克，分别占全国的 22.82% 和 23.82%，商品粮占全国商品粮总量的 1/3 以上。在我国未来粮食增产规划中，承担 30.10% 的新增产能。

（4）长江流域主要粮食基地主要分布在江汉平原、洞庭湖平原、鄱阳湖平原、苏皖平原和长江三角洲等平原区，面积 20 万 km^2，农作物以一年两熟播种为主，是我国水稻集中产区。现有耕地面积 1.51 亿亩，粮食播种面积 2.94 亿亩，总产量 1129.77 亿千克，分别占全国总量的 17.27% 和 18.18%，其中水稻产量占全国的 70%。在我国未来粮食增产规划中，承担 11.21% 的新增产能。

2. 北方粮食主产区井灌面积较大，南方粮食主产区渠系灌溉为主

（1）遥感调查和解译了 3 个主要粮食基地的 13 个粮食主产区小麦、玉米、水稻和大豆作物农田区分布范围、农作物布局结构和渠系分布情况，主要粮食作物解译面积 145.73 万 km^2，农用井解译面积 80.73 万 km^2 和渠系解译面积 90.52 万 km^2，涉及 680 个县市。

（2）在黄淮海区主要粮食基地分布范围，重点解译了冬小麦、早稻、玉米、大豆、中晚稻和棉花等种植分布范围，兼顾了蔬菜、果园、其他类作物和井渠分布状况，解译农用井 481268 眼，分布密度 1.45 眼/km^2，呈现北多、南少，西密、东稀的分布特征。其中，在黄河以北的农业区平均井密度 1.86 眼/km^2，最密达 57 眼//km^2；黄河以南的农业区平均井密度 1.09 眼/km^2。

（3）在东北区主要粮食基地分布范围，重点解译了春小麦、玉米、大豆、水稻和花生、蔬菜、果园和其他类作物的解译，其中松辽平原区解译农用井 48749 眼，分布密度 0.17 眼/km^2；三江平原区农用井 13643 眼，分布密度 0.37 眼/km^2；河套平原区农用机数量 7447 眼，分布密度 0.30 眼/km^2。

（4）在长江流域中下游区主要粮食基地，重点解译了早稻、中晚稻、冬小麦、玉米等粮食作物播种状况，兼顾了蔬菜、果园和其他类作物播种状况解译，解译农用井数量不足 30500 眼，分布密度 0.13 眼/km^2，农田灌溉以渠系为主。

3. 农业开采量主要分布在北方粮食主产区，河北主产区为之最

（1）13 个粮食主产区总用水量 3432.4 亿 m^3，占全国总用水量的 56.20%，其中地下水供水量占 24.03%。北方 7 个粮食主产区用水量 1462.0 亿 m^3，占 13 个粮食主产区总用水量的 42.59%，该区地下水供水量占当地总用水量的比率较大，其中河北、河南和内蒙古 3 个主产区地下水供水量占总用水量的 50% 以上。南方 6 个粮食主产区用水量 1970.4 亿 m^3，占 13 个粮食主产区总用水量的 57.41%，该区灌溉用水以地表水为主，占当地总供水量的 90% 以上。

（2）从地下水开采量占总用水量比率来看，河北粮食主产区地下水开采量所占比率最高，达 79.03%。其次，河南粮食主产区，地下水开采量占当地总用水量的 57.31%。内蒙古粮食主产区第三，占 50.08%；辽宁粮食主产区占 44.50%，位列第四。黑龙江粮食主产区第五，为 42.54%。吉林和山东粮食主产区的地下水开采量占当地总用水量的比率，分别为 33.31% 和 39.85%，安徽粮食主产区占 11.34%。其他粮食主产区不足 11%。

（3）从农业用水量占总用水量比率来看，黑龙江粮食主产区农业用水量所占比率最高，达 77.27%。其次，为内蒙古粮食主产区，农业用水量占当地总用水量的 73.58%。河北粮食主产区第三，占 71.68%。山东粮食主产区占 66.44%，位列第四。农业用水量占当地总用水量比率最小的粮食主产区，是湖北粮食主产区，占 54.39%。

（4）从地下水开采程度来看，河北粮食主产区地下水开采程度最高，达 155.68%；湖北粮食主产区最低，仅为 5.87%。河南粮食主产区地下水开采程度为 84.22%、山东粮食主产区为 78.13%、黑龙江粮食主产区为 70.91%、辽宁粮食主产区为 70.04%、内蒙古粮食主产区为 65.98%、吉林粮食主产区为 50.75% 和四川粮食主产区为 19.09%。

4. 黄河以北粮食主产区对地下水依赖程度，明显大于黄河以南的主产区

（1）在黄淮海区主要粮食基地，自南至北，即自淮河流域的江苏、安徽地区，向淮河流域的山东、河南地区，然后再向黄河以北的鲁西北、豫北平原区，至河北平原，农业灌溉用水对地下水依赖程度呈增高趋势，依赖程度最高地区位于保定–石家庄–邢台–衡水一带，农业开采量占当地总开采量的 80% 以上和农业用水量占当地总用水量的 75% 以上。

（2）黄淮海区主要粮食基地的浅层地下水超采区，主要分布在河北粮食主产区，灌溉用水对地下水依赖程度普遍大于 70%，包括保定、石家庄、衡水、邢台、邯郸和沧州地区，其中保定和衡水地区地下水依赖程度为 81.88% ~ 84.82%；在河北主产区的中东部农业区，深层水开采量占当地总开采量的 46.24% ~ 71.72%，如此不利于粮食安全保障和当地经济健康可持续发展。

（3）在河南粮食主产区的北部和中东部地区，农业用水对地下水依赖程度偏高，农业开采量占当总开采量的 73.50% ~ 82.24%，包括新乡、鹤壁、濮阳和安阳。在山东粮食主产区的西北地区，农业开采量占当总开采量的 70.06% ~ 87.07%，包括滨州、济南、德州、聊城和泰安。这些地区的地下水合理开发，需要引起重视。

（4）安徽粮食主产区的宿州、蚌埠、阜阳、淮北和亳州地区农业开采量占当地地下水总开采量的 10.75% ~ 33.56%，呈现增大趋势。江苏粮食主产区地下水开采量占全省总用水量比率不足 2.0%，农业用水量也仅占 48.51%。这些地区灌溉农业用水，受益当地雨水和地表水资源充沛丰富。

5. 黄淮海区主要粮食基地分布区以第四系孔隙地下水资源为主

（1）在黄淮海主要粮食基地评价区的地下水天然资源量中，第四系孔隙地下水资源量占 99.91%，岩溶地下水资源量占 0.09%。在区域分布上，黄河以北的海河流域平原区占 39.22%，黄河以南的淮河流域占 55.49% 和黄河流域 5.29%。

（2）在第四系孔隙地下水资源中，海河流域占 39.17%，为 227.58 亿 m^3/a；淮河流域占 55.54%，为 322.74 亿 m^3/a；黄河流域占 5.29%，为 30.76 亿 m^3/a。从地下水资源模数来看，黄河流域较小，为 14.93 万 $m^3/(a \cdot km^2)$；海河、淮河流域平原区都较大，分别为 16.19 万 $m^3/(a \cdot km^2)$ 和 16.55 万 $m^3/(a \cdot km^2)$。

（3）在河北粮食主产（省）区，矿化度小于 3g/L 的地下水天然资源为 101.02 亿 m^3/a。保定、唐山和石家庄地区较为丰富，地下水资源模数介于 16.98 万 ~ 21.78 万 $m^3/(a \cdot km^2)$；沧州、廊坊和衡水地区的地下水天然资源量较少，地下水资源模数介于 6.72 万 ~ 10.63 万 $m^3/(a \cdot km^2)$。

（4）在河南粮食主产（省）区的海河流域，地下水天然资源量为 35.87 亿 m^3/a，资源模数 20.53 万 $m^3/(a \cdot km^2)$；在河南粮食主产区的淮河流域，地下水天然资源量为 107.37 亿 m^3/a，资源模数 11.16 万 $m^3/(a \cdot km^2)$。在山东粮食主产（省）区的海河流域，

地下水天然资源量为 38.31 亿 m³/a，资源模数 12.03 万 m³/(a·km²)；在山东粮食主产区的淮河流域，地下水天然资源量为 78.62 亿 m³/a，资源模数 16.10 万 m³/(a·km²)。

（5）在安徽粮食主产（省）区的淮河流域，地下水天然资源量为 102.01 亿 m³/a，资源模数 12.88 万 m³/(a·km²)。在江苏粮食主产（省）区的淮河流域，地下水天然资源量为 107.61 亿 m³/a，天然资源模数 18.40 万 m³/(a·km²)。

（6）黄淮海区主要粮食基地的地下水可采资源量 373.37 亿 m³/a，其中海河流域占 37.01%、淮河流域占 57.29% 和黄河流域占 5.69%。从地下水可采资源模数来看，淮河流域较小，为 13.47 万 m³/(a·km²)。海河、黄河流域较大，分别为 19.52 万 m³/(a·km²) 和 18.17 万 m³/(a·km²)。从各粮食主产（省）区来看，地下水可采资源或可用于农业的地下水可采资源分布特征，与地下水天然资源分布特征类同。

6. 黄淮海区地下水超采与气候变化和灌溉农业用水密切相关

（1）在黄淮海区主要粮食基地，无论是黄河以北的海河流域，还是黄河以南的黄淮流域，降水量大小、强度和时间分配等都影响农业区土壤水分状况和农业开采量显著变化，农业开采量的大小不仅与当地作物需水量、作物布局结构和产量有关，还与气候变化密切相关。

（2）每逢极端干旱年份或连续偏枯年份，农业开采量都急剧增大，同时，区域地下水补给量明显减少，二者叠加影响区域地下水位大幅下降。无论是夏粮作物或是秋粮作物，旱情越严重，持续时间越长，农业主导超采地下水的程度越严重，地下水位下降幅度越大；每逢偏丰水期，持续时间越长，地下水位下降幅度越小，甚至上升。

（3）在太行山前平原农业区，浅层地下水位变化具有主灌溉期以"cm/d"级（大于 1.0cm/d）下降、非灌溉期以"mm/d"级（小于 1.0cm/d）上升的特征；前期降水偏枯，灌溉期地下水位下降过程线和年内水位上升过程线的大部分位于多年水位变化趋势线之下；降水偏丰，灌溉期地下水位下降过程线和年内水位上升过程线的大部分位于多年水位变化趋势线之上。

（4）类似"96·8"的暴雨洪水，泛洪入渗补给对减缓地下水区域性超采趋势具有显著作用，是平原区地下水均衡不可缺少的补给模式。近 30 年以来该区地下水位不断下降，与地下水补给水来源和补给量不断减少有一定关系。"96·8"暴雨洪水对地下水补给增量达每百平方千米 0.69 亿 ~1.07 亿 m³，石家庄地区监测孔地下水位上升曾达 11.26m。

7. 地下水保障能力能够客观反映灌溉农业对地下水依赖状况、超采情势和成因

（1）地下水保障能力（C）是度量粮食主产区或分区地下水支撑灌溉农业能力的重要指标，它与灌溉农业对地下水供给的依赖程度（A）和当地可用于农业的地下水开采资源多少（即开采资源可保障程度，B）之间密切相关，三者构成灌溉农业的地下水保障能力评价方法，简称 ABC 法。地下水保障能力（C）是依赖程度（A）和保障程度（B）的函数，A、B 任一项发生变化，都会引起地下水保障能力（C）的响应变化。

（2）地下水保障程度（B）是自然属性，其基础是地下水天然资源量及可开采资源量的多少。同时，它还具有一定的经济社会属性，对于人口高度聚集、工业发达地区，可用

于农业灌溉的地下水开采资源量比率不应大于 60%；对于农业占当地经济主导的省、市和县区，现状条件下可用于农业灌溉的地下水开采资源量比率不应小于 70%。未来（20 年或 30 年之后），黄淮海区主要粮食基地农业用水与工业、生活等用水比率，应逐步调控为 5∶5 或 6∶4。黄河以北地区宜以 6∶4 比率为主，黄河以南地区宜以 5∶5 比率为主。类似北京、天津等特大城市群、人口高度聚集地区，宜采用 4∶6 比率。

（3）应用上述评价理论方法，结果表明：以黄河为界，黄河以北的海河流域粮食主产区地下水保障能力呈现危机情势，大部分地区的 C 值处于安全保障阈值线以下，农业灌溉用水对地下水依赖程度明显大于当地地下水可开采资源量。黄河以南的淮河流域粮食主产区地下水保障能力总体上处于"较安全保障"状态，大部分地区的 C 值位于安全保障阈值线之上，且农业灌溉用水对地下水依赖程度明显小于当地地下水可开采资源量。

（4）应用结果表明，地下水保障能力评价理论方法能够客观阐明大区域的灌溉农业用水对地下水依赖状况、地下水保障能力分布特征及成因，它与灌溉农业主导的地下水超采情势密切相关，不仅能反映气候变化、地表水可利用资源和农作物布局结构状况对灌溉农业的地下水保障能力影响，而且，还能够反映评价区地下水开采资源、非农业用水状况和耗水型农作物播种强度对灌溉农业的地下水保障能力影响，方便于大规模的区域性应用。

8. 顺应自然规律、以供定需和前瞻科学统筹是地下水合理开发精要

（1）主要粮食基地地下水资源合理开发，是顺应自然规律和社会发展规律，以供定需，全面节约，优化配置，不是以牺牲生态地质环境或透支后代水资源储备作为当代发展的代价，充分体现人与自然和谐发展理念。

（2）主要粮食基地地下水合理开发，需要前瞻科学统筹，充分认识自然规律，前瞻规划、科学设计和统筹管控，客观地反映地下水资源与环境真实成本，切实让资源使用者和环境污染排放者承担相应代价。地下水开发的风险包括观念和认识上不确定性，只有通过对自然界有限的正确认识，规范人类行为，才能把风险降到最低程度。

（3）灌溉农业对地下水依赖程度（A）、地下水可开采资源保障程度（B）和地下水保障能力（C），是我国北方地区粮食主产区地下水资源合理开发研究与规划的基础、支撑和基石，是随着区域降水量、灌溉农业布局结构和灌溉农业用水效率水平等变化而不断改变的函数。该理论有利于确保地下水资源合理开发对策建立在以供定需，建立在提升粮食主产区地下水保障能力的可持续性基础上。

（4）在河北主产区，应适度减降小麦和蔬菜等高耗水作物种植强度及规模，加大引黄灌溉范围、力度以及重视人工调蓄涵养地下水保障能力的建设。河南主产区的新乡、濮阳、安阳、鹤壁和焦作地区以及开封和商丘地区，应通过提高地表水灌溉规模，控减农业开采地下水强度；在周口、许昌地区，充分利用雨洪资源，科学涵养地下水，并加强地下水污染防治和矿山开发对地下水环境影响防控。

（5）在山东主产区的枣庄、泰安、济宁和淄博地区，需要提高地表水利用规模，充分利用雨洪资源，增强地下水涵养能力；在聊城、德州、滨州、菏泽和临沂地区，地下水开发利用应与地表水资源联合优化调度、优化结合，科学调控浅层地下水位，提高综合防治土地盐渍化能力。在安徽主产区的北部地区，应适度开发地下水资源，有利增强土地盐渍化防治能力；在蚌埠、淮南、六安、合肥和滁州地区，不宜过度集中开采地下水，只适宜作为抗旱应急备用水源。在江苏主产区的徐州地区，应重视地下水与地表水资源联合优化配置，增强干旱年份应急开采的储备；在淮安、宿迁和盐城地区，应完善旱涝综合防治工程建设，适度开发利用地下水。

参 考 文 献

安徽省统计局.2005~2016.安徽省农村统计年鉴（2002~2015）.北京：中国统计出版社

操信春,吴普特,王玉宝等.2014.中国灌区粮食生产水足迹及用水评价.自然资源学报,（11）：1826~1835

车少静,智利辉,冯立辉.2005.气候变暖对石家庄冬小麦主要生育期的影响及对策.中国农业气象,26（3）：180~183

陈皓锐,高占义,王少丽等.2012.基于Modflow的潜水位对气候变化和人类活动改变的响应.水利学报,43（03）：344~362

陈梦雄.2002.中国地下水资源与环境.北京：地震出版社

陈社明,卢文喜,罗建男等.2012.内蒙古德岭山地区灌溉农业发展对浅层地下水系统演化的影响.农业工程学报,（03）：1~7

陈望和.1999.河北地下水.北京：地震出版社

丛振涛,辛儒,姚本智等.2010.基于HadCM3模式的气候变化下北京地区冬小麦耗水研究.水利学报,41（9）：1101~1107

丛振涛,姚本智,倪广恒.2011.SRA1B情景下中国主要作物需水预测.水科学进展,（01）：38~43

代锋钢,蔡焕杰,刘璇等.2013.泾惠渠灌区节水改造对地下水空间分布影响.排水机械工程学报,31（08）：729~736

丁俊发.2016.美国全球供应链安全国家战略与中国对策.中国流通经济,（09）：5~9

段春青,刘昌明,陈晓楠等.2010.区域水资源承载力概念及研究方法的探讨.地理学报,65（1）：82~90

俄有浩,霍治国,马玉平等.2013.中国北方春小麦生育期变化的区域差异性与气候适应性.生态学报,33（19）：6295~6302

范建勇.2010.农业灌溉是华北地下水超采主因.地质勘查导报,2010-12-28（002）

费宇红,苗晋祥,张兆吉等.2009.华北平原地下水降落漏斗演变及主导因素分析.资源科学,31（03）：394~399

费宇红,张兆吉,张凤峨等.2005.华北平原地下水位动态变化影响因素分析.河海大学学报（自然科学版）,33（05）：538~541

冯东博,魏晓妹,陈亚楠等.2015.基于STELLA和气候变化情景的灌区农业供需水量模拟.农业工程学报,31（6）：122~128

冯慧敏,张光辉,王电龙等.2014.近50年来石家庄地区地下水流场演变驱动力分析.水利学报,02：180~186

冯慧敏,张光辉,王电龙等.2015.华北平原粮食作物需水量对气候变化的响应特征.中国水土保持科学,03：130~136

付玉娟,张玉清,何俊仕等.2016.西辽河农灌区降雨及农业灌溉对地下水埋深的影响演变分析.沈阳农业大学学报,（03）：327~333

高晓容,王春乙,张继权等.2012.近50年东北玉米生育阶段需水量及旱涝时空变化.农业工程学报,28（12）：101~109

谷亚光.2011.我国大粮食安全战略的现实选择.中国流通经济,（10）：64~68

谷永利，林艳，李元华．2007．气温变化对河北省冬小麦主要发育期的影响分析．干旱区资源与环境，12（21）：141~146

郭冬兰，钱诚，程福厚．2013．不同作物需水特性的比较研究．节水灌溉，（06）：67~69

郭生练，郭家力，侯雨坤等．2015．基于 Budyko 假设预测长江流域未来径流量变化．水科学进展，26（2）：151~160

韩冰，罗玉峰，王卫光等．2011．气候变化对水稻生育期及灌溉需水量的影响．灌溉排水学报，30（1）：29~32

韩长赋．2014．全面实施新形势下国家粮食安全战略．求是，（19）：27~30

韩立民，李大海．2015．"蓝色粮仓"：国家粮食安全的战略保障．农业经济问题，（01）：24~29，110

何杰，张士锋，李九一．2014．粮食增产背景下松花江区农业水资源承载力优化配置研究．资源科学，（09）：1780~1788

河北省统计局．2005~2016．河北省农村统计年鉴（2002~2015）．北京：中国统计出版社

河南省统计局．2005~2016．河南省农村统计年鉴（2002~2015）．北京：中国统计出版社

黑龙江省统计局．2005~2016．黑龙江省农村统计年鉴（2002~2015）．北京：中国统计出版社

胡玮，严昌荣，李迎春等．2014．气候变化对华北冬小麦生育期和灌溉需水量的影响．生态学报，34（9）：2367~2377

胡岳岷，刘元胜．2013．中国粮食安全：价值维度与战略选择．经济学家，（05）：50~56

湖北省统计局．2005~2016．湖北省农村统计年鉴（2002~2015）．北京：中国统计出版社

湖南省统计局．2005~2016．湖南省农村统计年鉴（2002~2015）．北京：中国统计出版社

黄姣，高阳，李双成．2011．东北三省主要粮食作物虚拟水变化分析．北京大学学报（自然科学版），（03）：505~512

黄仲冬，齐学斌，樊向阳等．2015．降雨和蒸散对夏玉米灌溉需水量模型估算的影响．农业工程学报，31（5）：85~92

霍思远，靳孟贵．2015．不同降水及灌溉条件下的地下水入渗补给规律．水文地质工程地质，（05）：6~13，21

姬兴杰，成林，方文松．2015．未来气候变化对河南省冬小麦需水量和缺水量的影响预估．应用生态学报，26（9）：2689~2699

吉林省统计局．2005~2016．吉林省农村统计年鉴（2002~2015）．北京：中国统计出版社

贾金生，刘昌明．2002．华北平原地下水动态及其对不同开采量响应的计算．农业工程学报，57（2）：201~209

江苏省统计局．2005~2016．江苏省农村统计年鉴（2002~2015）．北京：中国统计出版社

江西省统计局．2005~2016．江西省农村统计年鉴（2002~2015）．北京：中国统计出版社

姜秋香，付强，王子龙．2011．三江平原水资源承载力评价及区域差异．农业工程学报，27（9）：184~190

景冰丹，靳根会，闵雷雷等．2015．太行山前平原典型灌溉农田深层土壤水分动态．农业工程学报，31（19）：128~134

康绍忠．2014．水安全与粮食安全．中国生态农业学报，（08）：880~885

李春强，李保国，洪克勤．2009．河北省近 35 年农作物需水量变化趋势分析．中国生态农业学报，17（2）：359~363

李慧，周维博，贺军奇等．2015．基于地下水合理埋深的井渠结合灌区水资源联合调控．中国农村水利水电，（01）：29~32

李建承，魏晓妹，邓康婕．2015．基于地下水均衡的灌区合理渠井用水比例．排灌机械工程学报，（03）：260~266

李萍，魏晓妹．2012．气候变化对灌区农业需水量的影响研究．水资源与水工程学报，23（1）：81~85

李取生，李晓军，李秀军．2004．松嫩平原西部典型农田需水规律研究．地理学报，24（1）：111~114

李若云．2014．新时期国家粮食安全战略的思考．农业经济，(09)：3~6

李山，罗纨，贾忠华等．2014．灌区地下水控制埋深与利用量对洗盐周期的影响．水利学报，45（8）：950~957

李新波，孙宏勇，张喜英等．2007．太行山山前平原区蒸散量和作物灌溉水量的分析．农业工程学报，23（2）：26~30

李毅，周牧丹．2015．气候变化情景下新疆棉花和甜菜需水量的变化趋势．农业工程学报，31（4）：121~128

李勇，杨晓光，叶清，黄晚华．2011．1961~2007长江中下游地区水稻需水量的变化特征．农业工程学报，27（9）：175~183

李志，于孟文．2009．西辽河平原地下水资源及其环境问题调查评价．北京：地质出版社

栗铭，陈喜．2016．基于 BUDYKO 假设的海河流域蒸散发量和径流量估算研究．中国农村水利水电，6：107~111

梁丽乔，李丽娟，张丽等．2008．松嫩平原西部生长季参考作物蒸散发的敏感性分析．农业工程学报，24（5）：1~5

辽宁省统计局．2005~2016．辽宁省农村统计年鉴（2002~2015）．北京：中国统计出版社

廖梓龙，龙胤慧，刘华琳等．2014．气候变化与人类活动对包头市地下水位的影响．干旱区研究，31（1）：138~143

刘革，刘波，季叶飞等．2015．阜阳市农灌区浅层地下水安全开采量评价．水利水电科技进展，(04)：70~74

刘菁扬，粟晓玲．2015．基于支持向量机的井渠结合灌区地表水地下水合理配置．节水灌溉，(07)：50~53

刘静，吴普特，王玉宝等．2014．河套灌区粮食水足迹与虚拟水净输出时空演变．排灌机械工程学报，(05)：435~440

刘明焱，王刚，于伯康．2016．基于生态足迹的京津冀生态安全战略研究．林业经济，(11)：9~15

刘晓英，李玉中，郝卫平．2005．华北主要作物需水量近50年来变化趋势及原因．农业工程学报，21（10）：155~159

刘效东，周国逸，张德强等．2013．鼎湖山流域下游浅层地下水动态变化及其机理研究．生态科学，32（2）：137~143

刘艳丽，张建云，王国庆等．2012．气候自然变异在气候变化对水资源影响评价中的贡献分析．水科学进展，23（2）：147~155

刘玉春，姜红安，李存东等．2013．河北省棉花灌溉需水量与灌溉需求指数分析．农业工程学报，29（19）：98~104

刘钰，汪林，倪广恒等．2009．中国主要作物灌溉需水量空间分布特征．农业工程学报，25（12）：6~12

刘园，王颖，杨晓光．2010．华北平原参考作物蒸散量变化特征及气候影响因素．生态学报，30（4）：923~932

刘中培．2010．农业活动对区域地下水变化影响研究．中国地质科学院博士研究生学位论文

刘中培，于福荣，焦建伟．2012．农业种植规模与降水量变化对农用地下水开采量影响识别．地球科学进展，(2)：240~245

刘中培，张光辉，严明疆等．2010．石家庄平原区灌溉粮田增产对地下水的影响研究．资源科学，32（03）：535~539

柳玉梅, 李九一 . 2014. 水资源与粮食生产耦合关系研究现状与展望 . 节水灌溉, (12): 54~56, 59

龙腾锐, 姜文超, 何强 . 2004. 水资源承载力内涵的新认识 . 水利学报, 35 (1): 38~45

罗光强 . 2012. 我国粮食安全责任战略的实现行为研究 . 农业经济问题, (03): 9~14

雒新萍, 夏军 . 2015. 气候变化背景下中国小麦需水量的敏感性研究 . 气候变化研究进展, 11 (1): 38~43

马洁华, 刘园, 杨晓光等 . 2010. 全球气候变化背景下华北平原气候资源变化趋势 . 生态学报, 30 (14): 3818~3827

马育军, 朱南华诺娃等 . 2015. 北京市粮食作物种植结构调整对水资源节约利用的贡献研究 . 灌溉排水学报, (08): 1~6

内蒙古省统计局 . 2005~2016. 内蒙古自治区农村统计年鉴 (2002~2015) . 北京: 中国统计出版社

裴宏伟, 王彦芳, 沈彦俊等 . 2016. 美国高平原农业发展对地下水资源的影响及启示 . 农业现代化研究, 01: 166~173

彭致功, 刘钰, 许迪等 . 2012. 农业节水措施对地下水涵养的作用及其敏感性分析 . 农业机械学报 . 43 (07): 37~41

秦国强, 董新光, 杨鹏年等 . 2015. 焉耆盆地地下水位下降与灌溉农业关系 . 中国农村水利水电, (04): 1~4, 8

任宪韶 . 2007. 海河流域水资源评价 . 北京: 中国水利水电出版社

山东省统计局 . 2005~2016. 山东省农村统计年鉴 (2002~2015) . 北京: 中国统计出版社

石玉林, 于贵瑞, 王浩等 . 2015. 中国生态环境安全态势分析与战略思考 . 资源科学, (07): 1305~1313

四川省统计局 . 2005~2016. 四川省农村统计年鉴 (2002~2015) . 北京: 中国统计出版社

宋妮, 孙景生, 王景雷等 . 2014. 河南省冬小麦需水量的时空变化及影响因素 . 应用生态学报 . 25 (6): 1693~1700

苏小姗, 祁春节, 田建民 . 2012. 水资源胁迫下基于粮食安全的现代农业技术创新趋势及策略 . 农业现代化研究, (02): 207~210

苏晓虹, 张凤泉, 王玉娜等 . 2013. 河北省压减农业灌溉地下水措施 . 节水灌溉, (11): 76, 77, 81

孙世坤, 王玉宝, 刘静等 . 2016. 中国主要粮食作物的生产水足迹量化及评价 . 水利学报, (09): 1115~1124

孙爽, 杨晓光, 李克南等 . 2013. 中国冬小麦需水量时空特征分析 . 农业工程学报 . 29 (15): 72~82

田冰, 孙宏勇, 贾金生 . 2007. 河北山前平原地下水动态变化及其驱动因素分析 . 灌溉排水学报 . 26 (04): 98~102

田言亮, 张光辉, 王茜等 . 2016. 黄淮海平原灌溉农业对地下水依赖程度与保障能力 . 地球学报, (03): 257~265

田园宏, 诸大建, 王欢明等 . 2013. 中国主要粮食作物的水足迹值: 1978~2010 . 中国人口 . 资源与环境, (06): 122~128

王电龙, 张光辉, 冯慧敏等 . 2014. 降水和开采变化对石家庄地下水流场影响强度 . 水科学进展, 03: 420~427

王电龙, 张光辉, 冯慧敏等 . 2015. 华北平原典型井灌区地下水保障能力空间差异 . 南水北调与水利科技, 13 (4): 622~625

王国庆, 金君良, 鲍振鑫等 . 2014. 气候变化对华北粮食主产区水资源的影响及适应对策 . 中国生态农业学报, (08): 898~903

王建莹, 张盼盼, 刘燕 . 2016. 泾惠渠灌区地下水位动态与灌溉农业的关系 . 干旱地区农业研究, (01): 247~251

王金哲, 费宇红, 张光辉等.2005.海河平原地下水资源可持续利用前景评价.水文地质工程地质,(4): 56～59

王金哲, 张光辉, 母海东等.2011.人类活动对浅层地下水干扰程度定量评价及验证.水利学报, 42 (12): 1445～1451

王金哲, 张光辉, 聂振龙等.2010.滹沱河流域平原区人类活动对浅层地下水干扰程度量化研究.水土保持通报,(2): 65～69

王金哲, 张光辉, 严明疆等.2009.滹沱河流域平原浅层地下水演变时代特征研究.干旱区资源与环境, 23 (2): 6～11

王利书, 悦琳琳, 唐泽军等.2014.气候变化和农业发展对石羊河流域地下水位的影响.农业机械学报, 45 (1): 121～128

王乃江, 高佩玲, 石文峰等.2015.鲁西北黄河冲积平原引黄灌区农业灌溉模式研究.节水灌溉,(6): 74～78

王奇, 詹贤达, 王会.2013.我国粮食安全与水环境安全之间的关系初探.中国农业资源与区划,(01): 81～86

王水献, 吴彬, 杨鹏年等.2011.焉耆盆地绿洲灌区生态安全下的地下水埋深合理界定.资源科学, (03): 422～430

王维泰, 梁永平, 王占辉等.2012.中国北方气候变化特征及其对岩溶水的影响.水文地质工程地质, 39 (6): 6～10

王兆馨.1992.中国地下水资源开发利用.呼和浩特: 内蒙古人民出版社

吴普特, 赵西宁, 金继明.2010.气候变化对中国农业用水和粮食生产的影响.农业工程学报, 26 (2): 1～6

夏晶, 刘宁, 高贺文等.2010.商丘市浅层地下水位下降对区域气候的影响.生态学报, 30 (16): 4408～4415

项国圣, 钱鞠, 王鹏等.2013.焉耆盆地地下水合理开采量研究.人民黄河,(01): 57～59.

谢正辉, 梁妙龄, 袁星.2009.黄淮海平原浅层地下水埋深对气候变化响应.水文, 29 (01): 30～35

辛小娟, 项国圣.2013.基于生态水位的张掖盆地地下水合理开发研究.人民黄河,(08): 43～45, 48

许月卿.2003.京津以南河北平原地下水位下降驱动因子的定量评估.地理科学进展, 22 (05): 490～498

旭日干, 刘旭, 王东阳等.2016.国家食物安全可持续发展战略研究.中国工程科学,(01): 1～7

闫鹏, 陈源泉, 张学鹏等.2016.河北低平原区春玉米一熟替代麦玉两熟制的水生态与粮食安全分析.中国生态农业学报,(11): 1491～1499

严明疆, 申建梅, 张光辉等.2009a.人类活动影响下的地下水脆弱性演变特征及其演变机理.干旱区资源与环境, 23 (2): 1～5

严明疆, 王金哲, 李德龙等.2010a.年降水量变化条件下农灌引水与开采对地下水位影响.水文地质工程地质,(3): 27～30

严明疆, 王金哲, 张光辉等.2010b.引淡水与地下咸水混合灌溉开源分析.南水北调与水利科技, 8 (6): 129～132, 137

严明疆, 王金哲, 张光辉等.2012.作物生长季节降水量和农业地下水开采量对地下水变化影响研究.水文, 02: 28～33

严明疆, 张光辉, 王金哲等.2007.地下水的资源功能与易遭污染脆弱性空间关系研究.地球学报, 28 (6): 585～590

严明疆, 张光辉, 王金哲等.2009b.滹滏平原地下水系统脆弱性最佳地下水水位埋深探讨.地球学报,

30（2）：243~248

杨湘奎，杨文．2008．三江平原地下水资源潜力与生态环境地质调查评价．北京：地质出版社

杨晓琳，黄晶，陈阜等．2011．黄淮海农作区玉米需水量时空变化特征比较研究．中国农业大学学报，16
（5）：26~31

杨晓琳，宋振伟，王宏等．2012．黄淮海农作区冬小麦需水量时空变化特征及气候影响因素分析．中国生
态农业学报．20（3）：356~362

姚治君，林耀明，高迎春等．2000．华北平原分区适宜性农业节水技术与潜力．自然资源学报，15（3）：
259~264

袁再健，许元则，谢栌乐．2014．河北平原农田耗水与地下水动态及粮食生产相互关系分析．中国生态农
业学报，（08）：904~910

张春玲，章颖．2012．全球视角下对国家粮食安全战略的思考．世界农业，（11）：52~55

张光辉，费宇红，刘春华．2013a．华北滹滏平原地下水位下降与灌溉农业关系．水科学进展，（02）：
228~234

张光辉，费宇红，刘春华等．2013b．华北平原灌溉用水强度与地下水承载力适应性状况．农业工程学报，
29（01）：1~10

张光辉，费宇红，刘克岩等．2006a．华北平原农田区地下水开采量对降水变化响应．水科学进展，17
（1）：43~48

张光辉，费宇红，刘克岩等．2007a．南水北调中线石家庄受水区地下水修复潜力及水位变化．地质通报，
26（05）：583~589

张光辉，费宇红，聂振龙等．2014．区域地下水演化与评价理论方法．北京：科学出版社

张光辉，费宇红，申建梅等．2007b．降水补给地下水过程中包气带变化对入渗的影响．水利学报，38
（5）：611~617

张光辉，费宇红，田言亮等．2015a．暴雨洪水对地下水超采缓解特征与资源增量．水利学报，46（05）：
594~601

张光辉，费宇红，王惠军等．2009a．河北省平原区农田粮食增产与灌溉节水对地下水开采量的影响．地
质通报，（5）：645~650

张光辉，费宇红，王惠军等．2010a．土壤水动力状态的标识特征及其应用．水利学报，41（9）：
1032~1037

张光辉，费宇红，王惠军等．2010b．基于土壤水势变化的灌溉节水机理与调控阈值．地学前缘，（6）：
174~180

张光辉，费宇红，王金哲等．2012a．华北灌溉农业与地下水之间适应性研究．北京：科学出版社

张光辉，费宇红，王茜等．2016．灌溉农业的地下水保障能力评价方法研究——黄淮海平原为例．水利学
报，47（05）：608~615

张光辉，费宇红，严明疆等．2009b．灌溉农田节水增产对地下水开采量影响研究．水科学进展，20（3）：
350~355

张光辉，费宇红，杨丽芝等．2006b．地下水补给与开采量对降水变化响应特征．地球科学，27（6）：
879~884

张光辉，费宇红，张行南等．2008b．滹沱河流域平原区地下水流场异常变化与原因．水利学报，39（6）：
747~752

张光辉，连英立，刘春华等．2011．华北平原水资源紧缺情势与因源．地球科学与环境学报，（2）：
172~176

张光辉，刘春华，严明疆等．2012b．环渤海平原土壤盐分不同聚型的水动力学特征．吉林大学学报（地

学版），43（6）：1873～1879

张光辉，刘中培，费宇红等.2010c. 华北平原区域水资源特征与作物布局结构适应性研究. 地球学报，31（1）：17～22

张光辉，田言亮，王电龙等.2015b. 冀中山前农业区地下水位强降弱升特征与机制. 水科学进展，02：227～232

张光辉，王茜，田言亮等.2015c. 冀中平原农业区浅层地下水位对连年少雨响应特征与机制. 地球科学与环境学报，03：68～74

张光辉，严明疆，杨丽芝等.2008a. 地下水可持续开采量与地下水功能评价的关系. 地质通报，（6）：875～881

张建平，王春乙，杨晓光等.2009. 未来气候变化对中国东北三省玉米需水量的影响预测. 农业工程学报，25（7）：50～55

张建云，王国庆，贺瑞敏等.2009. 黄河中游水文变化趋势及其对气候变化的响应. 水科学进展，20（2）：153～158

张立伟，延军平.2010. 咸阳市气候变化与地下水变化趋势分析. 水资源与水工程学报，21（5）：102～105

张丽华，姜鹏.2012. 地缘环境变迁与中国粮食安全战略选择. 理论探讨，（05）：141～144

张秋平，杨晓光，薛昌永等.2007. 北京地区旱稻作物需水量与降水耦合特征分析. 农业工程学报，23（10）：51～56

张士锋，孟秀敬.2012. 粮食增产背景下松花江区水资源承载力分析. 地理科学，（03）：342～347

张兆吉，费宇红.2009. 华北平原地下水可持续利用调查评价. 北京：地质出版社

张正斌，段子渊，徐萍等.2013. 中国粮食和水资源安全协同战略. 中国生态农业学报，（12）：1441～1448

张正斌，段子渊，徐萍等.2016. 安徽省粮食安全及现代农业发展战略. 中国生态农业学报，（09）：1161～1168

张宗祜，李烈荣.2004. 中国地下水资源（综合卷）. 北京：中国地图出版社

张宗祜，李烈荣.2005. 中国地下水资源（各分卷）. 北京：中国地图出版社

赵海卿，赵勇胜.2009. 松嫩平原地下水资源及其环境问题调查评价. 北京：地质出版社

赵耀东，刘翠珠，杨建青等.2014. 气候变化和人类活动对地下水的影响分析. 水文地质工程地质，41（01）：1～6

中国水利电力科学研究院.2008. 流域水循环与水资源演变规律研究. 北京：科学出版社

钟兆站，赵聚宝.2013. 中国北方主要旱地作物需水量的计算与分析. 中国农业气象，21（2）：1～5

周剑，吴雪娇，李红星等.2014. 改进 SEBS 模型评价黑河中游灌溉水资源利用效率. 水利学报，45（12）：1387～1398

周万亩，齐全，徐敏等.2007. 地下水超采对农业灌溉影响及对策研究. 地下水，（4）：17～19

周振亚，罗其友，李全新等.2015. 中国的节粮空间与粮食安全战略研究. 世界农业，（09）：107～111

朱延华等.1987. 黄淮海平原水文地质综合评价研究报告. 地质矿产部水文地质工程地质研究所

朱有志.2015. 加强农业基础地位和确保国家粮食安全战略研究. 求索，（05）：193

Aguilera H, Murillo J M. 2009. The effect of possible climate change on natural groundwater recharge based on a simple model a study of four karstic aquifers in SE Spain. Environ Geol, (57): 963～974

Ahmed I, Umar R. 2009. Groundwater flow modelling of Yamuna- Krishni interstream, a part of central Ganga Plain Uttar Pradesh. Earth Syst Sci, 118 (5): 507～523

Arora V K. 2002. The use of the aridity index to assess climate change effect on annual runoff. Journal of Hydrology,

265（1）：164～177

Bates B，Kundzewicz Z W，Wu S，Palutikof J P. 2008. Climate Change and Water，Technical Paper VI of the Intergovernmental Panel on Climate Change. Geneva：Intergovernmental Panel on Climate Change Secretariat. 210

Brouwer C，Heibloem M. 1986. Irrigation Water Management：Irrigation Water Needs. Irrigation Water Management Training Manual No 3，Rome：Food and Agriculture Organization of the United Nations. 63～68

Budyko M I. 1974. Climate and Life. San Diego：Academic Press. 72～191

Candela L，Tamoh K，Olivares G，et al. 2012. Modelling impacts of climate change on water resources in ungauged and data-scarce watersheds，application to the Siurana catchment（NE Spain）. Science of the Total Environment，（440）：253～260

Christopher R J，Rakia M，Christel P. 2011. Modelling the effects of climate change and its uncertainty on UK Chalk groundwater resources from an ensemble of global climate model projections. Journal of Hydrology，（399）：12～28

Cohen S，Ianetz A，Stanhill G. 2002. Evaporative climate changes at Bet Dagan，Israel，1964 — 1998. Agricultural and Forest Meteorology，111（2）：83～91

De Silva C S，Weatherhead E K，Knox J W，Rodriguez-Diaz J A. 2007. Predicting the impacts of climate change-A case study of paddyirrigation water requirements in Sri Lanka. Agriculture Water Management，23：19～29

Doll P，Siebert S. 2002. Global modeling of irrigation water requirements. Water Resources Research，38（4）：1～8

Eckhardt K，Ulbrich U. 2003. Potential impacts of climate change on groundwater recharge and streamflow in a central European low mountain range. Journal of Hydrology，（284）：244～252

Elias G，Bekele H，Knapp V. 2010. Watershed modeling to assessing impacts of potential climate change on water supply availability. Water Resour Manage，（24）：3299～3320

Green T R，Taniguchi M，Kooi H，et al. 2011. Beneath the surface of global change：impacts of climate change on groundwater. Journal of Hydrology，（405）：532～560

Gunter W，Marijn V D V，Alberto A，Faycal B. 2009. Estimating irrigation water requirements in Europe. Journal of Hydrology，（373）：527～544

Hu Y K，Moiwo J P，Yang Y H，et al. 2010. Agricultural water-saving and sustainable groundwater management in Shijiazhuang Irrigation District，North China Plain. Journal of Hydrology，393：219～232

IPCC. 2013. Climate change 2013：the physical science basis. Working Group I Contribution to the Ipcc Fifth Assessment Report

Jacek S，Diana M A，Alex J C，et al. 2007. Groundwater-surface water interaction under scenarios of climate change using a high-resolution transient groundwater model. Journal of Hydrology，（333）：165～180

Jeelani G. 2008. Aquifer response to regional climate variability in a part of Kashmir Himalaya in India. Hydrogeology Journal，（16）：1625～1633

Juana P M，Yang Y H，Li H L，et al. 2010. Impact of water resource exploitation on the hydrology and water storage in Baiyangdian Lake. Hydrol Process，（24）：3026～3039

Kim D，Ann M. 2001. Analytical solutions of water table variation in a horizontal unconfined aquifer：constant recharge and bounded by parallel streams. Hydrological Processes，15：2691～2699

Li Z，Liu W Z，Zhang X C，et al. 2010. Assessing and regulating the impacts of climate change on water resources in the Heihe watershed on the Loess Plateau of China. Sci China：Earth Sci，（53）：710～720

Lu X H，Jin M G，van Genuchten M T，et al. 2011. Groundwater recharge at five representative sites in the Hebei Plain，China. Groundwater，49（2）：286～294

Ludwig R，Gerke H，Wendroth O. 1999. Describing water flow in macroporous field soils using the modified macro model. Journal of Hydrology, (215): 135~152

Ma L, Yang Y M, Yang Y H, et al. 2011. The distirbution and driving factors of irrigation water requirements in north china plain. Journal of Remote Sensing, 15 (2): 332~339

Mahdi Z, Amin Ai, Iman B, et al. 2011. Impacts of climate change on runoffs in East Azerbaijan, Iran. Global and Planetary Change, (78): 137~146

Mao X S, Jia J S, Liu C M, et al. 2005. A simulation and prediction of agricultural irrigation on groundwater in well irrigation area of the piedmont of Mt. Taihang, North China. Hydrological Process, (19): 2071~2084

McCallum J L, Crosbie R S, Walker G R, et al. 2010. Impacts of climate change on groundwater in Australia: a sensitivity analysis of recharge. Hydrogeology Journal, (18): 1625~1638

McKenney M S, Rosenberg N J. 1993. Sensitivity of some potential evapotranspiration estimate methods to climate change. Agric Forest Meteorol, 64: 81~110

Min L L, Shen Y J, Pei H W. 2015. Estimating groundwater recharge using deep vadose zone data under typical irrigated cropland in the piedmont region of the North China Plain. Journal of Hydrology, 527: 305~315

Mizyed N. 2009. Impacts of climate change on water resources availability and agricultural water demand in the West Bank. Water Resour Manage, 23 (10): 2015~2029

Moiwo J P, Yang Y H, Han S M, et al. 2011. A method for estimating soil moisture storage in regions underwater stress and storage depletion: a case study of Hai River Basin, North China. Hydrological Processes, 25 (14): 2275~2287

Pei H W, Scanlon B R, Shen Y J, et al. 2015. Impacts of varying agricultural intensification on crop yield and groundwater resources: comparison of the North China Plain and US High Plains. Environmental Research Letters, 10 (4): 044013

Riasat A, Don M, Sunil V, et al. 2012. Potential climate change impacts on groundwater resources of south-western Australia. Journal of Hydrology, (475): 456~472

Richard G A, Luis S P, Dirk R, et al. 1998. Crop evapotranspiration guidelines for computing crop water requirements. Irrigation and Drainage Paper 56. Rome: Food and Agriculture Organization of the United. 152~223

Rodell M, Velicogna I, Famiglietti J S. 2009. Satellite-based estimates of groundwater depletion in India. Nature, (460): 999~1002

Roderick M L, Farquhar G D. 2002. The cause of decreased pan evaporation over the past 50 years. Science, 298 (15): 1410, 1411

Scibek J, Allen D M. 2006. Comparing modelled responses of two high- permeability, unconfined aquifers to predicted climate change. Glob Planet Change, (50): 50~62

Shah T, Burke J, Villholth K. 2007. Groundwater: a global assessment of scale and significance. In: Molden D (ed). Water for Food, Water for Life: A Comprehensive Assessment of Water Management in Agriculture, Chapter 10. London: International Water Management Institute. 395~423

Shu Y Q, Villholth K G, Jensen K H, et al. 2012. Integrated hydrological modeling of the North China Plain: options for sustainable groundwater use in the alluvial plain of Mt. Taihang. Journal of Hydrology, 464, 465

Smith M. 1992. CROPWAT-A Computer Program for Irrigation Planning and Management. Irrigation and Drainage Paper 46, Rome: Food and Agriculture Organization of the United. 20, 21

Sophocleous M. 2012. The evolution of groundwater management paradigms in Kansas and possible new steps towards water sustainability. Journal of Hydrology, 414: 550~559

Taha A, Gresillon J M, Clothier B E. 1997. Modelling the link between hillslope water movement and stream flow: application to a small Mediterranean forest watershed. Journal of Hydrology, (203): 11~20

Wang J, Huang J, Rozelle S, *et al.* 2009. Understanding the water crisis in Northern China: what the government and farmers are doing. Int J Water Resour D, 25 (1): 141~158

Xu X, Huang G H, Qu Z Y, *et al.* 2011. Using MODFLOW and GIS to asses changes in groundwater dynamics in response to water saving measures in irrigation districts of the upper Yellow River Basin. Water Resource Manage, (25): 2035~2059

Yang Y H, Masataka W, Sakura Y, *et al.* 2002. Groundwater-table and recharge changes in the Piedmont region of Taihang Mountain in Gaocheng City and its relation to agricultural water use. Water Sa, 28 (2): 171~178

Yang Y H, Masataka W, Wang Z P, *et al.* 2003. Prediction of changes in soil moisture associated with climatic changes and their implications for vegetation changes: waves model simulation on Taihang Mountain, China. Climatic Change, (57): 163~183

Yang Y H, Masataka W, Zhang X Y, *et al.* 2006. Estimation of groundwater use by crop production simulated by DSSAT-wheat and DSSAT-maize models in the piedmont region of the North China Plain. Hydrol Process, (20): 2787~2802

Yang Y Z, Feng Z M, Huang H Q, *et al.* 2008. Climate-induced changes in crop water balance during 1960—2001 in Northwest China. Agriculture, Ecosystems and Environment, (127): 107~118

Yoo S H, Choi J Y, Lee S H, *et al.* 2013. Climate change impacts on water storage requirements of an agricultural reservoir considering changes in land use and rice growing season in Korea. Agricultural Water Management, (117): 43~54

Zhou Y, Zwahlen F, Wang Y X, *et al.* 2010. Impact of climate change on irrigation requirements in terms of groundwater resources. Hydrogeology Journal, 18: 1571~1582

Zhu X F, Zhao A Z, Li Y Z, Liu X F. 2015. Agricultural irrigation requirements under future climate scenarios in China. J Arid Land, 7 (2): 224~237